Scratch

算法与应用篇

少儿趣味编程

主编　钟嘉鸣　叶向阳

参编　陈　哲　叶尤迅

大讲堂

中国电力出版社

CHINA ELECTRIC POWER PRESS

内 容 提 要

本书分为算法篇与应用篇两部分，其中算法篇生动清晰地描述了基本算法原理，用深入浅出的方式使读者更容易理解原本复杂的算法思想；应用篇采用案例教学的形式，调动读者学习编程的兴趣与积极性的同时，提升读者的编程水平。

本书需要读者初步了解 Scratch，适合有一定编程基础的小朋友提高计算机编程水平，也适合希望辅导孩子进行编程训练的家长和少儿编程培训机构的教师使用。

图书在版编目（CIP）数据

Scratch少儿趣味编程大讲堂．算法与应用篇/钟嘉鸣，叶向阳主编．— 北京：中国电力出版社，2020.4

ISBN 978-7-5198-4481-3

Ⅰ．①S… Ⅱ．①钟… ②叶… Ⅲ．①程序设计－少儿读物 Ⅳ．① TP311.1-49

中国版本图书馆 CIP 数据核字（2020）第 042296 号

出版发行：中国电力出版社
地　　址：北京市东城区北京站西街 19 号（邮政编码 100005）
网　　址：http://www.cepp.sgcc.com.cn
责任编辑：刘　炽　何佳煜（484241246@qq.com）
责任校对：黄　蓓　马　宁
责任印制：杨晓东

印　　刷：北京博图彩色印刷有限公司
版　　次：2020 年 4 月第一版
印　　次：2020 年 4 月北京第一次印刷
开　　本：710mm×1000mm　16 开本
印　　张：8.75
字　　数：143 千字
定　　价：59.00 元

版权专有　侵权必究

前言 Preface

扫 码 看 视 频

通过学习编程，可以掌握编程技能，培养编程思维，同时可以培养孩子的创新能力和合作精神。在编程学习训练与开发应用中，锻炼孩子的逻辑思维和自我调适能力，让他们懂得如何在学习中创造性地思考，学会以一种更合理、更准确的方式去思考现实生活中遇到的各类问题，并不断地分析问题和解决问题。而且，在编程的学习过程中，表达和分享同样是十分重要的。在分析和解决问题的过程中，孩子需要表达内心的想法，并在创造一个好作品的同时，充分体验到分享的乐趣。通过在编程项目中开展团队合作，培养孩子的沟通和协调能力，进而培养孩子的表达能力和团结协作能力。

本套书一共 3 册，针对不同年龄段学生的兴趣爱好和认知特点，分为入门篇、提高篇、算法与应用篇，并且在内容编排和呈现形式上都各有侧重。以丰富、有层次的一线教学案例导入，通过浅显易懂的语言，从 Scratch 最基础的指令认知、操作、理解，到通过灵活运用实现自己的创意，再进行基础算法的学习，使用 Scratch 编程解决实际问题，为广大初学者、培训机构提供了一套层层递进的、完整的学习方案。

本册为算法与应用篇，包括算法篇和应用篇两部分。算法篇中介绍了算法的基础概念，并通过一些典型问题分析了枚举、排序、查找、进制转换、最大公约数和列表去重等常见的基本算法。在应用篇中，以现实生活中常见的车辆流量管理、智能停车系统、垃圾分类作为案例。首先将复杂的问题逐步分解成更易理解、更易于执行的小问题（分解）；然后根据已有的经验和知识，对比新问题和以前曾解决过的相似问题，思考总结规律（模式识别）；接下来聚焦关键的重要信息，将问题里涉及的数据抽象成数据结构（变量、数组、链表等），把数据处理过程中可重复执行部分抽象成函数模块通过循环执行；最后，根据前面三步分析的结果，设计一步步的解决路径，写出算法，最终解决问题。

本书所采用的案例均来自贝克少儿编程团队的一线教学实践，通过启发，引导孩子发现问题，提出解决办法，验证尝试修正编程，避免让孩子按部就班地拖拽指令积木。

本套书得以出版，需要感谢钟嘉鸣教授、陈哲老师、叶尤迅老师的团结协作。感谢我的爱人，感谢我的孩子，正是因为他们背后默默支持，才可以安心码字和总结。更要感谢我的学生和家长们，很高兴能和你们一起成长。特别感谢少儿编程界我的朋友：李泽老师、谢声涛老师、刘凤飞老师、邓昌顺老师等，你们的鼓励让我始终没有松懈。

本书提供案例视频讲解、素材及源代码，可通过QQ群：574770628获取。

编者

目录 Contents

应 用 篇

第1章 算法是什么?

算法是什么? 一看到"算法"两个字,你是否感觉很高深?

其实很简单! 可以理解为解决问题的方法和步骤。

我们每天都有意或无意地与算法打交道:

(1)父母暑假要带孩子去旅游,需要做好路线计划和时间安排,这是一个我们生活中的算法,安排得好一家人就玩得开心。

(2)拿到一个数学题,你思考良久,终于在纸上写出了解题的方法和步骤,这个答案就是一个解决数学题的算法。老师阅卷,如果你的算法正确又简明扼要,老师会表扬你,并让其他同学学习你的算法,如果是错误就需要改进。

(3)妈妈让孩子帮忙蒸米饭,你需要遵循:淘米→添水→倒入电饭煲→插电源→按下开关的流程,这也是一个算法。

计算机"算法"就是吻合计算机特征的解决问题的方法和步骤。

算法有好有不好,最重要的评估标准就是"在正确解决问题的前提下,需要的步骤越少越好",有一个术语叫作"时间复杂度",说的就是这个意思。

举个例子,设有100层楼,给你2瓶规格相同且未开封的矿泉水,现在要让你试出来,从第几层楼开始往下扔矿泉水能够让矿泉水瓶破裂。

你怎么解决这个问题?

1. 一层一层地扔

从第一楼开始,一层一层地往上试验,试出来哪层就是哪层,但是如果运气不好,你可能要试100次才能试出结果。

2. 10层10层地扔

比如你第一次在10楼往下扔,没碎,那第二次就从20楼往下扔,要是还没碎,就从30楼往下扔,以此类推,直到试出在哪个第10层碎。假如你在第40层往下扔时，矿泉水瓶碎了，那么你就拿出第二瓶水，从 31 层开始扔起，一层一层往上试，你看用这种方法，即使你运气再差，最多 19 次就能试出来。

方法 2 虽然多损失了一瓶水，但是效率比第一个方法足足提高了 5 倍以上。

体会了这两种方法的过程，你就能明白到底算法是什么。

其实，在计算机科学里面，很多人就是在琢磨这些问题，通过更优的算法去计算同一个问题以节省计算力。计算力性能的提升除了依靠硬件的提升，算法的优化也是必不可少的。

第 2 章　算法基础

 交换两个变量的值

　　你有两个变量，一个是 a，一个是 b，假设 a=23，b=15，怎么编程去交换它们的值，让 a=15，b=23 呢?

　　就好像你有两个杯子，一个蓝色杯子装蓝色的水，另一个红色杯子装红色的水，若要交换两个杯子里的水，显然我们需要再来一个空的杯子。

然后我们先把红色的水倒入空的杯子，如下图。

再把蓝色的水倒入红色杯子，如下图。

最后把黑色杯子里面红色的水倒入蓝色杯子，如下图。

交换完毕。

同理，交换两个变量的值，也需要增加一个临时变量 t，先将 a 变量的值赋值给 t 变量。

再将 b 变量的值赋值给 a 变量。

最后将 t 变量的值赋值给 b 变量，结束。

完整代码如下：

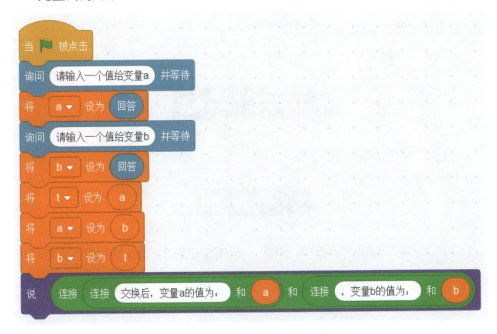

案例2　计数器

（1）你正在学习语文、数学、编程、英语四门课程，期末考试了，这四门成绩中大于等于 90 分的有多少门？

（2）在 1~1000 之间有多少个数是 7 的倍数？如 7、14、28 等数都是 7 的倍数。

（3）输出在范围 [a，b] 以内的个位数字是 6，且能被 3 整除的数共有多少个？

在我们的生活、工作、学习中，"计数"是必须的，古代人计数是用锋利的石头在木头上刻线，那么计算机怎么计数呢？

计算机是用变量来保存和改变数据的！

首先需要将变量初始化为 0（必须的）。然后一个一个地增加！

首先创建一个变量 cc，我喜欢用 cc 来计数，你也可以用自己喜欢的，建议你一直用同一个名称。

当找到满足条件的数据时，将 cc 变量增加 1 即可。

怎么编程将 cc 变量增加 1 呢？

我喜欢这样来实现：

当然也可以这样来实现：

（1）你正在学习语文、数学、编程、英语四门课程，期末考试了，这四门成绩中大于等于 90 分的有多少门？

编程解决方案如下：

（2）在 1~1000 之间有多少个数是 7 的倍数？如 7、14、28 等数都是 7 的倍数。

编程解决方案如下：

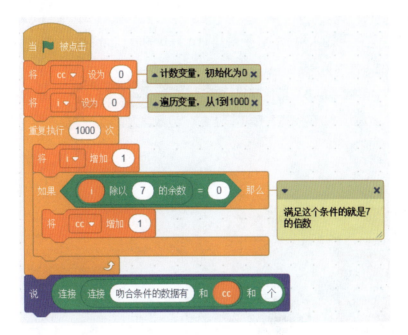

以上方案可以优化如下：

变量 i 直接从 7 开始，每次增加 7，直到 i 大于 1000。

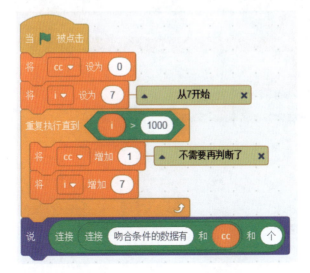

效率提高了 7 倍。

如果你的工作效率比同事高 7 倍，你一定会马上得到领导的重视。

（3）输出在范围 [a,b] 以内的个位数字是 6，且能被 3 整除的数共有多少个？

分析：

1）首先需要输入两个数，获得变量 a 和 b 的值，[a,b] 是表示 a 和 b 之间的数据（包括 a 和 b）。

2）"个位数字是 6"其实就是 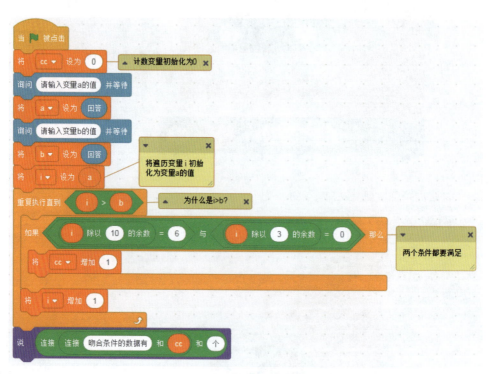，余数在编程里面很有用，"除以 10 的余数"就是该数的个位数，大家自己试试。

完整代码如下：

 累加器

（1）1+2+3+4+5+6+7+…+100 等于多少？很简单是不是？

（2）你很喜欢存钱，假设妈妈每月给你的零花钱你都存起来了，现在你要编程统计过去的半年你存了多少钱？

（3）输出 127~1356 中"个位数是 3，十位数是 5"的数据的和。

（4）编程老师有点累了，需要你帮助他统计班级上 8 个学生的编程平均成绩。

以上问题都有一个共同的特点，就是要进行累加求和。

怎么编程实现累加呢？

答案是用变量来保存和改变！

首先需要将变量初始化为 0（必须的），然后将满足条件的数据逐一增加到该变量中！

首先创建一个变量 sum，我喜欢用 sum 来累加，你也可以用自己喜欢的，建议你一直用同一个名称，将满足条件的数据累加到变量 sum 中。

我喜欢这样来实现：

当然也可以这样来实现：

（1）1+2+3+4+5+6+7+…+100 等于多少？

首先需要一个遍历变量 i，从 1 到 100 不断变化。

然后需要一个累加变量 sum。

完整代码如下：

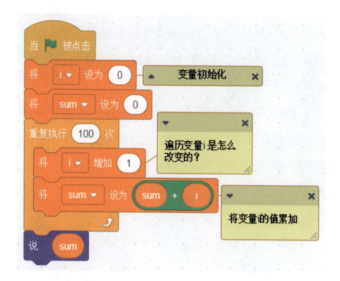

（2）你很喜欢存钱，假设妈妈每月给的零花钱你都存起来了，现在你要编程统计过去半年存了多少钱？

分析： 每个月的存钱需要输入 6 次，同时累加！需要建立变量 p 为每个月的存钱，sum 为总的存钱。

完整代码如下：

（3）输出 127~1356 中，"个位数是 3，十位数是 5"的数据的和。

分析：

根据题意，需要创建一个变量 i，从 127 开始不断增加 1 到 1356。"个位数是 3"就是  。

那么怎么获得十位数呢？

首先去掉个位数：

运行以上代码，会发现运算结果是 25，个位去掉了！

以上代码就是 i 的十位数。

完整代码如下：

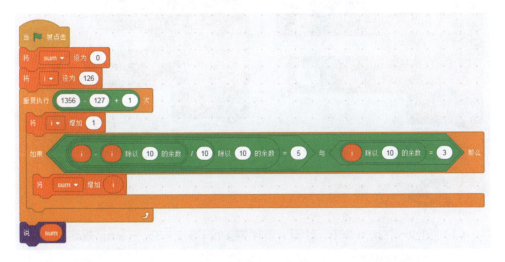

（4）编程老师有点累了，需要你帮助他统计班级上 8 个学生的编程平均成绩。

分析：首先需要创建一个变量 cj（成绩的汉语拼音首个小写字母）来保存单

个学生的成绩。

然后需要创建一个累加器变量 sum 来保存 8 个学生的成绩之和。

再创建一个变量 pingjun 来保存平均成绩。

完整代码如下（两个方案同样的功能）：

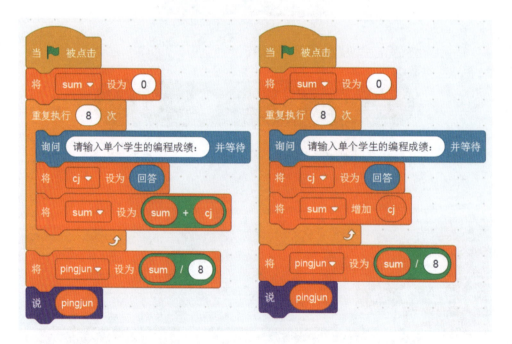

案例4   累乘器

（1）给出一个 n，n ≥ 0，计算 n 的阶乘。n!=1×2×3×…×n，规定：0!=1。

如 n=3，则输出 6。n=5，则输出 120。

分析：这是要计算一个累乘的结果，需要创建一个变量 p 来保存这个结果，那么 p 应该初始值设立为多少呢？我们知道累加变量的初始值要设立为 0，累乘变量 p 的初始值显然不能设立为 0（因为 0 乘任意数都是 0），只能设立为 1。

i 为遍历变量 其值的变化范围为 1~n。

实现累乘的核心代码为：

完整代码如下：

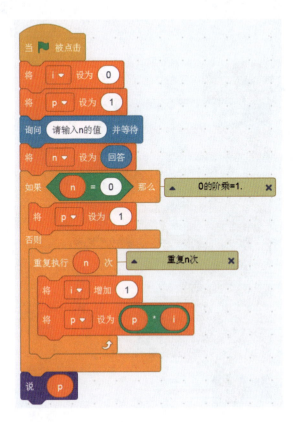

假设 n=5，则累乘变量 p 的值变化过程如下：

i=1 时，p=1×1；

i=2 时，p=1×1×2；

i=3 时，p=1×1×2×3；

i=4 时，p=1×1×2×3×4；

i=5 时，p=1×1×2×3×4×5=120。

（2）给出一个整数 a 和一个正整数 n，求乘方 a^n。

如 a=2，n=3，则输出 2×2×2 的值 8。

分析：

首先需要创建一个变量 s 来保存乘方的值，并且设立 s 的初始值为 1。

再创建一个遍历变量 i，i 的值从 1 开始到 n。

根据题意，还需要创建两个变量 a 和 n。

完整代码如下：

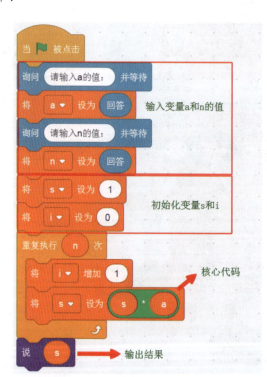

假设 a=3，n=4，则乘方变量 s 的值变化过程如下：

i=1 时，s=1×3；

i=2 时，s=1×3×3；

i=3 时，s=1×3×3×3；

i=4 时，s=1×3×3×3×3。

所以输出的值是 81。

 求最值

最值就是很多同类型的数据中，最大的数据或者最小的数据。这是在编程中经常需要解决的问题，往往也是一个子问题。

（1）已知 5 个学生的身高，输出身高的最大值？

分析：

首先我们要了解，这 5 个学生的身高是否都需要保存。若都需要保存那么我们需要创建一个列表，否则我们只要创建一个变量就可以了。

我们要求最大值，就需要创建一个变量 max 来保存这个未知的最大值，那么 max 变量的初始值应该是多少呢？

身高显然都是正数，也就是大于 0，所以我们先假设 max 的值为 0。

1）输入一个数据为第一个学生的身高 h，将 h 和 max 比较，若 h>max，则将 h 的值赋值给 max，也就是 max = h。

2）输入一个数据为第二个学生的身高 h，将 h 和 max 比较，若 h>max，则将 h 的值赋值给 max，也就是 max = h。

3）输入一个数据为第三个学生的身高 h，将 h 和 max 比较，若 h>max，则将 h 的值赋值给 max，也就是 max = h。

4）输入一个数据为第四个学生的身高 h，将 h 和 max 比较，若 h>max，则将 h 的值赋值给 max，也就是 max = h。

5）输入一个数据为第五个学生的身高 h，将 h 和 max 比较，若 h>max，则将 h 的值赋值给 max，也就是 max = h。

这样我们就可以求出最大值。

由此可见，在这里是没有必要创建一个链表来保存 5 个学生的成绩。

完整代码如下：

以上问题我们是先假设 max=0，其实我们可以用一个更普遍的方法，就是先假设第一个同学的身高是最高的。

然后再逐一比较，这是一个找最值最通用的方法。

完整代码如下：

（2）有 n 个评委给选手打分，最后计分的规则是：去掉最高分，去掉最低分，然后取平均分就是选手的最后得分，请编程实现。

分析：这也是一个求最值的问题，还需要进行累加，根据题意需要设立如下变量：

变量 n：评委数量。

变量 df：每个评委给选手的打分。

变量 max：最高分。

变量 min：最低分。

变量 sum：总分。

变量 pj：总分去掉最高分和最低分后的平均分，也就是最后的答案。

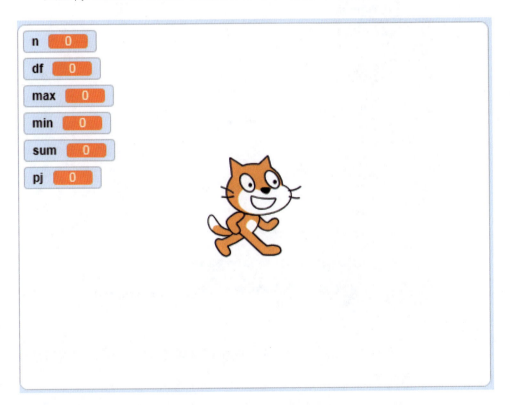

完整代码如下：

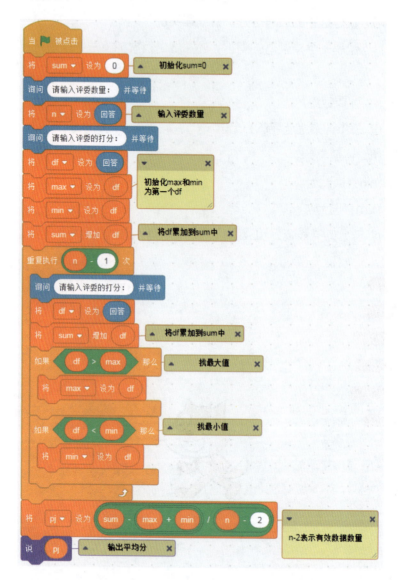

（3）输入 n 个整数，请找出里面最小的为 3 的倍数的数（在输入数据的时候保证有 3 的倍数的数）。

分析：这也是一个求最值的案例，但是附加了一个条件：3 的倍数，同样，我们需要将第一个吻合条件的数假设为最小值，但是怎么找到第一个吻合条件的数呢？这就需要计数，我们在前面已经学习过"计数器"。

设立四个变量：

变量 n：代表整数的个数。

变量 shuju：代表"n 个整数"中的整数。

变量 cc：用来计数，代表第几个符合条件"3 的倍数"的数，初始化为 0。

变量 min：符合条件的最小值。

"将第一个符合条件的数假设为最小值"代码如下：

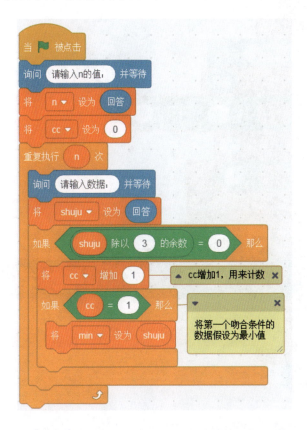

再增加一个如下判断就可以找到"最小的为 3 的倍数的数"：

完整代码如下：

```
当 🏴 被点击
询问 请输入n的值： 并等待
将 n▼ 设为 回答
将 cc▼ 设为 0
重复执行 n 次
    询问 请输入数据： 并等待
    将 shuju▼ 设为 回答
    如果 shuju 除以 3 的余数 = 0 那么
        将 cc▼ 增加 1
        如果 cc = 1 那么
            将 min▼ 设为 shuju
    如果 shuju 除以 3 的余数 = 0 与 shuju < min 那么
        将 min▼ 设为 shuju
说 min
```

"求最值"是编程中经常碰到的问题，并且隐藏在题意中，需要我们彻底掌握。

我们发现，很多编程问题其实是可以分解的，如以上问题，可以分解为"计数"和"找最值"问题。

第3章　**枚举算法**

枚举算法又称穷举，指有序的、不重复不遗漏把所有可能的情况列举出来，并逐一验证是否满足给定的条件，直到找出问题的解。

在枚举算法中，往往把问题分解为两部分：

（1）列举。显然需要用到循环结构，要考虑的问题是如何设计循环变量、初值、终值、递增值和几重循环。

（2）检验。一般是分支结构，要考虑的问题是检验对象是谁？逻辑判断后的两个结果该如何处理？

 百鸡问题

题目描述：

一只公鸡值 5 元，一只母鸡值 3 元，而 1 元可买 3 只小鸡。现有 n 元钱，想买 n 只鸡。问有多少种买法？（钱要用完，某种鸡可以不买。）

分析：

（1）设 n 元钱可以买 x 只公鸡，y 只母鸡，根据题意可得到如下等式：

$5x+3y+（n-x-y）÷3=n$

其中：5x 表示买 x 只公鸡的费用；3y 表示买 y 只母鸡的费用；（n-x-y）÷3 表示买 n-x-y 只小鸡的费用；题目要求买 n 只鸡，所以小鸡的数量等于 n-x-y。

（2）"某种鸡可以不买"，就是 x、y、n-x-y 可以为 0，也就是 x、y、n-x-y 可能的最小值是 0。

（3）x 可能的最大值是多少呢？

x 要最大，y 就应该最小，所以应该满足 $5x+3×0+（n-x-0）÷3=n$，经过数学处理，就是 x 可能的最大值满足：$x=（2n）÷7$。

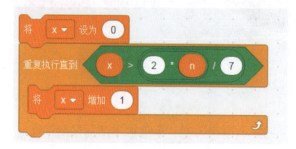

以上代码表示：x 从 0 开始，不断增加 1，直到 x>（2n）÷7。

（4）y 可能的最大值是多少呢？

y 要最大，x 就应该最小，所以应该满足 $5×0+3y+（n-0-y）÷3=n$，经过数学处理，就是 y 可能的最大值满足：$y=n÷4$。

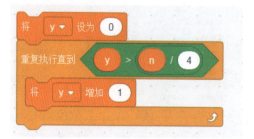

以上代码表示：y 从 0 开始，不断增加 1，直到 y>n÷4。

（5）两个循环进行嵌套，就得到了（2n÷7+1）×（n÷4+1）种数据组合的可能。

我们就是要从这些数据组合里面找到满足"5x+3y+（n−x−y）÷3=n"条件的有多少种?

完整代码如下:

吻合该条件，i就增加1

在使用枚举算法的时候，一般来说需要:

（1）确定枚举的范围。

（2）找到吻合的条件。

案例2 奥数求解

题目描述：

□ 3 × 6528 = 3 □ × 8256, 在两个□内填入相同的一个数字使得等式成立。

分析：

根据题意："相同的一个数字"的范围应该是 1~9, 不可能是 0, 因为数字不能用 0 开头。我们只要从 1 开始到 9 有序地列出所有的可能，其中满足该等式的数字就是我们需要找的数字。

假设这个数字是 i, 那么 i3 = i × 10 + 3 × 1, 3i = 3 × 10 + i × 1。

这段代码是"从 1 开始到 9 有序地列出所有的可能"。

完整代码如下：

纸上推演过程如下：

i=1 时，i3 × 6528=84864，3i × 8256=255936 不满足条件。

i=2 时，i3 × 6528=150144，3i × 8256=264192 不满足条件。

i=3 时，i3 × 6528=215424，3i × 8256=272448 不满足条件。

i=4 时，i3 × 6528=280704，3i × 8256=280704 满足条件，终止本程序，不继续往后找。

 知识竞赛

题目描述：

某次知识竞赛共有 25 题，评分标准如下：答对一题得 8 分，答错一题倒扣 5 分，不答题不得分也不扣分。小明得分是 60 分，问小明答对、答错、不答各有多少题？

分析：

（1）求什么就设什么，设答对 n 题，答错 m 题，则不答为 25−n−m 题，根据题意，可得到如下方程：

$$8 \times n + (-5 \times m) + 0 \times (25-n-m) = 60$$

化简为：

$$8 \times n - 5 \times m = 60$$

以上过程将一个实际问题转为了一个数学问题，这往往是我们编程解决问题的第一步。

（2）根据题意，简单地分析，可以直到 n 的可能值最小是 0，最大是 25，有 26 种可能，可以用以下代码表示：

（3）根据题意，简单的分析，可以直到 m 的可能值最小是 0，最大是 25，有 26 种可能，可以用以下代码表示：

（4）将两者进程嵌套，得到了 26 × 26=676 种数据组合的可能，代码如下：

（5）需要吻合的条件如下，该判断需要放置在内循环中：

（6）最后输出的结果是：

完整代码如下：

答案是：n=10，m=4，纸上手动验证，结果吻合方程。

我们来推理一下，经过多少次判断才找到了正确答案？

n=0 的时候，m 的值是从 0~25 逐一变化，就是有 26 次；

n=1 的时候，m 的值是从 0~25 逐一变化，就是有 26 次；

n=2 的时候，m 的值是从 0~25 逐一变化，就是有 26 次；

n=3 的时候，m 的值是从 0~25 逐一变化，就是有 26 次；

……

n=9 的时候，m 的值是从 0~25 逐一变化，就是有 26 次；

以上合计 26X10=260 次。

n=10 的时候，m 的值是从 0~4 逐一变化，就是有 5 次；

合计 260+5=265 次。

你也可以编程来验证一下是否是 265 次。

创立一个计数变量 i，初始值 =0，编程如下：

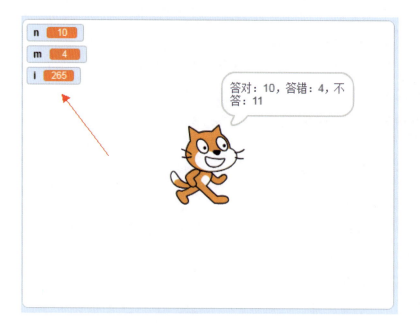

最后的运行结果如下图，符合手动推理结果。

答对：10，答错：4，不答：11

数的全排列

一般地，从 n 个不同元素中取出 m（m ≤ n）个元素，按照一定的顺序排成一列，叫作从 n 个元素中取出 m 个元素的一个排列。特别地，当 m=n 时，这个排列被称作全排列。

如从 3 个不同元素 1、2、3 中取出 3 个元素。则 123 是一个排列，132 是另一个排列。其所有排列情况如下：

123、132、213、231、312、321，合计 6 个。

如从 4 个不同元素 1、2、3、4 中取出 4 个元素。则 1234 是一个排列，1243 是另一个排列。其所有排列情况如下：

1234、1243、1324、1342、1423、1432

2134、2143、2314、2341、2413、2431

3124、3142、3214、3241、3412、3421

4123、4132、4213、4231、4312、4321

合计 24 种。

案例描述：

有 5 个不同的元素分别为 1、2、3、4、5，请求出其全排列有多少种？

分析：

案例中隐含着一个条件，就是这些数字的组成都是不同的数据，22145 不是我们需要的，23145 是我们需要的。

其实就是我们需要从 11111~55555 中，找到不同数字组成的数有多少个？

创建 i、j、k、n、m 5 个变量，分别代表万位数字、千位数字、百位数字、十位数字、个位数字，其取值范围显然是 1~5，创建一个计数变量 cc，初始值为 0。

5 重循环进行嵌套，代码如下：

当 ▶ 被点击

将 cc ▼ 设为 0

将 i ▼ 设为 0

重复执行 5 次　　▲ 第1重循环 ✕

　　将 i ▼ 增加 1

　　将 j ▼ 设为 0

　　重复执行 5 次　　▲ 第2重循环 ✕

　　　　将 j ▼ 增加 1

　　　　将 k ▼ 设为 0

　　　　重复执行 5 次　　▲ 第3重循环 ✕

　　　　　　将 k ▼ 增加 1

　　　　　　将 n ▼ 设为 0

　　　　　　重复执行 5 次　　▲ 第4重循环 ✕

　　　　　　　　将 n ▼ 增加 1

　　　　　　　　将 m ▼ 设为 0

　　　　　　　　重复执行 5 次　　▲ 第5重循环 ✕

　　　　　　　　　　将 m ▼ 增加 1

　　我们有序地把所有判断式罗列出来；请注意要有序，这是保证不重复、不遗漏的一种重要思路。

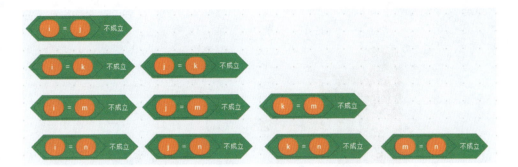

变量 i 和其他变量不相等，变量 j 和其他变量不相等，变量 k 和其他变量不相等，变量 m 和其他变量不相等，以上 10 个判断要同时成立，所以最终的判断式是：

我们需要将判断放在最深层循环，也就是第 5 重循环中，运行结果如下：

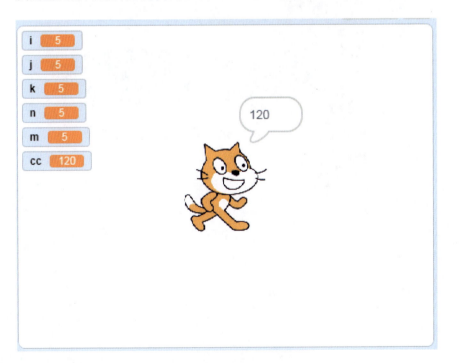

结果为 120，符合全排列公式 5X4X3X2X1=120。

完整代码如下：

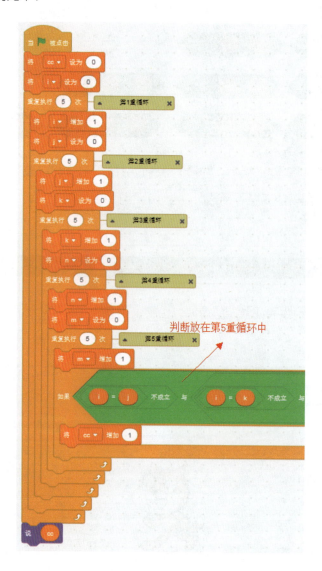

判断放在第5重循环中

 缺失的单据

题目描述：

某单据 1××47，缺千位数和百位数，但知道这个 5 位数是 57 或 67 的倍数，请问满足条件的 5 位数有多少个？

分析:

设定一个变量 k 代表 ××,其可能的值最小是 0,最大是 99,则可以得到如下等式:1××47=10047+k×100。

设定一个计数变量 cc,初始值 =0,表示"满足条件的 5 位数的个数"。

判断条件是:

完整代码如下:

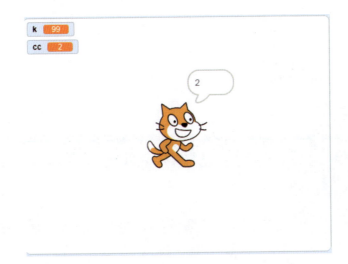

案例6　最大公约数

最大公约数，也称最大公因数、最大公因子，指两个或多个整数共有约数中最大的一个。a、b 的最大公约数记为（a，b）。

如 12、16，12 的约数有 1、2、3、4、6、12，16 的约数有 1、2、4、8、16。其公共的约数有 1、2、4，最大公约数显然是 4。

求两个数的最大公约数，有很多方法，今天我们用枚举法求最大公约数，具体算法是：

（1）先找到 a、b 中较小的那个数 min，此处假设 a 和 b 都是正整数。

（2）从 min 开始到1，逆序枚举去找第一个既能被 a 整除同时也能被 b 整除的那个数，就是 a 和 b 的最大公约数。

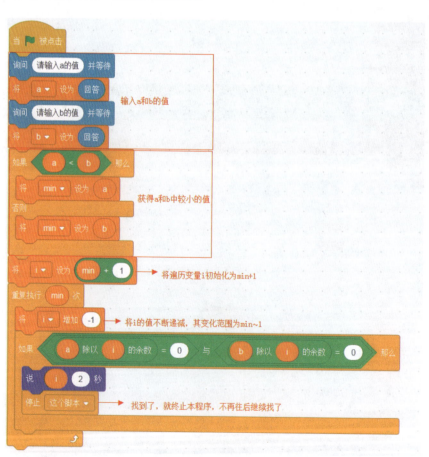

排序

现代生活时时刻刻都需要与排序打交道，比如找人气最高的餐馆：

或是找一条更近的路线。

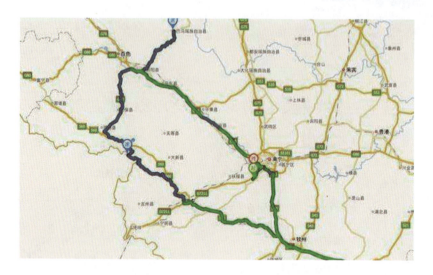

排好顺序意味着效率，是我们生活和工作中经常需要处理的问题，排序可以说是无处不在。

以下是一个降序排序：

原数据	数据	45	489	12	160	63
	位置	1	2	3	4	5
新数据	数据	489	160	63	45	12
	位置	1	2	3	4	5

以下是一个升序排序：

原数据	数据	45	489	12	160	63
	位置	1	2	3	4	5
新数据	数据	12	45	63	160	489
	位置	1	2	3	4	5

排序是计算机程序设计中的一种重要操作，它的功能是将一个数据元素（或记录）的任意序列，重新排列成一个关键字有序的序列。

排序就是把集合中的元素按照一定的次序排列起来。一般来说，有升序排列和降序排列两种排序。

排序算法有很多种，我们先来了解和学习选择排序。

选择排序

原数据	数据	45	489	12	160	63
	位置	1	2	3	4	5

新数据	数据	489	160	63	45	12
	位置	1	2	3	4	5

要达到以上降序排序，我们可以把整个过程分解为以下步骤：

第一轮：找到（45，489，12，160，63）序列中的最大值 489，并把 489 和位置 1 上的数据 45 交换，得到如下新的序列。

第一轮	数据	489	45	12	160	63
	位置	1	2	3	4	5

第二轮：489 已经在正确的位置了，所以接下来只要找到（45，12，160，63）序列中的最大值 160，并把 160 和位置 2 上的数据 45 交换，得到如下新的序列。

第二轮	数据	489	160	12	45	63
	位置	1	2	3	4	5

第三轮：489 和 160 已经在正确的位置了，所以接下来只要找到（12，45，63）序列中的最大值 63，并把 63 和位置 3 上的数据 12 交换，得到如下新的序列。

第三轮	数据	489	160	63	45	12
	位置	1	2	3	4	5

第四轮：489 和 160 和 63 已经在正确的位置了，所以接下来只要找到（45，12）序列中的最大值 45，并把 45 和位置 4 上的数据 45 交换，得到如下新的序列。

第四轮	数据	489	160	63	45	12
	位置	1	2	3	4	5

排序完毕！

我们发现：5 个数据排序，需要经过 4 轮，每一轮都是一个找最值和交换的过程，每一轮的区别只是数据范围变小了。这就是选择排序的基本过程。

在第 2 章中，我们已经细致学习过怎么找最值和交换。

接下来我们分步编程。

（1）首先需要建立一个"数据"列表，用来保存初始数据和交换后的数据。然后将原始数据（45，489，12，160，63）输入列表。

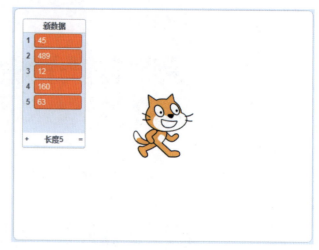

（2）然后我们需要找到（45，489，12，160，63）数据序列中的最大值，并和位置 1 的数据交换。

第 1 步：需要设立以下四个变量。max：最大值；i：表示最大值的初始假设位置，本步 i=1；k：保存最大值所在位置；j：遍历变量。

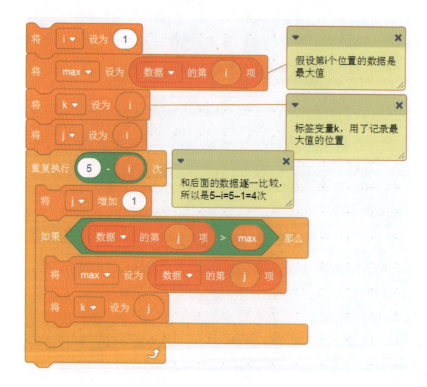

以上代码找到 5 个数字中的最大值，并记录最大值所在位置。

交换两个变量的值，需要设立一个中间变量 temp 作为桥梁，这里我们需要将 max 和第 i 个位置的数据交换。

第 2 步：运行之后，我们的数据序列已经调整为：

第 3 步：接下来，我们就是需要依次对（45，12，160，63）、（12，45，63）、（45，12）3 组数据序列重复第 2 步。

发现：第 3 步和第 2 步比较，唯一改变的就是 i 不断地增加 1，重复 4 次（5 个数据重复 5-1=4 次）。

完整代码如下：

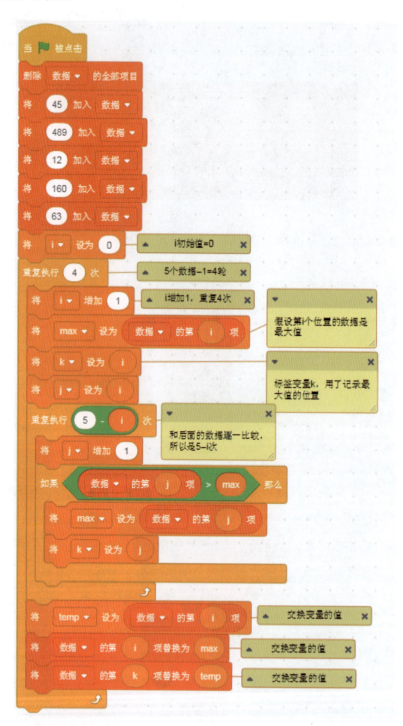

程序运行后，排序结果是：

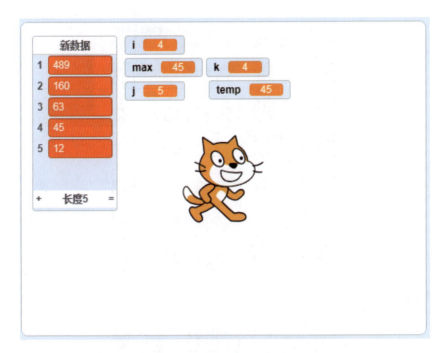

以上是降序排序，若要修改为升级排序，只要将

修改为

请你来手动推演"选择排序"，大家动手试一试，不要偷懒哦！

题目一：

原数据	数据	-56	123	42	789	12	478
	位置	1	2	3	4	5	6
目标数据	数据	-56	12	42	123	478	789
	位置	1	2	3	4	5	6
第一轮	数据						
	位置	1	2	3	4	5	6
第二轮	数据						
	位置	1	2	3	4	5	6
第三轮	数据						
	位置	1	2	3	4	5	6
第四轮	数据						
	位置	1	2	3	4	5	6
第五轮	数据						
	位置	1	2	3	4	5	6

题目二：

原数据	数据	52	752	15	-42	0	489
	位置	1	2	3	4	5	6
目标数据	数据	752	489	52	15	0	-42
	位置	1	2	3	4	5	6
第一轮	数据						
	位置	1	2	3	4	5	6
第二轮	数据						
	位置	1	2	3	4	5	6
第三轮	数据						
	位置	1	2	3	4	5	6
第四轮	数据						
	位置	1	2	3	4	5	6
第五轮	数据						
	位置	1	2	3	4	5	6

选择排序总结：

（1）若有 n 个数据，则需要进行 n-1 轮排序。

（2）每轮就是一个找最值和交换的过程。

（3）每轮只有一次交换。

（4）数据范围越来越小。

冒泡排序

原数据	数据	45	489	12	160	63
	位置	1	2	3	4	5

新数据	数据	489	160	63	45	12
	位置	1	2	3	4	5

要达到以上降序排序，我们也可以这样分步做：

第 1 步：降序排序，就是大的数据要到前面，从后往前比较 4 次：

63<160, 已经是降序，位置均不动。

160>12, 位置要交换。

160<489, 已经是降序，位置均不动。

489>45, 位置要交换。

最后得到的表格如下，已经将最大值放在位置 1 了。

第一轮	数据	489	45	160	12	63
	位置	1	2	3	4	5

第 2 步：经过第 1 步的排序，数据 489 已经在位置 1，接下了，我们需要对数据序列（45,160,12,63）排序，同样从后往前比较 3 次：

63>12, 位置要交换。

63<160, 已经是降序，位置均不动。

160>45, 位置要交换。

得到的表格如下，数据 160 已经在位置 2 了。

第二轮	数据	489	160	45	63	12
	位置	1	2	3	4	5

第 3 步：经过前二轮的排序，数据 489、160 已经在位置 1 和位置 2，接下了，我们需要对数据序列（45,63,12）排序，同样从后往前比较 2 次：

12<63, 已经是降序，位置均不动。

63>45, 位置要交换。

得到的表格如下，数据 63 已经在位置 3 了。

第三轮	数据	489	160	63	45	12
	位置	1	2	3	4	5

第 4 步：经过前三轮的排序，数据 489、160、63 已经在位置 1、位置 2、位置 3，接下来，我们需要对数据序列（45,12）排序，同样从后往前比较 1 次：

12<45，已经是降序，位置均不动。

第四轮	数据	489	160	63	45	12
	位置	1	2	3	4	5

5 个数据经过 4 轮排序，排序完毕，得到想要的结果！

轮次和比较次数之间的关系表如下：

轮次	每轮比较次数
第一轮	4
第二轮	3
第三轮	2
第四轮	1

冒泡排序的原理如下：

（1）比较相邻的元素。如果顺序错误，就交换它们两个。

（2）对每一对相邻元素做同样的工作，从后往前或者从前往后。

（3）针对所有的元素重复以上的步骤，除了最后一个。

（4）持续每次对越来越少的元素重复上面的步骤，直到没有任何一对数字需要比较。

这个算法的名字由来是因为越小的元素会经由交换慢慢"浮"到数列的顶端（升序或降序排列），就如同碳酸饮料中二氧化碳的气泡最终会上浮到顶端一样，故称"冒泡排序"。

我们在以上排序中，是从后往前，不吻合降序的就交换位置。其实，我们也可以从前往后，不吻合降序的就交换位置，同样可以达到目的。

接下来我们分步编程。

（1）首先需要建立一个"数据"列表，用来保存初始数据和交换后的数据。

然后将原始数据（45，489，12，160，63）输入列表。

（2）从后往前，进行第一轮比较，需要设立三个变量。

i：表示每轮比较的次数。

j：从后往前比较，表示第 1 个开始比较的位置，每轮都是从第 5 个开始。

temp：临时变量用来作为交换两个数据的桥梁。

代码如下：

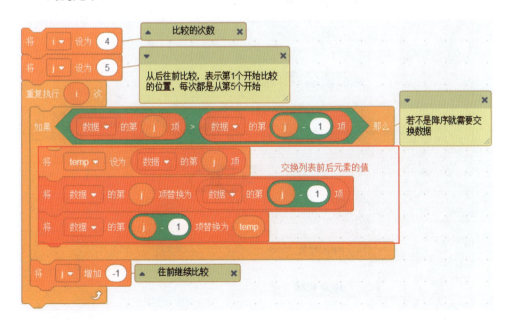

如此，最大值 489 到达位置 1，如下图。

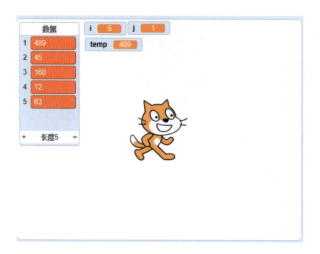

（3）接下来，我们需要进行第 2 轮、第 3 轮、第 4 轮的比较，和第一轮相比，唯一的区别就是：比较的次数在不断递减 1，也就是变量 i 不断递减 1。

所以需要将第 1 轮的代码重复执行 4 次，变量 i 每次递减 1。

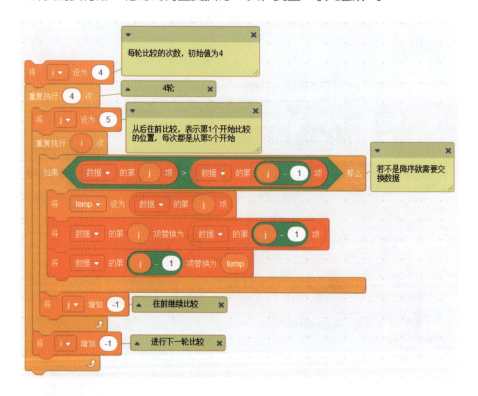

运行后得到如下结果，降序排序完毕。

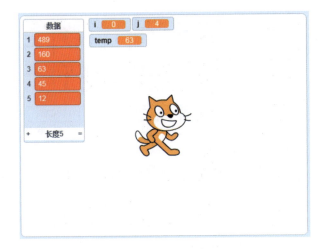

完整代码如下：

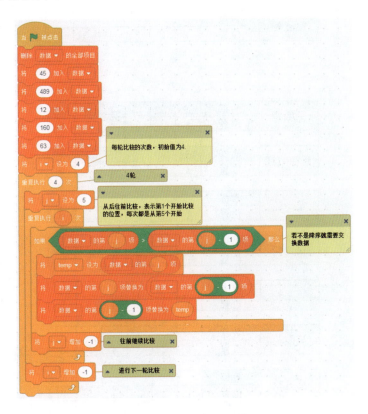

大家自己动手试一试"冒泡排序"，不要偷懒哦！

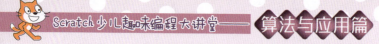
题目一：

原数据	数据	-56	123	42	789	12	478
	位置	1	2	3	4	5	6
目标数据	数据	-56	12	42	123	478	789
	位置	1	2	3	4	5	6
第一轮	数据						
	位置	1	2	3	4	5	6
第二轮	数据						
	位置	1	2	3	4	5	6
第三轮	数据						
	位置	1	2	3	4	5	6
第四轮	数据						
	位置	1	2	3	4	5	6
第五轮	数据						
	位置	1	2	3	4	5	6

题目二：

原数据	数据	52	752	15	-42	0	489
	位置	1	2	3	4	5	6
目标数据	数据	752	489	52	15	0	-42
	位置	1	2	3	4	5	6
第一轮	数据						
	位置	1	2	3	4	5	6
第二轮	数据						
	位置	1	2	3	4	5	6
第三轮	数据						
	位置	1	2	3	4	5	6
第四轮	数据						
	位置	1	2	3	4	5	6
第五轮	数据						
	位置	1	2	3	4	5	6

计数排序（桶排序）

班级举办 Scratch 现场编程比赛，有 6 个学员报名参加，作品采用 10 分制，经过评比，6 个同学的最终得分是 5 分、4 分、5 分、3 分、9 分、4 分，从大到小排序，排序后是 9、5、5、4、4、3。

原始得分	5	4	5	3	9	4

我们可以用上面学习过的选择排序或者冒泡排序来达到目标，也可以换一种思路来排序。

作品采用 10 分制，也就是我们知道作品可能的得分是：

可能的所有得分	1	2	3	4	5	6	7	8	9	10

我们现在从"原始得分"表中从第 1 个数据开始，分别统计 1 分获得者有多少人，2 分获得者有多少人，3 分获得者有多少人，4 分获得者有多少人，……，10 分获得者有多少人。

我们先将表格初始化，也就是统计前对应得分人数都是 0 人。

可能的所有得分	1	2	3	4	5	6	7	8	9	10
初始对应得分人数	0	0	0	0	0	0	0	0	0	0

第 1 个人得了 5 分，所以 5 分的得分人数增加 1。

可能的所有得分	1	2	3	4	5	6	7	8	9	10
实际得分人数	0	0	0	0	1	0	0	0	0	0

第 2 个人得了 4 分，所以 4 分的得分人数增加 1。

可能的所有得分	1	2	3	4	5	6	7	8	9	10
实际得分人数	0	0	0	1	1	0	0	0	0	0

第3个人得了5分，所以5分的得分人数增加1。

可能的所有得分	1	2	3	4	5	6	7	8	9	10
实际得分人数	0	0	0	1	2	0	0	0	0	0

第4个人得了3分，所以3分的得分人数增加1。

可能的所有得分	1	2	3	4	5	6	7	8	9	10
实际得分人数	0	0	1	1	2	0	0	0	0	0

第5个人得了9分，所以9分的得分人数增加1。

可能的所有得分	1	2	3	4	5	6	7	8	9	10
实际得分人数	0	0	1	1	2	0	0	0	1	0

第6个人得了4分，所以4分的得分人数增加1。

可能的所有得分	1	2	3	4	5	6	7	8	9	10
实际得分人数	0	0	1	2	2	0	0	0	1	0

由以上表格可以看到：

1分 得分人数为0，表示"1"没有出现过。

2分 得分人数为0，表示"2"没有出现过。

3分 得分人数为1，表示"3"出现过1次，3需要保存到新的列表中1次。

4分 得分人数为2，表示"4"出现过2次。4需要保存到新的列表中2次。

5分 得分人数为2，表示"5"出现过2次。5需要保存到新的列表中2次。

6分 得分人数为0，表示"6"没有出现过。

7分 得分人数为0，表示"7"没有出现过。

8分 得分人数为0，表示"8"没有出现过。

9分 得分人数为1，表示"9"出现过1次。9需要保存到新的列表中1次。

10分 得分人数为0，表示"10"没有出现过。

以上就是计数排序的原理，由此可见：计数排序只适合于整数排序，并且整数的范围是明确的。

现在我们来编程实现。

（1）建立一个"数据"列表，按序保存这6个原始成绩，代码如下：

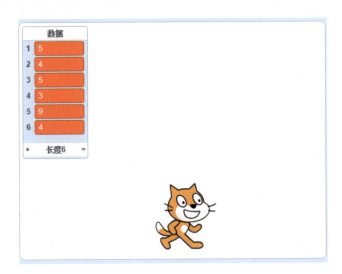

（2）再建立一个"计数"列表，编程如下：

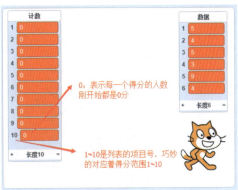

（3）按下空格键，从前往后遍历"数据"列表，并对应的改变"计数"列表的项目值。

设立一个遍历变量 i：

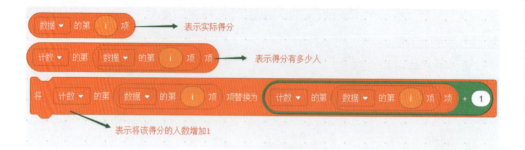

代码如下：

运行后结果是：

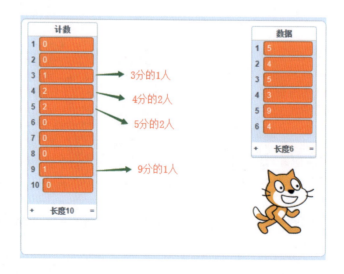

（4）再设立一个"排序后数据"列表，来保存排序后的数据。

事件"按下空格键"完整代码如下：

运行程序后结果如下：

以上是升序排序，只要将代码稍做修改就可以实现降序排序：

运行程序后结果如下：

降序排序

插入排序

插入排序的基本思想是：假设有 n 个数字组成一个数据序列，将数据序列的第一个数认为是有序序列，从后往前（或从前往后）扫描该有序数列，把其余 n–1 个数，根据数值的大小，插入到有序序列中，直至序列中的所有数有序排列为止。这样的话，n 个元素需要进行 n–1 次排序！

举个例子：6 个数字 4、6、7、5、1、8 进行从大到小的排序。

数据	4	6	7	5	1	8
位置	1	2	3	4	5	6

具体过程如下：

第 1 次：第 2 个数据"6"和有序数列 4 比较，需要交换位置，插入后序列如下，其中（6,4）成为一个从大到小的有序序列。

数据	6	4	7	5	1	8
位置	1	2	3	4	5	6

第 2 次：第 3 个数据"7"和有序数列（6,4）比较，需要交换 2 次，插入后序列如下，其中（7,6,4）成为一个从大到小的有序序列。

数据	7	6	4	5	1	8
位置	1	2	3	4	5	6

第 3 次：第 4 个数据"5"和有序数列（7,6,4）比较，需要交换 1 次就可以了，插入后序列如下，其中（7,6,5,4）成为一个从大到小的有序序列。

数据	7	6	5	4	1	8
位置	1	2	3	4	5	6

第 4 次：第 5 个数据"1"和有序数列（7,6,5,4）比较，不需要交换就可以了，（7,6,5,4,1）成为一个从大到小的有序序列。

数据	7	6	5	4	1	8
位置	1	2	3	4	5	6

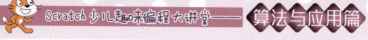

第 5 次：第 6 个数据"8"和有序数列（7,6,5,4,1）比较，需要交换 5 次就可以了，（8,7,6,5,4,1）成为一个从大到小的有序序列。

数据	8	7	6	5	4	1
位置	1	2	3	4	5	6

排序完毕。

以下程序实现对 10 个随机整数从大到小排序。编程如下：

（1）创立一个"数据"列表，将 10 个随机整数加入列表，作为原始无序数据。

（2）根据以上分析，从第 2 个数据到第 9 个数据，需要进行 10-1=9 次插入，创立一个遍历变量 i，再自制一个"插入"积木，按下空格键开始排序。

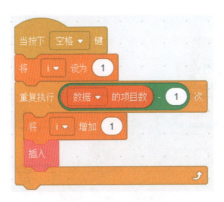

（3）每一次插入都是一个循环，进行不断比较和不断交换，当插入到正确位置后就停止本次插入。

所以创立一个遍历变量 j，j 的范围是 i~2（从后往前逐一比较），创立一个中间变量 t，用于交换两个变量的值。

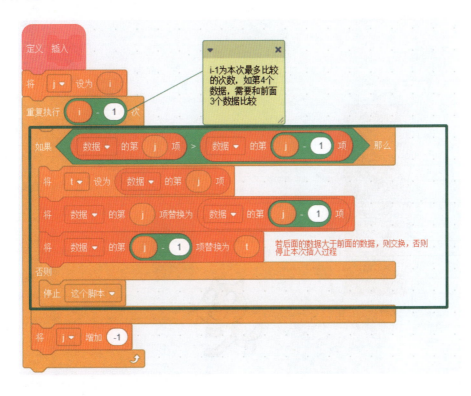

若需要对数据从小到大排序，只需要对"插入"积木程序修改如下：

定义 插入

将 j ▾ 设为 i

重复执行 i - 1 次

如果 < 数据 ▾ 的第 j 项 < 数据 ▾ 的第 j - 1 项 > 那么

　将 t ▾ 设为 数据 ▾ 的第 j 项

　将 数据 ▾ 的第 j 项替换为 数据 ▾ 的第 j - 1 项

　将 数据 ▾ 的第 j - 1 项替换为 t

否则

　停止 这个脚本 ▾

将 j ▾ 增加 -1

效果如下：

	数据
1	1
2	2
3	4
4	4
5	5
6	6
7	6
8	6
9	10
10	10
+	长度10 =

查找

查找是指在一组数据中，查找一个指定的数据。

查找结果可能是没有该数据，可能是只有一个该数据，也可能是有很多个该数据。

如有一组数据（10，12.3，56，-12，0，45.9，456），查找指定数据：56。

结果：在位置 3 找到一个指定数据。

如有一组数据（10，12.3，56，-12，0，45.9，456），查找指定数据：100。

结果：没有找到该指定数据。

如有一组数据（10，12.3，56，-12，0，12.3，456），查找指定数据：12.3。

结果：在位置 2 和位置 6 均找到该指定数据。

 顺序查找

顺序查找又叫线性查找，是最基本的查找技术，它的查找过程是：从表中第一个（或者最后一个）记录开始，逐个进行记录的值和查找目标比较，若某个记录的值和查找目标相等，则查找成功，找到所查的记录。如果直到最后一个（或者第一个）记录，其值和查找目标比较都不等时，则表中没有所查的记录，查找不成功。

在以下表中查找目标"45.9"，过程如下：

表	10	12.3	56	-12	0	45.9	456
位置	1	2	3	4	5	6	7

（1）45.9 和表中第 1 个数据 10 比较，不相等，往后继续找。

45.9不等于10，往后继续找

目标值	45.9						
表	10	12.3	56	−12	0	45.9	456
位置	1	2	3	4	5	6	7

（2）45.9 和表中第 2 个数据 12.3 比较，不相等，往后继续找。

45.9和12.3不相等，往后继续找

目标值		45.9					
表	10	12.3	56	−12	0	45.9	456
位置	1	2	3	4	5	6	7

（3）45.9 和表中第 3 个数据 56 比较，不相等，往后继续找。

45.9不等于56，往后继续找

目标值			45.9				
表	10	12.3	56	−12	0	45.9	456
位置	1	2	3	4	5	6	7

（4）45.9 和表中第 4 个数据 −12 比较，不相等，往后继续找。

45.9不等于−12，继续往后找

目标值				45.9			
表	10	12.3	56	−12	0	45.9	456
位置	1	2	3	4	5	6	7

（5）45.9 和表中第 5 个数据 0 比较，不相等，往后继续找。

45.9不等于0，往后继续找

目标值					45.9		
表	10	12.3	56	−12	0	45.9	456
位置	1	2	3	4	5	6	7

（6）45.9 和表中第 6 个数据 45.9 比较，相等，找到了（根据实际要求，可以继续往后找，也可以终止查找）。

45.9等于45.9，找到了

目标值						45.9	
表	10	12.3	56	−12	0	45.9	456
位置	1	2	3	4	5	6	7

若在 n 个数据中查找目标数据，使用顺序查找，运气好的话，1 次就找到了，运气最不好的话，查找 n 次也可以获得结果。

编程实现：

（1）创建一个"数据"列表，来保存数据序列。

（2）创建一个变量 k，保存输入的查找目标值。

创建一个遍历变量 n，n 初始值为 0，n 的值不断增加 1，对应地"数据"列表第 n 项的值不断和 k 比较，若相等就说"找到了"，并停止循环不再往后找，若全部数据都比较了，均不相等，就说"查无此值！"

按下空格键，开始输入查找目标值。

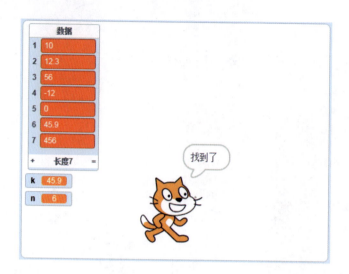

我们发现，顺序查找可以看作是"枚举算法"在某一个领域的一个具体运用。其实很多问题均可以使用枚举算法来解决，枚举算法很暴力，但枚举算法很有用，也是其他算法的一个基础。

顺序查找对于原数据是否有序（降序或升序）没有要求。如对于（1,2,3,4,5,6）或者（1,5,2,4,3,6）算法是一样的。

案例2 二分查找

二分查找是一种算法，其输入是一个有序的元素列表（必须是有序的），如果查找的元素包含在列表中，二分查找返回其位置，否则返回"没有该数据"。

比如，有一个1~100的数字，我随机地选择其中一个数字（假设为60），你需要以最少的次数猜到我所选择的数字，每次猜测后，我会告诉你大了、小了或对了。

假设你第一次从1开始猜，小了；

第二次：2 小了；

第三次：3 小了；

……

第五十九次：59 小了；

第六十次：60 对了。

这是顺序查找，每次猜测只能排除一个数字，如果我想的数字是 100，那么你可能需要从 1 猜到 100 了。

那么有没有更好的查找方式呢？答案当然是有的。

如果我选的数字是 60。

第一次：你从 50（1~100 的一半）开始猜，那么我告诉你小了，就排除了接近一半的数字，因为你至少知道 1~50 都小了。

第二次：你猜 75（50~100 的一半），那么我告诉你大了，这样剩下的数字又少了一半！或许你已经想到了，我们每次猜测都是选择了中间的那个数字，从而使得每次都将余下的数字排除了一半。

第三次：接下来，很明显应该猜测 63（50~75 的一半），大了。

第四次：然后你猜 56（50~63 的一半），小了。

第五次：然后你猜 59（56~63 的一半）小了。

第六次：猜测 61（59~63 的一半），大了。

第七次，你就能很明确地告诉我，答案是 60（59~61 的一半）！

这样的查找方式，很明显比第一种要高效很多。第一种需要猜测 60 次才能猜出正确答案，而使用第二种方式，只需要七次就能猜出正确答案。

或许看到这里你已经明白了，这就是二分查找的方法。为什么二分查找要求有序（升序或者降序均可），从这里也可以看出来。

图解二分查找

从（10,14,21,38,45,47,53,81,87,99）有序序列中查找 47 的位置。

此实现过程的实施是通过变量 left 和 right 控制一个循环来查找元素（其中 left 和 right 是正在查找的有序序列的左边界值和右边界值）。

首先，将 left 和 right 分别设置为 1 和 10。

在循环的每次迭代过程中，将 middle 设置为 left 和 right 之间区域的中间值向下取整。

如 left=1，right=10 时，middle 等于 ![向下取整 (1 + 10) / 2]，也就是 5。

如果处于 middle 的元素比目标值小，将左索引值移动到 middle 后的一个元素的位置上。也就是 left=middle+1，right 不变，即下一组要搜索的区域是当前数据集的右半区。

如果处于 middle 的元素比目标元素大，将右索引值移动到 middle 前一个元素的位置上。

也就是 right=middle−1，left 不变，即下一组要搜索的区域是当前数据集的左半区。

随着搜索地不断进行，left 从左向右移，right 从右向左移。

一旦在 middle 处找到目标，查找将停止。

如果没有找到目标，right 将小于 left。下图演示了此过程。

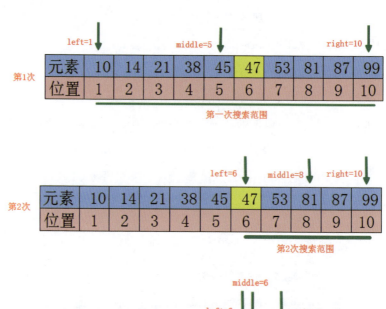

代码如下：

（1）首先创建一个"数据"列表，并输入有序元素。

（2）建立一个变量 k，代表要查找的目标元素，按下空格键开始查找。

（3）建立一个 left 变量，代表要搜索范围左边界，初始值等于 1；建立一个 right 变量，代表要搜索范围右边界，初始值等于 10（此处只有 10 个元素）；建立一个 middle 变量，代表要搜索范围中央位置；如 left=1，right=10 时，middle 等于 向下取整 （1 + 10）/ 2，也就是 5。

随着搜索的不断进行，left 从左向右移，right 从右向左移。

一旦在 middle 处找到目标，查找将停止；如果没有找到目标，right 将小于 left。

代码如下：

```
当按下 空格▼ 键
询问 请输入要查找数据的值！ 并等待
将 k▼ 设为 回答
将 left▼ 设为 1
将 right▼ 设为 数据▼ 的项目数
重复执行直到 right < left
    将 middle▼ 设为 向下取整▼ ( left + left ) / 2
    如果 k > 数据▼ 的第 middle 项 那么
        将 left▼ 设为 middle + 1
    如果 k < 数据▼ 的第 middle 项 那么
        将 right▼ 设为 middle - 1
    如果 k = 数据▼ 的第 middle 项 那么
        说 连接 连接 找到了，在第 和 middle 和 项。 2 秒
        停止 全部脚本▼
说 无此数据 2 秒
```

第6章　进制转换

在学习进制之前，必须先聊聊数字起源这个话题。

数字起源

根据史料记载："鞑靼无文字，每调发军马，即结草为约，使人传达，急于星火。"这是用结草来调发军马，传达要调的人数，也就是我们说的结绳计数。

其实大约在 300 万年前，处于原始社会的人类用在绳子上打结的方法来计数，并以绳结的大小来表示野兽的大小。数的概念就是这样逐渐发展起来的，而数学也就是从结绳计数开始的。

所谓的结绳法是以绳子上打结的数量来表示事物的多少，结成的形状和大小都可以用来表示不同的含义。

在我国古代的甲骨文中，数学的"数"，它的右边表示一只右手，左边则是一根打了许多绳结的木棍："数"者，图结绳而记之也。

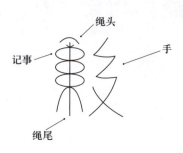

结绳法很具体有效，也易懂，但是结绳法最大的不足就是烦琐且浪费时间，保存也不方便，所以后期才慢慢有了书契。

书契，就是刻、划，在竹、木、龟甲或者骨头、泥版上留下刻痕，留下"记"号。《释名》一书中说："契，刻也，刻识其数也。"意思是在某种物件上刻划一些符号，以计数。

随着不断演变逐渐形成了现在更具抽象意义的数字，直至今日的阿拉伯数字和进制。

何为进制？

进制也就是进位计数制，是人为定义的带进位的计数方法（有不带进位的计数方法，比如原始的结绳计数法，唱票时常用的"正"字计数法）。对于任何一种进制——×进制，就表示每一位置上的数运算时都是逢×进一位。十进制是逢 10 进 1，十六进制是逢 16 进 1，二进制就是逢 2 进 1，以此类推，×进制就是逢×进位。

人类天然选择了十进制。

由于人类解剖学的特点，双手共有十根手指，故在人类自发采用的进位制中，十进制是使用最为普遍的一种，而原始人类在需要计数的时候，首先想到的就是利用天然的算筹——手指来进行计数。

计算机为什么采用二进制

（1）技术实现简单：计算机是由逻辑电路组成，逻辑电路通常只有两个状态，开关的接通与断开，这两种状态正好可以用"1"和"0"表示。

（2）简化运算规则：两个二进制数和、积运算组合各有四种，运算规则简单，有利于简化计算机内部结构，提高运算速度。

0+0=0，0+1=1，1+0=1，1+1=10

0×0=0，0×1=0，1×0=0，1×1=1

（3）适合逻辑运算：逻辑代数是逻辑运算的理论依据，二进制只有两个数码，正好与逻辑代数中的"真"和"假"相吻合。

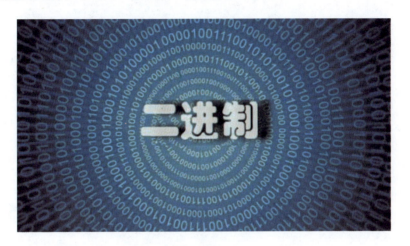

进制转换

十进制

十进制：用 0,1,2,3,4,5,6,7,8,9 十个数字来表示；

$(156.23)_{10}$ 表示十进制的 156.23；

$(156.23)_{10} = 100+50+6+0.2+0.03 = 1 \times 10^2 + 5 \times 10^1 + 6 \times 10^0 + 2 \times 10^{-1} + 3 \times 10^{-2}$

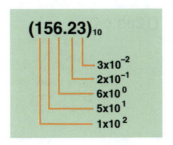

二进制

二进制：用 0,1 两个数字来表示。

(1011.11)$_2$ 表示二进制的 1011.11；

(1012.11)$_2$ 是错误的二进制表示；

二进制 怎么转化为十进制呢？

(1011.11)$_2$ $=1\times2^3+0\times2^2+1\times2^1+1\times2^0+1\times2^{-1}+1\times2^{-2}=8+0+2+1+0.5+0.25=$
(11.75)$_{10}$

也就是 (1011.11)$_2$ $=$(11.75)$_{10}$。

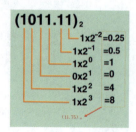

十六进制

十六进制：用 0,1,2,3,4,5,6,7,8,9,a,b,c,d,e,f 表示，其中 a 代表 10，b 代表 11，c 代表 12，d 代表 13，e 代表 14，f 代表 15。字母 a,b,c,d,e,f 也可以都用大写的 A,B,C,D,E,F 来表示。

(12ab.c4)$_{16}$ 表示十六进制的 12ab.c4，十六进制 怎么转化为十进制呢？

(12ab.c4)$_{16}$ $=1\times16^3+2\times16^2+10\times16^1+11\times16^0+12\times16^{-1}+4\times16^{-2}$

$\qquad\qquad =4096+512+160+11+0.75+0.015625$

$\qquad\qquad =$(4779.765626)$_{10}$

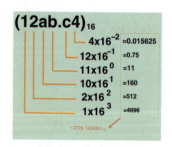

以上其他进制转十进制的转换方法，称为权相加法，2、16 称为权，把其他进制数先写成加权系数展开式，然后按十进制加法规则求和。

那么十进制整数怎么转换为其他进制呢？

十进制转其他进制采用短除法，以 29 为例转二进制，用 29 除以 2，商写在下面，余数写在商的右边，继续往下除，直到除到商为 0，将余数从下到上排列出来即可。

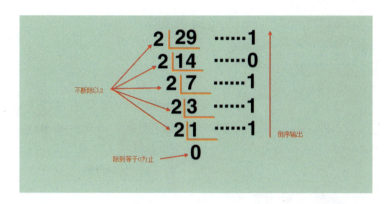

所以，$(29)_{10} = (11101)_2$。

编程实现进制转换

案例：十进制转二进制

题目描述：

十进制数转成二进制数，如十进制数 7 转成二进制数是 111。现在给定一个十进制正整数 x，请编写程序输出所对应的二进制数。

分析：

十进制转二进制采用短除法，不断除以 2 直到商等于 0，将余数逆序输出。

在此处怎么样得到商呢？

两种方法：

或者

代码如下：

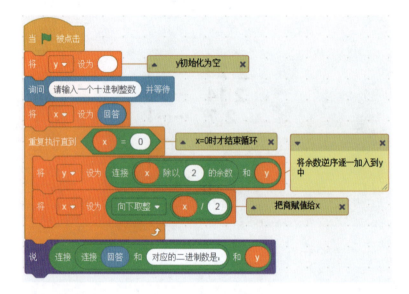

运行效果如下：

将代码修改一下，就可以实现十进制转八进制。

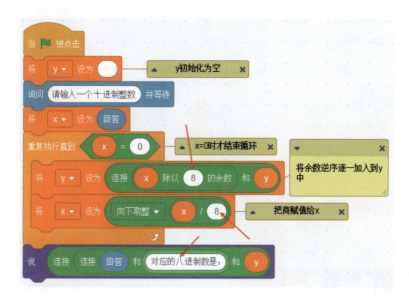

案例：十进制转十六进制

题目描述：

十进制数转成十六进制数，现在给定一个十进制正整数 ×，请编写程序输出所对应的十六进制数。

该案例和以上案例不同的地方就是余数 10 需要转化为 a，余数 11 需要转化为 b，余数 12 需要转化为 c，余数 13 需要转化为 d，余数 14 需要转化为 e，余数 15 需要转化为 f。

创建三个变量

代码如下：

案例：二进制转换为十进制

题目描述：

现在给定一个二进制正整数 x，请编写程序输出所对应的十进制数。

分析：

二进制转十进制的转换方法，称为权相加法，2 称为权，把二进制数先写成加权系数展开式，然后按十进制加法规则求和：

$(1011)_2 = 1 \times 2^3 + 0 \times 2^2 + 1 \times 2^1 + 1 \times 2^0$

显然，需要计算数的幂。在 Scratch 中有两个计算数的幂的积木。

 表示计算 10 的幂，如 10 ^ 2 为 100。

e ^ 表示计算自然常数 e 的幂，e 其值是 2.71828…。

我们这里需要不断计算 2 的幂，其实就是一个累乘问题，我们在第 2 章里面学习过。

如下代码计算 2 的 4 次方：

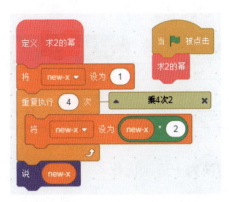

完整解决方案如下：

（1）创建 x 变量，代表输入的二进制正整数。

（2）创建 new-x 变量，代表 2 的几次方。

（3）创建 i 变量，用于遍历 x 变量的每位数。

（4）创建 sum 变量，代表 x 的对应十进制数。

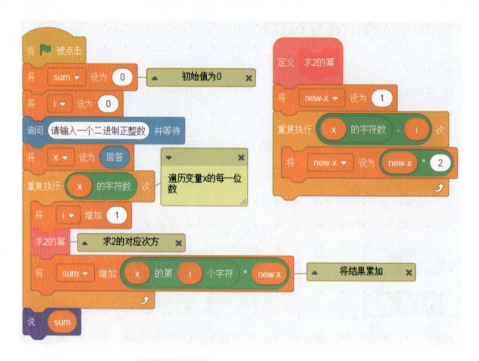

假设 x=1011，则 x 的字符数 为 4。

程序运行过程变量的值变化如下：

i	x 的字符数 - i	new-x	x 的第 i 个字符 * new-x	sum
1	3	8	8	0+8=8
2	2	4	0	0+8+0=8
3	1	2	2	0+8+0+2=10
4	0	1	1	0+8+0+2+1=11

案例：二进制转换为十进制优化

假设我们输入的 x 的位数是有规定的，如不大于 20 或者 30 等，我们可以对以上程序予以优化，也就是让程序计算的次数变少，时间复杂度降低。

假设 x=（11111111111）$_2$

按照以上代码，计算机计算 2 的幂需要：

2^0 计算 1 次，2^1 计算 1 次。

$2^2=2×2$ 计算 1 次；$2^3=2×2×2$ 计算 2 次；$2^4=2×2×2×2$ 计算 3 次。

$2^5=2×2×2×2×2$ 计算 4 次；$2^6=2×2×2×2×2×2$ 计算 5 次；$2^7=2×2×2×2×2×2×2$ 计算 6 次。

$2^8=2×2×2×2×2×2×2×2$ 计算 7 次；$2^9=2×2×2×2×2×2×2×2×2$ 计算 8 次；$2^{10}=2×2×2×2×2×2×2×2×2×2$ 计算 9 次；合计 47 次。

但是我们发现：若已经知道了 2^{n-1} 的值，则 $2^n=2^{n-1}×2$，只要计算一次即可，这样就会大大提高速度，也许你觉得没必要，反正计算机运算速度快，但是当我们面对大量的数据的时候，优化我们的算法就显得至关重要！

这也是我们学习和探索算法的重要意义！

为此，我们需要建立一个列表，事先依次保存 2^0、2^1、2^2、2^3、2^4、2^5、2^6 等等的值。

需要的时候直接从表中调出使用即可！

有人把这称为"记忆存储"，有人也把这称为"打表"，有人说是"空间换时间"。

要记住这些名词哦，否则学编程的同学在你面前说出这些词，你不明白的话，不是很尴尬吗？

现在开始打表。

创建一个"new-x"变量和一个"2 的幂"列表。

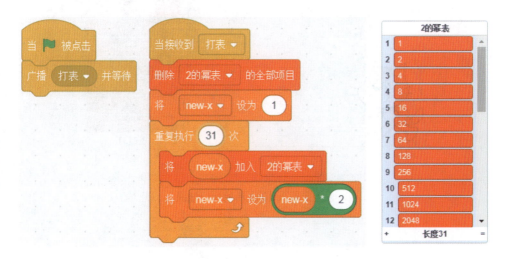

运行本程序后，将把 2^0、2^1、2^2、2^3、2^4、2^5、2^6、…、2^{30} 的值均存入列表，如上图，且只计算了 31 次。

其他代码如下：

以上是输入 1011 后的运行结果

第 7 章

求最大公约数的其他算法

两个数共有的约数叫作它们的公约数，其中最大的叫作它们的最大公约数，我们在第 3 章使用枚举法已经求过最大公约数，在本章，我们将学习其他的算法来求最大公约数。

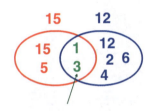

上图，1 和 3 是 15 和 12 的公约数，3 是他们的最大公约数。

下面我们将分别介绍使用辗转相除法、辗转相减法来求两个数的最大公约数。

 辗转相除法

辗转相除法，又称欧几里德算法，用于计算两个正整数 a、b 的最大公约数。它是已知最古老的算法，其可追溯至公元前 300 年前。

辗转相除法的算法步骤是：

（1）对于给定的两个正整数 a、b，若 a<b，则交换 a，b 的值，保证 a ≥ b。

（2）用 a 除以 b 得到余数 c，若余数 c 不为 0，就将 b 和 c 构成新的一对数（a=b，b=c），继续上面的除法，直到余数 c 为 0，这时 b 就是原来两个数的最大公约数。

因为这个算法需要反复进行除法运算，故被形象地命名为"辗转相除法"。

举例说明：

用辗转相除法求 15 和 12 的最大公约数。

第一次：用 15 除以 12，余 3。

第二次：用 12 除 3，余 0；这时就得到 15 和 12 的最大公约数是 3。

用辗转相除法求 255 和 75 的最大公约数。

第一次：用 255 除以 75，余 30。

第二次：用 75 除 30，余 15。

第三次：用 30 除 15，余 0；这时就得到 255 和 75 的最大公约数是 15。

编程如下：

（1）创立两个变量 a，b，并比较他们的大小，保证 a ≥ b：

（2）创立一个变量 c，为 a 除以 b 的余数。

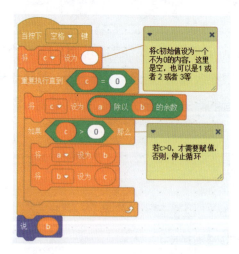

辗转相减法

辗转相减法是一种简便地求出两数最大公约数的方法。

辗转相减法（求最大公约数），即尼考曼彻斯法，其特色是做一系列减法，从而求得最大公约数。

例如，两个自然数 a=35 和 b=14，用大数减去小数，(35,14) → (21,14)（a=21 为大数 35– 小数 14 的差）→ (7,14)（a=7 为大数 21– 小数 14 的差），此时，7 小于 14，要做一次交换，把 14 作为被减数，即 (14,7) → (7,7)（a=7 为大数 14– 小数 7 的差），这样也就求出了最大公约数 7。

例如，两个自然数 a=255 和 b=75，用大数减去小数，(255,75) → (180,75) → (105,75) → (30,75)。

此时，30 小于 75，要做一次交换，把 75 作为被减数，即 (75,30) → (45,30) → (15,30)。

此时，15 小于 30，要做一次交换，把 30 作为被减数，即 (30,15) → (15,15)，这样也就求出了最大公约数 15。

编程算法如下：

（1）创立和输入两个变量 a 和 b。

（2）创立一个临时变量 t，用于交换数据，若 a 小于 b，则交换两个 a 和 b 的值，从而保证 a 是大数，然后将 a–b 的值赋值给 a，不断重复以上步骤，直到 a 等于 b。

完整代码如下：

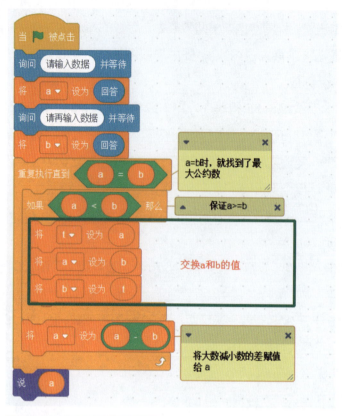

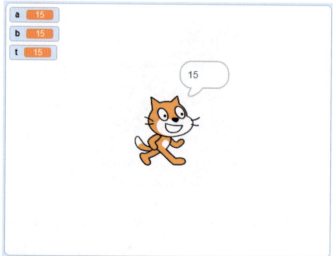

以上是求 255 和 75 的最大公约数的运行结果。

列表去重，就是把一组有重复数据的数据序列，删除重复的数据。如（1,6,1,8,8,9,8,8,3），去重后得到（1,6,8,9,3）。

这并不是一个特殊的具体的算法，却在很多比赛活动中遇到，所以我们一起来研究一下。

去重图解

数据	1	6	1	8	8	9	8	8	3
位置	1	2	3	4	5	6	7	8	9

原始数据

第1次：将位置1的数据"1"，逐一和后面的8个数据比较，是否相等，若相等则将该数据做一个标签，这里采用将该数据修改为"a"的办法，得到如下表格。

数据	1	6	a	8	8	9	8	8	3
位置	1	2	3	4	5	6	7	8	9

第2次：若位置2的数据不等于"a"，则将位置2的数据，逐一和后面的7个数据比较，是否相等，若相等则将该数据做一个标签，这里采用将该数据修改为"a"的办法。本次没有修改，得到如下表格。

数据	1	6	a	8	8	9	8	8	3
位置	1	2	3	4	5	6	7	8	9

第3次：位置3的数据等于"a"，本次无须比较，直接跳过，得到如下表格。

数据	1	6	a	8	8	9	8	8	3
位置	1	2	3	4	5	6	7	8	9

第4次：位置4的数据等于8，不等于"a"，则将位置4的数据，逐一和后面的5个数据比较，是否相等，若相等则将该数据做一个标签，这里采用将该数

据修改为 "a" 的办法，得到如下表格。

数据	1	6	a	8	a	9	a	a	3
位置	1	2	3	4	5	6	7	8	9

第 5 次： 位置 5 的数据等于 "a"，本次无须比较，直接跳过，得到如下表格。

数据	1	6	a	8	a	9	a	a	3
位置	1	2	3	4	5	6	7	8	9

第 6 次： 位置 6 的数据等于 9，不等于 "a"，则将位置 6 的数据，逐一和后面的 5 个数据比较，是否相等，若相等则将该数据作一个标签，这里采用将该数据修改为 "a" 的办法，得到如下表格。

数据	1	6	a	8	a	9	a	a	3
位置	1	2	3	4	5	6	7	8	9

第 7 次： 位置 7 的数据等于 "a"，本次无须比较，直接跳过，得到如下表格。

数据	1	6	a	8	a	9	a	a	3
位置	1	2	3	4	5	6	7	8	9

第 8 次： 位置 8 的数据等于 "a"，本次无须比较，直接跳过，得到如下表格。

数据	1	6	a	8	a	9	a	a	3
位置	1	2	3	4	5	6	7	8	9

以上 8 次将重复的数据都做了标志。

9 个数据去重，需要比较 8 次，每次都要和后面的数据逐一比较。

如第 4 次，需要和后面的 5 个数据比较，5=9-4。

如第 6 次，需要和后面的 3 个数据比较，3=9-6。

接下来，我们只要遍历该新的数据序列（1,6,a,8,a,9,a,a,3），将不等于 "a" 的数据按序提出来即可。得到我们需要的去重后的数据序列：

数据	1	6	8	9	3

对某些数据做标签，是我们经常需要使用的办法。

编程实现

（1）创建一个"原始数据"的列表，将 10 个随机数保存入列表：

（2）创建一个"n"遍历变量，代表次数，这里 n 的范围是 1~9，如下：

（3）创建一个"m"遍历变量，代表每次需要比较的次数，m 的范围是从 n+1~10，如下：

（4）将重复数据修改为 "a"；

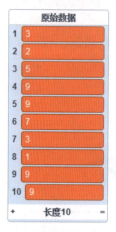

按下空格键前数据

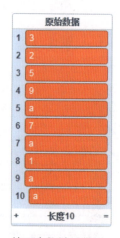

按下空格键后数据

（5）接下来，要将数据 "a" 去掉，有两个方法：

1）创建一个新的数据列表 "去重后数据"，将有效数据加入新的数据列表中。

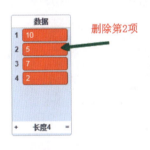

2）直接在"原始列表"中将所有数据"a"删除。

在 Scratch 列表中，删除数据是这样一个操作过程，如我们想删除如下列表第 2 项。

应该使用积木：

将会得到如下列表：

原第 2 项数据"5"被删除，但第 2 项并不会空着，而是被原第 3 项数据"7"代替，原第 3 项被原第 4 项代替。

我们明白了 Scratch 中列表删除的含义，接下来我们编程如下：

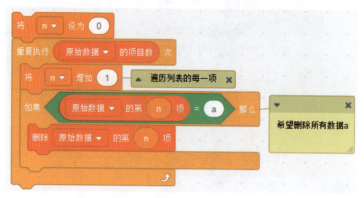

图一

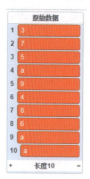

左边数据是我们将重复数据都做了标签后的结果，当我们运行"图一"代码后，会得到右图数据，发现只能删除单个 a，不能删除连续 2 个 a，这是因为"图一"代码只是将一个项目数据监测一次是否是 a，如删除第 9 项数据 a 后，原第 10 项数据 a 变成了第 9 项，该 a 并没有监测。

所以"图一"代码如下修改，就可以了。

关于算法学习

（1）算法的学习，是一件非常有乐趣的事情，关键是我们需要透彻理解和掌握算法的各个步骤，大家可以尝试用笔和纸一步一步地推理，也可以用表格如 Excel 来推演算法的各个步骤，多推演几次非常重要，这是学好算法的核心。

（2）算法需要编程实现，一个算法只能用 Scratch 来编程吗？显然是错误的，同一个算法可以使用各种编程语言来实现，Scratch 因为直观非常适合编程入门，所以大多数孩子刚开始学习编程一般会使用 Scratch。

（3）本书算法知识只是抛砖引玉，更多精彩算法等着你去探索！

（4）当孩子已经掌握了一定的编程知识和逻辑思维时，同时孩子也能静下心主动学习，这时候可以根据情况转为代码编程，如 C++ 或者 Python，什么时候转？什么孩子可以转？还是需要因人而异，没有一个统一的标准。

A 路段车辆流量统计和智能停车

该作品为学生参加"全国 2019 中小学电脑制作活动"的作品，获得全国三等奖。

设计目标

（1）统计某路段车辆流量。

（2）车辆经红灯停绿灯行。

（3）在满足条件的情况下，点击车辆，车辆会自动入库。

（4）在车库内点击车辆，车辆会自动驶离。

（5）利用配角角色营造一个公园的氛围。

功能图

开始背景　运行界面

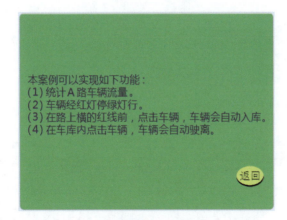

说明背景　运行界面

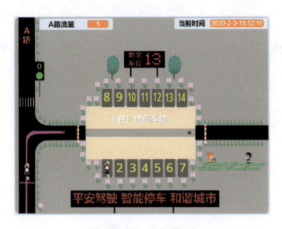

道路背景　运行界面

舞台背景清单:

开始背景:点击绿旗时出现的背景,同时出现的还有"标题""说明按钮""进入按钮""车辆"四个角色。

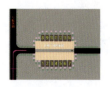

道路背景:左边为道路,汽车由下往上行驶,中间为停车场,14个停车位。地面有一段红色指示线,为指引汽车驶入停车场使用。

说明背景:点击"说明按钮"后出现的背景,用于对作品进行说明,这是一个完整的作品必须具有的。

角色清单图:

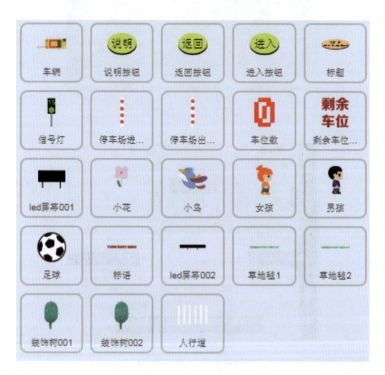

角色说明表 1

角色名称	造型数量	角色作用	小　图
车辆	4	为本作品主角，需要用到克隆体	
说明按钮	1	点击该按钮，背景切换到说明背景	说明
返回按钮	1	点击该按钮，背景切换到开始背景	返回
进入按钮	1	点击该按钮，背景切换到道路背景，作品开始	进入
标题	1	点击绿旗时动态出现，为作品的标题	A 路车辆流量统计和智能停车系统
信号灯	47	其中红灯 16 个，从 0~15 秒，绿灯 31 个，从 0~30 秒，1 秒切换一次造型	
停车场进口杆	1	默认将驶入口关闭，有车驶入打开，然后又关闭	
停车场出口杆	1	默认将驶出口关闭，有车驶出打开，然后又关闭	
车位数	15	造型显示 0~14，造型实时和空车位数量对应	11
剩余车位	1	显示作用，固定不动	剩余车位

角色说明表 2

角色名称	造型数量	角色作用	小　图
led 屏幕 001	1	模拟 led 屏幕，营造氛围，固定不动	
小花	1	显示日期、时间，实时和系统同步	
小鸟	2	营造公园氛围，会不定时播放小鸟声音	
女孩	2	营造公园氛围，和男孩一起踢球	

续表

角色名称	造型数量	角色作用	小　图
男孩	2	营造公园氛围，和女孩一起踢球	
足球	1	营造公园氛围	
标语	1	营造公园氛围	
led 屏幕 002	1	显示"标语"，营造公园氛围	
人行道	1	装饰使用	

草地毯 1、草地毯 2、装饰树 001、装饰树 002 都是装饰使用

变量清单

变量名称	变量作用	备　注
当前时间	为系统当前的年、月、日、小时、分钟、秒	全局变量
还有车位	表示空车位数量，初始值为 14	全局变量
还有车位2	表示空车位数量，初始值为 14	全局变量
红灯?	只有两个值"是""否"	全局变量
是否充满?	只有两个值"是""否"	全局变量
万松东路流量	统计汽车行驶到舞台顶部数量	全局变量
车位编号	遍历变量，用于寻找空车位	全局变量
汽车车位	汽车占用的车位编号	私有变量
速度	每辆汽车的行驶速度	私有变量

列表清单

列表名称	列表作用	备注
车位情况	只有两个值 0 表示空车位，1 表示有车	
车位 x	存放对应车位的 x 坐标	

舞台代码:

接收到对应消息, 舞台切换到不同背景。

说明 说明按钮代码:

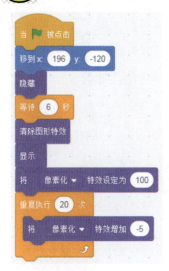

等待 6 秒是因为车辆角色有一个来回运动的动画, 需要 6 秒。

像素化动态显示是一个不错的动态效果。

鼠标碰到按钮, 颜色就改变。

鼠标离开按钮, 颜色又恢复。

达到一个不错的高亮显示的效果。

接收到不同消息，就做出对应的反应。

返回 返回按钮代码：

接收到不同消息，就做出对应的反应。

鼠标碰到按钮，颜色就改变。

鼠标离开按钮，颜色又恢复。

达到一个不错的高亮显示的效果。

进入 进入按钮代码：

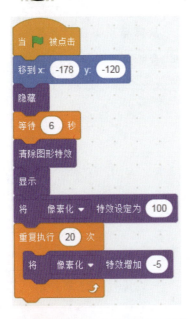

等待 6 秒是因为车辆角色有一个来回运动的动画，需要 6 秒。

像素化动态显示是一个不错的动态效果。

鼠标碰到按钮，颜色就改变。

鼠标离开按钮，颜色又恢复。

达到一个不错的高亮显示的效果。

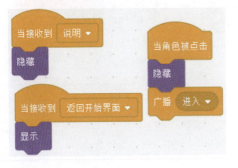

接收到不同消息，就做出对应的反应。

 标题代码：

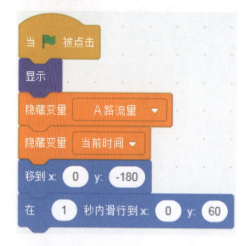

从舞台顶部滑行到舞台指定位置。

一边滑行一边像素化动态显示。

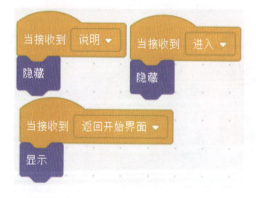

接收到不同消息，就做出对应的反应。

车辆在开始背景出现时的代码，其他代码最后介绍。

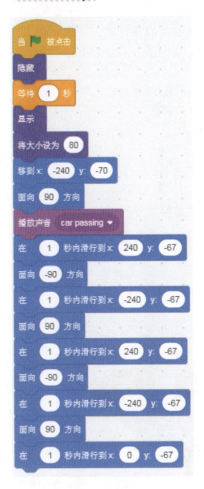

（1）等待 1 秒是为了标题滑行到位。

（2）一边播放汽车音效一边左右来回滑动，好的音效能为你的作品锦上添花。

（3）合计花费 6 秒时间。

人行道代码：

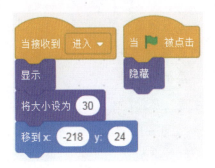

单击绿旗不可见，收到"进入"消息后显示在固定位置。

99

 装饰树 002 代码：

单击绿旗不可见，收到"进入"消息后显示在固定位置。

 装饰树 001 代码：

单击绿旗不可见，收到"进入"消息后显示在固定位置。

草地毯 1、草地毯 2 代码：

led 屏幕 002 代码：

单击绿旗不可见，收到"进入"消息后显示在固定位置。后移一层的目的是让"标语"显示在最上层。

平安驾驶 智能停车 和谐城市 标语代码：

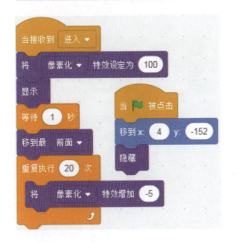

单击绿旗不可见，收到"进入"消息后像素化动态显示在固定位置，并移到最前面。

 小鸟代码：

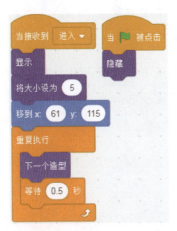

单击绿旗不可见，收到"进入"消息后显示在固定位置，并不断切换造型。

（1）音量是私有变量，也就是音量各个角色可不同。

（2）等待 1~10 秒，播放小鸟叫声。

（3）小鸟其实是一边叫一边切换造型，需要两个接收到"进入"消息。

 女孩和男孩代码：

 足球代码：

（1）单击绿旗时隐藏。

（2）收到"进入"消息后显示并将音量设置为 20%，播放踢球的音效。

（3）用 1 秒内滑行积木来模拟足球在女孩和男孩之间来回踢动的效果。

小花是要在屏幕上即时显示系统年、月、日、小时、分钟、秒。

如下格式：

当前时间　2020-2-3-17:55:55

要将 6 个系统变量组合起来，需要用到非常多的 。

代码如下：

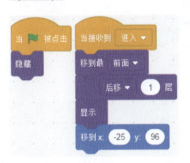

■ led 屏幕 001 代码：

单击绿旗不可见，收到"进入"消息后显示在固定位置，并后移一层。

剩余车位 剩余车位代码：

（1）单击绿旗时隐藏。

（2）收到"进入"消息后像素化动态显示在固定位置。

11 车位数角色有 15 个造型，如图所示，造型编号等于 1 的对应 0，造型编号等于 2 的对应 1…… 造型编号等于 15 的对应 14。

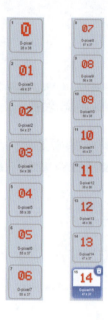

代码如下：

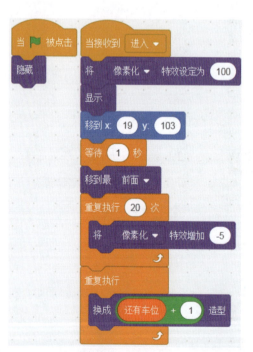

（1）单击绿旗时隐藏。

（2）收到"进入"消息后像素化动态显示在固定位置。

（3）造型一直保持和"还有车位"变量数据同步。

停车场出口杆角色代码如下：

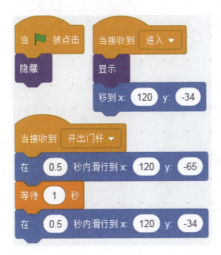

（1）单击绿旗不可见。

（2）收到"进入"消息后显示在固定位置。

（3）收到"开出门杆"消息后，0.5 秒滑出，然后等待 1 秒是为了保证汽车已经开出，然后 0.5 秒滑回原来位置。

停车场进口杆角色代码如下：

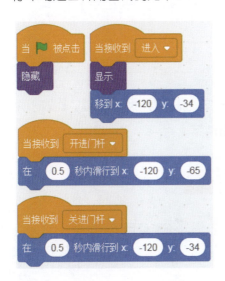

（1）单击绿旗不可见。

（2）收到"进入"消息后显示在固定位置。

（3）收到"开出门杆"消息后，0.5 秒滑出。

（4）收到"关进门杆"消息，0.5 秒滑回到原来的位置。

信号灯角色有 47 个造型，其中造型编号 1~16 的都是红灯，代码如下：

（1）单击绿旗不可见。

（2）收到"进入"消息后显示在固定位置。

（3）每等待1秒，切换到下一个造型，模拟红绿灯，若造型编号小于17则将变量"红灯？"设为是，否则设定为"否"。

汽车代码：

分析：

（1）源源不断的汽车要从舞台下方出发，显然需要用到克隆，而对于克隆体的编程，只能在"当作为克隆体启动"事件下。

那么怎么去判断克隆体是否被点击呢？显然不能使用"当角色被点击"事件，只能这样编程来实现：

那么怎么判断克隆体在某一个确定的位置被点击呢？可以使用系统变量"x坐标""y坐标"来判断，因为系统变量"x坐标""y坐标"是私有变量。

代码参考如下：

这里放你需要的代码

以上代码是克隆体在 y 坐标等于 -100 或 35 的位置时被鼠标单击。

（2）为了两个克隆体汽车在行驶过程中不至于叠压在一起，在所有汽车造型中，给汽车添加了一个同样的尾气。

当汽车碰到尾气颜色时，就停止运动和停止克隆：

（3）在横的红线前鼠标单击汽车，在停车场有空车位的情况下，该汽车需要自动按照红色指示路线前进到停车场入口，如下图：

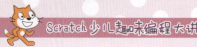 

为了汽车能自动按照不规则路线行驶，给汽车造型设立了两个不同颜色的汽车灯，如下图。

控制代码如下：

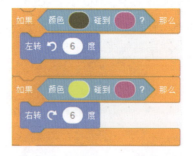

（4）怎么知道 1~14 号车位的位置？怎么判断车位是否为空？

由于车位不是角色，而是舞台背景的一部分，所以我们只能采用列表来保存车位的情况，创建两个列表，一个是车位情况，一个是车位 x。

"车位情况"列表只有 14 个记录，其值只有 0 和 1，代表对应车位是否有车，0 表示无车，1 表示有车。第 1 项表示车位 1 的停车情况，第 2 项表示车位 2 的停车情况，依此类推。

"车位 x"列表只有 14 个记录，其值为 1~14 号车位的 x 坐标，1~14 车位的 y 坐标只有两个值，就不需要使用列表或者变量去保存了。

有关代码如下：

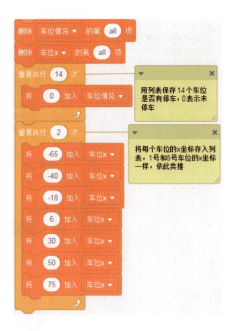

下面是汽车本体的代码：

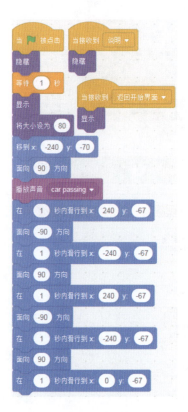

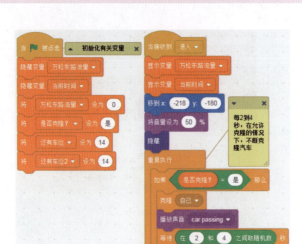

下面是汽车克隆体的代码：

下面是汽车克隆体的代码:

```
当作为克隆体 启动时
重复执行                        判断是否需要和可以进
                               入停车场
   如果  y 坐标  < -120  与  碰到  鼠标指针 ▾  ?  与  按下鼠标?  与  还有车位2 ▾  > 0   那么
      将  还有车位2 ▾  增加  -1
      将  速度 ▾  设为  在  5  和  15  之间取随机数  / 10         在y坐标小于-120并且被鼠标单击
                                                                并且有空车位的情况下,汽车开
      重复执行                                                    始按照红色指示线行驶
         如果  颜色  ● 碰到  ● ?  那么        利用汽车的两个不同颜
            左转 ↺  6  度                    色的车灯判断,保证汽
                                             车按照地面红色驶入到
                                             停车场入口
         如果  颜色  ● 碰到  ● ?  那么
            右转 ↻  6  度
                                             没有空车位则说"车位已满"
   如果  y 坐标  < -120  与  碰到  鼠标指针 ▾  ?  与  按下鼠标?  与  还有车位2 ▾  = 0   那么
      说  车位已满!  2  秒
```

下面是汽车克隆体的代码:

```
当作为克隆体 启动时
等待  碰到颜色  ● ?  与  停车场进口杆 ▾  的  y 坐标 ▾  = -34      到达停车场入口、进口
                                                              杆保持关闭状态
广播  开进门杆 ▾
等待  停车场进口杆 ▾  的  y 坐标 ▾  = -65      通知"停车场进口杆"打开
面向  90  方向      方向调整好
在  1.2  秒内滑行到 x: -95 y: y 坐标      滑入停车场
广播  关门杆 ▾      通知进口杆关闭
将  车位编号 ▾  设为  1
重复执行直到  车位情况 ▾  的第  车位编号  项 = 0      按照停车位编号顺序,
   将  车位编号 ▾  增加  1                          从小到大寻找第一个空
                                                   的车位
将  汽车车位 ▾  设为  车位编号
将  车位情况 ▾  的第  车位编号  项替换为  1
将  还有车位 ▾  增加  -1   ◀ 空车位减少1个      车辆需要进入该车位,
                                              所以该车位数据需要修
                                              改为1
```

下面代码接入上面代码尾部：

下面是汽车克隆体的代码：

下面代码接入上面代码尾部：

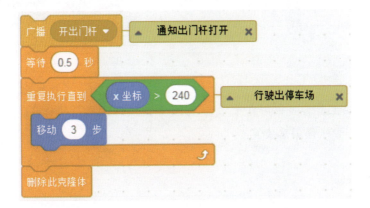

总结：

（1）本作品是 Scratch 编程的一个具体应用，大家一般都是用 Scratch 来制作游戏、动画等，这样会误导学员，其实 Scratch 编程也可以帮助我们解决生活中或学习中的问题，而不只是局限于游戏和动画。

（2）一个优秀的作品，创意是非常重要的，技术再优秀没有一个好的创意去引领，作品也不能获得认可。

第 10 章

机械臂助力
垃圾分类

该作品为学生参加"中国电子学会 2019 全国编程比赛"的作品，获得浙江省一等奖，晋级全国总决赛。

作品介绍

（1）首先出现一只机器狗，文字和语音同步旁白，文字以打字效果的形式出现，右上角出现一个声音开关，单击该开关可以"开""关"背景音乐，鼠标自始至终有一个"跟随效果"。

（2）机器狗请使用者输入密码，密码正确进入加载页面，密码不正确，则文字和语音提示"输入错误，密码是'垃圾分类'"后停止全部。

（3）密码正确，出现一个加载动画，如右图。

（4）加载完毕，出现一个变大变小的"play"按钮，单击该按钮进入下一个页面，单击右上角声音开关可以打开和关闭背景音乐。

（5）单击"play"后，出现以上页面，再次出现机器狗，机器狗文字和语音同步说明机械臂助力垃圾分类操作规则：

Q 键和 W 键控制一号臂的旋转，A 键和 S 键控制二号臂的旋转，Z 键和 X 键控制三号臂的旋转，三号臂吸力头碰到垃圾即可抓住垃圾，在对应垃圾桶上方，按下空格键垃圾就会掉下，分类错误三次游戏失败，分类正确六次游戏胜利。

（6）每游戏失败一次，左下角角色的造型会对应调整。

右上角为机械臂旋转速度调整按钮，每单击一次会加速机械臂旋转速度。

（7）分类失误和分类成功会出现以下不同文字和语音提示。

（8）以下是游戏成功和失败背景。

舞台背景小图和代码：

角色清单图：

角色说明表

角色名称	造型数量	角色作用	小 图	
垃圾桶	2	为本作品主角，四个颜色不一样垃圾桶，用颜色侦测来识别垃圾桶		
旁白机器狗	1	出现在不同的场合，语音和文字同步旁白，起到一个解说员的作用		
加载垃圾桶	9	通过造型的变化，达到一个加载效果		

角色说明表

角色名称	造型数量	角色作用	小 图
play 按钮	1	单击该按钮，进入游戏页面	play
机械臂 1	1	机械臂 1 可以带动机械臂 2、机械臂 3 旋转，抓取垃圾	
机械臂 2	1	机械臂 2 可以带动机械臂 3 旋转，抓取垃圾	
机械臂 3	1	机械臂 3 除了可以跟随机械臂 1、机械臂 2 旋转，本身也可以旋转，垃圾碰到机械臂 3 的蓝色部分，则被抓取	
加速按钮	5	单击该按钮，该按钮造型会改变，机械臂旋转速度和该按钮造型同步	×3
垃圾	13	13 个造型里面包括了四类垃圾，垃圾会出现在舞台随机位置，被 3 号机械臂抓取则一直跟随 3 号机械臂移动，直到按下空格键，则自由落体，掉到正确的垃圾桶加分，掉到错误的垃圾桶减命，掉到其他地方不加分不减命	
声音开关	2	控制背景音乐的播放	
鼠标炫酷效果	1	不断克隆，克隆体一直跟随鼠标	
标题	1	标题	垃圾分类 小能手
生命	4	分类失误一次，生命少 1，生命 =0，失败	✗✗✗
加载说明	6	造型改变，营造一个加载效果	加载中...

变量清单

变量名称	变量作用	备 注
得分	初始值 =0，每正确分类一次垃圾加 1 分，得到 6 分，游戏胜利	全局变量
机械臂速度	初始值 =1，和加速按钮的造型同步	全局变量
克隆体的造型名称	为当前垃圾的造型名称	全局变量
正确垃圾种类	为当前垃圾的正确分类	全局变量
错误垃圾种类	为垃圾掉入的垃圾桶的分类	全局变量
台词指针	用于打字说话效果	机器狗的私有变量
已说过的台词	用于打字说话效果	机器狗的私有变量
按钮开关	控制 play 按钮变大变小	play 按钮的私有变量

列表清单：

四个列表，保存垃圾的分类，将"垃圾"角色的 13 个造型名称逐一对应正确地存入以上列表。

鼠标炫酷效果代码：

本体隐藏，每 0.05 秒克隆自己 1 次。

克隆体显示在鼠标处，然后向上方移动，同时不断虚化。

 声音开关代码：

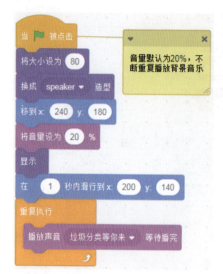

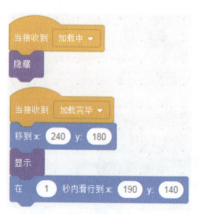

旁白机器狗代码 1：

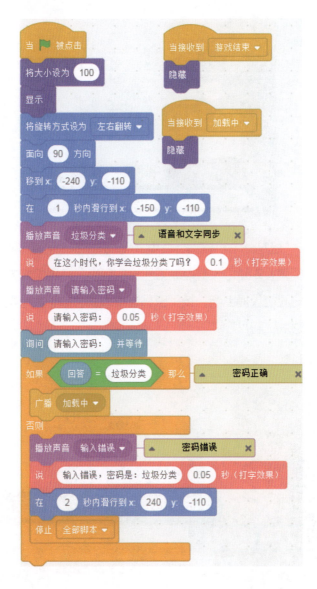

旁白机器狗代码 2：

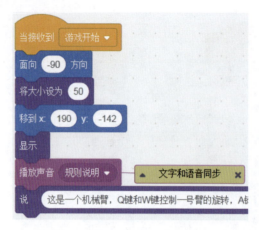

全部文字是："这是一个机械臂，Q 键和 W 键控制一号臂的旋转，A 键和 S 键控制二号臂的旋转，Z 键和 X 键控制三号臂的旋转，三号臂吸力头碰到垃圾即可抓住垃圾，在对应垃圾桶上方，按下空格键垃圾就会掉下。分类错误三次游戏失败，正确六次游戏胜利！"

加载垃圾桶代码：

加载垃圾桶有 9 个造型，通过造型的不断变化制造一个加载动画效果。

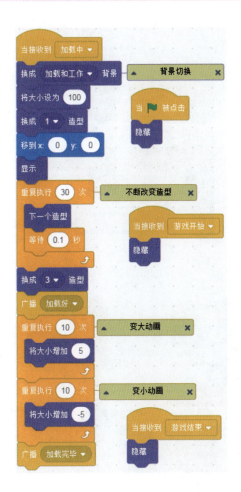

加载中....加载说明代码：

加载说明有 6 个造型，配合加载垃圾桶，通过造型的不断变化制造一个加载动画效果。

垃圾分类
小能手 标题代码：

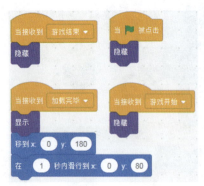

play play 按钮代码：

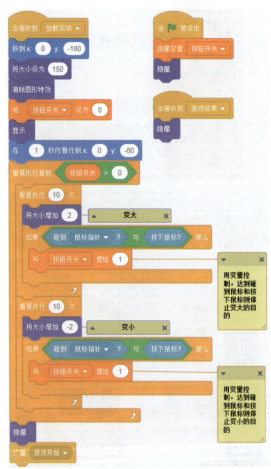

✗✗✗ 生命代码和造型：

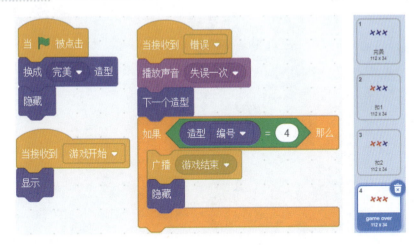

⚡ 加速按钮代码：

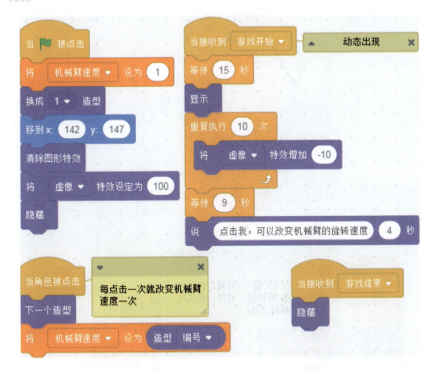

加速按钮造型：

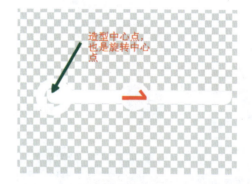机械臂 1 的造型：

需要将造型中心设置如上，默认必须向右，特别提醒：臂长为100。

代码如下：

机械臂 1 的代码：

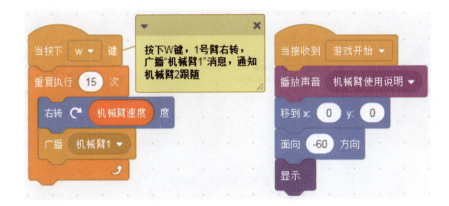

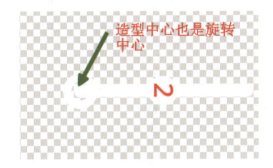 机械臂 2 的造型：

需要将造型中心设置如上。默认方向向右，特别提醒：臂长为 100。

代码如下：

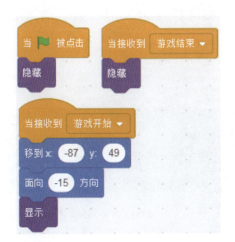

重要说明：坐标（–87,49）恰好是机械臂 1 初始化时的臂尾部位置，这样保证机械臂 1 和机械臂 2 首尾相连。

机械臂2的代码如下：

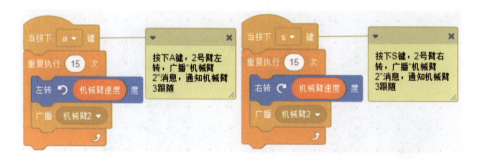

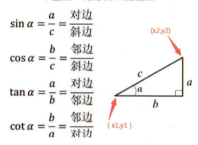

一个直角三角形的三角函数

$$\sin \alpha = \frac{a}{c} = \frac{对边}{斜边}$$

$$\cos \alpha = \frac{b}{c} = \frac{邻边}{斜边}$$

$$\tan \alpha = \frac{a}{b} = \frac{对边}{邻边}$$

$$\cot \alpha = \frac{b}{a} = \frac{邻边}{对边}$$

上图是一个直角三角形的三角函数。

可以推断：a= sin α × c， b=cos α × c，c 为直角三角形的斜边，可以看作是机械臂的长度。

继续推断：x2=x1+b=x1+ cos α × c y2=y1+a=y1+sin α × c。

以上知识和机械臂连接起来，在保证机械臂2的造型中心点和机械臂1尾部点重合的前提下，机械臂2收到消息"机械臂1"要跟随机械臂1运动，需要编程如下：

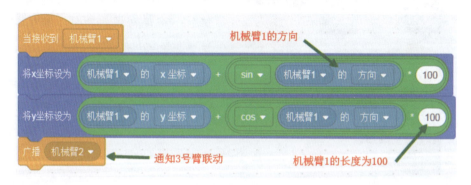

请读者思考，为什么代码里面 sin 和 cos 的位置交换了？

 机械臂 3 的造型：

需要将造型中心设置如上图。默认方向向右。特别提醒：臂长为 60。

代码如下：

重要说明：坐标（-112,145）恰好是机械臂 2 初始化时的臂尾部位置，这样保证机械臂 3 和 2 首尾相连。

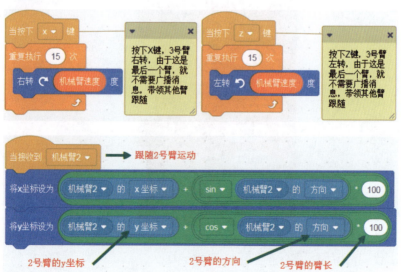

请发挥你的聪明才智，将机械臂效果使用于你的其他作品中！

 垃圾代码：

垃圾有 13 个造型，13 个造型的名称分别是：衣服、玻璃瓶、纸巾、过期药品、废灯管、枯树叶、鱼骨、果核、废电池、餐巾纸、瓷器碎片、渣土、易拉罐。

以上代码将垃圾名称保存到正确的列表中。

垃圾代码 1：

```
当接收到 游戏开始 ▾
显示变量 得分 ▾
将 克隆体的造型名称 ▾ 设为 ( )
将 正确垃圾种类 ▾ 设为 ( )
将 错误垃圾种类 ▾ 设为 ( )
换成 在 (1) 和 (13) 之间取随机数 造型
移到x: 在 (-200) 和 (200) 之间取随机数 y: 在 (-100) 和 (100) 之间取随机数
克隆 自己 ▾
```

接受到"游戏开始"的消息，随机选择一个垃圾并显示在规定范围内随机位置。克隆一个自己

```
当接收到 游戏结束 ▾
隐藏
删除此克隆体

当接收到 加载中 ▾
隐藏
```

垃圾代码 2：

```
当作为克隆体 启动时    对克隆体编程
显示
将 克隆体的造型名称 ▾ 设为 造型 名称 ▾
重复执行
  如果 碰到颜色 ( ) ? 那么    若碰到3号臂臂尾颜色
    重复执行直到 按下 空格 ▾ 键?
      将x坐标设为 机械臂3 ▾ 的 x坐标 ▾ + sin 机械臂3 ▾ 的 方向 ▾ * (60)
      将y坐标设为 机械臂3 ▾ 的 y坐标 ▾ + cos 机械臂3 ▾ 的 方向 ▾ * (60)

  重复执行
    将y坐标增加 (0) - 机械臂速度    按下空格键后往下掉
    碰到厨余垃圾桶    若碰到了厨余垃圾桶
    碰到可回收垃圾桶    若碰到了可回收垃圾桶
    碰到其他垃圾桶    若碰到了其他垃圾桶
    碰到有害垃圾桶    若碰到了有害垃圾桶
    如果 y 坐标 < (-170) 那么
      生成新垃圾
```

一直跟随3号臂，直到按下空格键

没掉到任何一个垃圾桶里面，则重新克隆一个垃圾，不扣中也不得分

 垃圾代码 3:

```
定义 碰到可回收垃圾桶
如果  碰到颜色 ( ) ? 那么
    将 错误垃圾种类 ▼ 设为 可回收垃圾
    如果 可回收垃圾 ▼ 包含 造型 名称 ▼ ? 那么
        广播 加分 ▼  ▲ 正确加分 ✕
        生成新垃圾
    否则
        广播 错误 ▼  ▲ 错误扣命 ✕
        生成新垃圾
```

```
定义 碰到厨余垃圾桶
如果  碰到颜色 ( ) ? 那么
    将 错误垃圾种类 ▼ 设为 厨余垃圾
    如果 厨余垃圾 ▼ 包含 造型 名称 ▼ ? 那么
        广播 加分 ▼
        生成新垃圾
    否则
        广播 错误 ▼
        生成新垃圾
```

```
定义 碰到其他垃圾桶
如果  碰到颜色 ( ) ? 那么
    将 错误垃圾种类 ▼ 设为 其他垃圾
    如果 其他垃圾 ▼ 包含 造型 名称 ▼ ? 那么
        广播 加分 ▼
        生成新垃圾
    否则
        广播 错误 ▼
        生成新垃圾
```

```
定义 碰到有害垃圾桶
如果  碰到颜色 ( ) ? 那么
    将 错误垃圾种类 ▼ 设为 有害垃圾
    如果 有害垃圾 ▼ 包含 造型 名称 ▼ ? 那么
        广播 加分 ▼
        生成新垃圾
    否则
        广播 错误 ▼
        生成新垃圾
```

 垃圾代码 4:

```
定义 生成新垃圾
等待 0.1 秒
隐藏
换成 在 1 和 13 之间取随机数 造型
将 克隆体的造型名称 ▼ 设为 造型 名称 ▼
移到x: 在 -200 和 200 之间取随机数 y: 在 -100 和 100 之间取随机数
克隆 自己 ▼
删除此克隆体
```

🗑🗑🗑🗑 垃圾桶代码 1：

🗑🗑🗑🗑 垃圾桶代码 2：

前　言

　　《资助的艺术》主要内容来自于美国福特基金会资助的一个项目，英文名是Grant　Craft。该项目团队用了十年多的时间，走访了美国四百多家慈善机构的八百多位领导人、慈善从业者以及慈善顾问，之后根据他们的实践经历和感悟编写了三十多本手册，每个册子内容较为独立，都着重阐述慈善组织关心和关注的某一个话题或方向，相互之间并没有逻辑关系，更不是一部严谨的学术著作。把这些册子内容合并起来并非易事，几经折腾和反复，我们用了两年多的时间，根据这些册子的核心内容做了重新构架、梳理和编写，使得章节之间具有一定的逻辑关系，最终形成了本书。所做努力，是试图使国内基金会及其他慈善组织的从业者更易于读懂和接受。

　　我在2010年3月随基金会中心网筹备组访问福特基金会时第一次看到了《Grant　Craft》，立刻意识到它是一个不寻常的、有价值的经验汇总手册。这一念头驱使我一定要把它带回到中国，让正在崛起的中国基金会及慈善组织真正能理解到美国基金会的实践经验。Grant　Craft是美国基金会及公益组织的实践小结，对了解美国基金会的资助管理有一定作用，对中国的基金会发展也大有裨益，可能会减少摸石头的时间，少走弯路。2012年时，我让基金会中心网同事们组织了一批海内外高校的同学们翻译了该系列手册，定名为《资助之道》，受到了业界关注。2015年夏，我邀请了时任清华大学公益慈善研究院副院长、现已担任著名国际慈善组织儿童救助会中国首席代表的王超博士以及原世界宣明会高级项目官员丁艳女士对该手册进行了重新组织和编写，形成了现在这本《资助的艺术》一书，使之更具有逻辑性和可读性。

《资助的艺术》一书既适合于基金会的从业者，也适合于其他公益慈善组织的专业人员，可以作为一本工具类的案头书。

近十年来，中国的基金会及慈善事业蓬勃发展，每年都会有数百家新基金会诞生。我也经常会被各界朋友们问到究竟应该如何建立和管理运营好一个基金会或者公益慈善组织，我想，在本书中兴许会找到一些答案来。基金会在中国尚算是新生事物，公众对他的了解还很陌生，基金会及公益慈善组织的从业者们大多也都是以其教育背景和过往的工作经历来管理和运作一个基金会或慈善组织，难免有失偏颇，显得不很专业。我希望通过本书可以初步了解美国基金会和公益组织的运作管理思路，借此来提升中国本土基金会及公益慈善组织管理运作水平。尽管中国的基金会及公益慈善组织与美国基金会和公益慈善组织有很大不同，但对现代慈善基本了解却有极大的相似。因此，希望《资助的艺术》一书的面世，能够对中国基金会及慈善事业的发展产生积极的正面作用。

目 录
CONTENTS

第一章

资助准备

第一节 对资助领域的了解

全景纵览——了解你的领域

几乎所有资助者都希望其资源能够在更大领域发挥作用，要做到这点，仅靠与受助者建立良好关系是远远不够的。良好关系对每个组织的发展和运作固然很重要，但如果想要达成更高的目标并参与项目执行，资助者还需对项目有更为全面的认识。那些看似考虑全面的项目资助，资助者也只能片面地看到若干项目要素，没有项目的全局观，完全没法了解项目如何执行。

其实，众多领域综合起来就像一个庞大的有机体，部分之间互相依托。某个领域的成果或多或少依赖于诸如机构运作、政策制定、倡导者、资助者、学者以及末端消费者或受益人等方面产生的作用。因此，可以通过加强这些方面来促进整个有机体或有机体中主要部分得到发展。那么，哪些需要加强？什么时候加强？这其实很难回答。

当资助者想做的不仅仅是提供资金时，他们很有必要对其资助领域做个分析，弄清有哪些机遇能促成目标实现，在哪开展项目能使资助有较大影响力，哪些领域能有增长和创新的机会，什么领域可使资助者联合更多资源，什么事不一定要有钱才能做，等等。寻找这些机遇，了解这些特定领域如何运行，就是我们所说的全景纵览（Scanning the landscape）。

全景纵览是开阔视野的方法

透过全景纵览，你可以跳出资助者的角色，拥有更广阔的视角。全景纵览能让资助者快速了解一个新领域，保证其资助项目的水平。全景纵览也能让人以全新视角审视各种问题，从项目目标群体那里寻求意见和解决方案。不同的基金会都有各自不同的文化，对很多事情都有自己固有的看法，因此，开阔视野对其尤为重要。

例如，某资助者一直致力于支持劳动力发展方面的工作，他渐渐意识到，全景纵览让其用崭新视角来看待未来工作，发现一些原来没想到的工作重点。"我们组织了不同的焦点小组，全面讨论的结果发现，现有组织的劳工是我们未来工作的重点。"根据这一结论，他们开始着手与劳工组织建立合作关系。

全景纵览是倾听与回应的方法

有时，大家会认为资助者对其工作的社区没有尽到问责义务，这种说法是否恰当，还值得商榷。但资助者还是应该亲自访问社区居民，了解其需求和发展机会。这有助于资助者更负责地回应需求，也表明资助者确实倾听了社区的意见。

举个例子，美国某州通过全景纵览的方式，在全州新医疗保障基金计划内包括了一项新的资助项目——口腔医疗。该项目主管说："当我们在全州范围内征询意见时，收到了很多关于口腔医疗经费的申请。在此之前，口腔医疗并没有被纳入新医疗保障基金计划，但发现这些申请后，我们决定仔细研究，争取能在该领域进行资助。"

全景纵览是与人分享的方法

当资助者们进行知识分享时，他们可能会发现一个新领域。比如，某国际资助者组织了一个为期三天，与生殖健康有关的从业人员和专家会议；会议在讨论中得出一些结论，而这些信息正是很多人想知道的。资助者后来说："我们将会议成果编撰成册，印制5000份分发给捐赠者、政府官员和该领域的相关人员。任何想在该领域进行资助的人都可以得到这份有用的报告，因为'本书内容的重要性得到60多个团体的认可。'"

全景纵览可以给你带来什么？

全景纵览可以帮助你收集信息，了解以下内容：

- 你的机构过去支持过哪些领域；
- 其他资助在你的项目领域提供了哪些支持，以避免重复性资助；
- 当前问题，重要创新，或领域内的新发展；
- 该领域的需求，资金缺口；
- 谁是关键参与者和机构；
- 哪些策略有作用，哪些没用，哪些可成为推广模式。

全景纵览的作用

从项目执行者到资助者的视角转变

你可能一直以来都是项目执行者，一旦你的角色转换为资助者时，你看问题的方式就会发生改变。全景纵览能让你明白，作为一个资助者，你的角色定位是怎样的。

一个曾是儿童和家庭相关项目执行人员的资助者发现，自己的角色转变带来了一些变化。"我做资助者之前，曾在一个倡导机构工作，我很了解这个领域。但当我变成资助者时，我发现自己不得不以另一种方式来看待问题。我现在会想，通过这个项目，资助款能带来什么价值？我提供的资源能带来什么改变？"

厘清领域内的人和事

全景纵览可以厘清领域中有哪些人和机构，做什么样的事情，哪些需要资助，哪些不需要资助，这些人和机构项目运作的能力和水平等。这对于你进入一个新的区域或领域开展项目至关重要。

了解项目领域中的关系网络

资助者还需了解不同受助者如何开展工作，他们之间怎样相互沟通。特别是当资助者希望不同受助者以合作方式开展项目的时候，就必须弄清这一点。

"一开始，我花了一整年来了解这些机构。他们是怎样的机构，做什么。这比看年报有用多了。而且，我还能了解这些机构的历史。这促使我思考他们曾经跟哪些机构和人有过联系，这些联系对他们现在开展工作有哪些影响。"

确定资助领域

全景纵览能帮助资助者确定优先资助领域以及可行的解决方案。

借助一些专业人士的视角非常重要，这些专业人士不但了解生殖健康领域的方方面面，还知道该领域哪些方面应该优先发展。这些从业人员对问题的分析更直接明了，他们还能提出问题的解决方案，这比那些只做案头工作的人强多了。

识别问题、机会和建立联系

全景纵览可帮资助者发现以前没有关注到的机会。某教育资助领域的资助者发现一个学校改革的成功案例，他认为，此项目可在其他城市推广。这一发现改变了他的工作方式。"我开始意识到，作为资助者，我可以多听多看，寻找解决问题的方案，而非事事亲力亲为。"

另外，全景纵览不仅仅收集数据，它还可以帮你建立各种联系。正如某资助者描述的那样："全景纵览不仅把信息剥离出来，它还帮你与受助社群建立更深的联系。"如果你的全景纵览做得不错，这种联系会起到如下作用：

- 把你介绍给该领域内的人或者组织；
- 在投入大量资源前检验你的想法或筹资策略；
- 把你或者其他出资者的筹资意向传达给潜在受助者；
- 加强该领域内关注相似问题的人的联系；
- 让你的基金会对社会更为负责。

与受助社群建立深入联系的过程和经验

与项目执行者沟通

与不同项目执行者（包括受助者）分享你的想法，有助于你检验这些想法是否成熟可行。

某环境发展领域的资助者谈到："我们召集了三次有关调查的讨论，希望通过实地检验，看看我们的想法是否有意义，可以怎样改善。基金会以前并不做这样的工作，我们习惯于直接提出一个项目。但现在，跳出基金会视野，我们会考虑'为什么要做这个项目？'"

进行机构问责

资助者会把全景纵览作为机构问责和项目资助的工具。

某小型社区基金资助者说："我们用网络问卷的方式调查了人们对基金会的了解。问卷的主要问题包括：听说过基金会什么信息？知道基金会是做什么的吗？觉得基金会言行一致吗？除了资金，他们还需要基金会哪些方面的支持？他们认为什么是理想的资助者，要怎样做才能成为这样的资助者？"

建立领域内的联系

在全景纵览的过程中，将那些未有交集的人召集起来，建立新型有效的联系。

对大多数人来说，这是第一次把素未谋面的人召集起来。大家惊讶地发现，原来小组成员有这么多共同想法，同时，也能听到很多不同的声音。事实上，我们正在让这个领域的人和思想汇集在一起。在这之前，大多数人都独自面对自己的工作，不知道其他人的看法。

全景纵览方式：不同的需求，不同的方法

有许多不同的方法来全景纵览你的领域，从简单阅读当地报纸或专业期刊，到复杂些的，如召开专家小组会议，对研究报告或相关文件做出评论。

除了阅读该领域新闻和贸易刊物，基本的资料收集方式还包括网上查询，参加专业会议或筹资人小组会议、一对一电话采访、对受助者及其他专业人士访谈等。如果信息足够全面，就可以做到全景纵览，明确既定项目目标。这些方法简单易行，使你能随时掌握该领域的发展动向。

全景纵览的方式

对话

你会从与受助者的对话中得到很多信息，而宣传和演讲包含的信息量要少得多。访谈可以安排在办公室，实地考察时，甚至可以通过电话进行。

"我跟所有邀请我参会的人对话，我觉得他们的话很重要。整个第一年我都在了解和学习，试图厘清所有问题。当你持开放态度时，就能与人建立良好关系。有人带着不同的观点走进你的办公室，你可以透过这些观点全面了解问题。这种看问题的方法还真是有趣。"

出席聚会

除了单独约见受助者，资助者也应该主动参加该领域相关专家和潜在受助者都会参加的专业会议。做到这点并不容易，有些资助者不愿参加这些会议，他们认为会被迫参与资助。但这是在受助者日程里见面的最好机会。某国际资助者说："去工作坊或会议见面是个不错的主意。如果只是读报告，你只能领会报告人要传达的意思。"

其他全景纵览的方法

收集记录信息，寻求信息反馈

记下你的所知所想，并与他人分享和讨论。从中发现你可能忽略的问题，或做出的仓促结论。

某位在全球公民社会领域工作的资助者在全景纵览过程中做了记录，"从外部来说，我的'纵览'源于阅读。这相当于有一个外部智囊团来倾听我的分享，我会把涉及的主要概念记录下来。从内部来说，我会广泛寻求相关人士意见，这些人士或是受助者，或是全球公民社会网络中的成员，我希望他们能对我的记录给予反馈。"

多渠道书面调查，检验相关信息

对于同一信息可以采用书面调查的方法从不同来源收集，这可以检验信息的一致性，是很有效的调查方法。对方的反馈可以是匿名的，调查结果可以与该领域的相关人士进行分享交流。

聘请顾问与从业者帮助沟通

一名熟悉该领域、并有信誉的业内顾问可以获得一些资助者不太容易获得的信息和观点。受助者和该领域工作人员在顾问面前比在潜在资助者面前表现得更为自然，更容易回答挑战性的问题。

资助者会发现，透过把该领域专家或专业人士聚在一起的方式，成为一个"思想聚集者"，可以帮助了解该领域的重要问题、寻求筹款策略、厘清受助者之间的联系。这样的会议可以使资助者与受助者建立联系，结成合作伙伴。对于资助者来说，花时间和资源去组织一次聚会，这可以带来一些潜在的收益：

小组讨论组织起来是很容易的

有时候，资助者召集受助者以及其他业内人士做焦点小组讨论，以此寻求一些筹资策略或者新项目策划的反馈。进行小组访谈，与一对一相对应，非常有用，访谈它可以让人们关注该领域内的问题，这其实比他们是否能收到资助更为重要。

"我们决定用焦点小组的方式，这让我们可以同时在一个屋子里召集很多彼此素未谋面的人。要做的事情就是进行一次对话交流，而不是一对一的对话，很多人都在询问：'这里有资助么？'""小组形式参与风险很低，这与一对一访谈时的压力完全不同。"

小组会议可为筹资人提供一个观察人际关系的机会

小组会议为资助者提供了一个机会来观察各种不同的人是如何与对方沟通的。"看到受助者彼此间的沟通和影响，我们更能理解他们的地位和被人对它们的看法。"

另一些人说，"我告诉他们，他们被邀请来帮助思考工作的未来方向，思考妇女运动的需求所在。这个会议机会让我们可以为资助项目提出好的解决方案。而参与的原则是，关注行动，而不是取悦基金会。"

如何计划和组织全景纵览的会议

如要举办有效的会议，以获得全景纵览的信息，你需要仔细规划，可能还需要专业支持。就此，有经验的资助者提供了如下建议：

仔细考虑是否自己来组织

可以聘请顾问或催化者来组织会议，受助者也可担任小组讨论的催化者。也可邀请其他组织主持焦点小组。

"我们在不同地点进行焦点小组访谈时，会邀请一些机构和组织担当召集人和主持人。他们往往知道有哪些合适的催化者来催化小组访谈，同时，他们也让我们能见到很多我们自己邀请不来的人。"

"相比于亲力亲为，使用顾问让我们无法在过程中得到学习。但另一方面，有经验的顾问作为催化者，可以节约我们的时间，降低操作难度。"

一份"问题"文件可以快速启动讨论

该文件可由不同的人准备，比如，资助者、顾问、学者、熟悉该领域的受助者等，它也可是一群人讨论的结果。参与者对文件进行讨论可以促进大家对问题的思考。

给参与者创造轻松交流的机会

焦点小组之前，开展一些社交活动可以让参与者彼此了解，也给参与者一个和资助者私下交流的机会。

"这种做法有助于营造非正式的氛围，帮助你接近访谈对象。很多时候，聚会和晚宴都是非正式的场合，在这样的场合下，我们不会进行访谈或者讨论之类的事，这让人感到更放松。"

确保有人做会议记录

记录小组讨论结果很必要，记录内容会用在报告中。

"我们没计划做一份报告。本来只是一次集思广益的会议，希望我们的项目策略对其有所借鉴。但讨论内容太丰富了，我们认为应该做一份报告。我建议大家在做这件事之前，最好还是计划出个报告。你不必计划正式发行，但至少你能记录下讨论的内容，不会错过很多绝妙的东西。"

在全景纵览中获取多元观点

全景纵览的好处之一，是有机会见到不同的人，听到不同的观点。但如何确保参会者的多元化？你希望跟谁聊？怎么能确保这些观点有代表性？

对此，很多资助者有他们自己的方法。

吸引不同学科，不同地区和不同参与层面的人

确保多元化观点方法之一，就是包括不同专业背景的人。不同层面的人都能发表自己的观点，这些人有不同的专业视角，来自不同类型机构，参与

层面不尽相同，有些在社区层面，有些在政策和资助层面。

根据经验，最重要是以开放的态度，积极聆听各种不同的声音。当我们开展项目时，我们会与社区的项目执行者、学者以及国际机构人员一起工作。一开始，就以开放的态度，广纳所有意见和建议，这样我们才能有不同的方法，帮助社区实现自我组织和发展的目标。

聆听观点不同的意见

我们很有必要倾听不同观点的意见，了解他们读什么？跟什么人交流？信息来自哪？

要坚信，对话、讨论甚至争论都是一个良性过程。观点不同不阻碍我们一起工作，也不妨碍我们同在一室进行讨论。观点不同没关系，我们可以辩论。走出这个房间，我们仍然可以去践行各自的想法。

寻求不同专业背景人士的建议

有些人能帮你了解未知领域的方方面面，与他们交谈对你很重要。

"我对很多事物持开放态度，我称之为'我不知道'领域。这是一个空白领域，我通过各种方式填补它，包括与我不了解的人会晤，阅读项目建议书，或者与看起来没有丝毫关系的人打电话，诸如此类。有时，这些事看上去一点用都没有，但它却让我发现一些新的资助机会。"

通过你的熟人找到新的联系人

你的同事、其他机构资助者、受助者、从业者以及讨论催化者都可以给你介绍新的联系人。

"我曾意外地收到一封寻求资金的信，来信方并没有得到过我的资助，我回复他说：'对不起，我们无法资助您提出的项目，但我最近会去你那城市，我们是否可以见面聊聊？而且，我还想跟相关领域的人都能见见。'于是，他组织了一个大概20人规模的小会，与会者来自当地不同的社区组织。"

尝试在讨论中发现不同的观点

如果举办一系列小组讨论，你会发现，每次讨论都能出现很多不同的观点。当然，每次会议不会涉及所有观点，但时间长了，听到的观点就多了，你可以总结并提炼这些观点。

全景纵览中提问

提问方式决定你得到的答案。资助者知道通过何种方式才能从他们的全景纵览中迅速提取有效信息。

可以设立开放式或封闭式的问题（取决于你希望的答案形式）

问题设置应该为你的全景纵览服务。你的目的是找出谁在做什么，识别问题和工作重点，检验项目策略，比如，一些资助者们会问以下问题：

"我们要推动一个生殖健康领域的宣传项目。我们想了解人们对该理念的理解，所以会问：你对女性赋权如何理解？你怎样看待生殖健康？你觉得倡导是什么？你觉得开展相关社区活动需要做什么？回答这些问题的人就是最终要执行项目的人，所以，他们的回答非常重要。"

某国家艺术方面的资助者说："我希望通过这一过程，了解我要资助的项目。我能想到的问题有：如何实施项目？如何参与项目？项目进入策略是什么？怎样产生有影响的贡献？与什么样的受助者合作能产生最大效益？我们需要哪些过程？这都是我要寻求解答的问题。我并没有通过做研究的方式来说明国际合作对于新艺术工作的重要性。我已经知道这个重要性。但我通过研究来告诉我自己：'我怎样参与项目？我从哪开始着手？'"

让受访者从你设定的角度回答问题

如果资源有限，资助者有时会直接询问当地项目工作人员'项目应该优先发展哪些方面？'

"我会问他们：'如果只有这点钱，你就得做出选择。你是将资金平均分配给所列的50件事，还是从单子上选些事先做？'"

有人建议询问如下问题："你认为最需要解决的问题是什么？我们的资源应该投入哪些方面？我们应该关注该领域内的哪些问题？如何做到效益最大化？基于特定问题和有限资源，我们是否能在相对较短的时间内完成既定项目目标？"

采用探究式提问，避免主导式提问

保证受访者能自由发言，不要让资助者主导话题。

问题设立多样化，并保持中立，不做引导式提问

为了能从讨论中获得最多的信息，资助者需要设计对话方式，使得受访者的回答针对调查内容。

"我更多地是聆听和提问，我知道他们试图从提问中找答案。因此，在他们谈话时，我尽量减少打扰。我试图发掘某人提出的观点，或让受访者对之前提出的观点发表意见和建议，当然，我不会去引导讨论。我只是去发现，他们是谁，他们说了什么，他们哪些还没说。"

"有一点很重要，就是让你的受助者能做他们擅长的，具有创新意义的工作。一开始，很多受访者都将自己的观点藏起来，你需要通过提问和鼓励来让对方主动说出来。受访者这样做的原因是，他们认为，争取到项目资助的稳妥方法是只提那些范式的项目建议。我对他们说，我想要听到的，不是那些范式的东西，而是那些边缘化的、被忽视的、或者被称为异端的想法。"

在全景纵览中交流

全景纵览过程会传递一些资助者意图之外的信息。如果你采取诸如举行会议、发问卷、参加讨论等的方式来"全景纵览"，人们会不自觉地从你提出的问题来推断你未来的计划。这不一定是坏事，只要你对此有预期，并能对你的全景纵览有正面作用。

可以通过"全景纵览"让业内人士了解你的兴趣和目标。但接下来，你又如何应对业内人士对你资助的期望呢？有资助者发现，组织机构参加会议的主要目的是获得资助，但这其实并非资助者的意图。

不可避免的，资助者与受访者的谈话会影响资助意向。有经验的资助者发现，有必要了解全景纵览在什么程度上会影响资助决策。

让大家清楚你的项目范畴和前提

如果你对项目范畴已有想法，不妨告诉大家，用对话或书面的方式都行。这样，受访者才能有针对性地提出反馈意见。

"我们试图说清楚一些基本前提，这些前提会影响我们的决策。然后，我们根据可能的项目范畴，起草了一份框架文件，将其发给焦点小组，让大家知道我们会考虑哪些方面的问题。大家可以集中讨论这些问题。这样做其实是把我们的期望列了个表，排除了那些我们不考虑的内容。当然，给对话设定前提和边界还是很重要的。"

部分资助者认为，根据实时反馈灵活调整你的项目范畴和前提也很重要。

从讨论中获取决策依据

你需要对大家说明，最后会支持什么样的项目你现在无法确定，但会仔细分析全景纵览中得到的信息，作为决策依据。

"我们会告诉大家，基金会业务扩大使我们有新资源来支持劳工发展领域的项目。焦点小组的讨论结果会成为基金会决策的重要参考。当然，讨论结束后不会立刻有跟进的资助计划，那些讨论得出结果我们都会认真考虑，但不是所有提议都会列入我们的项目资助计划。"

"一开始，我们就告诉大家，这是一个共同学习的过程。我们无法做出任何承诺，但我们会认真听取他们的意见和建议，作为决策依据，我们无法采纳所有观点，但我们能做到认真倾听。"

全景纵览的作用

全景纵览不仅能让执行者了解项目，还可以通过多种途径提高资助者的资助效率、促进组织的发展、为整个领域的进步作出贡献。全景纵览有如下作用：

有助于计划的修订

全景纵览有助于反思你对问题最初的理解和考虑，能让你找到新的合作伙伴和新的解决方案。

长期以来，我们一直只专注于自己的领域，没能开拓新的领域。这其实是在吃老本，而非真正关注该领域的未来发展。"纵览"可以帮助我们做出适当的调整，从而与时俱进。

有助于策略的筛选

全景纵览也能让你发现那些不好的策略。

"我们原本想做劳动力发展方面的能力建设，但焦点小组讨论结果显示，用我们现有的资源来做这件事会非常困难。所以，我们最后放弃了这个想法。"

有助于引进新观点

当制定筹资策略时，可以把全景纵览中获得的新观点整合进来。

"我们得到一些观点，关于如何管理捐赠，谁可以做我们的合作伙伴，以及需要什么样的资源才能在该领域中产生影响。"

有助于内部沟通

全景纵览可以为机构内部的项目调整和制定策略提供成功案例。

某媒体方面的资助者谈到："我们一直很难说服机构高层同意资助数字技术设备。后来，我们用全景纵览结果向其说明，在公共广播领域广泛应用数字技术设备是当下的主流发展趋势，投资数字技术设备真的很重要。"

有助于拓宽视角

全景纵览能让在某领域工作的人有更广阔的视野。

"在'纵览'过程中，我们重新认识了项目，打开了思路。参会的人都是一线工作者，他们以前没时间以这样的方式思考问题，而这样的思考恰恰是他们最需要的。他们会说：'哇哦.这种方法真好，今天我的工作成果不是仅仅接了15个电话而已。'"

帮助形成新的联合

通过全景纵览，不同的机构和组织有机会建立联系，共同讨论，在某些领域达成共识，形成伙伴关系。

"一名参会者写信告诉我，她第一次看到那些以前根本不联系的人能在一起共同讨论，就优先发展事宜、共同认可的定义、以及短期内的策略达成共识，并讨论由谁来负责这项工作。"

帮助项目建立基础线（baseline）

可以用撰写报告的形式记录全景纵览信息。该报告可作为项目执行的指引，或是评估的基本参照，也可以是分享观点和策略的工具。

"那次为期三天的会议出了份报告，详细记录了会议讨论内容，包括要资助哪些方面、如何资助、谁可以胜任这份工作等。这样，我就可以随时检查筹资中我做什么，报告中所列的区域和策略是否都得到了项目的回应。在过去的六年中，我一直用这份报告来不断反省自己：'我是否因现实而妥协了？是否还能保证资助的相关性？'"

第二节　资金准备和规划

为长期做准备——捐赠基金和可投资资产

为什么设立捐赠基金

捐赠基金（Endowment）或长期投资基金（Long-term investment fund）可完成其他资助无法实现的一些目标，当然，这种基金的资助对资助者和受助者都有额外要求，很多人都不了解这些要求。

捐赠基金和其他基金最不同的地方就是它有长期的持续收益，一两个捐赠基金就能支持一个项目很多年，这是捐赠基金最大的好处。但它也有更多的责任和风险；当然这些责任和风险完全可以控制。因此，捐赠基金对于实现长期目标来说，不失为好的资助方式。但在寻求资金捐赠前，受助者和资助者都需要处理好财务和管理运营的若干事宜。

何时需要捐赠基金？建立捐赠基金通常是一个组织发展的重要转折点，它为组织自身发展和项目推进提供了持续支持，肯定了组织的重大进展和可喜成绩，增强了项目人员对组织和项目持续发展的信心，鼓励领导更好地制定组织发展的长期规划。

捐赠基金的财务和行政管理相对简单。但在项目初期，需要谨慎考虑捐赠基金的合理性和目标所在。

受助者获得捐赠基金或者资助者建立捐赠基金主要有三个理由：

（1）**财务层面上**，捐赠基金给予受助者资金保障：

· 部分缓解每年为项目或核心运营筹资的需求；

· 降低对特定资助者的依赖；

· 有利于制定长期财务计划；

- 作为一种筹资机制来获得更多资助。

（2）**组织层面上**，捐赠基金保证了组织或项目的稳定性：

- 加强组织与其利益相关者的联系；
- 关注组织长期目标，而非担忧组织的生存；
- 加强运作灵活性，可实时调整项目。

（3）**项目目标层面上**，捐赠基金资助的项目理念如得以推广，业界将视之为标杆，具有持续示范意义。

即使捐赠基金只资助项目的部分内容，也可调动组织内外部资源的参与。捐赠基金操作会产生额外的管理成本和管理需求，但还是值得去运作。

相关定义和基本概念

（1）定义和概念

捐赠与捐赠活动（Endowments and endowment-like actions）

捐赠和捐赠活动是组织长期的资金支持方式，它不仅是项目支出来源，也是通过投资扩大资金规模的途径。其投资收益可用来支持项目的长期发展，收益再投资能使资金免受通货膨胀和市场低迷的影响。

资助者通常采用三种资金途径来建立捐赠基金：

捐赠资助（Endowment grants）

捐赠资助为组织长期的投资组合提供部分（少数情况下提供所有）资金支持。捐赠资助可以支持整个组织的运作，也可以支持特定部门、活动或者项目。

类捐赠资助（Endowment-like grants）

它为长期发展提供资金，但它不属于捐赠范畴和捐赠资助类似，不同的类捐赠资助可为投资提供资金，但非长期支持。有两种类捐赠资助形式：

√ 消耗性资助（Capital-depletion grants）

可以多年有收益，但无法持续收益。这种资助通常持续5到10年，直到资金使用殆尽，无法再获取资金回报。

√ 运营资金储备（Working capital reserves）

一种填补空缺或"以防万一"的储备资金，以备出现收入资金缺口和额外支出时给予受助者适当支持。储备资金需要得到保障，支出须低于收入，或者筹资金额能抵冲支出金额。鉴于无法预知何时会启用储备资金，我们不能确定其运作周期。

捐赠相关资助（Endowment-related grants）

捐赠相关资助也非持久性的资金，但它可支持受助者准备、筹集或管理捐赠基金。例如，帮助建立捐赠基金管理机制，设计筹款活动，开发财务监控和管理系统，培训理事会或员工对资金的监管，提高资金管理的能力，加强问责等。

捐赠收益不只包括分红和利息还包括实现及未实现的资金收益损失，即它是资金总收益减去投资和管理成本的结果。

（2）捐赠基金策略（What does it take to pursue an endowment strategy）

捐赠基金的建立需要有大规模前期投资，同时，其在相当长一段时间内必须有持续收益。因此，相对其他筹资而言，捐赠基金需要更充分的前期准备、认真分析，权衡各种备选方案。很多基金会在各领域都经验丰富，但对捐赠基金却经验不足，所以，即使他们知道捐赠基金的好处，也很难下决心给予支持。《捐赠基金入门》中提到：

"捐赠基金策略的制定复杂且有风险，资助者和受助者对此往往不够重视。组织和财务层面如果不够成熟，是无法正常运作捐赠基金的，因为其能力还不足以让其一边运营组织和项目，一边筹措资金。最重要的是，捐赠基金也有风险，它有可能无法产生预期收益。"

建立捐赠基金看似很简单，其实其复杂性超乎你的想象。它不仅需要极其认真的规划和仔细分析，还要有足够的备选方案、应变准备和替代计划。捐赠基金是一个长期的投资，资助者知道怎样做才是最好，而非仅仅决定捐赠还是不捐赠。

某位经验人士说："我认为过去自己最好的决定是没有资助捐赠基金。如此大一笔投资，会影响我们很多年的工作和计划，如果不认真考虑，就很容易陷入困境。所以，当时我们决定先不做捐赠基金，再等几年看看。"

一些基金会不愿长期只资助一个组织，他们认为，组织可以通过捐赠资助和类捐赠资助的方式筹款，没必要建立捐赠基金。

捐赠基金的意义

需求和准备

捐赠基金经常被看做灵丹妙药，能够解决组织资金不稳定等诸多问题。大家以为捐赠基金建立后，只要一次性投入资金，就能解决长期项目资金支持的问题。很多时候，要判断什么时候应该建立捐赠基金，什么组织需要捐赠基金却不是件容易的事。资助者会问："这个组织有持续的资金需求吗？我们需要为其提供资金吗？"

还有资助者认为，不能仅仅考虑需求，还要看该组织是否愿意承担责任来接受捐赠基金。

"很多时候，受助者和资助者都认为，捐赠基金就是为了筹款。大型筹款费时费力，还需要受助者与资助者就资金使用条款达成共识。一次基金筹款活动可能会打乱组织长期的项目计划，预算也会受到影响。大型筹款需要组织具备各种专业能力，包括与不同捐赠者进行沟通的能力，接受新类型捐赠（如，捐赠证券或是遗产）的能力等。"

组织除了要有建立捐赠基金的资金，还必须把管理架构、财务系统、以及合理的管控措施都整合起来，使捐赠基金能合理使用，有效发挥作用。做好这些事需要时间、头脑和技巧。

确定是否建立捐赠基金的两个工具

为了回答这些问题，要考虑是否有必要建立捐赠基金。有两个有效工具来帮助寻找这一问题的答案，第一个是管理评估。某资助者建议对组织的管理水平进行全面评估："这类评估通常邀请外部顾问或公司来做，它可以清晰地呈现组织的优劣势，比如，组织实现使命目标的效率、筹资力度、理事会和员工在投资和管理方面的专业能力等。即使你最初的目标不是建立捐赠基金，也最好找专家或有经验的人来做评估。评估能告诉你，组织发展下一步怎么做，不管这是否与捐赠基金有关。"

第二个有效工具是可行性研究，与之前所说的管理评估一起使用。管理评估检验组织内部是否做好捐赠基金的准备，可行性研究则内外部情况都关注。在外部，可行性研究调查潜在资助者对基金筹款活动的反应（如果要做捐赠基金，这过程帮助受助者认识筹资的挑战）。在内部，可行性研究评估既定的筹资目标是否能支持捐赠基金正常运作。

"当我们为这项资助开始磋商时，受助者正与一位外部咨询顾问合作，这一合作不在我们的资助计划中，是他们自己进行的，但其结果也作为我们磋商讨论的内容。这位顾问告诉他们，这种规模的基金可以持续多少年（可以产生多少收益）。我们会再聘请两位顾问撰写捐赠基金运作的资金计划，即资金放在哪里，如何与银行就财务计划谈判，怎样做最好的投资选择，什么情况下基金委托银行管理，选哪家银行。针对这些问题进行研究，我们也不断提出新问题。事实上，我们与这些研究者考察的是同一信息，大家都得到了各自的结论和建议。"

写给美国以外的组织

在开展工作之前，资助者要清楚地了解其在该国工作的目的，筹款过程，管理和投资选择，是否有相应的捐赠资金使用政策。不同国家市场环境、法律体系、文化差异的不同，甚至资助者及受助者理解上的细微差异都可能成为今后很大的问题。所以，建立捐赠基金之前，务必咨询当地政府和专家，了解清楚当地相关的法律、财政、规章、和各种管控制度的细则。

十个准备因素：一份初步清单

捐款人提出了十个关键的组织和财务指标来帮助考虑一个组织是否是一项基金合适的候选人，即一个组织是否可以处理好计划、筹资、长期项目和财务管理，这些都是一项成功的基金所需要的。这十个因素是：

· 出色的业绩，包括在其领域里不断根据需求的改变而做出调整的记录；
· 强有力的领导力和富有经验的管理；
· 至少一次成功的领导层过渡和理事会继任的历史；
· 一个有活力并多元化的真正治理组织的理事会；
· 之前的几年财务稳定，至少收支平衡；
· 财务负责，有年度的外部审计；
· 一个多元化的资助基础；
· 理事会和工作人员致力于实施一项基金战略的证据；
· 足够的工作人员和其他资源来开展基金筹款活动，管理一个投资项目，和继续筹集核心运营和项目资助；
· 从其他捐款人那里筹集相应资助的潜力。

一个很多次为基金资助工作过的捐款人用这样的方式总结了这份清单：

这些是一个成熟组织的标志，这不仅是针对一项捐赠的清单，也是针对一个组织的清单，尤其是前七点。你没有必要具备全部这些，但是对于那些你不具备的，你需要以有说服力的解释来让潜在的捐款人满意，即为什么在考虑一项基金给谁时，在你的情况下可以忽略这一点或者那一点。

"这是第一次检验，如果一个组织满足这一挑战，你可以开始接受第二次检验，也就是后三点：好了，你是一个强大的、运行良好的组织，但是你有管理一项基金所特别需要的财力吗？第二，你真的可以保证（一项基金）所需要的必要捐赠可以被筹到吗？"

这一评论者急于指出：一些机构即使无法立刻满足所有这些检验，类捐赠资助可以帮助他们做准备。如果他们无法通过最后的检验，如果潜在的资助者无法为一项基金提供足够多的资助，还可以探寻其他备选方案：这不是回到常规工作，仅仅是年度的筹资环节和项目资助。还有一些阶段你可以考虑：限定性基金或是类捐赠资助。

在一次关于基金资助的研讨会上，这一领域的一个专家记得一个受挫的参与者说"得了吧——只有不需要捐助的组织才能从你那里得到捐助。"

"我说'这不对，但是这是一个不错的点子。捐赠基金并不意味着拯救，如果你需要捐助基金是因为没有捐助即将破产的话，那么，你不是这种基金捐助的对象，如果你的状况很糟糕，我们可以真正让你垮掉的一个方法是把你扔到一项基金筹款活动中！'"

捐赠基金的规模

关于捐赠基金的门槛规模并没有统一的行业标准。一些资助者认为，如果基金收益低于组织（或项目）运营成本的10%，就没有必要建立捐赠基金。当然，这一标准也有例外，如果捐赠基金未来增长空间很大，还是有建立的必要的。比如，未来资本运作良好，或者未来可能获得遗产捐赠等。

捐赠基金花的钱比你想象的更多

捐赠基金如要获利，其规模应该多大，对此我们的估计往往都是偏低的。一些组织和资助者对通货膨胀带来的负效应并不了解，也可能会忽视管理成本，或忘记了投资通常时赚时赔。为了获得持续盈利，捐赠基金规模必须足够大，这样，每年的收益还可以重新投入基金，而非全部变成支出。但我们通常都把捐赠基金规模定得太小，导致捐赠基金的失败。比如下面的实例：

某组织决定设立捐赠基金，该基金需要有100万美元盈利，而这个组织或项目的收益率是7%，那么，要建立的这个捐赠基金规模就大约是1430万美元。（0.07乘以1430万美元约等于100万美元）

然而，要确保该捐赠基金能跟上通货膨胀的速度，基金收益的一部分还要用于再投资，如果平均通胀率是3.5%，那该组织则需要一个2850万美元规模的捐赠基金。在这个例子中，每年只有7%的收益会用于支出，所以，0.035乘以2850万美元约等于100万美元。成立这样的捐赠基金，对于该组织来说，确实是个艰巨的任务。

类捐赠资助

很多组织认为，他们需要的是基金能够保持稳定，不一定要永久持续，也不一定要保持固定水平的收益支持。一些人发现，给投资资产设定限制条件很有必要，比如消耗性资助（capital-depletion grants），或者运营储备基金（working-capital reserve funds）。

"我喜欢消耗性资助，其资金管理方式很清晰。一开始就确定本金和可能的收益，项目和运作从中支出。基金由受助者管理，可以减少由资助者垫付的需求。资助者仍需知道受助者支取了多少金额，什么时候支取的。同时，受助者也能管理基金利息，用于长期支出的来源，或用作储备金。这是一个良好的学习过程，受助者管理基金，资助者协助设立标准。这是一个捐赠基金实施前的预演过程。"

通常，类捐赠资助与一般基金的区别在于：

· 虽然它们比典型的3到5年的项目资助时间要长，但还是有一定的时限性；
· 在特定情况下，它只能做本金。

与常规基金一样，类捐赠基金规模必须足够大，才能保障再投资。如果资金全部用于支出，收益也不再用于投资，那本金数额就要足够大，以应对通货膨胀和市场震荡。在目标实现之前类捐赠资助能为项目提供持续支持。

消耗性资助的优势在于，它获得大量收益所需的本金比永久性捐赠基金的本金要少得多。之前我们做过一个计算，即2850万的资金才能获得每年100万美元的收益。另外，也可通过支出本金和收益，用不到三分之一的资金（比800万美元多一点的钱）来获得同样的收益。这样做的缺点是资金和收益大概十年后就没了。所以，为了实现项目目标，这种类型的资助目的更多地是保证资金在一段时间内能足够充裕。

捐赠基金的资金来源

受助者和资助者常常忽略为大额基金筹款的严峻挑战。筹款当然是受助者的责任，但筹款成功与否也与资助者息息相关，资助者只有至始至终全力支持，捐赠基金才能有效运作。因此，资助者需要清楚地了解受助者的筹款计划、筹款成功几率，以及他们需要哪些协助来完成筹款。

捐赠基金的设立也可推进其他形式的筹款，比如，针对项目和核心运营的筹款，这对于组织的持续发展和成功都至关重要。捐赠基金要成功，受助组织要保持良性发展，就要确保任何筹款活动都不会耗尽已有资金。

某资助者回忆："有位资助者总是定期在某组织的筹款活动给予捐赠。有一年，这个资助者没再继续直接捐赠，而是改为支持捐赠基金。受助者发现，相对于以前的情况，他们相当于少了一个主要的资助者，因为投入到捐赠基金中的资金获得的收益少于这个资助者之前的直接资助。"

很少有资助者会单独资助建立捐赠基金。很多时候，资助者只提供启动资金或风险投资，在捐赠基金真正能够持续收益并正常运作之前，受助者还须有其他后续资金支持。很多情况下，捐赠基金能否达到预期状态决定了第一笔捐赠是否有效。因此，资助者很想知道，受助者是否有能力进行独立筹款。

（1）筹款活动的初步计划

资助者经常会在捐赠基金启动前就提供捐赠相关资助。

捐赠相关资助可以用来聘请筹款顾问完成筹款计划，包括筹款需要的资源、人力和带头人。筹款初期，最好能网罗尽量多的资源，以保证你能接触到真正的潜在资助者。这些潜在资助者包括：

内部资助者

寻求外部资金前，组织应先看看内部有哪些资源。资助者希望该组织理事会成员或志愿者也能积极投入基金的启动工作。这些内部"带头捐赠"的意义并不在于捐赠金额的多少，而在于本组织的人正热情地投身各项工作。

其他主要资助者

很多资助者希望加大对捐赠基金的资助，也有资助者只资助项目和核心运营。因此，组织要尽可能地扩大其筹资范围，把后者也纳入筹款对象。有三类资助者可以考虑：a）公共部门，如政府，双边和多边机构；b）私人部门，包括个人和基金会；c）企业。

有特定要求的资助者

为了找到更多潜在资助者，组织需要预先了解资助者的特定要求，例如，如果资助者希望体现其贡献，可以使其独立命名基金、成为名誉教授或学者等。组织对这些要求最好设定一个最低门槛，因为捐赠者的特定要求可能会增加管理成本，也会降低组织资金使用的灵活性。

风险捐赠

有些资助者一开始是以风险捐赠的形式进行资助的，要求受助者匹配一定比例的资金。这有利于促使其他资金进入，配比着支持捐赠基金的发展。但组织必须在特定时间内完成一些特殊目标，进行监测，提供详细报告等。受助者可能要回答：

- 配比率多少合适？
- 达到配比要求需要做什么？
- 基金将如何被释放（提前算好的总计金额，当匹配基金收到时周期性支付或者当所有条件都达到时）？
- 达到匹配要求的时间表是怎样的？
- 如果达不到匹配要求会发生什么？
- 多长时间提交报告？

（2）筹资顾问的其它服务

除了识别潜在资助者，组织还需要顾问帮助分析筹款活动的其他基本因素：

案例陈述

对活动进行整体描述，描述组织或项目长期需求，组织对于如何实现目标、如何对现有捐赠基金进行管理和投资的说明。

不同资助者的筹资策略

包括接触和发掘不同类型资助者，针对资助者的资助履行特定的义务。

√ **目标捐赠额**

对不同类型的资助者设定不同的捐赠目标。

√ **书面建议书**

为不同类型资助者及捐赠额度撰写项日建议书。

√ **资助者表彰**

比如，把主要资助者名字写在墙上，或者某些项目以资助者名字命名。

√ **工作分配**

配备活动不同部分的负责人，明确其管理职责。

√ **时间表和阶段成果**

设定实现筹资目标的时间表和不同阶段应取得的成果。

（3）其他筹资办法

目前很多讨论都基于组织将完成一次有组织的筹资活动，有限定的开始和结束时间，有在时限内筹集需要金额的计划的假设。有时，一次筹资活动所要求的要比组织可以达到的要多，然而一项基金的目标还是被看做是现实的，是值得的。在这种情况下其他的三种情况值得被考虑：

逐步筹集

通过从个人资助者和较小圈子里熟人那里逐渐筹集资金设立一项基金是可行的。资助者最开始的挑战是基金设立，但是基金不会要求所有的捐赠都到位了。这个过程比较慢，并且不需要大量筹资活动材料的准备，只需工作人员和志愿者。这个方法的风险是是参与者可能逐渐缺乏注意力和精力，永不会达到筹资目标。另一个风险是，目标得以达成，基金被激活，但资助者的初始捐赠和其他的捐赠被闲置了，对任何人都没有益处。

"当一个基金会与一个受助者一起帮助筹集一项捐赠资金，我们需要思考，那个组织的筹资能力如何。你需要思考它计划在哪里筹集资金？他们希望从他们的常规捐赠者中筹集资金吗？这些常规的资助者愿意从他们的钱包掏出比以前更多的钱吗？他们是不仅愿意进行与资产相关的捐助，也愿意给予运营资助吗？或者会发展成为一种权衡——即他们为基金投钱，但停止给予他们常规捐赠？如果这些预期的捐赠不能像计划中的那样达成，或者进程很缓慢，捐赠基金将被锁住，无法使用。

与一个社区基金会合作

社区基金会可以把很多资助者的基金汇集到一个基金账户中，然后基金会代表资助者想资助的机构来管理这项基金。作为这种安排的最终受益人的机构会收到来自社区基金会的分红，不用具备与基金长期管理有关的所有资金和投资能力。他们甚至会用很低的成本获得更好的收益。这样的安排减少了风险，即使基金设立所针对的组织没有了，资金和收益可以重新编排从而契合资助者的最初意向。

这一安排可能并不能吸引一些对基金或者长期投资基金感兴趣的组织，因为这意味着他们对基金管理有更少的控制余地。法律上，一家社区基金会所持有的基金是基金会本身的财产，而不是指定获得基金收益的组织的财产。

基金设立是循序渐进的

对那些想设立一个大规模基金的组织而言，可行的是先建立并激活一个小型基金，然后，在之后的阶段扩大其规模。这与逐渐积累方法的不同在于，每一阶段可以看作是一个独立的活动，每一个阶段后都有一次宣告成功和为重组稍作停歇的机会。同时，为达到早期阶段的适中目标，组织可以提升其吸引基金资助的效率，建立基金管理的有效机制。组织在第一阶段或第二阶段成功记录更容易吸引其他资助者的资助。然而，如果总的基金目标过小而无法分为更小的阶段的话，这个目标就很难实现。

募资时进行创造性思维的几种方法

有成功经验的资助者建议在筹资时重点思考以下四个问题：

本土化思维

许多组织太轻易得出当地社区或是组织的资源不足的结论。这是不幸的，因为这些捐赠，即使不多，也很重要。他们建立了一个组织的信誉——这是对机构内部人员的价值和潜在能的资助者强有力的影响。

国际化视野

人们会越过国家边境，在他乡生活，但仍对他们所离开的社区和国家有所依恋。即使一个人从来没在一个社区生活过，也可能会与居住在那里的人有情感的、文化的或是家庭的情感上的联系。在这样的情况下，"离散型关系下的资金筹集"可能会有令人惊讶的成果。

私人联络

跟进是重要的，因为吸引更大的捐赠往往需要一些会议和交流。了解潜在资助者的兴趣，他们最看重组织机构什么。资助者考虑基金资助往往比其他形式的资助者更想以亲密的方式了解组织。一些资助者对他们的朋友所提出的方法更容易接受，特别是那个人对受助者很了解的时候。

最好的资助者可能并不专业

志愿者、受益人、理事会成员在筹款环节可以非常高效，即使他们与潜在资助者没有特殊的联系。有时，你知道什么比你认识谁更重要。比如一些志愿者，有非常引人入胜的关于组织价值和基金潜在重要性的故事要讲。同时一些常规资助者可以分享为什么他们相信这个组织是一个值得信任的受助者。

捐赠基金的管理和监督

"谁应该管理这项基金"最直接的答案，毋庸置疑是组织的理事会。答案可能看似明显，甚至简单，但是事实上监管是考虑为任何组织提供基金支持的最关键的问题。

理事会领导没有替代者

有时候，组织及他们的理事会成员倾向于认为基金作为神秘的巨额融资，最好留给华尔街的专家。如果理事会成员不是财务专家，他们使用收益的权利就是有限的。这不仅仅是小基金会和社区组织的错误，一些大型组织和行政机构陷入财务危机的原因也正是他们对自己的可投资资源行使了太少的管理权。

所以，值得重申的是，基金的管理责任来自于机构的管理层本身，一般是理事会或受托人。理事会决定投资项目的目标和实现目标的方式。它还评价机构内部执行和监督投资的能力，评估其抗风险能力及决定基金资产的可能组合方式。专家可以（也应该）对这一切事项提出建议，但是只有理事会有权利、职责、和手段来根据受助者最大利益来具体实施。

筹备理事会

如果管理层中没有人对监管可投资资产有信心，则需要招募一些在这个领域有技能的成员，也考虑考虑培训现有成员。一些资助者认为捐赠基金有效的使用方式之一是支持理事会的发展，包括培训、交流、专家介绍，还包括新成员招募。

一次筹资活动需要理事层的支持和领导。在这个过程中，一些理事会成员共同参与他们，进行个人捐赠，寻找其他潜在资助者并深刻理解自身的责任和义务。那时你开始看到哪些理事会发展工作需要做。一旦筹资活动开始，你就没有足够时间来确定职责和工作。所以这需要思考，也需要投资的，而且尽可能越早越好。

成文规则

资助者和受捐机构都认同，任何基金的理事会都需要起草投资方案，即组织实现其目标的计划。理事会应对比知情并负责，并帮助避免来自同事、成员、资助者、外部服务提供者的误解。

"当我们开始讨论一项基金的时候，我们对一项基金到底是为达到什么目的，又将如何被管理的讨论开始变得非常仔细。我们鼓励受助者开发基金的投资策略。你将如何投资你的本金？谁将监督你的投资？你将建立什么形式的委员会？委员会将有怎样的专家来管理基金？你看了所有投资有关的规章制度吗？等等。"

保护本金

计划的主要目的是制定规则和程序以防止基金受损。受损通常发生在组织取出基金的部分本金或者借出基金时。另外，由于前期考量不足，基金的价值会由于对市场损失或通货膨胀而受损。如果不采取任何措施弥补，基金价值将年复一年地降低，理事会的投资政策需要为将来的风险如通货膨胀和市场低迷提供应对策略，也需要保证目前资产的合理管理。

组织委员会并获得外部帮助

在考虑基金资助前，很多资助者希望有一个由理事会成员组成的委员会，可以亲自监管资金。如果这样的组织还不存在，资助者通常鼓励受助者在收到任何投资基金前设立一个。一些组织建立了一个由自身理事会组成的单独组织来接受和管理基金资助。

即使一个理事会有很多专业成员，也无法精通基金管理的所有方面，理事会也需要外部专家的建议和支持。资金管理咨询公司可以开发针对机构目标的资产计划，评估和推荐潜在的资金经理，测量和评估一个基金的绩效，建议解雇一个绩效不佳的经理。

捐赠基金的投资和管理

为了一项基金为其长期目标服务，它需要产生可预测的收益水平。但是和任何投资一样，由于风险，投资总是无法得到和需要一样多的回报，也许还会赔钱。在经济衰退期间，几乎所有的投资都可以预料会有令人失望的结果。即使在经济正常时期，一项投资组合可能还是表现不佳。所以，基金如何被投资将对一项类捐赠资助的绩效有长远影响。

正因如此，当考虑到这样的资助时，资助者通常会与受助者仔细商讨投资和管理资金的基本规则。受助者的理事会将对大多数投资决定有独立责任，这并不在资助协议中充分说明。所以如果资助者想对这些决定设定限制，或者如果他们希望在这个过程中被征询过建议。他们需要让这些意图早些被知道，并与受助者对这些意图进行深入的讨论。

基本的总体的规则

投资风险可以在某些程度上被控制，特别是当一个基金保持投资了很多年了。但是保持一项基金和获得可靠的收益需要彻底的计划，一个审慎的投资组合，和对基金专业的管理。因此，职业经理非常必要。

这一简要的手册明显无法为投资提供一个完整的课程。那些到了深思熟虑他们基金的阶段的人可以通过认真阅读《捐赠基金入门》和《资金投资管理基本法则》获益。这里，我们提出一些成功运用基金的资助者普遍提出的基本事项。最重要的是，一个希望获得一项基金或者类捐赠资助的受助者需要准备好，运用专业指导，根据三个主要的原则来投资基金。

① 保持安全和增长的均衡。

② 认真持续的监督投资的绩效。

③ 根据表现结果，市场条件改变及组织需要改变来调整投资计划。

最初的决定

在一个基金受助者首先需要做决定——通过与资助者协商，最重要的是获得专业顾问的帮助——的事情有：

花销政策

基金或者类捐赠资助的规模需要根据在一个典型年份给定规模的资本能获得多少收入。资助者和受助者需要达成一致，何时基金被激活。即受助者何时可以经手收入了。

在这之前，依据假定的收益额度，组织和资助者都需要对收益百分比的多少可以为达到资助目的而消费，百分比的多少应该重新投资到基金中，如果情况变化这两个百分比应该如何调整达成清晰的理解。情况变化可以是一个组织收到了给其基金额外多的捐款，或者在特定的一年获得了不寻常高或低的投资回报。这些问题需要被提前详细回答，找寻这些答案的过程需要成为成文政策的一部分。

下一阶段将更多的讲述来自一项基金的收益如何被使用。但是关键的一点是这些认识是之前非常清晰和具体的谈判的结果——这一过程如一个资助者描述的，可以是缓慢的，有时是令人沮丧的：

"每一阶段都非常复杂，在（受助者）的理事会中有两股对立的力量，他们对如何实施有不同的想法。一方对花费（来自基金的收入）建立项目很激进，另一方更保守，并想对收入使用严加限制，以保证它们不失去价值。所以每一阶段都是经过讨论的，谈判过的，每一阶段，任何事都无法简单化，任何事都无法顺其自然。任何事都是经过谈判和辩论的。

资产分配和时间展望

在建立投资计划和政策过程中，受助的机构应该咨询它的顾问来决定基金的百分之多少将被投资于主要的资产类型中——大多数情况是股票，债券和现金。这些百分比可能依据基金投资的目的不同，组织对风险程度的承受能力，和如果基金不准备持久（和一项类捐赠资助一样）资产所准备持续的时间而不同。

在一个投资有价证券的资产组合将部分依赖何时收益将被使用。在一般情况下，相比于那些很多年不受干扰的投资，一个组织当需要尽快使用其收入时需要一个更安全，更保守的有价证券，从而安稳度过繁荣和糟糕的年头。所有的这些决定，当然需要通过专业的金融规划师来分析。

收益应如何被使用

有一个妥当的花销政策是关键

一个收益花销政策详细解释了机构每年可以花费的投资收益（不仅包括股息和利息，还包括获得的和未获得的资金收益和损失）的数额或百分比，和针对这些百分比可能做的任何调整。为了制定一个适宜的收益花费政策，一个受资助的机构需要权衡两个有冲突的目标：

√ **资本储备**：保持基金资产的真实价值的需要，根据通货膨胀情况进行调整；
√ **充足的收入**：产生足够的年度收益来应对受助者的项目或核心运营的一定数额的成本的能力。

如果基金对长期的财务计划，机构的稳定和规划的独立来说是一项持久的机制，那么两个目标都达到是很重要的。如果一个受资助的机构制定的收益花销额度超过了它的有价证券的收入，这将通过花光基金额逐渐显著地破坏其资产基础。一个受资助的机构也可能通过没能考虑到通货膨胀或是没能预测到波动的市场情况的影响来危及基金的真实价值。

"我们想让受助者理解并计划这项基金计划永远持续下去，这样他们有义务思考如何保持基金的价值。遗憾的是，我们很不容易才学到了这个道理，之前的捐赠基金我们就经历了这样的过程。（在之前的捐款），我们没有提前制定一项收益花销政策，当我们开始发现资金的价值开始被破坏时，我们不得不审视过去，之后制定出一个政策。"

即使基金不打算成为一种持久基金，它也需要基于一些合理的假设，即每年资产可以支持多少花费直到它被完全用光。每年的花费超过这些幅度，或者因为通货膨胀或者市场变化遭受太大的损失都可以很好的说明资助的目的不能被充分实现。

收益的花费，资本的储备和有价证券的增长如何相互作用

当一项基金的目标是建立一个持久的（或者非常长时间的）可使用，可花费的收入流，一个受资助的机构必须制定一个收益花销政策来同时保持资产和有价证券增长。一项基金可以产生一笔持续的真实收入并为应对通货膨胀做准备，但只有通过制定审慎的计划来经受住年复一年收益的变化。

"支付"义务和其他法定事项

美国资助机构的收益花销制度可能会受到政府政策的影响。例如，美国联邦税务总署规定"私人基金会"，每年慈善的支出不低于其总资产的5%。这一支出要求不适用于其他公共筹款慈善机构（一个组织的官方免税通知将明确其是私人基金会还是公共资助慈善机构）。

通常花费多少比较正常

在美国的受资助机构，包括大学和其他非营利机构的花销政策不受5%花销制度的限制，一般在4.5%-5.5%的捐款本金范围内。大量的财务分析和历史研究说明，这些花销制度帮助受资助的机构：

√ 避免过度风险或投资的随意性；

√ 经受投资资产的贬值的考验；

√ 开发有资产组合的有价证券兼顾安全性和增长效率；

√ 为核心运营和项目成本带来收益；

√ 把部分收益用于再投资，从而规避通货膨胀的风险。

资助者可能设定的规则

如果一项基金计划持续时间非常长，很多资助者尝试通过资金使用的限制进行资金管理。这些限制可能一直都有，或者只在捐赠基金设立之初有，一些资助者也会限制受助者在特殊时期使用收益，督促他们通过重新投资基金收益来建立自己基金。

尽早听取建议

许多资助者相信花销程度是一个需要在一开始便涉及的话题，即在最早的关于捐赠额和基金最终规模的讨论时。

帮助申请者们参与这样的讨论，很多资助者鼓励他们在协商初便从会计专家那里征求意见。

因为这个原因，一些资助者建议开始捐赠基金支持型捐赠申请时，雇佣一些专家顾问，这样他们可以充分了解他们面临的责任和选择，如果他们申请一项基金的话。

同时，资助者和申请者可以通过与其他受资助机构的员工见面获益，这些机构成功的保持和设立了基金。这可以是一个机会不仅学习更多的一笔捐赠无法避免的管理和财务问题，也可以学习一项基金对机构项目的影响，它和资助者的关系及它的内部管理。

第三节　个人策略及有效资助

个人策略及重要性

大多数资助者相信好的资助需要有效的策略。但当其以自己方式工作的时候，却往往既没有清晰有效的策略，也没有针对策略的相应支持。好在资助者还有多种工具来帮助他们有效解决各种技术问题，比如逻辑模型和尽职调查协议等。但很多资助者发现，他们常常碰到一些情况，需要工具之外的东西来帮忙处理。

没有一种工具或方法可以对一位长期接受资助的组织说"不"，或向一位风险较高的寻求资助者说"是"；也没有一种工具或方法能帮你面对一个纠结的项目，或者帮你在基金会倡导一个新的理念，这些情况往往让资助者陷入困境。组织理论学家唐纳德·司肯称其为"沼泽低地"情境。在"高地"情境下，资助者遇到的都是体系内的问题，可以通过技术途径有效解决，但在"低地"情境下，资助者发现，他们无法处理这种模糊情境下的问题。

资助者在模糊情境中遇到各种挑战，这些挑战会因为工作中的焦虑情绪而变得更加复杂：他们致力于公益事业，但却在私人机构中工作；他们的工作是与受助者合作，但权力的不平衡导致受助者无法完全信任他们；他们的目标是为受助者和基金会搭桥，但最后，却发现自己夹在中间，左右为难。为了应对这些情况，资助者需要具备有效的个人策略。

和长期发展策略不同，个人策略能帮资助者面对短期内的各种问题，比如，与受助者间的艰难对话，向理事会递交有风险的提案，向申请资助者提供关键意见等。与正式书面的组织策略不同，个人策略是非正式的，不用声明。

　　事实上，在"沼泽低地"情境下，很难找到有效的个人策略。碰到特殊情况，你需要第一时间做出快速、直接的反应。优秀的资助者天生就是这块料，他们好像没有，或者完全不需要个人策略。但事实上，最优策略往往都存在于无形之中。但这就有疑问了，个人策略的形成必然是一个可见过程，资助者是如何做到没有这个过程而形成个人策略的呢？

　　于是，专家们组织了一系列讨论会，资助者试图建立一个假设，来改善他们的个人策略，这个假设就是，高效资助者不仅能做好其本职工作，也能明确其真正的角色。他们的工作是利用各种行业工具处理各种零散事务，他们的角色是工作本身的各种期望，你的职责就是去满足这些期望。角色提供了一个框架，使资助者能具有高效的个人策略。

　　对自己的角色进行反思常常困扰着资助者，他们觉得这种做法很奢侈。该手册和之前的研讨会都提出了一个问题，这个问题在各种领域已经被争论了很久了，即，怎样才能塑造一个优秀的实践者？众所周知，一个好医生、好教师或者好律师不仅要有专业知识，还要了解其角色内容和其所带来的挑战。

　　这里我们介绍三个部分，第一部分是一个简单介绍，包括三个角色相关的概念（引自社会学和社会心理学），这是个人策略的基本要素。第二部分给出一个框架，让资助者能有意识的效仿，形成"天生好手"的个人策略。第三部分介绍了形成优秀个人策略的技能。

个人策略要素

　　对于一个非营利组织，其战略规划的制定会灵活使用诸如"SWOT"这样的工具，通过分析自身优劣势、存在的机遇与风险，来制定战略规划，推进目标的实现。资助者个人策略也可以这种方式进行，形成一套概念（角色、自身、体系）来分析大的工作环境下，个人的优劣势是怎样的。

　　（1）角色

　　角色对于个人资助者的重要性就像使命之于非营利组织一样。当其碰到新的机遇想要参与，或者当其面对危机需要应对的时候，都需要回到机构的使命宣言，看看机构的终极目标到底是什么。虽然使命宣言的内容不足以告诉他们下一步具体该怎么做，但它却能为机构指明方向，确定工作重心和相应策略。

角色也是这样，工作职责一般都比较明确，而角色则更为宽泛些，它更像工作说明中未明确提出的那部分，或者如组织理论学家、顾问拉瑞·黑斯霍尔（Larry Hirschhorn）所说的"权限大空间"，在这个空间中，"由你决定怎么做工作。"基金会工作的推进过程中，有很多事需要做，但却没有明确告诉你如何去做。这就要求资助者同时是学习者、分析师和搭桥者，能够对各种机会进行评估，合理运用包括基金会和受助者的各种资源。

基金会不同，资助者角色也不同，就像组织不同，使命宣言不同一样。但本质上说，明确使命和明确角色有同样的好处，即，让人们关注那些重要的事情，而当环境发生变化时，人们也能与时俱进。

（2）自身

对于组织战略来说，重要的不是"我们如何完成使命？"，而是"基于我们的优劣势，如何完成使命？"战略需要机构内部自发地了解机构的文化、员工、体系、规定、信息、历史等。

同样，资助者也要知道，基于自身优缺点，如何扮演好其角色。他们需要知道，如何利用自身优势来使其更好地发挥角色作用，如技能、人生阅历、个性品质、激情等。同样的，他们要知道自己哪些缺点会影响工作效率，如缺乏安全感、信息盲点、知识缺陷、个人怪癖，等等。在角色专家眼中，每个人都面临　"融入自己角色"的挑战，所以，尽己所能真实地扮演好自己的角色就够了。

机构可能会被诱导选择一个看起来可行的战略，但后来发现其与自身的优劣势毫不相关，资助者更容易通过想象来给自身的角色定位。领导力发展顾问罗丝·米勒（Rose Miller）在回顾自己为资助者做咨询的经历时谈到，很多情况下，资助者通常都"没有自我赋权"，他们是在这样的情境来确定个人角色的。这些资助者在角色扮演过程中脱离了自我，他们要么学别人的做法，要么用想当然的方式来做，自我和角色完全分离。

还有一种普遍情况，一些资助者不喜欢进行角色反思，他们担心这会导致机构的官僚主义和腐化堕落。但其实角色反思所起的作用恰恰相反，它可以让机构用独特和真诚的方式开展工作。事实上，越是专注于角色的工作，资助就越高效。

（3）体系

高效机构需要了解环境影响力所来带的威胁和机遇，比如，公共政策、获得资金的机会、或社会政治趋势等。否则，他们就无法掌握现实局面，更不可能去设想最能推进使命的策略。

在发展个人策略过程中，高效资助者会对不同层面的环境进行评估，他们会关注在其工作领域和体系内，领导、理事、资助者、受助者和同事可以为开展工作创造什么样的外在条件，而非仅仅考虑公共政策和社会发展趋势等因素。把你的工作领域看成由许多相互影响的角色构成的体系，这体系中，资助者可以发现，谁有影响力、为什么有影响力、资助者如何应对。

这样，资助者就能明白，人们的行为不仅与他们是谁有关，还与他们扮演的角色有关。这就可以让资助者洞悉很多情形，比如，对于那些有保留，不愿说实话的受助者，资助者可以怎样做。通过资助者和受助者这样的角色和关系，资助者能够洞察那些"保留的部分"，而非仅仅是得出 "他们有所保留"这样的简单结论。受助者在申请资金时，处于一个被动状态，不能像资助者那样有话语权。在这种情形下，任何资助者都会想当然认为，自己不能表现得太草率或者太相信对方，否则就会有资金风险。

换句话说，我们常说："不必太在意"，用体系意识可以赋予这句话新的意义，即，很多事情并非是人与人之间作用的结果，而是人所扮演的角色之间作用的结果。知道这点，我们就会减少对一些事的焦虑情绪，不会在意人们是否喜欢我们、是否信任我们、是否在意我们等等。我们需要明白，很多交流互动仅仅是因为这个工作体系。如果受助者不信任资助者，为了促成合作，我们该如何做呢？体系意识可以帮助我们减轻焦虑，形成有效的个人策略。

工作体系决定了资助者的工作类型和工作区域。教育学家、咨询人巴瑞·欧时力（Barry　Oshry）将此理念放入"组织发展图"，通过上、中、下的分层来说明人们在工作体系中所处位置不同其行为表现也不同。中层的员工处于理事或老板和受助者之间，他们有时会因为受到工作体系中"两头"的拉扯而焦虑不安。这时，他们很容易情绪化的只认同其中一方。奥希瑞（Oshry）建议，对付这种两难的处境，资助者既要有处事灵活性，又要集中在自身角色该做的事上。

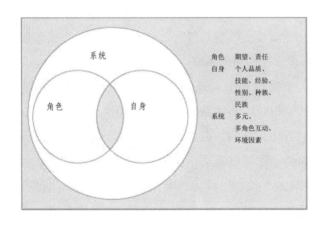

能通过角色意识和自我意识的综合，形成个人策略，解决问题。

许多资助者发现，把所有可能碰到的状况放到坐标系内四个不同象限内，每一个情况你可能都会碰到。当他们有较高的自我意识和角色意识，并且时刻提醒自我服务于角色，这时候，他们表现出来的很多行为都是出于直觉的，这些源于直觉的行为会形成好的个人策略。但当资助者仅仅专注于角色或者自我的单方面，或者两者都不专注，那么，资助者的个人策略将塑造的就是官僚（Bureaucrat）、个人（Personalizer）或旁观者（Bystander）。

个人策略框架

	低　　　角色意识　　　高	
高　角色意识　低	个人 Personalizer	天生好手 Natural
	旁观者 Bystander	官僚 Bureaucrat

该框架有两个有点：

（1）从现实或者长远角度看，它能让你专注于目标。当处于"高－高"象限内，你就可能得到一个好的策略。

（2）从回顾的角度看，当你在碰到模糊不清的状况时，它能让你反思为什么你要终止你的工作，怎样才能让直觉指引你的行动。

该框架有一定适用性，它用在当抉择很艰难，风险责任很高，资助者策略能有效解决问题的情况之下。这需要你努力去让你高度的角色意识和自我意识的程度位于"直觉指引行动"那个象限。

你可能会认为，用"角色"和"自我"两个概念来构建个人策略有点刻意。很多有天赋的人让我们很佩服。我们会认为，天赋似乎是独立于角色之外的。事实却相反，你不去做角色要求的事，就没有什么事需要你依靠天赋去处理。这样的人之所以与众不同是因为他们能够掌控而非忽略自己的角色。他们知道自己是这个工作体系中的一员，角色要求他们发挥天赋才能来取得卓越成绩。有效的个人策略是由高度的角色意识和自我意识来决定的。每个人都可以有这样的个人策略。

以下情境是关于资助者在困境中，如何通过平衡角色意识和自我意识，来形成有效个人策略的。

（1）官僚

过高的角色意识和过低的自我意识会让个人策略变得官僚。

具体案例：一个社区基金会新来的资助者觉得，最近她的实地考察结果不太理想。一方面，对方有很多寒暄客套，试图迎合她的需求；另一方面，她觉得接待工作过于铺张。这些提前准备的各种谈话和报告让她很难了解对方工作的真实情况。于是，她尝试用自己的方法抽丝剥茧地获取信息。她会留意自己给出的反馈是否合适，小心地与对方交流，确保自己没有在谈话或肢体语言上传递错误信息。另外，针对考察，她还给对方提出了日程和时间安排上的建议。

分析：这位资助者的实地考察的方式说明了角色意识的作用：

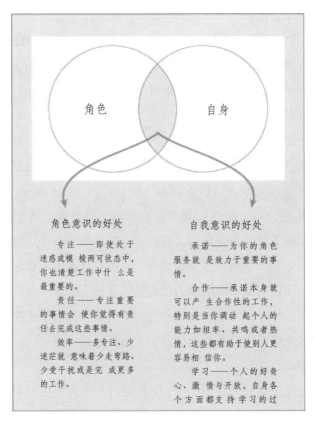

角色意识的好处

专注——即使处于迷惑或模棱两可状态中，你也清楚工作中什么是最重要的。

责任——专注重要的事情会使你觉得有责任去完成这些事情。

效率——多专注、少迷茫就意味着少走弯路、少受干扰或是完成更多的工作。

自我意识的好处

承诺——为你的角色服务就是致力于重要的事情。

合作——承诺本身就可以产生合作性的工作，特别是当你调动起个人的能力如坦率、共鸣或者热情，这些都有助于使别人更容易相信你。

学习——个人的好奇心、激情与开放，自身各个方面都支持学习的过

她更多地是在关注项目本身，而非与申请者之间的交际。她忠于职守，实地考察无疑是高效的。但却没有激发她的热情、幽默感和好奇心，从而错失了一次全面合作的机会。她的防备让申请者无法坦率而直接地交流。到最后，她很难从中学到什么，这一结果却是她在制定角色为焦点的个人策略时极力要避免的。如果她的策略是建立在自我和角色双重基础上，那么，她的实地考查会更有效。

（2）个人

自我意识过强和角色意识不足会产生主观的策略，资助者会因为主观意见而忽略整个工作中最重要的部分。

具体案例：一大型基金会资助者正为拒绝一项申请而苦恼。她推迟了拒绝意见，她担心这会成为压垮这个NGO的最后一根稻草。回忆起这件事和类

似的情形，她解释道："当申请的金额比较小时，我常常会同意，或者让他们修改建议书。我觉得，拒绝他们的时候，我就像个怪物。"

分析：这个资助者有自我意识，但却没有在面对压力时保持角色意识。如果没有做到其角色应该做的事，她就无法做出建设性的个人决策。她的同情心让其违背了工作职责，而不是让她认识到冲突下的苦恼是必然的。好好反思一下，她更能明白其弱点会如何左右她的决定。强大的角色意识能让人意识到自己的职责，从而看清什么才是真正重要的东西。相反，如果她仅仅是自我意识强，能全心付出，并广泛与人合作，但目标却是错的，结果也难令人满意。

较弱的角色意识会让你在该说"不"的时候变得软弱。有的资助者会推迟回复，因为担心这会导致过多的焦虑和不确定性。很多人给出盛赞申请者的各种意见，如果拒绝了申请，申请者对于如何修改申请书无所适从。

很多人会因为个人主义而自我膨胀。大家很早就认识到这个问题，人们之所以会配合他们的笑话、殷勤地打电话、不断征询他们的建议，一定程度上是因为他们扮演了资助者的角色。如果资助者没有意识到这点，他们会过于自负，极少自我检讨，甚至忽视他们工作中的不足。

（3）旁观者

旁观者不同于官僚和个人，官僚通过狭隘的"角色"定义来解决问题，个人则依靠主观判断来处理问题。资助者有时表现得像旁观者，并不怎么关注角色和自我。他们认为，这种糟糕的情形下，他们只是旁观者而非当事人。因此，他们没有什么个人策略，甚至什么都不作为。

具体案例：某中型基金会一位有经验的资助者认为，如果让长期受助者（比如，NGO创建人和执行主管）扩展项目，就不应该经常对其"絮絮叨叨"的。这位资助者很少与对方机构沟通，询问项目进展，虽然他也知道，这个机构对于基金会很重要，他们的工作非常有价值。他认为，做这些"絮叨"的工作就等于开启了"潘多拉盒子"，这不是他的职责。

分析：如果该资助者好好想想自己的角色，他就会发现，基金会不仅希望他能够管理好资金，更希望他给受助者提供足够的支持。在项目过程中，他完全可以提出一些建设性的意见，让受助者能摒弃防范的态度更顺畅地与之沟通。同时，他也可以利用"中立"的身份提出受助者和基金会都认可的整改建议。

成为一个旁观者并不等同于"选择性地战斗"——为解决最需要关注的问题而保存实力。理想状况下，我们总在深思熟虑后才选择战斗：我们的角色需要做什么，为了成功，我们需要管理哪些优劣势，我们最好把时间花在什么地方。在旁观者模式下，我们只是想避免冲突，防止因此带来更大工作量或更多问题。

（4）天生好手

通过将高度的角色意识和自我意识结合起来，资助者可以提出天生好手般的有效个人策略。

具体案例：某有经验的资助者在一个资历雄厚的家庭基金开始新工作，负责终止一个多年的项目，这个项目已经为一群长期的受助者提供了大量的资助。聪明的她很清楚自己的角色：提出新策略，重视基金会的合作历史，并给予受助者足够的时间来制定计划。

但她明白这些受助者还没有预料到他们的项目支持有可能被终止，他们极不情愿继续进行项目的下一步。她觉得受助者的抵触情绪极不负责任，当她发现受助者没在做他们应该做的事时，她有点生气了。但很快，她就冷静下来，开始仔细思考自己下一步该如何做。

她停下来观察发现，自己个人的负面反应降低了其工作效率。于是，她开始尽力保持简单的姿态，用更多的技巧来推进自己的工作。这一过程中，她发现，受助者觉得基金会没有重视他们的感受，所以，他们没法配合其解决现有问题。所以，她坦诚地对受助者说："我知道你们对基金会不会太热情。我能感受到，你们不愿相信这真的发生了。我怎么才能帮助你克服这些困难呢？"

分析：她的行为使之能与受助者坦诚相待，也让资助者能够以顾问或协调人的身份给予受助者足够的支持。她提出了一个紧凑的过渡方案，以开启新项目的方式激发大家的热情，从而结束了过去的项目。

因此，即使是天生好手也不能总是在"高-高"象限内解决问题，他们也需要一个过程来分析其所处的困境，制订有效的个人策略。

个人策略技巧

有五种技巧可以帮助大家制定更有效的个人策略：

（1）分析让你沮丧的事

花时间重温些沮丧的小事，我们能够更好地了解个人策略中的有哪些不足，并有针对性地进行改正。

技巧很简单：选择一件你对其结果不满意，甚至事后都不确定该怎么进行下去的事。回忆你当初努力去实现的目标，你是如何着手做的，什么事情令人沮丧。思考你对那件事是如何回应的，尽力去找到一个转折点———一个如果你做出不同的反应（即使是你不知道该如何做出回应），你可能会更高效的时刻。

现在把这些事放入个人战略框架里并且开始问自己以下问题：

√ 我是以哪个象限的身份工作的？

√ 我当时是怎样看待我的角色的？

√ 无论好坏与否，我又是如何让自身适应这些角色的？

√ 哪些优势能起作用？

√ 我应该留心自己什么弱点？

带着这些想法，再次审视你的转折点，然后考虑你将如何做出不同的反应。下次你正在处理类似情形的时候，你就把从中学到的东西和经验作为资源来帮助你。

有几种方法可以用来分析令人沮丧的事：如果你独自工作，保留事件和分析的日志可以帮你发现能适应你角色的新方法的模式；如果你所处的基金会愿意，那么你和你的同事可以组织会议一起汇报这样的事，这些会议也能为组织提供一些方法来帮助个人资助者扮演好他们的角色。使用该项技巧的基金会久而久之就可以建立一个各种事件的"资料库"，专门用于培训新员工。

（2）创建关于自我角色的对话

角色是指组织对我们的工作授予的某些权限，但我们不能总是依赖组织来阐释我们的角色。可以通过研究基金会如何确定资助者职责，来获得对个人策略设计有益的参考。

你可以看看工作说明上所列的职责，比如，什么样的标题或者称呼最能形容这些职责？（有时，基金会要强调资助者角色的新涵义时，就会把一般的头衔如"项目官员"换成更拉风的"投资组合经理"）同样，如果你考虑该组织的使命，当前策略和对自身价值的陈述，你的角色又该是什么呢？如果你来自一个大型基金会，如何体现你处于其组织结构工作体系的哪个位置呢？与你有互动的其他角色是什么？另外，工作体系又是如何塑造那些角色的？

当然，与同事和基金会领导们一起做这件事比你自己做要好。这个过程不仅能更多地洞察和呈现所担任的角色，还能保证资助者所扮演的角色确实是被基金会授权的，而不仅仅是他们想要去拥有的角色。

开始这个过程的方法之一，是发掘人们对于资助者这一角色的潜在形象。通过比较简单的类比："资助者对受助者来说是［填空］对于［填空］"或"资助者对于我们基金会是［填空］对［填空］"，能树立有益的角色形象，或发现可能有困惑或产生分歧的人物形象。方法之二，通过询问有经验的资助者，他们用什么比喻去描述他们的角色，并邀请员工去寻找共同的主题和模式。

（3）逆向处理你的角色模型

有时候我们无意间会在行为举止上模仿同龄人、以前的同事以及原先的上司，即那些我们认为出色的人。这有助于我们去认真思考典范们的行为，分析他们如何有效完成任务，正如工程师分析竞争者的产品从而学会自己怎样去推出产品一样。

如果你的榜样看上去是天生好手，可以尝试去分析他/她如何扮演其角色。首先，清晰全面地描述你的角色内容，然后，借鉴他们的方法进行角色尝试。也可评估他们哪些方面可以作为你的榜样，哪些优点正是你所缺乏的，然后进行模仿。缺乏思考地选择和模仿榜样，可能将你的角色置身在别人的自我之下，而不是你自己。

（4）调动你自身，而非你的自我形象

有时候，我们会把自我形象而非自我带入角色，更多的关注停留在我们希望被怎样看待，而非怎样才能高效地推进工作。例如，某资助者可能会认为问太多问题会给人留下无知或不聪明的印象。事实上，他问的问题越少，才越显得他无知和不聪明。他最终不仅没能专注于自己的角色，也没有留下一个他想要的好印象。

要认识对自我形象的关注如何降低工作效率，可以这样做：快速列出你在工作中两三个"期望"和"讨厌"的形象清单，然后确认两三个会让你改变形象的行为。当然，关注自我形象并不总是一件坏事，有时候我们希望展现的形象会超越我们本来的形象，就像当我们努力想表现得公正的时候，我们其实是加强了对公正的承诺。

辨别你期望的或者讨厌的形象能让你认识到，试图维持形象要有怎样的付出。你可以使用同一技巧去分析令人沮丧的事，你可以问自己：当我对这项工作做出反馈时我想树立（或改变）什么形象？它会把情况弄得更复杂吗？我的行动会对个人策略和最终结果带来什么影响？

（5）细分你的合作伙伴

在受助者或资助者的互动中引进有助于提高角色意识及自我意识，它也帮助我们了解对方在特定交流中的位置。

或许你是带着高度的角色意识和自我意识来工作的，但你的搭档却是官僚的策略。这样，你的策略应该是帮助你的搭档适应自己真正的角色。你可以通过改变会议设置，在轻松的氛围里交流，或者分享你对合作项目的希望和担忧来促进策略的实施。

同时，你需要了解同伴的个人策略，他们可能会因为焦虑而忘记策略，或者由于过分自信而漠视新策略的可能。所以，你要重新审视你们的工作，和你的同伴一起面对问题和机遇。

案例：事后孔明：分析令人沮丧的事

一个来自私人基金会的资助者带着本书项目组回顾了一件令人沮丧的事件，这件事源于她用一种新奇的战略将潜在的受助者引荐给基金会。回过头考虑她的方法，她发现按个人化过强的资助者来做事最终令她很失望，也令资助寻求者失望，还令在眼前的目标落空。

问：以事后之明，在你、老板和两位有着你喜欢的主意的资助寻求者开重要会议之前，你觉得自己偏离了正轨。发生了什么事情呢？

答：当寻求资助者出现在会议上时，我真的开始怀疑自己的判断力。现场访问时看起来很吸引人的一切现在都消失了。我所能想到的只是，"当时我都在想什么？"

问：现场访问时有什么突出的特色？

答：我喜欢他们的策略。我认为他们为一个死气沉沉的领域提供了新鲜的想法。他们了解商业、市场营销和资本战略，并且有理想，上进心强。他们穿着套装和皮靴。

问：那么办公室里的问题又是什么呢？

答：就是因为他们穿套装和皮靴！我们的办公室比较主流，所以他们看上去显得很不协调。但更重要的是，那种策略也很不合适。在现场参观时，我的注意力只集中在他们身上。但是当他们进入办公室后，我想的是在该领域其余的基金会资助。我就在想，"这些人在这个领域的边缘工作，到底是想做什么呢？他们能带来什么改变？我这次开会要变得很尴尬了。"我当时就有种不祥的预感。

问：从角色框架来看，你扮演什么样的角色？

答：肯定是个人化者，我失去了我要扮演的角色，事实是我的角色是要支持来自于这个领域的边缘地带和更多的主流组织的人们和他们的想法，但是我陷入到了个人焦虑中。

问：你能引领我们走一遍角色框架吗？告诉我们该做什么，及如何很好地驾驭不同角色吗？

答：好的。下面我将全方位的带领大家了解资助领域的角色框架。

个人

坦白的说，个人的象限正是那时我所处的位置。我本应该这么说，"我怎样才能帮助我的基金会和资助寻求者探索合作的方式呢？我采取什么措施才能使其实现呢？但是我一点也不专注，这使得我自己和其他人都很焦虑。

他们评价我们的办公室很时髦，而我开了一个他们是"先锋时尚"的蹩脚玩笑。这是友善地说笑，但是我肯定这让他们失去了勇气。

在整个过程中，我已经停止发挥桥梁作用，然而那才是我真正的角色。在实地访问时，我让自己完全和被资助者感同身受，而不是思考他们在哪些方面如何符合基金会的要求。我没有帮助资助者适应我们的环境，而仅仅是慰问几句并任由他们自由发展。我也没有帮助老板了解我认为的合适内容，而只是把这些人推荐给他。这就像我希望他们每个人都去单独建造桥梁——但那其实是我的工作。尤其在刚开始的时候，我的老板肯定认为他们的想法不切实际。由于忽略我的角色，我得到的正是我不希望得到的。

官僚

坦白如果设想是由官僚者来处理的话，我就会将所有带到会议来的包袱抛弃，但同时把自己有用的部分也抛弃了。我只是一个资助者机器，而不是以资助者的角色做自己。

我本该适时地注意到，我们主张互相学习但并没有促进自我学习。

我会保持很客观态度，绝对不以他们的服装开任何玩笑。但是一点玩笑都不开的话，就没有一点温暖和轻松，就会变成，"我们只是来这里工作的。"

我会做那些我作为新到的资助者经常做的事情，但是我不知道自己在某个情况下该如何行事，也就是说，我会小心不去说可能被曲解成积极或是消极的反馈的语言或这样表现。

旁观者

如果像旁观者一样，我会在第一次访问就意识到把这个想法和这个组织介绍给我的基金会是很麻烦的。从策略上看，这可能是对的，但我就不会去应对自己在这个角色中该怎么做的挑战。

首先，我不会让我的老板和这些资助寻求者见面。因为那样做意味着那是我的角色需要。我只管写好建议书，指出它与基金会战略的不同，其他就让理事会去决定。

天生好手

作为一个天生好手，我应该更专注于学习理解这个角色，以及推进这个目标所需的东西，而不是热衷于受助者的战略，忘记了自己的桥梁角色。

在破坏互相学习的目标之前，我努力让自己暂停下来，远离的焦虑。我意识到我纠缠于他们的服装和我怕给老板一个意外的担心紧密相连。我还没有给老板一个这个组织在哪些地方适应基金会的战略，或者其他受助者的真正解读。

要是我真的考虑过，"看，我在这儿的作用是帮助我的基金会探索这个未被规划的领域，"我甚至可能会大声说出来。然后我可能会找我老板和我一起去做第二次实地拜访，这样我们都能获得一次更好的机会深入了解他们。当他们来到办公室，我会通过他们关于办公室的评论意识到他们对基金会的不适感，量用幽默和热情使他们感觉自然以使他们能更好的集中在我们的目标上。

第四节　国际捐赠——全球视角下的资助

全球范围内捐赠

资助者在全球范围内的资助有许多原因，有些是因为那是他们最关心的问题，有些认为全球资助是应对全球化复杂形势的慈善回应，有些是对自然灾害和其他紧急情况的回应。有人认为，从其他国家得到的经验和教训将提升其国内投资的质量。有些资助者是企业，他们在世界各地有商业利益的地方投资，其个人和家族基金会希望能资助当地的发展。

有些资助者对国际资助感兴趣，但又觉得自己资源太少，资助太地方化，员工缺乏经验，某些投资还可能违反美国税法。有人认为，选择国际资助弊大于利，会遇到文化差异和空间距离等问题。这些风险是真实存在的，但经验丰富的资助者认为，在海外依然可以像在国内一样做好工作。国际资助和国内捐赠者在某些方面是不同的，但通用的概念和工具同样适用。

国际资助者

以下是美国从大型独立机构到个体资助者的不同类型的基金会，及其它们在全球范围内捐赠的原因：

（1）私人独立基金会

美国的私人独立基金会在全球范围内捐赠，其工作重点与国内的实务领域相关，如教育、人权或医疗保健。通过把国内外的工作结合起来，基金会可以利用员工的专业知识，增加其在该领域的经验。

部分基金会通过定期访问国际受助者来监测他们的捐赠。有几个大的基金会直接在海外建立办公室，专门管理国际捐赠事务。

（2）企业基金会和资助者

企业基金会把它们的商业利益、市场和国际捐赠结合起来。除了现金，企业出资者也捐赠一些产品或服务。一些国际公司自己制定方案，利用员工充当志愿者和出资人，例如，在印度设有办事处的公司创立一个慈善基金，由当地员工管理。

（3）社区基金会

社区基金会越来越多地进入国际领域，要么通过中间组织工作，要么直接运行海外项目。至于在国内的工作，社区基金会往往给予个体捐赠人很大支持，比如帮助他们确定海外资助的目标。

一些美国社区基金会发现与世界其他地区的社区基金会合作很有帮助。例如，一个俄亥俄州的社区基金会接待了波兰代表团，这次访问就引起了当地波兰裔美国资助者的兴趣。

（4）家族基金会

家族基金会把国际捐赠当成他们当地事务的自然延伸，正如某资助者所说："我们的国际化战略以自己社区的利益为基础。"有些家族的动机是希望做好事回馈其原籍国，有的则因国外生活或旅游的经验受到感动而决定资助。许多家族基金会积极参与到资助者联盟中来，尤其是当家庭成员对全球性问题感兴趣的时候。

（5）个体资助者

个体资助者在国际捐赠事务上有很大自由度，这取决于他们的兴趣和想法。许多人后来继续深入参与他们所资助的项目。同时，由于他们能够迅速做出决定，个人资助者能对国际事务做出快速反应。个体资助者以不同的方式管理他们的国际捐赠，一些人通过美国的海外组织、中间组织、社区基金会运作基金，而其他人则在顾问的帮助下自主管理。

国际捐赠基本知识

美国的捐助者需要知晓有关国际捐赠的法律和法规，特别是他们想寻求税收优惠时。自2001年9月以来，有关国际捐赠的法律条文变得非常复杂，但也有一些简单的方法来了解：

（1）可以从哪里获得国际捐赠的可靠信息？

国际资助者可以熟悉一些能够提供信息和建议的主要组织：

① 美国基金会理事会（The Council on Foundations）、美国国际捐赠项目（U.S. International Grantmaking Project）提供国际捐赠的指导方针和政府法规的信息。

② 全球慈善论坛（The Global Philanthropy Forum）按照地区和事务进行组织，提供广泛的信息，包括全球性的中间组织、网络和教育资源。

③ 全球资助者协会（The Worldwide Initiative for Grantmaker Support）（WINGS）成立于2003年，提供广泛的全球资助者信息，以及其与社区基金会和企业资助者合作的资助项目。

④ 无国界捐赠者（Grantmakers Without Border）是一个资助者联盟，提供工作坊、研讨会、旅游、同行的支持、研究和咨询。

⑤ 全球慈善伙伴（The Global Philanthropy Partnership），对具有全球意义的问题进行简要介绍，议题包括气候保护、森林、难民、疟疾和当地发展等，并且探讨慈善家可以帮助做些什么。

（2）出资者如何确保其国际捐赠符合美国联邦法律法规？

许多捐赠者选择中间组织就是因为中间组织了解美国联邦的法律法规，并且可以把税收利润最大化。

鉴于现行法律的复杂性，贡献者鼓励未来的国际捐赠者在直接捐赠之前寻求法律建议。

以下形式的国际捐赠是合法合规的：

私人基金会

私人基金会可以向美国以外的地区捐赠，如果满足要求的话就会计入他们的最低支付。有两种方式：通过建立"等同于"美国公共慈善机构的接收组织，或采取措施，确保补助金专门用于慈善目的。

个人捐赠者

个人捐赠者可以通过对总部设在美国的慈善机构的捐赠，来获得法律要求的所得税税前扣除。也有许多通过支持国外工作，获得免税捐款的措施。

总部设在美国的捐助机构和非营利组织

总部设在美国的捐助机构和非营利组织现在也以法律法规为准则，以防止资金用到那些涉嫌参与恐怖主义的组织或个人身上。

（3）在了解更多筹资需求和海外机会方面，一个捐赠者可以做什么？

回顾其他基金会和资助者的工作

许多基金会发布关于他们项目和工作背景的报告。例如，福特基金会，提供了基金会每个区域办事处的详细历史介绍，包括该地区的社会、政治、和经济优先事项的概述和相关信息。

参考国际组织的资源

资助者可以在网上搜寻一些如世界银行、联合国发展署等的多边组织，看看它们的网站上可以提供什么。比如世界银行会发表一些国家的简要介绍，包括历史、经济、政府、主要发展战略等背景信息。

加入密切小组或资助者联盟

参加一个资助者密切小组或者联盟可以很有效地了解一个国家或领域。

通过参加会议或者和其他成员交流，新的资助者可以了解该国或该领域内的成功项目，获得一些新的理念，知道该国的发展方向和程度等等，并且有机会与他人合作。

阅读具全球视野的杂志或网站

一些资助者联盟可以让感兴趣的成员接触到它们的出版物，如由新能果（Synergos）和世界经济论坛（the World Economic Forum）联合出版的《全球捐赠事务》（Global Giving Matters），或者由慈善倡议（The Philanthropic Initiative）发表的《敢于冒险的捐助者》系列报告。

像阿拉维达（Allavida）和同一个世界（One World）这样的国际联盟提供了关于公民社会和组织发展的很多信息。阿拉维达的出版物包括联盟杂志（Alliance Magazine）和一系列在特定国家与非营利组织工作的指导手册。由积极未来网络（the Positive Futures Network）出版的《是的! 杂志》（Yes! Magazine）也是很好的资源。

旅行

有些资助者加入到了由中间机构或密切小组规划的游学当中，学习一个具体问题，探索一个地方动态，会见潜在受助者、决策者和其他出资人。例如新能果（Synergos），在过去几年中举办过前往南部非洲，巴西，南非和墨西哥的旅行。

国际捐赠的差异问题

国际资助者一直面临其捐赠对象距离很远这一问题，这一问题影响了资助者的项目监测和实时支持，还有货币兑换等琐碎问题。但相对于空间距离，文化差异带来的挑战更大。某资助者说："即便作为一个资助者，你也是海外国家的客人。每一个国家都有自己的价值观、传统和需求。"

所以，详尽的尽职调查，开放的心态和相互尊重的态度，都是有效国际捐赠中至关重要的部分。以下是一些资助者在此领域的相关经验：

（1）理解并保持文化差异

许多资助者强调，让大家认识你计划工作的国家或地区的重要性。学习当地的历史和时事，了解社会群体之间的关系，宗教的作用和其信仰系统等，可以帮助定位资助项目。

有个案例，一开始，某基金会并不了解当地的政治环境，他们要挑选NGO的合作伙伴。当时，该国刚刚结束了一轮有争议的总统选举，各个组织都有自己支持的政党，而该基金会最后备选的两个合作伙伴恰恰是政见相左，二者的竞争有强烈的政治意味。

还有关于文化差异的例子，例如，和东欧民间社会组织工作的资助者不得不调整项目，资助者和当地性别平等的看法不太一样，当地有人认为女权主义和性别平等就是指妇女应该参与各种事务，包括开拖拉机和打仗这样繁重的事，而孩子就应该整日寄托在幼儿园里。

文化差异也意味着在一种环境里工作良好，而在另一环境中却无法工作的情形。比如，南非某NGO主管描述了国际资助者在偏远地区实施小额贷款的努力。小额贷款在世界很多国家都取得了成功，但在项目当地却很难实施，主要原因在于当地的文化价值观和传统与这种理念完全不合拍。这也说明每个发展问题都没有既定的公式。

另一个常见的问题是如何评价资助者的需求。某在全球工作的资助者说："你会被视为你国家文化的代表，比如美国。而且，形象不一定总是正面的，还会有很多争议。"

（2）沟通和报道

没有比资助者和受助者的日常沟通更基本的事情了，跨越时区、语言和文化的沟通可能需要双方有计划性、敏感性和持久性。

进度报告

进度报告是双方的一种常规沟通，是资助者了解项目的重要渠道。所以，一开始，双方就要对报告内容和提交方式有共识，要考虑的问题有：

√ 报告中应包含什么样的信息?

√ 何时交付报告?

√ 报告必须要印刷和邮寄,还是可以接受网络递交电子报告?

√ 报告格式有什么要求?

这过程中,要考虑对于受助者来说方便可行的办法。有些受助者的工作环境决定了其只能通过电子邮件递交报告,因受助者无法通过其他方式寄出报告或收到邮寄的反馈。但有时候,电子邮件也不一定好用,电子邮件和网络可能只在主要城市有用,用这种方式,你可能会和精英类、国家性质的NGO取得联系,但却无法和社区的小型组织联系。

资助者希望通过年报、季报、甚至月报监测项目进度,查看财务状况。"对国内的受助者,我们要求年报。在非洲,我们要求半年报,这样我们的顾问才能:第一,较早指出技术方面或进度方面的问题;第二,关注项目的发展趋势。"

语言和翻译

当资助国母语不是英语时,会需要翻译服务来解决语言问题,你可能会想了解:

√ 你可以为受助者花钱提供翻译服务吗?你可以依靠自己的雇员在家中
   处理翻译事宜吗?

√ 什么样的表格和文件需要翻译?

√ 你应该怎样处理信息和沟通的需要?

√ 可以找到好的译员吗?如果找不到,你和你的受助者可以怎么做?

√ 如果你只掌握英语,那么会错过什么吗?

一位在中间组织工作的捐赠人咨询顾问说,即便她的组织有规定,只接受英文提案,她和同事也会在与地方组织打交道的时候灵活处理语言问题。他们把文件翻译成受助者母语时也遇到了一些麻烦。

一些捐赠者接受多语言的提案,然后让自己的职员翻译它们。比如某电子慈善就接受英文、法文、西班牙文件。

"我们和一家总部在白俄罗斯的公司合作，它为我们提供合作意向书、合作提案、捐赠协议和各种文件的语言翻译。我们也和其达成了将提案、报告和普通要求翻译成英语的协议。"

保持联系

随着电子邮件和网络的可到达性，即便在非常偏远的地区，保持沟通也比以往容易很多。一旦沟通的大门打开，资助者经常会发现受助者非常渴望保持联系。

一位资助者描述了他与小型非洲组织联系的经历，该项目致力于向艾滋病感染的女孩提供支持和教育：

"当人们收到第一笔捐赠的时候，那些很年轻的组织十分渴望多多交流。主管会每周给我打电话或发邮件，也许仅仅就是聊聊那些女孩。这绝对不是正式的报告，但是这对她意味着很多，因为她获得了支持。"

一个总部设在纽约的小型基金会的资助者强调说，频繁和私人的联系可以确保受助者较好的使用资金：

"我们从不资助那些我们不了解的事情。我每年前往亚洲五次，所做的事情就是确保钱被用在了应该用的地方，这是我们都要遵守的准则。如果资金没有合理使用，我们可能被解雇因而无法再做捐赠。1987年以来没有人让我们失望。和受助者保持联系可以起到很大的作用。"

（3）货币和兑换

在现金管理方面，你可能会有以下问题：

√ 应该在那个银行完成支付？

√ 现金应该怎样兑换？

√ 拨款是一次性到账还是分期付款？

√ 应该用美元还是外币支付？

资助者推荐在兑换捐赠资金时使用银行电汇，而不是支票，选择那些有强大国际业务的银行，至少也要在捐赠进行的国家或地区有较大影响力。

某基金会财务官员说："使用银行电汇可以保证安全性和快捷性。确保受助者提供完整的信息：银行正确名称，账号，国际编码等。当银行汇款时，会要求检查美国部门的财务列表，认真处理这些细节能保证资金的安全。"

对于资助者和受助者而言，现金贬值非常危险。关于你要工作的所在国货币稳定性问题要咨询相关财务和法律专家，并在必要的时候及时调整计划。

"如果你知道一个国家有很长的货币贬值历史，那么你就不会预先支付总额。懂得这些，我们有时可以策略性收回一部分捐资。"

"用美元汇款是个好办法，受助者可以将其换成当地货币，特别是在通货膨胀的情况下。这也让受助者可以就兑换比率、兑换日期进行协商。"

（4）顾问和当地代表

一些资助者雇佣值得信任的代表在美国之外充当其"耳朵"和"眼睛"，以此缩小和受助者之间的距离。

国内顾问可以帮助资助者寻找机会、形成提案，并用于日后管理项目、评估成果。一些资助者通过和其他资助者或机构建立委托关系，可起到同样的作用。

为了在非洲提升其项目，某家族基金会与顾问之间一直保持良好的关系。"我们总是收到几乎相同的申请，没有足够的信息让我们判断应该支持什么样的项目。这让我们意识到，可能需要聘用一个顾问，他能定期和社区组织一起工作、倾听社区的资助需求。一开始，这些顾问只是审核资助申请，现在，我们只需每年通过几次实地到访就能了解项目。这些顾问能为申请人提供咨询，因为他们了解我们资助的目的、意图和我们的价值观。"

当基金会理事会想要探索一个新项目——帮助非洲人的艾滋孤儿，他们就向顾问求助："我们知道，响应范围可以非常广泛——从医学研究，到提供药品，到支付孩子的学费。每当我们的顾问做完考察，我们就能够开拓出一个资助生态圈。"

然而，某技术援助提供者呼吁，未来的资助者需要"打破顾问主要来自大城市，资助项目只面对小范围NGO的怪圈。"他认为，如果要针对那些没有接受过国际捐助的农村社区或组织，那就不要只关注听说过的那些组织或区域。

顾问和资助者需要明确顾问的角色和权利，以及其与受助者沟通的权限。顾问是提供意见给资助者和受助者，还是充当资助者的代表？当顾问帮助制定提案或提供持续的技术援助时，这种区分特别重要。

孟加拉国某基金会资助者描述了当顾问角色和权限模糊时出现的混乱局面："在孟加拉国，和许多南亚地区，顾问在特定领域很有影响力，小额赠款申请者不得不依靠他们，大家认为，如果你能获得某顾问的支持，你就有机会获得资助。"

与中间组织合作的国际资助

一些资助者选择中间组织代为进行国际资助，这是比较简单的方法，尤其是对需要税收优惠的资助者来说。中间组织还有其他一些优势：

√ 其专业知识可以协助问题的讨论、受益人的确定和项目监测；

√ 帮助弥合语言和文化差异；

√ 熟悉当地的社会、政治、和文化背景，包括当地的风险和冲突；

√ 可以访问相关网络和组织；

√ 节约资助者时间和行政开支；

√ 有财务管理和报告相关的基础设施配备；

√ 熟悉地方性法规。

中间组织往往对资助者利益及其发展战略很敏感。例如，某中西部家族基金会资助者曾与中间组织合作实施新农业科技发展项目，为菲律宾当地农民提供技术支持，他说："该技术用于延长番茄之类作物的储存时间，还包括鲜花的市场运输。我们提供资金，中间组织在10到15个社区的200户农户中进行试点。如果试点成功，该技术还会推广到全国范围，农民收入可增加50％以上，现在使用它的农民已经超过8万。"

很多时候，中间组织是值得信赖的长期合作伙伴。当总部位于波士顿的家族基金会希望给予阿富汗妇女和女童学校紧急援助时，其理事从一个经验丰富的中间组织那里寻求帮助："我不知道任何有关阿富汗的事情。我们发现，作为我们长期合作伙伴的一家国际中间组织，正在那里处理一些紧急事件，所以我们与他们取得联系，并开出了支票。我们知道他们对这些钱负责，并且在如何使用它上很有创意。"

以下是几种类型的中间组织：

（1）"再资助"中间组织（"Regranting" intermediaries）

被定义为美国国内税收事务管理下的慈善组织，以及总部设在美国的中间组织能够接收美国资助者的免税捐款。再资助的中间组织在海外越来越常见。

对于刚刚进入国际捐赠的资助者来说，再资助的中间组织提供了一种涉足新国家或新议题的好途径。一个美国基金会兼尼加拉瓜中间组织的主管描述了她的组织给那些强调妇女权益问题的资助者所提供的帮助："我们在国内开展项目工作，并给她提供了一些组织的案例，这样，她就可以缩小范围，把注意力集中在那些最想资助的项目上。之后，我们向那些组织索要提案，她选择了自己有相关经验的领域，并且依然可以从我们这里得到帮助。"

（2）当地或"土著"慈善机构

美国资助者有时会与当地的慈善机构合作，这也类似于中间组织，可以称其为资金合作伙伴、中间组织、受助者、信息收集方，甚或是这几者的综合体。例如，非洲妇女发展基金从全球基金会和其他资助者那里筹集资金，并与非洲当地的NGO密切合作。

与当地机构的合作可以采取多种方式。田纳西州某社区基金会项目官员描述了当地社区基金会如何与之合作的："我们可以透过他们与周边社区更方便地沟通，他们就像我们的办事处一样。他们在奇瓦瓦（Chihuahua）环境项目上对我们帮助很多，他们比我们更容易到达偏远地区，而且比我们更熟悉那里的人，同时，他们还具备在地方非营利组织工作的专业知识和法律常识。"

（3）分散资助

分散资金的捐助者是不同国家的移民，他们愿意资助其国家的发展，分散资金可从更广泛的捐助者处筹集资金。

巴西基金会（www.brazilfoundation.org）的创始人回顾了一些在美国的巴西人的想法："我和40个年轻巴西人参加一个纽约的婚礼。我问大家：'如果你可以支持一个对巴西人有影响的项目，你愿给予什么？在美国，资助可以减税，你们知道吗？'第一，回答非常积极。第二，他们并不知道减税这回事。许多人回答说他们乐意在这里或那里捐助，但并不知道在巴西如何去捐赠。"

（4）公益创投基金

公益创投基金，是将风险资本投资应用于慈善事业，可以包括风险投资自身的业务和慈善公益内容。通常，该基金为出资者提供几种"组合"，每种组合包含一种强调特定社会问题的赠款和投资组合。

阿酷曼基金会（Acumen Foundation）创始人解释了"资助伙伴"投资低成本助听项目的过程："该项目分布于南非、印度和其他国家，我们前八个月的目标是和人均捐助额为10万美元的20个捐资伙伴合作。第一个投资组合是提供卫生技术支持，实现2亿美元的资金组合。人们一开始可能会说：'我并不在意助听器，我仅仅是喜欢这种模式。'这些途径让我们思考卫生保健市场的结构是怎样的？如何创新才能带来变革？"

（5）电子慈善

电子慈善是一个相对较新的事物，它使用互联网技术让资助者和海外受助者能结成对子，例如，通过"世界校舍"计划，"网上捐助"包括企业和个人志愿者，以及在印度、津巴布韦、巴基斯坦、中国、海地和其他国家的教育项目资助者。某"网上捐助"职员讲述了一个南非项目的过程："当时，南非没有'世界校舍'这种项目。我专程到南非，在那里遇到了很多不同的非政府组织领导人，做了很多实地考察。这样我们就可以在网上展示这个项目需求，定制项目方案。"

（6）捐赠人指导性基金

个人资助者越来越多地转向捐赠人指导性基金，这类基金由已有公益慈善项目、商业金融服务公司、甚至当地社区基金来协调其海外运作。新建一个基金，捐赠者需要投入资金，这些资金以行政费名义对投资管理承担法律责任。虽然这类基金都有资助的资金门槛，它还是会鼓励捐赠者随时捐款。

（7）"朋友式"的资金

这些在美国建立的基金会对海外某些机构进行定向支持，如学院或大学、基金会、艺术机构、博物馆等。寻找隶属于特定机构或在某国家地区工作的"朋友式"资金，可咨询指南之星GuideStar，这是个全美数据库，拥有超过850,000个IRS认可的慈善组织名录。

全球视角下的本土资助

埃米·特卡森认为，全球捐赠是一种认识到国际和本土的事件过程相互作用的捐资形式。它不一定需要美国以外的资金，或者不一定需要自己社区以外的资金。

国际视野有助于我们了解当地问题，提出解决方案。某社区基金会主管说："几年前，我所服务的县西班牙裔人口大幅增加。县长写信给移民局说：'请让这些外国人离开。'这对社会有"极化效应"。某本地组织赞助政府官员到墨西哥考察，帮助他们了解移民问题。考察结束后，官员们像变了个人似的，他们公开宣布，本县欢迎所有居民。"

在国内工作中利用全球视角也很有用，以下是一些相关理念：

（1）加强跨国联盟

一些资助者为美国组织捐赠，用来资助那些扩大国际议程的项目，例如，某南加州企业资助者帮助当地自然史博物馆与墨西哥组织合作，拍摄一部教育影片，该项目强调了双方的共同利益，为进一步合作奠定了基础。"我们赞助了巴哈和海科尔特斯（Baja and the Sea of Cortez）的IMAX电影拍摄，讲述当地的自然史博物馆和墨西哥最古老的自然保护组织，展示半岛的生物多样性，让人们产生保护环境的欲望。它已经成为了美国和墨西哥的保护组织筹集资金的关键。"

（2）开放沟通渠道

许多资助者赞助一些项目以鼓励国际同行之间的沟通。

某家庭慈善事业的创始人介绍，该组织旨在使用互联网和新技术促进全球师生间的项目学习："我们的项目于1988年开始在莫斯科和美国各12所学校开始。那是一段非常困难的时期，但是，项目进行得非常成功。15年后，那个我们作为副产品的特别项目，已经包含了100多个国家、15000所学校中的100万名儿童的项目学习，它跨越国界，因此也跨越文化和宗教的界限。"

美国资助者越来越多地寻求在全球舞台上为本国工作的借贷策略和观点。例如，起源于孟加拉国的小额贷款，通过格莱珉银行的开创性工作，已进入美国各社区，参与由基金会支持的减贫工作。

（3）解决全球问题

某些资助者对一些国际问题的解决很有兴趣，如环境保护、经济发展、妇女权利等。其策略包括推动民间社会组织的全球网络，召开紧迫性问题的会议。

第二章

资助项目确立

第一节 资助对象选择

选择受助者——使用竞赛和需求方案说明

引言

有很多方法可以用来确定资助对象，比如，通过书面申请，采用竞赛的方式来筛选资助对象，这种方法十分有效。

一般来说，资助者需要按照其预先制定好的竞赛遴选标准挑选资助项目。这一过程有很多不同方式，可一轮竞选，也可多轮竞选。有时，多数受助者都能获得小额资助，少数能获得一笔高额资助。资助分配方法有时公开，有时不公开，一般都采取竞赛方式进行，因为资金申请额往往大于可能提供的资金额。

采取竞赛方式决定资助最常用的工具是需求方案建议书。招标和竞赛比较类似，但又不完全相同。招标是一种收集提案的方式；而竞赛是收集后进行选择的方法。需求方案建议书能让资助者主动提出方案，而非被动等待。有些资助者要求受助者提供需求方案建议书只是想要收集其需要的提案类型，他们可能对于这种类型全部资助，也可能只是部分资助。

某些情况下，资助者未必会选择竞赛和需求方案建议书的方式。他们会使用其他方式选择受助者，比如，考察资助领域内的主要参与者，或是先确定项目，邀请潜在受助者来申请。

竞赛方式选择受助者需要考虑诸多因素。本书将从项目和管理角度，阐述使用竞赛和需求方案建议书作为资助选择方式的优点和缺点。

何时进行资助竞赛或需求方案建议书有意义？

通过竞赛来确定资助很有意义，表现如下：

（1）当资助机构计划进入一个不熟悉的领域，或是受助者不太知名，竞赛能产生新组织和新想法；

（2）当活动需要更多的参与者时，竞赛可以吸引更多关注；

（3）竞赛过程的透明和公正有助于建立公平的竞争；

（4）需求方案建议书有助于明确共同目标，形成共同学习的资料；

（5）需求方案建议书也是整个管理的重要依据；

（6）竞赛可以引起更多人关注一个新领域或新组织；

有些情况不适合使用竞赛方式确定资助，具体如下：

（1）在一些脆弱领域中，对于没有得到资助的组织来说，在公开竞赛中被拒绝使其在该领域内颜面无光，会严重打击其发展的积极性；

（2）资助资金量太小或胜出的可能性太小，受助者不愿花费大量时间和精力去撰写需求建议书；

（3）如果资助数量较多，则资助者要承担的管理方面的工作量就很大；

（4）如果资助者没有明确的遴选标准和竞赛机制，不适合采用此种方式。

如何使需求方案建议书及竞赛过程为项目目标服务

如果你使用需求方案建议书或竞赛来做资助决定，可以专门设计其过程，使之服务于项目整体目标。以下是针对设计给出的一些建议：

（1）公开宣传竞赛，吸引领域内外的组织和个体的关注；

（2）广泛分发需求方案建议书说明，鼓励更多参与者的加入；

（3）针对项目目标设置一定的参选标准，参与者的遴选体现了资助者对项目目标和价值的看法；例如，某资助者进行一个区域研究，他只邀请该区域研究部的大学或学院参与，因其目标人群是进行区域研究的组织。

（4）对需求方案建议书的回应，有助于该领域知识体系的建立和更新，有助于加强相关组织在该领域的工作；

（5）利用需求方案建议书从受助者那收集基线数据，用于以后的评估；

（6）确保遴选标准符合项目目标，对于那些提升项目目标的组织应该加分；

（7）各种受助者都可参与选拔，受助者的多样性和均衡性至关重要；

（8）充分利用现有受助者，让他们讨论形成宣传策略来反映项目目标和价值。

需要考虑的管理和行政问题

为了准备一场竞赛，资助者常常要花至少三至六个月的时间，准备阶段通常包括：

（1）为了制定竞赛策略，先要从潜在受助者处获取反馈意见；

（2）通过调查，确定完成竞赛组织工作需要的资金；

（3）与潜在受助者一起，起草需求方案建议书模板；

（4）确定组织竞赛负责人：组织、顾问、还是内部团队。

因为竞赛的组织耗时耗力，可以聘请外部组织或人员负责准备工作中的行政事宜。有以下三种方式来管理竞赛：

（1）竞赛内部管理

指资助者监控整个流程，即从最初提议到最后确定人选。有时会请专业顾问和专家评审团来协助评定；

（2）竞赛外部管理

指资助者选择一个中间组织，该中间组织负责整个竞赛的管理，这一过程中需求方案建议书和评审标准主要由资助者提出，竞赛结果由资助者或中间组织决定；

（3）受助者自主竞赛

指受助者根据资助者的要求和资金，围绕选拔标准自主设计和管理整个竞赛。中间组织根据预先设立的资金对最后的胜出者进行资助。

有很多竞赛管理办法，各有优势，并不存在什么"最优方法"。

外部管理优势包括

（1）减少资助者和行政人员工作量，如分发招标书、跟踪和回应大量机构的资助提案等；

（2）使中间组织成为该领域新成员，或提高中间组织在该领域知名度；

（3）可利用外部组织的传播平台和社交网络；

内部管理优势包括

（1）资助者获得实践经验：如果资助者碰到新领域和项目新方向，会采用竞赛内部管理方法，这有助于增加资助者的实践经验；

（2）更密切的沟通：内部竞赛管理使受助者获得更多的技术支持和未来的支持；

（3）在没有中间组织时发挥作用：有时并没有合适的中间组织管理竞赛。

哪些要素对中间组织来说是最重要的：专业性？公平性？高效性？

中间组织可以为竞赛提供许多服务，包括：

√ 帮助资助者获取有关潜在申请者多样的合作组合；

√ 确定和提供个别受助者或受助者群体的技术专长信息；

√ 召开定期的受助者信息经验交流会；

√ 利用自己的交流平台，推动受助者信息的扩散。

但是，选择一个合适的中间组织来管理需求方案说明书过程或竞赛并不是一个简单的决定。资助者需要权衡两种需求：对特定领域的深入认识和对竞赛的管理能力。许多潜在中间组织在这两个领域并非都兼具能力。

另外，中间组织的中立性对整个竞赛过程十分重要，特别是那些具有较高声誉和能力的中间组织而言。有些中间组织在竞赛管理过程中变得自我膨胀，依靠关系而非相关领域的专业能力。这样往往会导致竞赛的公正性、信誉和参与性受到影响。

三思而后行：多轮，还是一次？

在规划一场竞赛时，以下思考是有意义的：该场竞赛是一个周期还是多个周期？竞赛在时间上如何安排？资助者需要考虑的因素包括：

√ 如果一场竞赛的运行周期只有一轮，那就看它的行政架构是否符合收益大于成本的原则；

√ 是否有足够的资金来支持多轮竞赛？

√ 能否对第一轮竞赛中所支持的项目进行充分的评估，并在随后的竞赛周期中做出适当调整？

√ 资助者是否全程管理，还是交由其他组织管理——如果选择后者，将如何为其他组织提供资金？

√ 选择过程是否有足够的灵活性？

√ '申请者数据库'是否有足够的申请者，并能产生出对多轮竞赛而言不错的提案书呢？如果不能，如何在随后几轮中增加'申请者数据库'的申请数量？

"因为是第一年，我们得到了一系列好的建议，项目完成率很高。第二年，我们认为仍然有一个大的'申请者库'，但实际上申请人数量锐减。我认为问题是，不少申请者之前有很好的提案但没有被资助，之后不抱希望所以并没有重新申请。因为第二年项目质量没有那么好，所以该委员会进行了一些努力，我们将建立导师制度，并尝试用不同的方法支持这些研究人员。因此，第三年，我们更具战略性的尝试，将网撒的更广。现在，我们申请人数已经开始增加。"

与顾问共事

即使是竞赛的内部管理，也常使用外部顾问指导重大决定。顾问有时是指导小组，有时候仅提供个人建议。具有不同种族、性别、地域、职业经验和视角的顾问组有助于竞赛的遴选。

在竞赛中使用顾问要注意以下几点：

（1）顾问的角色除了筛选受助者外，还包括需求方案建议书设计、向申请人宣传、监管申请、协助学习和交流等；

因此，有一个顾问的"职位描述"非常必要。职位描述包括顾问的工作时间、责任、费用报销、酬金、个人资料的保密等。如果顾问成员有潜在申请者，一定要有利益冲突申明。

（2）资助者应在自己的决议权和顾问委员会的独立意见间保持平衡；

（3）顾问得到付出的时间和代价相应的报酬；

（4）决定咨询过程：顾问可提案或给予资助者提案审阅反馈；

（5）让顾问准备充分：一定要给予顾问足够的时间来审查建议书。资助者可为其提供资料汇编，包括竞赛提案、选择标准、背景和咨询备忘录和报告等，以便顾问了解竞赛情况；

（6）保持决策一致：可使用评价计分表进行评估，以确保更公平的竞赛过程。

利用竞赛或需求方案建议书进行分享学习

资助者常常将竞赛中的经验和需求方案建议书拿出来分享，分享的对象包括所有有兴趣的个人和团体。以下是关于这种分享活动的建议：

（1）通过对需求方案建议书的反馈界定分享学习的对象

"在193份提案中，120份都是有效竞赛者，其他的都完全跑题。但我们认为其设计仍有利于社区森林建设，所以，我们将这120位竞赛者列入联络表，就领域内关注的问题保持长期沟通联系。"

（2）需求方案建议书可识别申请人群中哪些与我们有共同目标

可以询问潜在申请人：你想要了解什么？你觉得我们能帮你找到什么？

这也能回答领域内最重要和最值得探索的问题是什么。

（3）让竞赛获胜者出席资助者的年会，交流经验，相互学习

"我们想要知道哪些项目教我们如何服务社区，如何影响我们的学生？这些举措对政策会有什么样的影响？其他人是如何从经验中学习的？重要的不仅仅是资助和索要报告，而要创造一个互相交流的机会和空间。"

与落选者沟通的方法

落选的竞赛者怎么办？这里有许多好建议：

（1）在某些情况下有必要设置小额资金的奖励给那些亚军；

小奖励鼓励申请人继续他们的项目工作，并在以后的几轮提出改进建议。

（2）落选提案可以给其他资助者作参考；

（3）某些竞赛邀请所有申请人定期参会，使其了解获胜者项目，学习经验；

（4）正式宣布受助者名单前，最好送一份说明信给那些落选者。

申请者很想知道为什么他们没有获得资助，而资助者通常会给出顾问组的评论概要。如果申请人数少，资助者会通过电话说明。

"在本次竞赛第二阶段，我们主动对落选者说，'感谢您的参与，您落选的原因如下……。'"

另一位颁奖人补充说："也有落选者因此感到愤怒，他们不在乎落选原因。我们会希望他们坚持下去，修订建议书后再次提交申请。你给予的信息将有助于这些落选者的改进，而你也将受益于和他们的真诚沟通。"

向更广泛的受众传播

你希望竞赛得到媒体怎样的关注？受访者说："我们寻找机会进行媒体宣传，甚至在竞赛开始之前就找传媒进行宣传。"这些宣传工作有助于提高资助影响力，充分利用公众影响力来推进整个领域的发展。宣传方式包括：

（1）建立网站：公布需求方案建议书信息和竞赛结果，提供联系方式，介绍受助者成果；

（2）新闻稿和新闻发布会：吸引媒体对竞赛的关注；

（3）出版物广告栏：宣传竞赛过程及其结果；

（4）通讯、小册子、出版物：宣传受助者成果；

（5）竞赛获胜者的宣传计划：包括打印或电子材料、会议、以及研讨会等。某些资助者为获胜者提供相关专家帮其制定的宣传计划；

（6）利用媒体宣传的长期效应，形成更长远的影响力。

"大众媒体会影响人们的信仰及社会行为。如果我们支持某项试图影响决策的社会行动，就必须包含战略性的宣传计划，以传达项目的意义和价值。"

第二节　资助个人——针对受众和他们的组织投资

对于个人的资助有很多方式，它是指个人和其所在的组织都能获得资助。比如，某基金会资助医生停薪留职后，去社区提供医疗服务；某艺术中间组织，在艺术家发展的关键时期为其提供专业支持；某私人基金会与高校合作，对学生进行长期的教育资助。

资助者提供个人资助的原因可能是其看到个人的发展潜力。某资助者说："支持那些对的人具有乘数效应。""乘数效应"的多少取决于个人和社区的关系如何，在进行个人资助前，资助者就对这一关系有了基本的了解。

项目的影响力可以由个体到群体，比如，某老师从一次国际旅行中获得了新灵感，这些灵感可以用在教学中，帮助学生更好地学习；学者们在癌症治疗领域的新发现可以让更多人受益；某非营利组织管理者休假后，可能会给机构带来新的气息。

资助者也可把个人作为组织的一部分来支持，比如，向低收入家庭的学生提供助学金，或是向灾后幸存者提供日常用品和协助灾后重建。

资助者通常不会在资助组织还是个人上进行选择，他们有办法使这二者都得到兼顾。以下是五个资助个人的案例：

设计资助个人的项目

（1）确定目标

资助个人时，我们关注的主要问题不是"我们要支持谁？"，而是"我们究竟想达到什么目标？"基于项目目标的项目设计需要运用"变革理论"（Theory of Change），即什么样的活动带来什么样的影响，如何产生这些影响。

"变革理论"最重要的是提供了基于目标的设计框架。一般来说，在项目设计过程中，大家对于项目目标的理解一开始都没有共识。"变革理论"帮助大家认识项目的首要问题是什么？期望的影响是什么？如何实现目标和影响？另外，其还能回答诸如我们是在解决一个新问题还是支持现有进展不错的工作？资助领域现状如何？项目关注的问题所处的社会环境如何？个人和组织能得到良好支持吗？项目领域中，个人与组织的关系是什么？如果资助个人，我们期望这些人给组织带来什么影响？

某资助者指出，"这些问题的提出能系统地引导资助者对个人进行资助。"受助个人需要有明确的目标，否则，就会降低项目的执行效率。

简言之，开始资助个人之前需要考虑几个主要问题，即，我们发现了什么样的需求？如何解决这一需要？资助流程是怎样的？

（2）解决资金问题

项目所需资金量和实际资助资金量的计算是最基本的工作，也非常重要。受助者是个人还是组织，在资助过程中各要素所起的作用会不同。

资金问题的解决有以下方面需要注意：

确定资助额

如何确定受助者的资金需求，这在整个过程中的自主空间很大。某医学研究的资助者说："我们的资助用于薪金支出，但我们也希望受助者有资金去完成一些他们希望做的事。最好在既定预算下能资助尽可能多的人。"要同时兼顾这两方面其实并不容易。某全国性基金会资助者说，有种方法是设定资助金额上限，并让申请者提交预算和工作计划。

一些基金会根据受助者的实际需求会调整其资助要求。比如，某家族式基金会设立大学奖学金计划，奖励的设置最初是一个25,000美金和七个500美金的奖项。很多学生都没有去申请该奖学金，因为500美金不足以支持整个大学的费用。后来，基金会调整了奖学金资助额，改为三个每年4,000美金的奖学金名额，共资助四年。由于奖学金足以支持其完成大学学业，很多学生都来申请该奖学金。

提前了解受助者需求的方式包括：调查项目面向的人群、进行焦点小组访谈、该领域已有组织或项目的调查等。

考虑管理成本

项目的行政费用由多种因素决定，比如，预计报名人数和资助金额、申请时间长短和复杂程度、选拔委员会运行费用，等等。还有诸如为受助者提供其他支持、为项目和基金会收集报告、向国税局汇报之类的相关费用。

资助个人要重点考虑成本效益，该类型的资助金额小，但工作量不小，还牵涉与个人沟通的复杂性。某基金会总监介绍了他们在个人资助的同时有效控制成本的经验："当有人去世时，人们会通过基金会建立纪念奖学金，很多5美金，10美金，20美金这样的小额捐助很多，钱不多，捐赠流程却很复杂。所以，我们规定，如果要建立一个纪念性质的基金，捐赠门槛金额至少是25,000美金。如果是小额捐赠可以捐到我们设立的小额捐赠基金中。""注重成本效益非常重要，"她说，"尤其是如果你管理多个小额资助时。"

建立时间架构

项目时长是我们决定究竟资助多少金额人和资助多少的重要考量因素。有些资助有时限要求，如，紧急救援资金必然是短期的，奖学金通常为一至四年，等等。

其他资助要求更多取决于项目或个人需求。比如，霍华德休斯医学研究所资助在职业生涯初期的科研人员，这种资助是有时限性的。又如某资助者决定长期资助艺术家，以给予其足够的时间和空间进行创作。所以，资助者需要明确资助目标，并决定资助时长。

对于筹款来说，项目的时间尺度也很重要。资助者希望在某区域设立"有影响力"的奖学金来推动教育政策方面的研究，研究重点每隔几年都会发生变化，项目时长足以支持其得出有影响力的研究成果，但不足以使其收益维持平衡。这时，可能会出现这样的矛盾，即，一方面，资助者希望该项目能形成稳定的运作机制，另一方面，项目却要不断调整以应对不断变化的环境。

使该计划生效的新增服务

许多资助者以非资金的服务支持个别受助者，这样的服务包括技术援助、交流机会、和研究成果的宣传。

在设计这类型的服务支持方案时，资助者需要判断受助者的需求、目标和成本。有些服务可由基金自身提供（如通讯服务），而另一些可请中间组织或顾问来完成。

（3）设立资助标准

资助对象的选择有一定的标准，制定特定的筛选标准（而不是简单的偏好）有助于项目本身的完善。选择标准有必要考虑资助者或理事会的需求，同时也要考虑对申请者数量进行限制，从而缩短筛选时间，节省运作成本。资助者在制定标准时需要符合当地的法律法规。

描述你在寻找什么

对于某些项目，申请者的需要是最重要的参考。一家资助受飓风"卡特里娜"影响的灾民的基金会，考察了受助者具体需要后确定其申请资格，但这些准则没有把申请着的数量限制在一个可控范围。如果还要再资助，该基金会将设置更严格的标准。

然而，大多数项目的资助会考虑个人的能力，比如，工作方面的技能、领导才能、执行力等。资助者会考察个人以往的工作业绩，只有那些有资历、经验和能力的人才能成为资助候选人。比如，学术研究的资助要求必须有博士学位。如果项目目标的实现有赖于个人的特定经历或资历，那资助者就要明确提出这些要求。

有些资助者的要求比较主观，但仍然被视为选择的重要标准。某社会企业的资助者说："我们将'具备企业家精神'作为资助选择的标准，具备这种精神的人实在很少。"另一基金会在寻找"愿意委身为弱势群体服务"的人。这些特质很难给出直观的描述，但可从其经历和面试的表现进行判断。

适时提供支持

几位资助者希望支持那些工作已达到特定阶段的人，如，某资助者意欲资助一个对艺术有高度认识，怀才不遇的艺术家；某基金会资助癌症研究会寻找有创造力的青年科学家。某公共卫生项目资助者认为，最优秀的候选者都是那种形象成熟可靠，积极投身公共服务的人。

资助者需要识别哪些是个人职业生涯中的关键阶段，使其资助能获得最大效益。年轻学者有时候也墨守成规，资深学者也常常有很多创新思维。资助考虑的关键问题在于，年轻学者是否更有潜力进行创新，资深医生是否比新手能更好地服务组织。影响的其他因素还包括，年轻学者缺乏受资助的机会，或希望利用资深学者的知识和关系。

平衡各种考量因素

对某些资助者而言，很有必要资助不同的受众。某资助者说："这是我们行动的依据，社区服务必须考虑种族和性别上的平衡，只有保持二者平衡，才能构建动态和公平的群体文化。"该资助遴选过程很"国际化"，最后资助给予"数量大致相等的白人和非裔人士，男性和女性人数也大致相等。"

某国家艺术资助者说，在该领域中，多样性非常重要。多样性包括性别、种族和民族、地理、美学、风格等的多样性。她希望吸引不同的人参与，因此有针对性地设置了遴选标准，其项目也推展到其他领域，这些领域的人以前没有得到过关注。

（4）选择资助机制

资助个人最具挑战的工作是如何管理资助，资助机制的选择至关重要。某基金会律师告诫说，不管什么机制，重要的是要记住，资助者必须履行国税局的义务。有以下几种资助机制供资助者选择：

直接支持个人

基金会选择受助者，并直接支付资助款和其他资源。这种机制能使基金会最大化管理整个过程，资助者需要管理资助、追踪受助者、保证报告符合国税局的规定等。

通过相应组织提供支持

在某些情况下，基金选择受助者后，会委托受助者所在的组织转发资助款，比如，之前提到过的领导者休假资金就是通过其组织发放的；奖学金直接支付给学生就读的学校；研究经费直接拨给艺术家所在的组织。通过这种方式，项目费用从所得税中扣除，行政管理负担得到减轻。如果该组织同时支持好几个受助者，需要跟进项目进度，及时汇报时，这种方式的优点就显而易见了。

相应组织也能受益，比如，高校录取了学生，非营利组织有了休假后重新焕发活力的领导者，研究中心得到获奖者认可等。

将部分工作外包给其他组织

这种机制更加中间化，基金会把工作部分或全部外包，甚至包括选拔过程。这样的安排有很多好处。艺术领域资助者与当地艺术学校签订协议，由对方负责选拔受助者，这样做有助于规避一些风险。她说：，"我们的理事会知道在艺术家选拔过程中存在一些风险，比如可能会资助有争议的事并被媒体曝光。但只要选择过程是专业和客观的，那么就应当承受这些风险。"使用中间组织也可能更有效率，这就是为什么许多基金会使用Scholarship America（一个致力于开发和管理奖学金和学费报销的非营利组织）作为服务提供商。中间组织一般有三种类型：（1）受助者工作的组织，如大学，选择一个学者每年给他奖学金；（2）在某一学科领域的专业组织，不仅限于中间组织，比如上述艺术学校；（3）专门提供第三方服务的机构，比如 Scholarship America。

资助支持个人的非营利组织

一些资助个人的基金会，会在获得资助后，再将资助发到个人，即进行再资助。以基金会与某遴选小组合作针对弱势学生建立奖学金为例，基金会决定这笔奖学金数额和针对的专业，比如，给在部落学院上商科课程的学生每人2,500美金，学校负责选拔受助者、发放奖学金，以及整个项目的管理。基金会会和每个学校深度地合作5年。"我们先进去，创造影响，然后再退出来，"基金会主席这样说。

向再资助组织提供资金符合国税局的规定。基金会执行诸如受助者选择、项目管理或监督等，那他就是直接的资助者，也符合国税局的相关规定。如果把钱给私人基金会进行再投资，私人基金会中间组织须要符合国税局的规定。

聘用基金会雇员或顾问

当基金会以某项目名义聘请某人，如支持科学研究和教育的资助者，他可能是一个教授，需要在某段时间内停薪留职。在聘用期间，他被视为雇员，享受机构社会保险和各种福利。这种方式有利于人员管理，其缺点是，行政操作比较复杂，有时甚至会有合同方面的冲突。

项目管理：选择受助者及其他

资助个人方案由两部分组成：选择受助者，共同工作和学习。一些基金会自己处理所有的工作，也可能请中间组织或顾问来完成全部或部分工作。不管怎么做，都要符合相关法律和规定，比如，国税局规定资助方案中要制定受助者的遴选细则并得到批准。

（1）选择受助者

选择受助者对资助者来说是最难的事，虽然对组织的资助也有很多困难要克服，但个人资助的个性化特点让其情况更加复杂。

受助者的选择有一定难度，其原因有两个：首先，资助个人的提案因其资助性质、标准和申请难度的不同吸引了很多不同的申请人，奖学金和救灾资助尤其如此，因为它们通常有广泛的吸引力和资格标准；其次，个别申请人可能缺乏专业知识、技术、资金和能力来应对长期申请，从而使得最后坚持下来的是那些充满激情但缺乏经验的申请人。资助者认为，应该制定清晰的标准和指引，甚至手把手地教申请者，使其申请书质量得以提高，并从中得到学习。

关于受助者的选择，部分经验丰富的资助者提供了以下建议：

解答关于申请过程的问题

个人申请者往往对于申请过程不太了解，有很多疑问。可以让他们先填写申请手册和表格的草稿，自行检查。同时，在基金会网站上列出申请过程中的常见问题及解答，或专门为此次申请建立网站，通过信息的及时更新来引导整个申请过程。

确保足够的工作人员及人员的专业性

要有足够的人员来发布资助的相关信息、回答受助者的各种问题，联络受助者并管理整个申请流程。本书调查的大多数基金会都会聘请外部人员参与至少第一轮申请者的遴选过程。外部人员需要了解评选标准、以小组的方式进行审核，同时，要杜绝利益冲突和内部交易的发生。如果遴选过程还需要其他专业人士的支持，也可通过聘用的方式，比如，有个医疗工作者的资助项目，委托一位医生来管理，他能回答所有相关流程和专业上的问题。

考虑申请者的时间、后勤安排以及其他限制

申请者的日程和能力会影响整个选拔过程，比如，如果是奖学金，就要考虑在一学年中，学生什么时候会需要钱，什么时候会有时间写申请。又如，灾难幸存者可能没有固定住所，有些甚至没有身份了，这都会影响申请。所以，资助者要提前了解申请者可能有的特殊需求，并考虑这些需求如何影响选拔程序。

在基金会能力范围内进行资助宣传

宣传力度的大小可以决定申请者的数量，应通过宣传，使人数控制在一定范围内。本书调查的基金会一般都是通过出版物、大学、政府机构、会议和其他手段进行宣传。

公开申请与直接提名的对比

申请过程的类型（公开或是提名）与申请人特点和人数相关。某艺术基金会资助者说："之所以会有这么多令人兴奋的艺术家来申请项目，主要因为我们采用了公开申请的方式。"有些资助者更喜欢采用有人数限制的提名方式。如果资助者的目标资助对象是在该领域内有经验的人，如，知名学者或艺术家，那提名可能会是一个更好的方式。采用提名方式的基金会会根据情况调整选拔流程，如调整提名者人数、被提名者的推荐人数量、提名者任期长短、或是提名的难度。

建立标准化评估体系

规范评估和申请者排名制度可确保选拔过程客观而公正，它确保所有的审核者在申请过程各个阶段都使用相同的标准。当然，这种工具也会让人产生紧张情绪，因为资助者一方面希望选拔公平，另一方面又相信直觉也会给出正确的选择。某艺术领域资助者认为，其组织的选拔过程是"100%主观的。"但她也认为通过使用一个标准化的排名系统和其他客观的做法已达到公平。某教师支持项目的资助者认为："书面申请和遴选委员会的个人面试相结合能给我们最好的判断。"

多种渠道审核个人信息

与规范化的组织不同，个人相对独立，基金会需要复核个人信息，防止"诈骗"的出现。某资助者认为，复核个人信息可能会违背资助者对于受助者的信任原则。某小型家族基金会主席却认为："信任问题非常重要，如果你问自己'我信任他吗？'却不能做出肯定回答，那么，就不应该资助这个人。"

与外部机构和个人合作

学者、商人、社区领袖、或者其他相关专业人士可作为审核人员或小组成员参与选拔过程。他们的参与可以达成以下目标：创造一个更客观公正的过程，减轻资助者行政负担，同时，与社区建立密切联系。很多基金会也将过去的受助者聘为审核人员、面试官、或者项目宣传人员。与曾经的受助者共同工作，可以延续有效的合作关系。

组建团队时要考虑周全

某资助者说："我们努力寻找那些既了解该领域，又能保持中立态度的人。"其基金会"尽量保持小组成员的经验和专业性，性别和种族的平衡。"某区域艺术资助者将区域以外的艺术家也纳入申请者范畴，他认为这使得"选择过程更加客观，有助于克服人们常有的一种恐惧，即你需要认识遴选小组的某个人才会当选，但事实并非如此。"

培训和支持遴选小组

要让遴选小组清楚各项遴选标准，某社会科学研究的资助者说："如果在遴选过程中，妇女和年轻学者被忽视，我们就会向遴选小组提出这个问题。"还有资助者建议使用顾问来保持遴选的公正合理。

平衡基金会和申请者需要

经过多轮筛选，资助者或审核者对于入选的几个候选人就已经十分熟悉了，如果还有进一步的遴选流程，可以考虑轮换审核者。申请者在这多轮过程中了解资助需求后，就不会花太多时间去申请自己不太可能得到的资助。一些基金会对落选者给予鼓励，表示赞赏，如果落选者在第二轮以上的过程中被淘汰，资助者还会告知其他资助资源的信息，或分享曾资助的一些受助者的经验。比如，某基金会经过审核，35个申请者中，大约有一半人被淘汰，这些落选者被邀请到一个周末研讨会，让其与以前的受助者交流。该基金会协助这些落选者继续完善项目，结识新的同业者。

为进入后轮的申请者提供少量资金

一些基金会有两到三轮申请过程。第一轮可能是一个简短的项目描述，而第二轮和第三轮将会考察得更细致，描述过去经历或者面试。因为很多申请者也缺乏申请资金，一些基金会给予小额资金（100到300美元）的支持，同时，也会考虑申请者的时间成本。

（2）不仅仅是钱

基金会可以支持受助者的不仅仅是钱。某艺术资助者说："我们提供资金和资源，比如，我们不仅资助艺术家的作品，还资助相关颁奖仪式，而艺术家们要的可能仅仅是作品方面的资助。我们的资助是要完成一个项目目标，而非仅仅满足个人需求。"有时候资助者"善意的支持"与受助者的想法也可能会发生分歧，但整体来说，综合的支持还是很有作用的。

这里有个问题：受助者知道他们自己的需求吗？资助者认为，答案可能是知道，也可能是不知道。从过去的资助经验来看，资助者眼光可能更长远些。比如，那些从来没去过国外的年轻人可能不明白为什么奖学金里要包含国际旅行；艺术家沉浸于目前的项目里，不会考虑财务管理的重要性，从而会抵触参加财务相关的培训。但对于一个鼓励本地青年拥有国际视野，确保艺术家能财务自主管理的资助者而言，提供资金外的这些服务也很重要。

焦点小组、调查和面试等方法可以帮助资助者决定哪些资金之外的支持是必要的，以下是对此的一些建议：

资助的宣传

通过新闻发布会或颁奖仪式来宣传资助有以下几个目的：首先，它让受助者倍受鼓舞。比如，一奖学金发放晚宴需要3000美元成本。"一些理事会成员建议，我们应当把钱用在奖学金上。但当学生们出席晚宴，与家长和学校管理者坐在一起，被告知'你也能做到'时，他们被极大地鼓舞了，这是件很美妙的事。第二天，我们总是说：'晚宴真有价值！'"这样的活动也有助于发现新的资助资源，比如，某国土安全研究的资助者在华盛顿举行了一个颁奖晚宴，邀请了其他资助者和政府官员出席，了解获奖者的工作，这其中可能会有潜在的资助者。宣传活动有助于提高资助者的声誉，也能给受助者带来正面影响。

进行连接

加强受助者之间的联系，可促进协作，增进跨部门学习，道义上的给予相互支持。对于那些缺乏社会网络，工作职责相对独立的人来说，联络性活动十分重要。某国际资助者支持一项社会企业家奖学金，他认为联络性活动为其创造了"创新的集市"，"比方说，一个在监狱改革领域工作的家伙有一个很酷的工作模式，这个模式可以应用到其他领域。于是，我们进行了实地考察，当地人对此也很感兴趣，他们为我们提供食宿支持。我们在以一种可复制的方式播种创新。"资助者常常不止是将受助者们连接起来，也把他们和其他人连接起来，比如，策划人、资深学者、非营利组织领导人，等等。

协助受助者

艺术资助者通常会提供财政或后勤支持，如赞助展览，支持出版，建立网站，或提供专业录音或录像服务。比如，某基金会印刷了3000份材料介绍受助者的工作，将其分发给博物馆、图书馆和媒体等；某卫生政策研究奖学金的资助者利用自己的专业为受助者准备出版工作，还支持其在专业杂志上发表文章。

提供技术支持

艺术家是个体，没有机构的功能，因此，后勤支持、职业规划和其他技术支持等对其就非常重要。某艺术资助者说："我们希望受助者的能力能在项目结束时得到提高。"资助者的角色从为艺术家提供资助方案转变为提供职业发展规划，1400多名全国各地的艺术家接受了职业培训，并且，这部分工作是整个资助项目中的重要组成部分。当然，并不是所有受助者都想要这种帮助。有资助者提醒，"不要提供那些他们没时间或资源去使用的帮助。"

提供学习机会

某资助者发现，在一个支持学生进入当地大学学习的奖学金项目中，"我们把重点放在程序上，而不只是奖学金上。"资助者安排了实地考察和研讨会，高校还将学生与导师配对，还资助学生在大学期间进行一次旅行学习。

与以前的受助者保持联系

一些以前的受助者会给资助者提供意见，担任遴选小组成员，或在会议上发言。某资助者说："我们希望在资助期结束后继续与受助者合作。"

税务支出

资助者要明白所得税和相关的其他义务。例如，因为奖金超过了补贴所允许的最大值，麦克阿瑟基金会"天才奖"得主曾不得不搬出受补贴的房屋。有时资助者可以想法减轻受助者的税务负担，比如将资助分散在两个税务年发放。另一资助者说，她经常告诫受助者，她不是一个税务顾问，建议他们自己选择税务顾问。

帮助解决意想不到的问题

资助者偶尔会花费额外资金请国际专业人员解决法律、健康，或个人问题，这些问题阻碍着项目的推进。有时候，资助者也会给予受助者更多的时间去完成项目。

影响力评估

评估资助个人项目时，首先要评估的是项目对受助者有什么样的影响。个人影响的评估可能是通过见闻、定性分析，或是主观判断来完成，这样的评估也同样有效。了解资助如何影响一个人的艺术视野，记录多少人参观了展览都有意义。如何评估资助对个人的影响，有以下内容：

√ 项目的完成度；

√ 已获得的额外资源；

√ 关键需求的满足（比如灾后现金支付）；

√ 信心和满意度的提升；

√ 自我认知（集中度，荣誉，晋升，任期）；

√ 个人及专业的成长（如新的教学方法）。

某资助者认为，比起对非营利组织资助的评估，对组织领导者的评估让她学到更多。然而，有时信息获取比较困难，就像某艺术资助者所说："个人与机构工作人员不同，个人将资助者视为匿名机构，他们报告也不及时。"所以，只有当受助者提交最终报告后，资助者才会拨付余款。

资助者需要谨慎衡量个人资助对组织或社区的影响，测量这种影响的角度越广泛，就越难将其归于个人。一个成功案例可能会给社区或领域带来变化，即使有时难以归因。个人资助项目有助于吸引更多的资金到某个领域、推动创新、加强网络、提高政治意识、加快整个社区的发展，或扩大集团成员的视野。它可能会带来健康、社会服务、科学、艺术或任何其他领域中的新方法。

许多资助者试图对奖学金影响力进行评估，比如，布什基金会自1965年在明尼苏达州、北达科他州和南达科他州建立了奖学金计划，该基金会最近进行了一项评估，评估"研究人员在职业和能力之外"的影响力，即对"组织、观众和其他群体的人、领域和学科，以及社区的立地和利益"的影响。研究对象有大约600个人，主要是处于职业生涯中期的专业人士，他们曾获得1990年和2002年之间的奖学金。评估者使用的方法包括了定性和定量的，评估对一大群员工进行了深入采访（每个员工由一个专门的"社会观察员"采访），采用书面调查、回顾文献和查阅其他学者的项目评估报告，等方法。评估得到如下结论：

√ 项目及服务的创造与维持；

√ 人们获得的支持、援助和改变；

√ 强大且更加稳定的组织；

√ 系统运作和专业人员工作的方式发生改变；

√ 介绍领域的新方法或新领域的创造；

√ 对问题的新观点和新见解；

√ 公共政策的强化和更新；

√ 社区活动新的参与者和他们。之间联系的新网络的建立；

√ 新的多元化领导力

评估结果表明该项目取得了有影响力的成果，资助者对该项目的影响有了一个清楚的认识。

第三节　资助社区组织——通过公民参与改变社会

基金会和社区组织

国家和社会都是建立在民主参与的基础上，许多基金会致力于促进富有活力的民主政治，有人把广泛的民主参与当作目的本身，而另一些人把它看作是一个解决复杂问题的更好途径。

组织可以鼓励人们参与公民生活，深化他们的归属感。一个社区基金会项目官员说："有时，人们想要的确实是小事情，比如，一个停车标志或学校附近的限速装置。能够认同并通过一定过程达成所愿，没有什么能比这更让人们热衷于民主了。"这样的变化"在一个组织的眼中似乎微不足道。"一个基金会顾问说，"但他们的行动会吸引更多的人，朋友和邻居都会参与其中。"

组织也可更大程度地促进政策的改变。近年来，美国马萨诸塞州和德州的组织发展促使医疗保健事业得到很大提升。另外，某基金会支持下的提高生活待遇活动，在2004–2007年间帮助26个州提高了最低工资，这是联邦政府十年来第一次提高最低工资。从20世纪70年代起，社区组织是社区再投资法案的一个重要的因素，该法案禁止社区差别对待分房政策，禁止"贷款歧视"，并强制银行在其所在社区进行投资。

近几十年来，社区组织逐渐成长和成熟起来，并且愈加多元化。劳动力联合会和社区的关系网络已经扩展开来。在大城市、州甚至国家范围内，组织的合作非常普遍。妇女和有色人种的领导力也飞快成长起来，致力于教育、法律、环境问题的青年组织和移民组织也在近十年发展起来。

针对社区健康发展，社区组织的项目设计更具前瞻性了，比如，良好的学校，便利的医疗设施，更好的移民政策，或是支持这些政策的颁布。

很多资助者将社区组织融入他们影响社会或者政策的战略考虑范畴中，也一起合作，在社区组织的教育、移民权利、环境公正和其他领域中平衡当地和国家的力量。资助者还可以资助创建新的社区组织，推进各项公益事业。

社区组织能做什么，它如何达成目标

许多资助者将社区组织视为其支持工作中最有价值，甚至是最必要的一部分。为了达成目标，社区组织有明确、细致的工作方式。社区组织能做什么以及它如何完成，可以包括如下内容：

（1）社区组织的利益

当资助者资助社区组织，通常是因为他们相信，这些工作可以强化一些基于社区组织工作的变化：

推进公众的广泛参与

一位基金会领导说："组织能为眼下最急迫的事创造出一个民主的讨论氛围。"这使得人们能够回到做决定的状态中来。"充分的准备，"一位项目官员说，"能帮你做出客观的决定。"一位资助者注意到自信可以从参与公共行为中获得，社区组织"可以建立一种氛围，使人们的使命感、主人翁精神得到激发。"

在社区中建立信任

"社区组织建立了一系列关系，人人都可以参与，这是对社区关系的一种修补。"从另一个角度上讲，"对于组织者而言，很多时候，社区组织的核心在于建立信任。"这样的活动越多，组织内就越能建立起跨种族、民族、阶层和年龄的信任，这种信任可以为组织带来更大的力量。资助者已经为建立非洲裔美国人和移民、年轻人和老年人、内陆城市低收入群体和大城市中产阶级之间的信任提供了支持。

提高社区领导力

社区组织优先从社区成员中培养社区领导，这些领导致力于从培训和行动以及后续反思中学习。"这的确会培养出全面发展的人，他们进入社区后会受到尊敬，并成为社区里备受信任的代言人。"他们能学到各方面的技巧，例如，与市长一起协商政策，在民主环境下管理一个组织，在新闻媒体面前充当发言人，激励成员和社区更加积极参与影响他们生活的决策。学会"从高处思考"，面对变化时重新分析，领先一步。

充当公开冲突各方的协调者

某区域私人慈善组织项目官员介绍了其对当地组织的资助过程："他们关注几个问题，改善教育是其中最重要的一个。当时的市长和学校管理者正处于公开对立冲突中，互不说话。该组织举行了一个盛大的集会，邀请双方官员参加，请求市长和管理者举行定期会议，消除了双方的紧张关系。"

关注政策执行过程

要关注政策实际的执行方式，而不是看实际政策是什么。比如，有很多有影响力的组织更多地关注社区诊所的开放时间、服务内容和宣传方式，而非具体医疗政策是什么。某教育资助者提到一项国家政策的制定因为执行上有问题而被迫终止了，这项政策要求家长作为学校的联络人。父母成为联络人是为了使父母参与到孩子教育中来。这一点来说，政策本身没有什么问题，但在执行过程中，父母可能会被当做考勤监视器、大厅监视器、午餐厅监视器，而非起到参与孩子教育的作用，所以，最后，这项政策被否决了。

（2）组织方法

社区组织者介绍了各个组织普遍使用的一些主要的组织方法：

借助有影响力的人

"将人们从自己的世界拉出来，让他们参与到更广阔的公民生活中去非常重要。"发现那些有影响力的人来共同促进社区组织的工作。"那些面对挑战，经验丰富的人往往能很好地应对问题和解决问题。"

民主管理

民主管理是为了鼓励集体行动和社区建设，这也意味着社区组织的操作与其他很多非营利组织完全不一样。社区组织根据成员的选择来确定他们要参与的事宜。国家博爱联合会的领导者指出："组织是由组织内部运营实际控制的。管理层由社区内的知名人士，而非社区外部人士组成。但资助者要知道，并非一定要名人才能管理好组织，这不是一个必要条件。"

做好社区基础工作

那些依靠"群众力量"的组织必须要平衡维持与改变的关系。好的社区组织能吸引大批成员参与公共生活，扎根社区，开展工作。

组织自身提高领导力

组织成员通过培训和社区实践提高自身领导力，领导力是组织发展的关键因素，无论哪个群体或组织，都需要具有强大领导力的人。

加强组织的内部关系

组织成员的招募需要领导者通过面对面的交谈，了解候选人的兴趣和能力，建立新成员与组织相互理解和信任的关系。另一方面，组织内部成员定期的沟通，有助于对共同的问题、价值观和最佳实践进行交流，形成信任和分享的稳定关系。

分析社区的问题和能力

通过对于资源和能力的持续研究和分析，社区组织能从不同侧面发现问题的解决方案，比如，一个旨在提升街区学校服务的活动，可以包含了解学校的阅读课成绩、所用课程、选课主体、与校长或主管探讨项目的备选方案。

正视当权者的责任和义务

一位社区基金会的项目官员说："民主不仅包括投票，不仅是选举代表，然后将他们送入市政厅、州立办公室或华盛顿特区，它要求人们对自己社区的选择负责。"另一位基金会领导说："公众的民主决策制定过程其实很复杂，有时，你必须要提醒那些权威人士，他既是政策制定者和执行人，也是需要遵守政策的人。

与社区组织初步合作时的注意事项

资助者支持社区组织时发现，他们常扮演翻译者的角色，帮助人们进行跨文化交流。这一角色能否有效发挥作用在确立资助关系的初始阶段尤其重要。要着眼于总体环境，帮助他们解决不熟悉的问题，并且引导他们找到问题的普遍性。这一角色扮演过程需要注意以下事宜：

（1）与各方建立良好关系

资助者和受助者经常会与项目执行者建立联系，他们会分享信息，并且鼓励其他资助者也这样做。某区域性基金会资助者说："我有一次接受社区组织的访问，访问中，我谈了很多自己的想法和相关信息，后来发现，这种访问除了是社区组织招募员工和确定领导人的一种方式外，也是与各方建立联系的方式。"

（2）实地调研

好的实地调研需要组织成员和领导者一起提前做好充足准备。"要了解调查对象的表达方式，他们可能打算告诉你好几个故事，但不会一个一个来说，这是他们的表述习惯。但对于基金会员工来说，他需要利用自己的逻辑去分析对方的话。"学会倾听，学会分析，也学会表达。实地调研需要了解，他们有怎样的合作，影响了多少人，未来可以怎样界定自己的角色，等等。

在实地调研中，平等的对话非常重要。"我觉得屋子里可能有15个人在谈论，我问：'有什么问题吗？'一位妇女举手说：'有，你们基金会内部有什么促进领导力发展的措施吗？'这样平等的对话让人非常振奋。"一位基金会管理者提起一次对青少年组织的调研经历："年轻人有很多挑战性的问题，比如，你的钱从哪里来，你为什么不放弃更多？你还资助其他什么组织？理事会里还有哪些人？"所以，调研的主体包括调研者和调研对象。

一位资助者说，你需要大概两到三次实地访问才能正确的评价一个组织。"你也许想和组织和领导者举行会议，但你也想参观他们的培训以了解他们的领导力发展状况。"你还需要关注到更多这方面的东西。

（3）评估能力和发展环境

经验丰富的资助者通常会评估组织工作的能效，即其在项目各阶段的能力和效率，以及对于实现项目目标的贡献程度。不能孤立地评价一个组织，还需要看看他们如何谈论其他组织，要评估其合作水平的高低。看其是否能保持稳定的发展，面对更大的挑战。

在对组织的评估中，要考虑组织所处的地区环境、文化、时间和时期。其组织发展和项目执行的过程和方式会因环境的不同而不同，比如，南部黑人社区组织与西北部移民社区组织的需要和发展是不一样的。

（4）协商资助项目

当基金会的兴趣与社区组织的兴趣相重叠时，就可以共同确定一个项目资助，将双方的资源和能力优势进行结合。双方都需要将自己的兴趣点透明化，清楚他们各自愿意和能够做什么，资金可以怎样使用和管理等。坦诚和透明的交流至关重要，通过协商，确定项目、执行项目和管理项目。

（5）建立与理事会沟通的桥梁

项目主管是社区和管理层之间的桥梁，在组织中作用非常重要。当然，管理层的经历通常与社区中的成员不太一样，即文化上有一定差异，比如，管理层和社会边缘化居民的生活经历不同，这在沟通过程中需要特别留意。基金会可以成立一个顾问委员会，减小这种差距，并指导早期的资助。委员会成员可以从管理层或社区组织中挑选。

（6）准备应对可能出现的争议

组织性的目标就是建立关系，与当权者谈判和协商。"直接的行动"比如新闻发布会也可以是策略的一部分。开展公众活动是大部分基金会的策略之一，理事会和管理层需要正确认识这些活动的价值和风险，提前做好应对各种争议的准备。

资助项目和资助关系的长期管理

当资助者将一个社区组织当作一个预期的受助者考虑时，需要思考很多问题，比如，双方的关系应该是怎样的？资助目标是什么？社区组织是否足够成熟？基金会应该资助整个项目还是只是资助日常运作？

资助者和受助者存在文化、管理和其他方面的差异，需要一定的机制和模式来管理二者的合作关系。以下是一些相关的管理方法和理念：

（1）理解组织的发展

社区组织会逐渐成熟壮大，这是组织发展的一般性规律。一开始，社区组织解决的是一些较小的问题，如街灯、交通灯或停车标志等问题，随着能力增强，实践经验增多，可以处理更复杂的问题，如公共安全问题，从而实现组织的成长发展。

一位基金会执行官员将早期的成功叫做"垫脚石"，他呼吁资助者们"要明白那些成功，虽然与我们最终想要达到的不在一个层面上，但是却很重要，很有意义。"

　　另一方面，有些资助者担心，如果基金会开始在更高更广的层面工作，会逐渐忽视对那些小而重要的问题的解决。其实，可以不必太担心这种情况的发生，正常情况下，一个成熟的组织会同时处理地方、州、区域甚至全国性的问题。

　　（2）加强能力建设，促进组织发展

　　组织发展是个重要议题，需要资助者持续的关注和支持。很多资助者让社区组织提出组织发展的需求，根据需求提供资助。同时，在组织发展过程中适时给予资金外的帮助。基金会和社区组织对于组织发展可能有不同的思路，基金会更多地关注组织在领域中的发展和进步，所以，资助者会通过诸如全国范围内的研究交流、游学、会议和培训等形式资助社区组织进行能力提升。

　　（3）应对意见分歧

　　社区组织内部，以及社区组织与资助者之间总会出现意见分歧，比如，社区组织认为重要的发展方向在资助者看来可能是微不足道的问题。同时，策略上的不同也会使受助者发生意见分歧。一位基金会执行官员讲述了一个受助者修建新学校的故事，他们为此努力了数年，但却发现找到的是一块工业污染的废弃地块，他们决定进行土地清理后再建学校。但另一组织却反对继续在那里修建学校，因为他们不相信土地能被彻底清理干净。资助者不能将自身置于无法处理的分歧当中，特别要避免选择高风险的计划。

　　（4）及时交流

　　资助者和受助者需要有良好的沟通机制，特别是当出现了问题或者有紧急突发事件时。某资助者要求受助者有新闻发布会时要提前告知他们，以便他们提前准备。所以，组织受助者应保证基金会提前知道需要面对公众的活动，以免引起慌乱。

（5）共同面对挫折

资助者也需要协助受助者面对挫折，支持整个处理过程。比如，组织的领导人换届，项目成果因政策环境的改变而被抹杀，组织被质疑管理不当，等等，这些都是很难的挑战，但也是很多机构和组织面对的普遍问题。

评估组织资助金使用的效能

很明显，评估通常是通过数据收集，确定项目目标实现的程度，产生的影响。以下是评估过程中涉及的相关内容：

（1）测量结果

资助者常会把评估结果分享给受助者，总结成功经验和失败教训，双方就存在的问题进行建设性的讨论。评估结果反映了受助者的工作情况，但资助者也不会将结果强加于受助者。资助者更多地是希望与受助者一起，利用评估结果重新设计和规划未来的资助项目。

（2）评估成本效益

基金会理事说："组织在带来社会变革方面非常有效率，比如，一笔小型投资，可能只是支付培训组织者的薪水，但它却能为很多社会变革领域的志愿者提供培训，提升能力，从而促进相关项目管理水平的提高。从这个意义上来说，它的成本效益是很高的。"

但成本效益的评估并不容易，尤其是项目工作是由合作联盟共同资助完成的时候。一个支持国家组织的基金会分析了过去10年以来的20位受助者，"我们的资助者从类型、范围和广度来说都非常稳定。"过去10年中，他们共提供了2.6亿美金的资助。在咨询顾问的帮助下，基金会估计这些受助组织已经获得了"那些可以用金钱衡量的东西"，比如"另外获得了一个2亿美金的贷款资助"。据咨询顾问的评估估计，10年来，这笔2.6亿美金的资助效益总和大约是13亿美金。"我们慈善投资的'乘数效应'非常巨大。"

资源和能力地图

资源地图和能力地图是用来协助分析问题和设计行动计划的辅助工具。二者都包含了将很多资源信息。如，图书馆、网络、公共记录、访谈和个人知识汇总到一起的过程。这个过程就是信息可视化过程，可以用表格、图表、照片、社区或者组织地图，以及其他媒体形式。这些地图能够让人们从新的角度了解信息，发现潜在问题。

（1）资源地图

资源地图制作包括两个步骤：收集能够解决问题的有关社会、经济或政治问题和标志社区资源。一个群体也许可以在更广泛的事件范围中使用这些资源，然后决定首要的着眼点在哪里。或者，一个群体已经选定了问题，那么资源地图的使用就可以更加有的放矢。比如，一个想降低非洲裔美国人和拉丁美洲社区中青少年犯罪率的组织可以采取以下几个步骤：

① 收集抢劫、宵禁以及逮捕等问题上的数据来汇总这个问题的信息，获取国家关于这几个社区的人口统计资料，汇总警局的逮捕记录；

② 创建一个包含这个城市邻近社区的地图，标出少数民族家庭，用图表统计出犯罪的地点和数量并标示在地图上；

③ 研究整个地图，找出具有类似人口统计特征但问题集中发生的"热区"和问题较少的区域，想想所有这种现象出现的原因；

④ 标示能解决问题的资源所在，包括社区组织和联盟、政策制定者、学校和课外活动班等，甚至也可以包含那些看起来治安不错的行政区域。

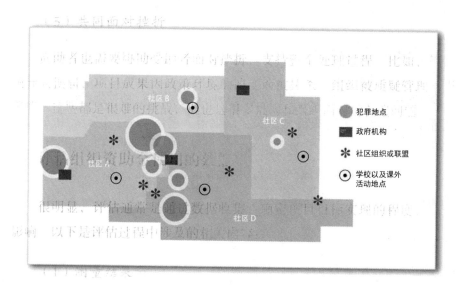

图例：
● 犯罪地点
■ 政府机构
✳ 社区组织或联盟
◉ 学校以及课外活动地点

资源地图提供了观察参与者和问题之间的关系和联系的方法。

（2）能力地图

能力地图是弄清谁有力量去改变这种现状，并做出行动计划。将例子延伸一下，试图降低犯罪率的这个组织或许可以用他们在资源地图中学到的东西来建立能力地图。

首先，将问题尽可能地细化，然后明确受这个问题影响的人和事，并在这些人和事之间划线表示出他们之间的关系，步骤如下：

① 明确问题和与之相关的情形：上述例子中也许会包括警局、市长和城市法院这些拥有正式权利的组织和人。还有宗教和社区组织，这些组织促使解决方案的产生；

② 罗列出每个情形中相关的关键人物，不管你认识还是不认识他们，然后罗列出你认识的与这些人相关的每个人，划线标明他们的关系；

③ 仔细地看地图并识别权力关系，考虑谁有决策权，谁有影响力，列出盟友，对手和中间派；

④ 为你在雷达图中找到的问题制定一个计划，弄清可以联系谁，应该说什么，讨论直接或者间接施压的行动方案，分派任务并选择目标日期，然后

去完成它们。

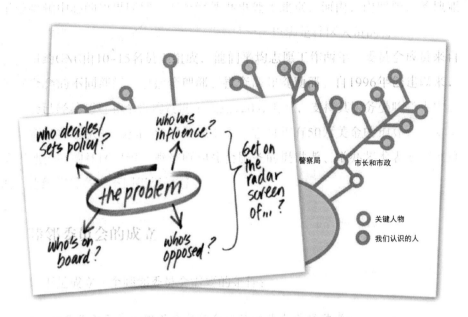

能力地图可以用精确的地图软件或者是简单的笔和纸制作。目标是视觉化某项行动的路线。

第四节　社区建设的内外——睦邻委员会

什么是睦邻委员会

商业机构或者慈善机构有时会寻找方法让它们的工作变得更积极且富有建设性，从而更好地服务于它们所在的社区。它们也许已经对一些当地的社区组织和文化机构进行了善意的资助，赞助一个小型的体育联盟，或是派代表去参与社区活动。但是通常情况下，他们愿意做更多，并希望能更持续地支持办公室周围地区的社区需求。

从另一方面看，企业和基金会已经同那些距总部较远但与组织历史和发展密不可分的社区建立了紧密关系。在这个行动越发方便的世界，一个所谓的"邻里"远不止是对面的邻居，还有那些由于某种原因紧密联系起来的人。

资助者有时会问："我们怎样才能与当地机构、居民和领导们一起携手改善社区，让我们获得归属感？"一些企业和基金会发现，成立一个"睦邻委员会"很有用，这是一支在社区里居住或生活，与居民相互交流，帮助当地申请资助的队伍。睦邻委员会（Good Neighbor Committee，简称GNC）为他们的主办机构和社区其他部门的交流创造了机会。在计划实施过程中，睦邻委员会的活动为一些人提供社区工作的机会。委员会成员并非资助者或社区问题专家，但具有实践经验和对社区的关心，并且有意愿奉献自己的才能。

以下介绍福特基金会创建的睦邻委员会。福特基金会于1996年创立了第一个睦邻委员会。一般而言，基金会的资助是面向全球的。然而睦邻委员会成立的意义在于，支持总部员工了解其每天工作所在地的情况。这个区域主要是哈德孙河与东河之间的街区，离其在纽约市东43街的大楼仅有较短的步行距离。它的另一个重要目的是为那些非资助者员提供机会，以员工的身份直接参与基金会的工作。现在，睦邻委员会不断有新的分支机构，已经超过了曼哈顿中心的边界区域。五个海外办事处（北京，河内，内罗毕，圣地亚哥和里约热内卢）也已经成立了睦邻委员会，以满足社区人员的特殊要求。

纽约GNC由10~15名员工组成，他们平均志愿工作两年。委员会成员来自各基金会的不同部门，包括管理部、投资部和资助部。自1996年创建以来，委员会已经给超过40个机构资助了接近120万美元，支持其服务曼哈顿市中心区。资助额度从3千美元至7万美元不等。它每年有50万美金的预算，用来支持当地公园的社区组织、避难所和社会服务的提供者、举办艺术表演和展览的文化组织等各类不同组织的需求。

睦邻委员会的成立

以下是成立一个睦邻委员会需要的条件：

√ 一名负责召集小组成员举行会议的带头人或推动者；
√ 服务于委员会的志愿者；
√ 资助预算；
√ 后勤准备：会议场所、行政预算、文书支持等。

虽然每个机构的细节不尽相同，但以下这些问题可能需要在工作初期就进行解决：

（1）明确成立委员会的原因

如果你能清晰地表达成立委员会的原因，并且说明如何实现目标从而使机构受益，那么，你就能为睦邻委员会招募到更多志愿者。

例如，福特基金会的GNC为每个非资助者的员工提供参与基金会核心工作的机会，与邻近社区建立联系，鼓励他们把基金会当成友邻，同时让那些生活和工作在附近的人能更好地理解睦邻委员会的全球使命。委员会的资助工作应与基金会的使命密切相关。

（2）内部目标

在机构内部建立起更强的社区意识。

一名睦邻委员会成员说："福特睦邻委员会的多样化不仅仅在于种族和性别，也包括组织人员的多元化。我们的委员会有各种人力资源，包括管理投资组合的、会见来访者的和运作图书馆以及我们企业内部互联网的。"大家从工作和个人生活中带来自己的才能，这对在机构内建立新的社群非常有用。除此之外，委员会为成员提供了领导的机会，还能增进专业知识，通过彼此之间的相互协商，了解各自观点的差异。一名成员说："例会总是很活跃，有时候你看到你想资助的项目，这时有人会说：'不，这个项目不值得，他们可以从别的地方得到基金赞助。'因此我们必须做到非常开放和民主。每个人在一天工作结束前都必须发言。然后大家再达成一致意见。"

（3）外在目标

建立跨越组织壁垒的社区——让组织及其雇员参与到更广泛的社区活动中。

尽管我们为纽约城提供了很多资助，但我们仍然只被看作是一个恰巧坐落在这里的全球性机构，而非当地社区的一员。

（4）为委员会挑选合适人选

一开始就需要将睦邻委员会的想法"推广"给更多员工，保证招聘到的员工对这个项目确实有兴趣，并且能够兢兢业业地为其工作。通过任命、睦邻

"在福特，我们先给整个组织大范围发送电子邮件，对这一项目进行介绍，之后，和那些反馈回复我们的人进行合作。现在，委员会已经运作五年了，我们一直保存了一份清单，记录哪些人在这五年中曾自发告诉我们他们有兴趣参与这个项目。""因为这是超出员工日常职责范围的工作，所以也是个挑战。"

（5）做什么，怎样做，何时做，为何做，谁来做？

工作量

"我们试着在午餐时间见面并实地考察，这样就只占用一两个小时的时间。成员们常常在业余时间参与受助者活动，但我们尽量在办公时间完成委员会的实际工作。"管理者批准了委员会成员可以出席，作为批准的一部分，他们承认成员们的工作表现确实使他们能处理额外的活动。

运营决策

"我们最好尽可能多的让成员们自己决定委员会的运作，规定委员会所辖的社区范围，制定委员会的特别宗旨，决定团队多久进行会见，确定资助的规模，组织小组委员会等。"通过研究和讨论来解决这些问题可以让委员会成员对个人角色有更多归属感，这也可能会为机构带来出乎意料的好方案。

服务期限

"据我们的经验，委员会成员履行至少两年的义务将会很有帮助。这不仅能保证工作的持续性，也能提供足够的时间来积累切实的经验，充分与社区进行交流。"

你也许会发现，选择那些至少能在组织中工作一年的成员是有利的，因为这样可以确保他们充分了解组织，且其言行能代表组织。

（6）催化者（facilitator）

让至少一位资深官员做委员会顾问或催化者可能是最佳选择，成员们能请教他关于机构使命和制度方面的问题。原则上，这个人应该有足够的资历在每项资助最终达成之前对其进行复查和审核。

一般情况，催化者也应具有战略性思维，将委员会视作一个大机构的延展，并且鼓励创新思维。此外，和其他成员一样，催化者需要起到志愿者的作用。

在福特基金会纽约GNC中，三个人作为催化者在不同层级的领导岗位上任职。一个是能够做出预算决策的部门主任，另一个是委员会成立初期就在其中的元老，这两人既是正式成员同时也是委员会的管理者。第三个是一个被指定参与委员会的资助管理员。

（7）预算制定

委员会的预算应根据其规模和基金会资助的能力予以分配，但在初始阶段，我们还应考虑到经验相对匮乏这一因素，成员们需要花时间来了解他们的新角色，结识社区其他成员，并制定计划。所以，资助金可以以后再增加。资助不是数量大才有效，即使1000或2000美元的小额资助也可以对一个处于关键时刻急需资金的小型机构产生重大影响。不过，应该考虑受助者的资源是有限的，他们需要花时间来准备和申请资助，报告资助款的使用情况，所以，请确保您有足够的资助款，这样才值得他们付出努力。在福特基金会上，每个委员的平均资助目前达到2万美元。

委员会的运作

在委员会开始进行资助前，必须要确定如何管理这些工作。

（1）了解更多

在福特基金会网站上或在GrantCraft网站（www.grantcraft.org）找到其他关于GNC的信息。可以收听由委员会成员和受助者讲述的关于委员会工作的简短录音。纽约GNC成员欢迎与任何有兴趣成立委员会的人士进行电话会议或实地会议。

（2）创建使命宣言

在刘易斯·卡洛尔的《爱丽丝梦游仙境》中，柴郡猫说，"如果你连要去向何方都不清楚，那么选择哪条路又有何妨。"一份有效的宗旨说明能够为您的委员会在决定活动开展、指导资助工作、对外宣传工作性质等方面提供指导。福特纽约委员会宗旨与整个基金会宗旨直接相关：成为全世界创新人才和机构的资源库。

（3）设定资助范围

根据你资助预算的大小，面临的挑战，设置适当的资助标准，吸引各种提案的递交，使提案的数目既不超过你的承受限度，又不至于过少。标准应列出对潜在申请者的合理要求，使满足条件的申请者前来申请，避免浪费要求之外的申请者的时间。

为委员会确定明确的工作范围，不但能使工作更有效率，还能使你更容易和潜在受助者以及社区人员交流工作。以下几条可以使工作更富效率：

划定你想提供服务的地理范围

你有必要花大量的时间先去思考怎样去划定一个足够大，能够满足多样化需求和服务的社区，同时还要考虑到位置问题——它要够近，这样委员们可以在午饭时间或者上下班路上拜访。

在纽约委员会的支持下，我们从哈德逊河到东河之间选定了第34到50街区中间的街区。在那200个街区的区域，有超过1800个非营利性组织。

预算较少的委员会可能需要缩小其目标。相反，如果你的社区人口密度比曼哈顿区中心低，你可能需要扩展你的服务范围。如果可能的话，在适当的行程内拜访受助者和目标领域内的相关机构非常重要。

例如，在基金会的内罗毕办事处，委员会成员将其资助限于距办公处一小时路程之内的范围。但在北京办事处，由于中国南北地区的严重洪灾，对委员会来说，这些地点之间距离太远而无法覆盖到，委员会决定在全国范围内进行资助，支持那些帮助洪灾民众渡过难关的机构。

决定是否关注某特定主题

睦邻委员会是否会仅在特定领域（如青年发展，教育，艺术等）提供资助，抑或您更倾向于撒一个更大的网？要回答这个问题，你应该回顾机构的宗旨并从委员会创建的对话中寻求想法，这将能让委员会成员对目标更富有热情。

在纽约委员会，我们的领域包括艺术文化、人文、教育和公共事业，这些领域都不是刚起步的，而是我们回顾早期资助之后发现的。当你进一步了解你的社区后，做决定就会容易很多。阅读当地的报纸和杂志、邻居间的布告、和社团及居民交谈、浏览网站和数据库都会对你的工作有所裨益。最有效的信息了解途径也许是通过谈话，在街头走走，询问你所在社区的热点话题，以及哪些项目已受到资助或哪些被忽略了。在你开始资助之后，你会自然而然的扩大这项调研。

在新兴机构和更有经验的机构中选择

将你的资助局限在有成功记录的机构可能会使你的资金更有保障。甚至一些较大的或是被广泛认可的非营利组织也能从发放的基金中受益从而尝试新颖的或是有创意的想法。

小额资助对那些尚未证明其模式能成功的新兴机构有着很大的意义。纽约委员会决定不对这两种情况作任何约束，而是寻找二者间的平衡。

不要将工作限定在征集的提案上

如果是非征集来的项目提案，一开始就资助它，可能会让员工毫无准备地开展工作。但如果你将工作限定在征集来的提案，又有可能错失一些优秀项目提案。

最先，纽约委员会仅接受被征求的提案。我们制定了提案征集书核对表，将其发给那些我们通过走遍街区及搜索互联网而发现的组织。现在，我们有了经验，把申请公告发布在基金会网站上，我们会考虑全部的申请者。

决定资助规模的上限和下限

你的委员会会提供几笔小额资助还大额资助？这首先取决于你总体经费

的多少。除此之外，你可以尝试通过小额资助来使众多机构收益，或选择少数几家机构对其进行大型资助。

纽约委员会有着很多预算。该委员会最初邀请潜在受助者申请总额达两万美元的资助。另一个方法可能是请申请者谈谈如何使用X数量或者Y数量的资金，你可权衡向各个组织之间分配多少资金比较合适。

确定特定受助者的资助年限

只有受助者在社区内能促使多家非营利组织进行有效合作时，我们才会考虑资助。同时我们也会提供小规模的年度支持，特别是针对非营利组织在社区内开展的筹款活动。

我们想与受助者建立良好的关系，使我们可以一起更有效的支持我们的委员会。同时，我们也希望支持新组织和新活动。我们发现，受助者非常感谢我们在资助期限方面表现的坦诚，他们从我们提供的帮助获益，同时，他们也经常推荐其他相关组织供我们考虑。

续签或追加的资助

在成立资助委员会之前，提前决定对于你所创立的资助关系所期待的时长，是非常有帮助的。你欢迎受助者针对相同的活动申请续签或追加的支持吗？还是为不同的活动？将持续多久？如果有的话，你会将有什么额外的标准用于今后由当前受助者提出的提案呢？

当决定向某机构提供初期资助时，您应该告诉受助者你是否考虑到了未来的需求及其规模。在福特，我们会解释，委员会将考虑额外的需求，我们也愿意考虑与其他受助者一起合作，来完成活动。除此之外，我们的小组委员会制定了自己的规章制度来规范会员是否愿意在超出第一资助条件下继续资助受助者。

根据纽约委员会规定，在获得年度筹款资助的同时，受助者还能够获得最高5000美元的后续资助。这种做法可以使各组织机构继续以公共关系为目的将福特基金会列为资助者，并使资助关系的结束过程更为顺畅。

（4）委员会工作的组织与责任分配

在您招收委员会成员时，告知参与者们工作所需的时间和工作内容将很有帮助。这样做是为了让一些潜在成员参与委员会，同时，我们还列出了一张委员会的责任清单。

小组委员会和个人职责

根据预算规模和所期望的资助数额，成立一个负责某些领域活动或者社区某区域的小组委员会可能会很有价值。在那种情况下，每个小组委员会都应当拥有自己的协调者或主席，以确保其顺利运转，同时履行其在睦邻委员会的其他职责。如果你决定成立小组委员会，你可以将整个委员会的预算在小组委员会中进行分配。

在福特基金会，每个小组委员会都得到同等数额的资金，但是预算中的一部分会被留出来以防某个小组委员会遇到一个特别的机会，需要一点额外的资助。

另一个分配资金的方法是将其按照成员人数划分，而非按照小组委员会的数目划分。在这种情况下，拥有四名成员的小组委员会将会比仅有两名成员的委员会获得多一倍的预算。

服务条款和时间承诺

确立明确的服务时间和规律的会议时间表可以让潜在的委员会新成员方便地评估自己是否有条件为委员会服务。

在纽约委员会，成员任期通常为两年，每两个月召开一次例会。但当要做拨款决定时，会议的召开会比较频繁。

为了保证委员会政策的持续性，它会错开委员会成员的换届时间，使每年年底委员会卸任人数不超过半数。

方法之一就是第一届委员会成员中的一半采用三年任期制，而非两年。随后，一个面向所有人的两年期项目将能保证至少半数成员在年末仍然留在委员会中。

提供资助

一旦程序和责任得到明确，就应当尽快开始当下的工作：为使社区真正受益，资助发放必须经过深思熟虑。在进入以下这些阶段时思考这项工作可能会有帮助：

（1）了解社区

一位成员难为情地描述了一段初步调查的经历："出乎意料的是，在那里竟然有着很多机构。从表面上并不能看出那里进行着很多项目，你只有经过深入了解后才能发现，人们在为了帮助彼此进行着很多工作。"

我们已经讨论过了花时间在社区的价值，应鼓励成员理解谁在做什么，需求是什么和你的组织如何帮忙。那是一项持续的活动，值得全年进行。但在准备新一轮资助时，明智的做法或许是进行一次更全面、更有组织的考察，在这个过程中，成员会特意找出尽可能多的当地领袖和组织，以此来搜集关于如何开展资助工作的想法。

你的社区知识库将持续增长变化，应当鼓励委员会成员在监管的同时向其定期增加信息。但即使是清单从未完整过，它也能在我们想要纵览当地情况的时候发挥作用。一个决定资助范围的好办法是给各成员划分相应的责任，并向有资格的受助者征求提案。

（2）提案征集

一名受益于福特基金纽约委员会的早期受助者描述她头次遇到委员会的情景："我们在纽约运营了五家老年中心，我们是为数不多的为很多无家可归的老人提供住所的机构之一。当我收到福特基金会的来信时，我几乎兴奋地从椅子上摔下来，信上说，'你愿意申请一笔资金么？'我的反应是'愿意！我非常愿意这么做！那会是件天大的好事！'"

这位受助者收到的信是一封提案征集书，我们也曾将其寄给我们数据库清单上的很多当地机构。其目的是让他们知道你在考虑提案，告诉他们总的指导方针和你的选择标准，让他们知道什么时候该提交什么样的提案。

我们预先做了大量工作来找出适合我们使命的组织。联系他们时，我们试图变得现实，不提出不恰当的期望。我们不想做的是联系很多组织，让他们充满希望，只为了在最后拒绝他们。这也是鼓励组织机构在制定正式计划之前首先与我们取得联系的原因之一。

（3）提案的审核和答复

谈到这一阶段的工作，一位委员会成员说："这就像在跳舞，在这种关系中决定权明显在你手上，而且你需要尊重理解这个事实。这个关系非常难以把握。"

大部分收到我们征求提案的组织最终都决定提出资金要求。当我们收到提案之后，会按3至5个一组提交给每一位委员会成员进行审查。为了能拥有充足的时间来审查，我们把下次会议安排在提案发布的数周之后。大约六个月之后，我们复审了全部提案并且回复了所有被提出的问题和顾虑。

审核一项提案一开始像是令人畏惧的任务。比如，你或许找不到你所需要全部信息来做一个决定，而且提案中有些部分你不理解。这是你可以预料到的情况，你几乎不会仅仅根据提案中的信息就做出资助决定。绝大部分情况下你需要提出一系列问题，如果提案足够优秀，那么你或许会希望能够造访当地组织机构，并当面提出问题。

在任何情况下，你都有必要对所资助的项目有清楚的认识，即使这需要一些深入调查。我们已经学会抵制任何诱惑去资助那些委员会举棋不定是否支持的项目。

最重要的是，我们发现及时回复每个提案至关重要。我们会迅速寄给申请者一张明信片，通知他们申请已经收到，并提醒他们注意在什么时间范围内能获得我们的答复。我们试着设身处地的为申请者着想：没有什么比提交提案，然后没有回应更糟糕的了。

一旦提案在进行之中，它们通常可以被划分为三大类：

√ 与委员会的目标不相匹配（因此，对其拒绝）；

√ 可能匹配，但需要进一步调查；

√ 明确的匹配。

如果你已经成功地在投标书和与当地机构的初期会谈中明确了你的目标，那么第一类的申请书就会很少。第三类也可能很少，很可能只包含那些对委员会来说知名的机构且他们的需求与你的项目计划有明确的关系，大多数申请都通常属于第二类。

应尽快送达表明你初步决议的信件。那些不被进一步考虑的成员很明显要失望了，但是他们可能会感激委员会及时的婉拒。说"不"总是很难，但如果一个拒绝的决定恰好及时，而且对基金会资助什么样的项目有一个明确的解释，它通常会更容易被人接受。

如果申请人的提案可行性较高或是符合你的目标，信件写起来就会更为简单多了。申请者应当了解，在他们原始提案的基础上，你希望能够更深入地探讨这一问题，并会联系他们安排见面。如果你需要额外的书面材料，这封信可以要求获得这些信息，无论是否承诺跟进见面都可以。

（4）进行实地考察

一位老成员回忆起首次实地考察的经历："作为资助者，担当这一从未涉及到的角色而感到有点紧张是很正常的。其中一个让你缓解紧张的方式就是站在申请人的立场去想象一下，你希望如何被对待，对于该说些什么或怎么去说的困惑通常会立即变得明朗起来。"

首先也是最重要的一点，资助工作涉及建立资助者和受助者之间的关系。与申请者进行深度的详谈确保他们明确理解睦邻委员会的基本宗旨，有时候能产生令人兴奋的新想法。

大多数时候，机构建立睦邻委员会是为了与社区领袖和邻近组织发展直接关系。在该情况下，如果认为实地考察一次就够了，资助的过程是独立的，那可能就错了。更确切地说，实地考察和一对一的对话对委员会成员们来说可能会是一项长期的活动。

你可能会决定在发出提案征集书之前首先对一些机构进行实地考察，作为熟悉情况的第一步，或是作为你对该社区总体考察的一部分。之后，作为考虑他们提案项目的一部分，你可能会再次对这个组织进行考察。如果你决定提供资助，那么未来还会在合适的情况下对其进行更多的访问，可能是去视察资助的使用情况，也可能仅仅是为了保持彼此良好的关系。

重要的是要记住，很少有组织会拒绝资助者面谈的要求。他们可能处在工作最忙的时候，或是为了另一位资助者加紧制定提案，但不管怎样，他们一般会抽出两个小时来见你。所以，为了实现实地考察的价值，你也应该确保你没有过分地耽误该机构的时间，或者干扰到他们的工作。刚开始的时候，他们可能不愿意告诉你，你要求的会谈不是个合适的时间，那你就需要更高的敏感度，希望随着时间推移他们会更加放松，从而对你坦诚相待。

如果实地考察是双方首次接触，在考察之前，最好做一些准备工作。如果你还没有从你将访问的机构收到提案，你依然可以阅读关于该组织的资料，浏览他们的网站以及研究他们的工作领域。

通过这种方式，你将可以有效地向潜在受助者询问一些恰当且对你有用的问题，明确地了解他们希望取得的成果。

实地考察对潜在受助者来说很重要的，他会投入相当大的精力来计划这次来访。通过拜访潜在受助者，你向他们解释你想更多地了解他们的工作，并询问他们认为最值得做的事是什么。让他们明白你有多少时间，是否有你期望见到的特别的人和事。你可能还建议该组织提前为实地考察设立日程表，然后告诉你时间。

如果有可能，我们会将实地考察的时间安排在该地点有活动开展的时候，来自我们委员会的访问者可以通过这些活动了解情况。除了与潜在受助者见面外，能够真切地看到他们的工作的确很有帮助。此外，我们在确定有两至三名委员会成员参加之后才安排实地考察。

对于特定的申请者，几个成员的意见要比一个成员的更有帮助，但是，成员人数过多也难以实现有益轻松的会谈。

你可能希望本次考察会产生创造性的，生动的谈话——一个不仅仅为了获取信息的机会，更是为了获取"激情"的机会。考察中，想要建立一个相互信任的关系，并且能够开诚布公的交换意见的对话常常需要一个多小时，有时甚至不是一次简单的拜访能够完成的。正如人们相识一样，一回生，二回熟，所以不要因为前一两次的实地考察中有些拘谨而过度担心。

一位福特纽约委员会的长期成员讲述了一些关于实地考察中的经验："我记得有一次会议，在经过一个半小时的谈话和场地考察后，受助者告诉我们他对几个可能的资助的想法。那是一场生动的讨论，没有这次讨论，我们就会减少资助。所以，你应该把会议的气氛营造得热烈一些。我记得还有一次，我们小组中有个人必须在半小时后离开，这不是不尊重，确实是这个人日程紧张，但看起来就像我们对组织所做的事情不那么感兴趣似的。"

最后，不要忘了把这次实地考察作为一个增长知识的机会，更深入地了解更广泛的社区。你可以向申请者或是其他你认识的人寻求提案，看他们是否能够提供睦邻委员会可能支持的活动。

（5）选择受助者

当信息搜集工作结束以后，就需要通过一些程序对这些申请表进行评估，并对申请者进行排名，也许是一个数值评分系统，将不同成员对于申请者的评价进行量化处理。

你工作的过程和采取的标准取决于你想达成什么。要使该过程做到公正和公开，并且提供给成员足够的机会发表自己的见解是个挑战，但也要尽可能的使之简单，避免花费成员们过多的时间，同时也要专注于你真正关心的问题。

连接受助者

除了给特定区域内的单个组织提供资助，我们也在寻找机会来帮助受助者之间进行联系以取得共同利益。

这通常包括将受助者介绍给每个人，让他们可以分享各自的信息和目标，使他们各自不同的才能得以发挥，这样要比机构各自独立的工作方式更能深入地解决问题。一种方式是为受助者们建立一个无目的的场合，让他们互相认识，分享社区的信息。例如，在一个为纽约委员会受助者组织的午宴上，两家独立的机构进行了一场讨论，并达成了一次非凡的合作。一个组织为老年人提供社会服务，另一个则为患者安排园艺疗法。他们一起为无家可归的老人设计了一个园艺治疗方案———一项从未有过的服务，同时也促进了两个机构目标的扩展。

启动资助

在福特基金会，一旦一个小组委员会推荐一项资助，资助者会指派那个小组委员会给有权力批准该资助的委员会顾问写一个备忘录。以受助者的名义创建一个文件夹，同时受助者所有的通信和信息都会被保存在那里。

（6）继续有成效的资助项目

一旦捐款到位，最耗时的工作也就结束了。然而，委员会仍需继续努力以确保资助项目的有效实施。在整个资助期间，甚至更长时间内，受助者可能会拜访你，寻求意见，解答疑问。资助者也可能去参加受助者集会，表达对他们工作的支持。作为机构的代表人之一，资助者有很多机会对社区正在进行的活动产生影响，然而这些机会同时也会带来一些相应的责任。

委员会知识构建

很多委员会成员想要一些方式能持续增加他们对于社区、受助者的表现，以及潜在资助机会的了解。

成员们在跟踪已有资助项目时，能够收集很多有价值的信息，可以在例会中分享这些信息，委员们能从中受益。

社区知识构建

你收集的一些关于社区组织工作的信息也值得出版发行，它们对于社区其他成员来说可能有着很大价值。

"举个例子，我们建立了一个记载了所有委员会给予过帮助的机构的目录。它包含一份关于该组织任务的简要说明、联系方式和该组织通过的愿意与其他非营利组织共享资源的详细说明。比如说，一个机构拥有一个其他本地组织也可以使用的大会议室。"

"我们每隔一年举行一次受助者聚会。受助者在聚会上可以进行讨论，相互交换信息。这些努力不仅仅帮助当地组织找到资源，同时，也扩大了他们的交流圈。"

维持成员的兴趣和参与度

在资助授予之后，一些成员的精力和激情会有所下降。这个时候，重要的是重新集中精力并使成员意识到委员会更广泛的宗旨：不仅仅是资助，还包括发挥其个人及集体的智慧来改善社区。

在不对成员的时间有要求的情况下，委员会需确保其成员彼此之间、与受助者及更大的社区之间在资助周期内保持良好的关系，以确保每轮资助活动较上一期能有所改善。

资助管理中的要点

这部分包含了一些文件和技巧方面的要点，是福特的睦邻委员会用来追踪和管理其资助事宜的具体方法。

（1）资助推荐备忘录和资助信函

委员会成员会起草一份小组委员会推荐资助的备忘录，并通过高级顾问的认可。无论你的计划是怎样的，最好再附上该委员会的推荐信、一份申请简述以及适用于上述资助的条款。备忘录就像是一个有资助项目协议及所有工作的简要记录，它应该有足够全面的信息，以便其他相关方从中了解资助的相关信息。备忘录一般是从受助者的提案、机构的背景资料、提案考察文件以及资助者实地访问的记录中提取出来的。

委员会寄给受助者的信件也应该包含关于资助数量、条款、目的、用途、条款以及受助者应该递交什么样的报告的明细，信件中还应附有核定过的预算。受助者签署信件，表示其愿意接受相关条款，然后将签署信件的副本返还委员会。（在我们的系统中，资金都是通过电子转账。因此，受助者还应提供附有他们签名的电子存款信息。）一旦收到会签后的协议，就要把资金存入受助者的账户。

（2）资助状态报告

福特的委员会通常要求受助者每年提交一份资助活动的年度财务报告，并以资助备忘录及信件中所提出的项目目标为参考。委员会的资助管理者会审查这些报告，评估活动是否已经完成，预算是否达到预期。在审查完报告后，资助管理者会生成一份关于资助现状报告用于资助者复查以及资助文件存档。

提交这些报告的目的不是为了给没有达到标准的受助者敲警钟，因为有些情形是难以预见的。对委员会来说，目的仅仅是掌握资助实时进程，进一步了解未来资助这类活动应有什么期望。当然，有时，如果资助完成后相关条款和绩效期望有了较大改变，那么这些数据就需要重新修订。

第五节　倡导型项目的资助
——改变公共政策和公众思想

为什么基金会支持倡导型项目？

慈善界关注的重大问题很少能单独靠慈善的方法解决。很多时候，基金会的资助者支持那些依靠其他社会主体来完成的活动，包括志愿者、个体捐助者、非营利性组织、企业以及（有时最重要的是）政府。不论目标是去帮助贫困人群和失业群体，推动健康和教育事业发展，改善交通，建造新的住房，与不公做斗争，保护环境，还是支持公平贸易和促进经济发展，基金会的财力与其他力量，尤其是中央政府、省政府、以及地方政府的预算比起来都是相形见绌的。

因此，很多基金会发现，支持那些开展倡导政策改革的受助者大有裨益，有时候也是十分必要的。一些基金会甚至自身就受到感召从而自觉地投身到这种倡导活动中。

本节将展现各类支持倡导型项目的资助者的观点以及亲身经验，讨论推进实现规划目标和扩大捐赠活动的方法，以及他们追求高效率宣传需要利用的资源。

本节还描述了倡导型项目的资助所包含的一些风险，比如，倡导改变公共政策有时会引起争论甚至其他组织的反对，这些反对的组织认为这样做会耗费时间、拖沓工作。不管是正面还是负面的评论，都会将组织和资助者曝光于公众面前。另外，倡导型项目的结果可能很难评估，但对于其他捐赠来说其实情况也一样。

许多人认为美国私人基金会被禁止资助倡导型项目，有几个倡导方向在法律上是不被允许的。其实这种情况极少，而且相对容易避免。一位资助者回顾他在该领域所遇到情况时说："我认为主要限制并不在法律上，而在于目前基金会不了解项目如何运作，以及对项目成果没有足够的信心。"另一位资助者说："对公共问题的公开辩论既是我们法定的权利也是道德上的义务。它要求我们对新想法和解决问题的新方法进行支持，包括支持这些想法和方法根据法律、规章和政府行为的要求进行的调整。"

倡导型项目的资助并非适合每位资助者。然而，不管适合不适合，很多资助者总能为自己找到做倡导型项目的理由。资助者面临的问题不是倡导型项目是对还是错，而是资助者的特定目标能否从倡导中实现？组织是否有能力和资源去做倡导型项目？自己能否亲自参与项目？

什么是倡导型项目？

我们所采访的资助者把"倡导型项目"描述为一类活动——通常是由受助者开展，但有时也会直接由基金会运作——其首要目的是影响人们对于公共政策及关注问题的意见或行为。我们的资助者以较宽的视角描述了三种类型的公共政策倡导：

- √ **推广一个理念**。当一个好的想法被太少人了解并因此使公众讨论不够充分时，公共政策倡导能够帮助展现那个想法可以实现的东西，为它建立支持，同时鼓励政策制定者将它付诸行动。
- √ **辨析一个立场**。当一个好的想法遇到反对的声音时，对有效倡导者的资助可以帮助他们阐明他们在议题中的立场，呈递相关的研究，并对反对意见作出回应。
- √ **丰富辩论**。当讨论公共议题没有明确解决方案或者参与讨论的相关资助者过少时，资助者可以帮助给出新的信息，把更多的意见带到台面上，或者鼓励更加有效的思考——即使不明确支持某种观点。

以下是三家基金会开展这三种倡导型项目的例子：

推广一个理念：一位在美国支持减少贫困的资助者描述了他的基金会和一群受助者协力推进儿童储蓄账户的经历。通过这个机制，政府可以为每一个新生儿童建立储蓄账户，然后提供特别援助和激励制度以帮助低收入家庭为孩子的未来储蓄资金。在规划好了研究和示范项目来初步检验系统的细节时，他们还设计了一个可以宣传这个想法以及提升其广泛吸引力的沟通方案。他解释说："低收入民众可以储蓄并对经营性资产进行投资的这个观念，已经被证实是个超越了政党路线和意识形态的受欢迎的想法。人们设定目标，按照他们的计划去实现目标，以富有成果的方式进行投资，这同自力更生和权力提升的许多传统价值观产生共鸣。许多人认为以政府的政策，类似于提供给中等收入阶层的各种储蓄激励机制，来促进和鼓励这种行为是公平的。"

辨析一个立场：一位支持禁烟倡导活动的全国性基金会的员工回忆道："过去有大量的人希望室内清洁空气的进行立法，因为他们不想在烟熏的环境下工作、进餐和做生意。"一项调查揭示了二手烟对餐厅和酒吧员工造成的身体危害，实际上这些人要么被迫吸入致癌物质，要么丢掉工作。但是由于烟草公司花费数以百万计的美元宣称二手烟无害，没有公共安全部门关心室内空气质量，也没有公众支持控制吸烟，对清洁空气的渴望也就基本上被淹没了。我们的项目必须确保信息公布于众并被决策者知道：通过调研、公共服务广告以及区级活动来公布信息。

丰富辩论：一位致力解决流浪汉问题的当地资助者在访谈中指出，我们拥有强大的宣传群体，强大的劳动群体，同样，强大的为低收入群体服务的住房政策，但我们仍未能在政治层面得到想要的成功，这需要这些群体的跨界合作。国内许多政策讨论中总是有一小撮人说些陈词滥调。并在进行反贫困计划时没有更多的选民来关注这个议题，这实在令人沮丧。所以我们要努力做的第一件事就是倡导更多来自公众的声音谈论如何解决无家可归的问题。

明确你作为倡导型项目的资助者角色

倡导型项目的资助通常需要资助者有很强的领导能力和长期支持的决心，而是否会资助倡导型项目部分取决于其需要花费的时间和对专业能力的要求。某资助者决定，只有当其基金会领导同意她对以下三个关键因素进行评估时，她才会开展倡导型项目的资助：一是所在州的政策需要改变；二是慈善事业不能缺少这种改变；三是对倡导型项目的协同支持值得基金会花费时间和资源。她认为，如果没有深思熟虑的选择，其努力将不会广泛、持久和有效。

很多人都认为，倡导活动应该与基金会的使命和章程相符合。某资助者说："开展倡导型项目不是一件你三心二意就能做好的事情。倡导型项目也不是捐点小钱，然后只看看结果如何的工作。倡导型项目实施过程中可能会出现争议、意外或法律问题，这意味着你必须关注倡导议题并对其有高度承诺与投身。这样的话，如果产生争议，你首先要知道为什么你卷了进来，以及为什么坚持下去是重要的。更重要的是，如果要实现真正的、显著的改变需要很长时间，帮你挺过这段艰难岁月的将是你的价值观和使命感。"

（1）出钱还是出力

有些资助者为倡导型项目提供资金，有些他们自己就是倡导型项目的执行者。很多资助者二者都做。资助者是直接去提出解决公共议题的方案还是资助其他人去做，这取决于以下几个考虑：

√ 资助者或受助者是否很好地了解实质问题、公众政策进程，以及影响大众决策的方式；

√ 对资助者活动和受助者活动在法律或规章上是否有不同，这些不同是否会影响到将被实施的倡导型项目；

√ 资助者或受助者谁能更好地投入人员、时间、精力在这一议题上扮演公众角色（有时双方都会有不同的投入，他们共同承担责任。）；

√ 资助者或受助者是否能给这些要传递的观点有更大的支持——无论是技术的、政治的还是道德上的；

√ 资助者或受助者是否愿意，并能承受由公开倡导活动带来的公众效应，包括名誉或争议。

选择出钱还是出力不是简单的二选一。某基金会认为，有必要增强受助者在收集信息、阐述论点和联络个体决策者方面的能力，这比用信息造势影响大众要有用得多。所以，基金会决定先通过一些活动加强受助者的专业知识和能力，这些活动包括主办会议、出版报告、以及向公众人物寻求资助等。

大部分资助者在制定策略、规划信息或是宣传工作方面都缺乏主动性，也不具专业能力，其宣传内容主要来自受助者的经验和实践。某资助者说："我准备好出席听证会、举办会议、同分析师会面或接受记者采访。但这些事是因为要配合资助项目我才做的，我自己并不清楚何时应做何事，需要利用何种资源，大部分人都是这样的。"

（2）找到你的忍耐极限

倡导型项目的资助会碰到很多阻力，这一点让许多资助者担忧。某资助者回忆说，她工作的家庭基金会负责人原本并不打算参与制度改革和政府政策的项目，这位负责人很讨厌政界。但之后，当他亲自见到了基金会资助的一些受助者，了解到政府有些做法影响了基金会支持的一些工作，他非常生气。他是个解决问题的能手，转眼间，他成了我们政策改革中最强有力的力量。

另一位资助者坦率地说："我们的捐赠者将其工作定位为支持有益的事，所以，有时候希望将决定权交给公众。他们可能对我们在倡导方面的工作能力有质疑，或者觉得这样做可以避免产生争议。"某小型社区基金会负责人发现，倡导型资助项目往往比较"抽象"，这让捐助人对于是否支持"倡导"持谨慎态度。然而，在接近决策者、参与公共辩论、协助制定和组织政府政策的问题上，他们又异常放松。该负责人说："将倡导型项目定义为'公共政策'可能是个错误，这种方式容易引起激烈反应。我曾参加过州内一系列小型会议，经常谈到让基金会融入公共政策中，每每说起，大家都会说：'绝对不可能，你到底在想什么？'但后来，基金会在土地保护和教育改革领域做了一系列捐赠，有些捐赠很有影响力。不久，在和州长以及立法部门领导的会面中，阐述议案向媒体发言时，我们都扮演了相当活跃的角色。那些曾反对参与公共政策的人却对这种方式的议题表示赞成。但如果我贴上任何公共政策的标签，我就会遭到反对。"

某资助者承认，资助倡导型项目会引起同事和公众之间的紧张关系："当我提到倡导型项目时，人们都会显得诚惶诚恐，好像我是在说让人们挽着胳膊去州首府前，或是支持政治家，或是去资助政治广告似的。其实没到那种地步，当然，我有大量宣传工作要做，包括对问题的定义和描述，使人们能了解它，并能为之采取行动。"某大型社区基金会的主席遗憾地说，"很多人太过强调定量化的重要性，但倡导的效果很难量化。"

是否资助一个倡导型项目有很多因素要考虑，某资助者说："我们会考虑理事和工作人员对这个议题的热情，倡导能带来多少效益，会花多长时间产生效应等。每个机构的决策依据不一样，有些依据会比较主观。倡导工作会花费很长时间，你必须有足够的精力和毅力坚持下去。"

允许我们做什么：基金会，倡导型项目和法律

本节中讨论的合法议题并没有提供足够信息作为你捐赠或筹款的法律依据，也没有提供专门适用于你的任何准则。该部分内容仅仅针对那些不熟悉法律，开始想资助倡导型项目的资助者，让其了解哪些可为哪些不可为，但这不能替代你所熟知的法律，或是律师给予的建议。

（1）基金会和游说：规则和例外

基金会的税收状况决定了其参与公共政策讨论，尤其是立法程序的自由度。美国国内税收法规（Internal Revenue Code），通常被称为免税代码（Tax Code），对每种免税机构都有适用的条款。以下是一些规则和例外的情况：

基金会的基本规则

私人基金会可对公共事务自由发表意见，告知人们（包括立法人）相关的公共问题及可行性解决方案，动员民众的支持。但税收法不允许他们进行游说活动，也就是说，在绝大多数情况下，他们不能利用经费和其他资源来进行支持或反对任何具体的未决立法。

公共慈善团体则有游说和资助游说的自由。举例来说，大多数社区基金会，如隶属于501（c）（3）的公共慈善机构，会在自己的权利范围内进行游

说活动，或表明对游说活动的支持。而社会福利组织拥有直接干涉政治和立法活动的最大自由。

尽管法律对"游说"的定义很复杂，但基本上"游说"是指与政府官员或职员对具体的法规和观点进行交流。"立法"在此包含了对财政预算、开支和执行或司法任命和制定的行为，但不包含行政法规的制定。它包括正在草拟但尚未提出的议案，还包括"立法示范文件"，有时候，倡导团队会准备"立法示范文件"以便示范他们试图推广的立法。

在大多数情况下，私人基金会可能没办法使政府官员支持或反对某项法律或财政支出的提案，也不可能明确资助其他人去做这件事。私人基金会不会参与"草根游说"，也就是说，他们不会鼓励公众接触立法者，对政策、预算或行政任命提出意见。因为这样做可能会被收取高额罚金，甚至会被取消免税资格。

从法律角度看，"保护热带雨林"和"支持热带雨林保护法案"有很大的区别。后者是游说行为，是被严格限制的。

支持开展游说的受助者

法律允许私人基金会支持进行游说的受助者。事实上，只要有以下几个保障，基金会就可允许受助者利用捐赠资金开展游说活动：

√ 捐赠项目没有明显支持游说行动；
√ 捐赠条款没有"指定"资金用作游说活动；
√ 在项目预算中，游说资金比非游说资金少。

大部分基金会受助者在《税法》501（c）（3）条下都被划为公共慈善团体，可以参加一些游说活动，只要游说不是该组织　"实质的"活动之一（美国国税局采用多种测试确定什么是"实质的"）。该团体还可以注册为"当选公共慈善团体"，使其能根据预算调整对游说活动的资金支持。

如果私人基金会决定支持该组织，就需承担所有项目费用，包括税费。事实上，私人基金会的税费会更高些。私人基金会对支出负有责任，所以，必须竭尽全力保证捐赠资金用在最初约定的领域，禁止受助者将捐赠用作游说等目的。

受助者不一定都懂法律

尽管受助者经常比其资助者拥有更多合法的活动范围，但前提是他们知法懂法。某资助者说："支持受助者的倡导活动时，基金会要做的最重要的事就是确保受助者了解法律，从而保证其倡导活动不违背法律规定。"资助者可为受助者提供法律顾问，支付法律咨询费用，让其认识到只有做到遵守法律和开展有效的倡导活动才能实现项目目标。

如果知道受助者计划在你所资助的项目中参与游说，你该怎么办？回答是：只要你能采取一些简单预防措施来保证游说和捐赠是被法律许可的就行。事实上，资助者和受助者坦诚地一起讨论游说计划，达成共识才是最好的方式。

你需要采取的防范措施是，首先，确保你的捐赠不是专门用于项目游说，并且捐赠数目不能超过非游说活动总的花费。第二，认真审核经费支出，要求将用在游说和非游说活动的开支分离开来。对于没有明确要求"支出责任"的捐赠，资助者无需监督受助者在游说方面资金的最终使用，只需要提前说明，如果受助者愿意，你的资金可以全部花在非游说活动上。

重要提示：你不必去确认其他资助者的资金是否也符合该检验标准。如果必须将受助者的资金花在游说活动上，只要该捐赠总额没有超过非游说预算的总金额即可。

（2）游说之外：倡导慈善事业的广阔天地

私人基金会对游说设定了严格的禁令，但其实这些禁令适用的活动范围很窄。比如，各类基金会对公共议题都有自己的立场，也经常对这些公共议题公开讨论和研究，甚至有时候会把讨论和研究结果呈交立法者或政府官员，但这些都不算是游说，因为这些做法都是完全被允许的。只要其观点不涉及任何具体法规，甚至可以公开发表。

事实上，税法允许私人基金会为以下几种倡导型项目提供资助：

不分党派的分析、研究或调查

当某基金会或其受助者对一个悬而未决的政治问题有独立客观的分析研究时，可以分享给法律制定者或立法机构，这不会被认为是游说。但该材料必须通过两项审核，首先，它必须能够完整公正地陈述事实，使读者形成独立观点或结论；其次，这些研究和发现具有广泛代表性，而非个别群体的观点。应该注意的是，这些研究和观点的信息要以适当的方式来呈现，使读者能够对其进行评估，得出自己的结论。

广泛检视社会、经济或类似的议题

如果讨论不涉及任何即将通过的特定法律，私人基金会可能会讨论更广泛的社会议题，或者通过资助受助者讨论这些议题。比如，扩大野生动植物保护区域，提高或降低税额，采取特别措施应对社会问题，提倡或禁止探油等。

根据需要提供技术支持

政府非常欢迎有官方身份的资助者为政府部门诸如议会或立法委员会提供技术性建议和支持。有时，这些资助者也会对待立法提出建议。受助者可以向资助者提出类似活动的申请，但申请必须是书面的，由委员会主席提出，其申请内容要能充分体现政府职能。

自我防卫

私人基金会可以与立法者和立法机构就提案甚至立法进行自由沟通，这些提案可能影响"私人基金会的存在、权力和责任、免税特权，或抵消它所做的贡献。"甚至允许基金会尝试在这些主题上立法。

诉讼

诉讼是另一强有力的宣传工具，税法对此没有限制（税法完全没有提及）。对于由司法而不是立法解决的问题，基金会可任意支持一些在法律和政策上诉讼，这比在公众中长期教育和争论更直接有效。

构建知识和意愿：工具和技术

很多资助者一致认为，迄今为止，倡导型项目最重要的部分是教育，即对公众和决策者进行重要议题、问题和解决方案的教育。教育，广义上来说，是美国非营利组织和基金会基本目的之一，这个目的在税法中被明确提出。教育立法者和其他公职人员也是这个使命的一部分。一位多年支持国家公共政策宣传的资助者说："我们做的大部分事情包括花钱游览国会山、号召国会议员和工作人员描述其工作愿景和行事准则、了解其关注问题的重要性。这些信息影响了人们的意识和对问题的理解。人们认为它是游说，但它不是。"为了能在倡导型项目中传递有效和令人信服的信息，需要有一定的工具和技巧，比如下面这些：

（1）识别受众及需要了解的事

有效的交流始于对于受众的了解，有时候，可能几个受众就足以开展倡导型项目了。某运输改革项目的资助者回忆，当年，少数几位政策研究小组领导是其倡导项目的对象，项目让其意识到当时是实施新政策的关键时刻，从而带来了一次前所未有的改革机会。带来这个机会的，不是别的，正是国会领导人和普通职员，他们最终将运输改革变为一场全国性运动，促成了两项重要的联邦立法条例。这一过程是从对潜在受众的观察开始的，这些受众是身居要职，又关注相关事务的少数人。

即使大量的受众也未必具有"普遍代表性"。有时，倡导型项目的战略需要覆盖尽可能多的受众，尽管这样，还是需要了解哪些受众是关键的。某资助者说："我们资助某'倡导联盟'，聘请顾问协助其宣传事宜，其目的不仅仅是设计有力的宣传口号，更多地是让其带着设定的问题与公众进行沟通，识别'关键受众'。"

受助者在与不熟悉的受众交流时可能需要帮助。资助者为'倡导联盟'聘请了两个不同类型的顾问，让其合作开展工作。其中一个帮助选择受众，并准备相应的宣传资料。联盟要负责给决策者们解释复杂概念和专业技术问题。和顾问一起工作，让联盟意识到这不仅仅是组织内部的"游戏"，他们还需要进行外部的公众教育。联盟需要从顾问那里获得信息，而顾问必须有准确的信息和易于沟通的性格。第二个顾问则致力于收集和处理那些对目标受众产生最大影响的有用数据，分析公开获得的数据，采用一定的方法描述不同政策对不同区域受众的潜在影响。这些数据说明了政策如何影响公众，不同阵营选民会获得什么样的资助，以及在保持现状或进行选择的情况下选民的得失。"

（2）开展研究和拓展认知：建立案例

很多基金会支持研究是为了自身的利益。比如，拓展人类认知、治疗疾病、或是争取技术突破等。倡导的研究可以像单一的实践研究或基础研究那样按部就班，采用科学的调查研究方法来开展，但它要达成的目标不同，它不是为了探索未知的前沿领域，而是要解释并证明一个观点。（税法要求基金会资助的研究要有理据充足的调查，读者可以根据理据独立思考。）

目的在于倡导，而不是研究

即使倡导主要基于创新研究，资助者也要强调该研究是为了说明问题和提出解决方案。某资助者回忆："我们发现项目一直局限于学术研究，因为受助者主要是大学里的研究人员，他们认为我们是资助其学术研究的，这些研究范围很广，在短期内无法得出学术结论。这与我们的期望相反，我们需要的是能很快运用在相关问题分析上的观点明确、论据充足的研究。之所以会出现以上问题，是因为我们没有明确意图，过于肯定对方的议程而忽视了我们的需求。"

比如，某基金会资助"禁烟"及"烟草相关疾病"议题时发现，研究者关注的仅仅是流行病学问题，如吸烟方式和癌症发生率等。而资助者希望项目能集中在评估影响烟草消费的公共政策或商业政策的研究上，如香烟价格，烟草与药物的相关定义等，从而能达成两项重要目标：首先，研究成果能得到学术界的认可，引起更多学者的关注；其次，研究成果能用于倡导的主要宣传依据，推动提高烟草税和规定尼古丁为成瘾剂的倡导活动。

以便于阅读的形式呈现研究成果

如果研究成果的呈现方式让非学术的人都能读懂，还能形成自己观点，吸引读者参与行动，那么，就算是纯科学的、毫无政治偏见的研究也会对公共政策产生重大影响。某位医保行业的资助者回忆："我们是从一系列报告开始的，这些报告由一所重点大学著名医疗研究项目发布。当时，对未参保人员的数据不多，该研究成果的出版成了本州未参保人员状况的权威报告。因为报告学术性强，普通读者很难读懂，得到的关注并不多。所以，我们聘请专业顾问将报告重新编撰，以普通大众接受的方式来呈现。现在，这本书广为大众所接受，领域内的很多工作都会将之作为参考依据。"

学术出版物倡导的作用

事实上，学术期刊上的学术文章就能有很好的倡导作用。有资助者说："当你推进一个新方案，而它在某个非常有影响力的刊物上发表过，你开始谈论政策时，有它作为引用是很有用的。"

倡导型项目工具

倡导本质上包括七个手段或方法，它们能够被受助者，基金会或者双方都使用：

√ 研究旨在澄清公共问题，斟酌各种选择的优点和最好的解决方案。

√ 选民组织和动员召集在一个议题的利益相关者，帮助他们形成和表达自己的观点，并支持那些在公共领域推广这些观点的组织和项目。

√ 通过普遍支持、特别培训、与其他拥护者的交流、以及在对主张有重大影响的地区进行宣传等手段，使当前的倡导工作更有效。

√ 长期联合选民团体、研究人员和通信和公共政策方面的专家，以及其他能促进公众舆论的团体。

√ 利用媒体进行宣传，媒体战略包括两个主要分支：利用新闻组织对这
　一话题进行新闻报道，印刷自己的刊物、广告，制作视频，和其他广
　泛延伸的资料。

√ 对基本的法律或公平问题的诉讼，尤其是在现行政策执行不力或情况
　紧急的情况，可以采用诉讼的方法。

√ 直接接近政策制定者，听起来像是游说，但实际上，只有在少数情形
　下才会有法律限制，它是一种重要的倡导工具。

识别和培育受众：工具和技巧

在民主体制下，不管信息多么有说服力，决策并不仅仅基于信息来制定。这一观点看起来显而易见，却经常被忽视。倡导通常不仅仅是拥有一个强有力的观点，它还包括与舆论制造者和政府官员等一起努力，让公众理解和相信这个观点。对"纯"理论研究的资助和对倡导的资助是有区别的，二者最大的区别是后者包括一个传播机制，即通过行动、组织的力量、以及公众联合来实现变革。

（1）组织起来

每个领域倡导工作所处的阶段都不相同，有些领域已经很成熟，有些还在起步阶段，甚至有些还没开始。不管哪种情况，一个全民运动的开展往往需要几个月，甚至几年才能看到成果，耐心和毅力非常重要。这些项目的实施需要有一个强有力的领导层，由能力较强的受助者和资助者共同组成。他们需要不断协调各种关系，处理不同组织和选民团体间的矛盾和分歧。他们还需要有能力强的员工，不仅可以与他人协同工作，如记者、媒体评论员、有影响力的公民和研究小组、政府核心成员等，还能与同事共同努力达成目标。要开展倡导型项目，引导选民的支持，资助者需要创建一个新组织或联盟，这个过程要有大量资金用于启动和人员费用。关于选区建设的倡导型项目，其资助还包括常规会议的行政支出，以及出版物、媒体产品、活动开展、广告设计等的费用。

某支持禁烟政策的资助者曾与不同的公共卫生团体合作，有些团体很难

一起共事。这位资助者说:"但他们却有很多忠实公众的支持,包括财务和议题上的支持。将这些选民凝聚在一起确实不是件容易的事,我们需要帮助每个联盟聘请专业人士来协调解决选民间的矛盾和纷争,资助他们的会议、政策分析、公众宣传活动包括电视广告。但我们拒绝支持其与国家立法直接相关的游说工作,他们可以通过其他资金来做。"

不管资助者意在支持区域性还是全国性的项目,都应该进行所在地的资助,这对保证其合法性并实现倡导目标都很重要。某移民工作的资助者主张:"我们应该资助不同层次的倡导工作,使倡导工作更接地气,让草根阶层参与到更高层次的倡导活动中,这些活动本来就是为了他们的权利而进行的。"这种方式适合那些计划周密,区域工作扎实的基金会或组织。

（2）接近一般大众

如果你选择的受众是一般大众,而不是政策制订者或意见领袖,那么,你可能需要运用畅销出版物、广播媒体、广告牌等方式向公众宣传。

开展有效的大众传媒活动很不容易,需要的资金也很多。同时,它还需要遵守特定的法律法规,尤其是针对可能出台或修改的法律或政策的公众宣传。如果法律法规许可,并有足够资金支持,其公众宣传效应就会很高。媒体在公共教育方面起着至关重要的作用。

"关注的"媒体, "付钱的"媒体

前者是指记者和编辑本身就对此新闻感兴趣,但"关注的"不等同于"免费",有时还是要支付媒体新闻报道的费用。后者是指主动联系记者和编辑,支付其费用,对既有新闻事件进行报道,或对已有新闻稿进行编辑。

"付钱的"媒体,顾名思义,大多数是要购买的,经常以广告形式出现。即使是免费的公益广告,仍然需要聘请专业人员进行制作,有制作费用。事实上,广告是一项价格高昂,技术含量高的宣传手段,但其收效可能会不错。某位参与禁烟活动的受助者说:"如果没有媒体宣传,我都怀疑是否有人会买我们的帐。我们的广告开始播出时,媒体报道越来越多,我们真正的意图并不是要让人们支持室内清洁空气法案，但民意调查显示，大部分人都支持该法案。电视广告的效应由此可见。"

在这个例子中有两点需要特别注意，首先，资助者和受助者在选择付费媒体时考虑了两类受众，即普通大众和参选官员。其次，这些广告并未引用任何法律条文或煽动选民争取该项立法。广告仅仅描述了在公共场所内吸烟带来的健康危害，并提到其他州已经禁止在这些场合吸烟了。一旦立法机构开始起草室内清洁空气法案，这些广告将被视为对该法案的支持。

资助者除了钱之外还可以提供其他支持

在推广媒体战略时，很多基金会内就有专业的媒体人员和顾问，他们可以支持受助者准备新闻稿、举办记者招待会、接待记者、进行各种宣传报道，而这些工作的专业性超出了受助者的能力范围。资助者的各种技术资源对于受助者来说也很有用，可以有效支持倡导活动，资助者可以通过这种方式确保资金得到有效利用。某资助者警告说："媒体战略如果不专业或者很随意，还不如没有媒体宣传。一旦做错，出的问题要比实际的收益多得多。"

小目标还是大目标

捐赠者常常纠结于这样一个问题：如果他们的目标定在小型的、狭隘的议题上，能由一个针对性较强的一群人快速采纳和执行，他们的倡导型项目是否会更有可能成功。相关例子包括改变某州关于救助庇护资格的政策，以及修改州法中一条让更多人得到公共医疗保险的条款。

一些基金会已经有目的地在致力于一些更大的目标，比如降低吸烟率或青少年怀孕率，或增加全国公众对教育券的接受度。他们说，大的目标如果能实现，可以产生具有重大历史意义的回报。一个成功支持一项改变美国运输政策运动的捐赠者说道："一些捐赠者告诉我们去挑选小型的、技术的、短期的项目。如果我们做到了这一点，我们就不会促成眼前的海洋变化。解决这一大问题十分重要，尽管我们知道这不能在10年中完成，因为我们知道其他人不会解决这个问题，我们知道当每个人都是为了利益来处理这一问题时，成功的机会就会消失。"

（3）不懈努力和影响范围：建立领导者联盟

几乎没有任何倡导型项目能在短时间内或是一次就奏效的，即使是一个成功的记者招待会，一段电视新闻报导，一个显眼的报刊专栏或是一次数千人的集会都不足以使公众态度或政策发生有效改变。这样的倡导活动需要持续不断，才能有更多的公众参与，支持圈不断扩大。

多方的参与非常重要

成功的宣传往往需要有一个领导者联盟，使拥护者们为一个共同目标走到一起，在经历波折后还能坚持下来，同时，还要能协调各种分歧。好的领导者联盟是项目持续运行并最终成功的关键因素。某交通倡导方面的资助者说："交通议案是一个庞大而复杂的立法项目。政策改变的关键是让人们意识到这是影响每个人生活的问题，要有效地改变它，必须听取不同意见，从最先以环保主义者和交通规划师为核心的运动，发展为一项全国性的运动，包括自行车爱好者、登山爱好者、医疗专业人士、关心城市发展人群、寻求宜居社区的建筑师和城市规划师等。"

资助者也需要坚持

某倡导型项目资助者说，"政治和经济的运行是有周期性的，在这个过程中出现的新事物是否有邻先地位是次要的，重要的是让人们能真正关注这个新事物。我们也需要有在变革中生存的方法，政治和经济的周期性并非唯一决定倡导项目周期的因素，资助项目的周期性，基金会的领导层变动等，这些都会影响项目周期和目标，比如，基金会理事会有新想法，曾经的关键议题可能突然就不那么重要了。因为倡导项目的周期性较长，在考虑是否要资助倡导项目时，资助者要好好想想，如果着手做，你将如何完成这样的项目。"

做好应对反对意见的准备：当倡导遇到反对意见

大多数倡导型项目都具有积极意义，它的目的在于支持好的想法，而不是反对不好的想法。就算这样，有时候还是会碰到相反的意见。这些反对者可能势力强大、资金充裕、组织严密。这时候，受助者需要应对这些反对意见，以下是对相关行动的建议：

（1）平衡谈判与对抗

反对派的观点并非总是偏向一边或仅仅从意识形态上反击，并非每项议题都会出现"保守派"和"自由派"的不同意见。比如，运输改革的资助者相信，保守派组织和自由派组织不会因此相对抗。事实上，至少会有一个政治保守派的基金会会为改革提供支持。而反对者则来自既得利益群体，即传统高速公路建设项目相关的公司和民间团体，他们的反对理据充分，并非仅仅从意识形态上反击。该资助者说："如果我们没认识到这一点，没采取任何措施，只是从其他方面着手的话，是不可能实现项目目标的。"

也许面对反对意见是通向协商的最好途径。某资助者决定直面反对意见，这与一方向另一方宣战并不相同，也不一定是要对他人进行批判。事实上，最终的成功往往取决于是否能与反对派一起排除异议，达成妥协。

有时候，只有坚持自己的主张和原则，谈判才变得可能。某资助者说："你基本上有两种选择：要么自愿接受反对意见，要么换个议题。在问题讨论过程中，如果某一方习惯长期占据话语权，那么，他们是不屑与那些其不在意、不了解或让其不舒服的人进行协商谈判的，这是人的本性。有时，倡导可以帮助你建立威信，而你如果选择换个议题，情况可能会更糟。当你一开始就选择妥协的时候，没有人会愿意和你协商。"

（2）认识到争议的可能性

有些资助者认为，基金会不愿与政策背道而驰，不是因为倡导目标没信心，而是觉得这样做对基金会极其不利。

很多资助者都认为，解决类似问题唯一有效的途径就是公开合理地讨论这些问题，在能接受的风险和争论范围内作出公正决策，并以此为依据决定资助金额。某资助者说："把你的工作充分展示给同事和理事会，如果他们看到你进行了风险评估，了解此过程中可能出现的正面或负面的情况，他们通常愿意选择在可控风险内进行资助。如果你将有争议的资助计划进行粉饰，也许它会被认可，但无法获得长期支持，因为这个认可决定是建立在信息不对称和隐瞒的基础上的。"

使自己和基金会振作起来

资助者强调，如果争论开始影响到基金会，员工和受助者要一起承担责任，如对捐赠做出合理解释，捍卫基金会的地位。你需要认真评估风险，做好应对反对意见的准备，还要鼓励同事和资助者，告诉他们冒这个风险是值得的。基金会希望倡导也能对募捐起作用，这与基金会的目标是一致的，资助者希望人们了解整个倡导工作过程，一些里程碑式的成果不仅是受助者和资助者评估项目的依据，还能告诉人们这个项目值得他们的支持。

召集那些熟悉状况并能够支持你的盟友

应对反对意见的另一方法是，找到观点一致的盟友。拥有盟友能使你在冲突中不再孤立，也为你的决策提供多种视角的参考。某资助者说："资助者如何帮助其他资助者解决问题？谁能第一个站出来加入行动，共担风险？谁能鼓舞其他人的参与？支持倡导的一种方式是资助者之间的互助，相互支持其实也是一种挑战。"

（3）最强硬的反对是漠不关心

观察家指出，成功政策改革的最大障碍不是赤裸裸的反对，而是单纯的漠不关心或宿命论式的做法。资助无家可归方面政策改革的资助者说："倡导者已经用一些方法在这个领域发挥了作用。他们通过一件小事、对某种紧急情况的处理、或其他方式来进行筹款。机构喜欢做那种有较高外部关注度的事，比如，紧急救援。但州政府认为这种问题都很棘手，如果机构承诺要做，不能光说不做。有些问题被提出来，却一直得不到回应，如，解决无家可归的问题。我们首先要改变这个现状。"

很多情况下，克服宿命论和克服反对意见一样困难，它需要对问题的深入研究和对解决方案的有效评估。这需要在受影响人群和支持人群间建立广泛联盟，最重要的是，要坚持不懈地调查研究，进行公众教育，并保持与州政府、立法委员会、智囊团和领导团体的沟通。

如何定义和权衡成功：评估倡导型项目的方法

倡导型项目的评估内容包括：项目目标设定的合理性、项目活动与目标的相关性、项目执行时间的有效性。有些倡导型项目，对于资助者来说，只是阐明资助策略的一个步骤，但对其他人来说，却是正式评估的开始。我们需要对评估工作达成共识，即倡导项目成果很难量化，如何让其成果被广泛认识和理解其实并不容易。

某资助者描述了一个评估团队评估国内州政府加强环境联盟的相关工作。她发现，评估者一开始就对"我们怎么看待正在做的事"、"我们对改变的见解"，以及"我们对受助者的期望"等内容了如指掌。评估者会和受助者一起来建立评估指标，资助者和受助者能根据指标的评估结果来了解机构各个方面的情况，从团队人员的能力强弱，到机构财务管理的健康状况等。

倡导型项目有三种常见的评估方法：

（1）过程评估

过程评估主要是为了确定倡导型项目有既定的活动和产出，这是最基础的评估。某观察者认为："这相当于清点政策文件和新闻剪报。检查项目是否真的做过某些活动，如研究、集会、与记者或政策专家的交流沟通等。这些活动都会发生费用，评估者需要了解这些活动的开展和费用的支出是否都遵循既定的流程。活动和费用发生改变并非就是问题，关键是要说明改变的原因。

（2）效益评估

效益评估衡量活动在目标受众中的影响。如果受众数目少，工作难度和费用都会比较低，比如，行政机关高级官员、国会或立法委员会成员。可以通过对其访谈进行评估，评估内容可能针对委员会投票，代理程序的改变，或者新法律法规的颁布等。

如果受众数目多，评估就需要通过复杂的投票或问卷调查来进行。某资助者说，也有省力的方法，就是"访谈一些真正了解内情的人，比如记者，国会员工，或者其他不在资助项目内的倡导人。"当然，这种方法得到的观点会有偏见，而且，还有很多信息无法获得。但千万不能因为表面看起来无从着手就放弃调查。

（3）影响力评估

影响力评估，即评价一系列特定的资助或活动对公众行为、意见、或政策制定有何影响。由于慈善事业涉及的邻域广泛而复杂，会有一些因果关系不明确的问题，比如，既定干预措施是否能产生预期结果？项目产生了多大程度的影响？每个资助者都想知道这些问题的答案，但事实是，倡导项目比其他项目更难得到确切答案。

最近，有一项公众政策慈善事业相关项目的投资收益评估，其评估内容是倡导式慈善投资可以创造多少公众利益（杠杆效应）。评估主要针对：公共倡导的目的是促使公共资金的分配间断性增加或者改变；以及倡导和公共支出的改变之间的联系非常清楚。

例如，某基金会组织了一次全国范围的倡导活动，希望在未来五年内州内保护区面积加倍。该基金会提倡："私营部门的金融机构需要筹集慈善资金支持土地调查、进行相关工程、并制定有关开发的规划书。调查研究表明：土地所有者愿意出售土地的地役权，私营部门需要支付谈判费并且为土地出售提供专业人员，但是公共部门要相应地为获取实际地役权支付费用。……私营部门每为运营费募集到3美元，公共部门就会为获得地役权而支付20美元，这样，五年内，将有十万多英亩土地得到州立保护。"尽管该基金会没有作"投资回报率"分析，不过不难发现私人投资总额撬动了近乎7倍的公共资金。

第六节　项目相关投资PRI

什么是项目相关投资PRI?

项目相关性投资（Program-Related Investment），简称PRI，看起来像是个新概念，但事实上，它已经有三十多年的历史了。在这段时间里，一部分基金会已逐渐学会使用PRI方法进行投资，并将其视作有力的慈善工具。正如一位PRI投资者所说的，"这一独立领域所扮演的角色，就是站在社会经济议题的尖端、前沿，"特别是"在那些市场不起明显作用的领域。"他认为，由于PRI与私有市场和公益领域都有关联，所以PRI可以称得上是"社会变迁的风险资本。"

简单来说，PRI是一种由基金会发起，为了达到慈善目的的投资。其投资者明确认识到，他们获得的是低于一般市场性投资的投资收益率，因为这类投资要随风险和慈善愿景的变化而做出调整。虽然PRI不是一笔慈善捐赠，但它包括在基金会的支出要求中。

PRI的主体是由低于市场利率的贷款或贷款担保构成的。部分PRI投资者也会去做股权投资——主要通过购买社会企业的股票，参与社区风险资本的股份以及投资小额信贷基金。

但不论如何，基金会必须将当年的投资收益通过慈善拨款或新的PRI投资的形式再次投放出去。

尽管最近对PRI感兴趣的基金会越来越多，许多机构还是迟迟没有将PRI纳入到他们的整体运营及投资策略当中去。有的慈善资助者认为这可能是由PRI模糊的身份造成的，因为它既不完全算是公益拨款，也不能说是一般的投资，很不伦不类。有人就说："基金会的项目官员面对设计合理的PRI，可能无法确定私人资本将在多大程度上作用于社会福祉。"也有人指出，这其中的投资运作技巧太复杂，使人望而却步。

其实PRI也没那么高深。新手们需要牢记在心的最重要的一点，就是慈善资助者已经具备了一些做项目的知识和技能，这就是任何一个好的PRI的基石。"我们的PRI的起点是项目本身，重点也是项目本身。"有人说，她的PRI团队成员技术背景多样，连从来没在按揭贷款票据上签过字的人都有。

本书就是对PRI领域的一个概述，供任何对PRI有兴趣的资助者参考。我们采访了各种各样接触过PRI的人，他们来自或大或小的基金会，既有做PRI投资做了三十年的老江湖，也有刚入门的新手。我们请他们谈谈要成为一名出色的PRI投资者所需具备的基本投资技能，投资流程，以及投资结构和模式。

项目相关投资PRI与使命相关投资MRI

最近，有关项目相关性投资的讨论也延伸到了有关慈善项目使命、市场和社会变迁之间关系的方面。在编写本书的过程中，我们接触到一家使用使命相关性投资（Mission-Related Investment，简称MRI）的基金会，他们通过市场利率、社会目标的投资进行过设立了一些捐赠基金，后来使用MRI，希望扩大其基金的项目影响。

PRI：法律定义和要求

PRI是1969年税务改革法案的历史产物。该法案决定对进行了"损害性投资"的基金会采取惩罚措施。所谓"损害性投资"，是指任何可能损害基金会进行慈善活动的能力的投资（包括贷款）。

项目相关性投资是该条文特许的例外。法案的第4944节提到，在达到以下三条标准的情况下，私人基金会可以进行"项目相关性投资"：

（1）投资主要目的必须与基金会慈善目标一致

事实上，基金会必须证明，如果不是与基金会的免税性活动有关联，基金会不会进行此种投资。

（2）不论是增收还是财产增值都不能成为主要目的

律师通常会针对此点进行一种立竿见影的检测方法：一个仅为利润而投资的投资人会否在同等条件下也进行PRI投资？如果答案是否定的，那么就意味着基金会的确承担更高的风险和相对更低的收益。

（3）基金不能被直接或间接用于游说目的或其他政治企图

这是PRI和那种在某种条件下会被用于游说活动的捐赠的很简单和很重要的区别。

如果项目相关性投资的受助者不是公共慈善机构，那么基金会就会被要求承担支出监管的责任。相比于一般的捐赠，支出监管责任制对PRI资金提出了更为严厉的要求。正如一份大型基金会的标准PRI意向书里所说的那样："支出监管责任……意味着基金会有责任尽一切努力，建立充分详细的程序制度来（1）确保善款是用其所当用，（2）从受助者那里获得关于善款是如何被使用的充分详尽的记录，以及（3）详尽地记录关于这部分支出的情况，并且报告给监管部门。"

公共基金会某种程度上说在以上方面会更自由一些，但按照一位基金会项目官员的说法，有些公共基金会出于作为资金受托人的谨慎考虑，会自愿使用美国国税局的相关原则指导其投资。

PRI的会计记录

PRI的账单是相当直截了当的。比如，计入基金会支出的一项PRI资金必须有5%的善款分配记录在支出当年的账目下。在本金被重新付出去的那一年，PRI的本金收益被视作针对基金会偿付要求的一种"负分配"。换句话说，一份50万美元的收益必须在它回笼的当年以捐赠或其他新的投资的形式被投放出去。利息、股息以及资本增值部分则构成了固定收入。

符合法律规则

美国国税局制定的有关慈善活动的税法规则是十分复杂的，并且在一些创新性的项目上的应用是有微妙差别的。因此，有的基金会坚持要律师出具一份意见书，确证其在进行PRI式的投资是满足法律要求的。（如果有一份PRI被美国税务局驳回，那么它就有可能被视作损害性投资，基金会及其管理层就会被处以罚金；但一纸法律意见书则通常能帮助基金会管理者免于受罚，因为它证明了该投资是慈善目的。）在很少见的情况下，基金会也可能因为律师认为一项投资缺乏充分的慈善性目的的法律依据，或者项目可以通过传统方式融资，从而取消它。一位投资人告诉我们，结局是这样："向律师咨询，确保之前有人做过某种项目相关性投资（PRI）项目"，并且尽早动手"。

决定做PRI式投资：聚众合一

进行一项PRI式的投资和进行一项捐赠在很多方面是相像的。和传统的慈善资助者一样，PRI投资者必须对他们涉足的项目领域、领域内的公共政策、合作组织以及想要达到的社会目标有丰富深入的认识。正如一位投资人所说："PRI事实上就是慈善捐赠的另一种工具。你不会仅仅因为PRI式投资是一种很新颖的方式而去青睐它，而更会因为其有助于达成你的愿景而选择它。"

然而，由于PRI同时也是一种金融投资，所以它确实需要投资者掌握直接的慈善捐赠者所不要求的一些技能。一位权威的PRI投资人曾这样说："你必须有数字头脑。"还要能完成财务分析，承销及项目财务和组织方面的尽职调查等任务。在组织层面上，PRI则要求我们从一个不同的角度思考基金会该如何达成愿景。这里面会有很多难题，诸如帮助理事转变观念，以及有时候甚至要克服他们的抗拒心理。最后，当投资圈逐渐熟悉PRI的时候，基金会必须积极去建构一个PRI的传递渠道，就是我们在投资圈中常说的"交易流程"。

以下部分将谈到PRI的三个领域，并提供一些有经验的PRI投资人的建议。

（1）技能和人力

每个我们采访的PRI投资人都强调，吸纳部分有财务和投资背景的人才非常重要。有人这么说："如果你没办法和受助者进行财务上的沟通，那你就不可能完成一项PRI式投资，如果你不了解对方的财务，你就不可能获得投资收益。"在机构内部，基金会需要这么一套系统，它能够追踪和监管贷款收益和相关记录，评估PRI投资组合的总体金融风险，检查投资活动是否按协议进行。"这可以说是一门多样化的艺术，"一名PRI投资人说道。不过，他继续说道："如果一家基金会能招来懂得这所有事项的一群人，那他们就将把整个工作拉动起来。"

宏观上看，PRI投资需要你具备三组能力：项目能力、财务能力和法务能力。基金会依照这些功能的大小、策略和内在潜力以不同的方式进行组合。大点的基金会，即那种有更多的交易量，更大规模的投资的机构，通常会设立单独的投资团队或PRI部门。小点的基金会则倾向于采用更暂时性的方式，如有需要才组建投资团队。

尽管大多数基金会都会邀请不少外界的PRI专家顾问的参与，但基金会的PRI团队一般都有它自己的法律顾问，永久性的也好，暂时性的也有。正如一名大型基金会的顾问所指出的那样："项目官员十分关心项目议题。而作为律师，我们习惯于从一个不同的角度看待这些议题。如果我们参与工作的时机比较早，我们就会多提问题，或者对存在的问题提一些解决方案。但最后会怎么做，那就是项目官员的事。"

基金会有两种方式获取PRI方面的专才：购买（从咨询师，金融分析师，或者会计审计行业那里买），抑或在机构内部培育（通过聘请专家或者训练现有职员）。大多数投资者采用的是一种混合法，例如，购买市场分析服务，但也自己培养内部管理人才。

这里有一些关于如何寻找投资所需的必要技能的具体建议：

充分调动内部资源

一些投资人指出，基金会自身的财务和投资部门就是手边的资源。有投资经验和财务背景的财务部门工作人员，很可能就会轻而易举地弄通PRI业务。同样，基金会的顾问也能保证投资的某些环节不违反相关的税法和支出原则。

要培养出相当程度的专业能力，可能需要一个人跨越项目与财务的分界。借此，基金会可以充分开发员工的潜能，鼓励更大的创新。一位项目方的PRI投资人曾指出，财务人士往往很乐意提供帮助，这些人在基金会工作，是因为他们被机构的愿景所吸引了："当被要求参与PRI相关的工作，他们不会说'呜呼，又多来一项烦心的任务'。对他们来说这是一种职业能力的拓展。"

把员工训练成投资者

也有一些基金会尝试了让他们的项目官员通过培训变成投资人。"我们先把有项目工作背景的人才招进来，然后培训他们，让他们有能力承担起PRI的工作。"一位PRI新手则说，学习PRI增强了她慈善捐款的能力。"我们真是不得不去学会财务分析。我们以前好几次都没有从财务视角对捐款项目做充分的尽职调查。现在我们学了更多，对这些议题也就更熟悉了。当受助者处在复杂的财务困境中时，这些知识就更有用了。现在，我们可以从一个更高的维度理解他们的业务。"

但是，如一位之前做项目官员但现在为其基金会处理PRI事务的工作人员所说："PRI投资人不光要有基本的财务分析技术，还要具备一种能力，去发现投资机会和理解投资资金在社会变迁中的功能。PRI投资的艺术是基于一种训练有素的技巧，而这种技巧通常为项目工作者所具备，它使得工作者可以看到更广阔的组织远景，发现慈善机会。PRI则用金融手段去挖掘这些机会。"

创造性地使用已有的技能

一家位于美国中西部地区、拥有两名员工和一个积极活跃的受信委员会的公募基金曾决定从它的理事身上开发专业能力。其总监创立了一个常设的

PRI委员会，由他自己，法律顾问，外加几名理事和商界、银行界、法律界、会计界和NPO界的业内领袖。这个委员会负责寻找并筛选PRI投资项目，将合适的项目向基金会推荐。

（2）使理事会发挥作用

PRI方面的新手经常提到，说服理事是个麻烦事。有些人认为，在常规的基金会观念中，PRI是个异类。有位执行总监曾回忆道："当我谈及PRI时，心中总有些许不安，担心我们是不是走得太快了。"每个我们采访的PRI投资人都指出，精心选择项目之后推荐给理事会是非常有价值的，特别对小型的或家族性的基金会而言。时至今日，PRI领域仍然为几个有限的大型基金会所主导。正如一位投资人所指出的："我发现这一领域的主要创新都来自于家族性基金会。其实，小型基金会更适合推行PRI，小一点的组织往往官僚气息没那么浓，所有权的意识也更强，程序也没那么繁琐。而且很多情况下，他们更愿意冒险。"

下面是一些关于如何说服理事的建议：

以非正式和正式的方式引导理事

几乎我们采访的每个人都强调了对理事施以引导的必要性。一位基金会主席说，引导时要注意技巧，要用一种非说教式的方法介绍你的想法。可以先以一种非正式的方式开始，问问理事听说过PRI没有。接着向他们提供一些背景阅读材料，告诉他们哪些基金会正在使用PRI。最后，把PRI和他们的使命联系起来。

有的基金会还邀请了有经验的PRI投资人来和理事会及PRI委员会交流。一位PRI新手说，能学点关于PRI的知识，而且有机会问一些具体的问题，这真是"太棒了"。有的PRI委员会的成员由于认识到PRI可作为一种资产管理工具而认可PRI投资的作用。一位基金会项目官员说："PRI和直接善款一样能起到慈善作用，只不过他们是有收益的资产，而不是单纯的支出。"

对理事会的引导是一个持续的过程

一家小型公共基金会总监回忆，在向基金会理事会推广PRI时，最大的挑战就是要准确评估他们的风险偏好。"很多人只想做稳妥的买卖。但问题是，稳妥的买卖压根不需要我们来替他们承销，需要我们的是高风险的那些！"

起初，她设立了理事会中的委员会配合其开展PRI投资，但后来她发现最初的代表里"银行家太多，慈善家太少。"渐渐地，委员会成员，以及整个理事会逐渐认识到PRI"是一种将基金会的服务扩展到社区，把钱用到核心领域的一个有效办法。"

善于游说

用基金会理事乐意接受的方式讨论PRI非常重要，要强调PRI和组织愿景间的联系。譬如，一家南方基金会理事认识到，PRI能帮他们将草根团体与主流体制（包括资本市场）联接起来，并有助于他们实现组织愿景，他们最终接纳了PRI。某执行总监说："他们把PRI看成是一种利用市场才能实现其扶贫目标的方式。"

然而，对有些基金会来说，强调PRI的投资特征或许更有意义。一位PRI投资人在谈到其与理事会的初次接触时说："我们就把它定性为一种投资活动，它确实有助于实现组织愿景，但如果对方认识不到PRI的商业特性和作为一种投资工具的性质的话，他们会说：'你不过就是叫我们投出去更多的钱而已。'"

另一名执行总监则认为，他的理事倾向于一种中间道路："我们能够说服他们，使其相信PRI是一种很好的投资工具。我们告诉他们这种方式虽无高回报率，但起码能把钱收回来，所以它不同于普通捐赠。"

展示类似的基金会都做了什么

有的PRI新手认为，拿相似基金会作为参照对象很重要。一位基金会项目官员告诉我们："如果你是一个家族性基金会，但却跑去拜访纽约的福特基金会，然后回来跟你的理事大谈特谈福特在海外的1千万PRI小额信贷项目，你多半捞不到什么好处。"相反，他建议你和你的理事一起，去拜访一家和你的机构类似的组织。

在理事当中扶植积极分子

就和任何其他群体一样，理事当中总有那么几个很快就接纳PRI的。一位之前和PRI咨询师共事过的PRI投资人认为："总的来说，你会碰到若干积极热情的，以及若干冷漠抗拒的。"一个好的策略是，看准积极分子，然后首先扶植他们，最后以点带面，星火燎原。

让对方更容易答应你

很显然，要使理事会发挥作用最重要的策略就是让他们更容易答应你的决策。例如，一位执行总监提到，基金会第一次去向理事会宣传PRI时，如能为这项投资设一个数额上限，那些有经验的理事会成员会更安心接受你的提议。"有一个数额上限能让他们知道，我们不会忽然一下把一半的钱拿去做PRI投资。""对机构工作者来说，数额上限也让我们在机构内部继续开展工作有了更大的职能和权利，进而将分散的工作整合起来，聚众合一。"

他还告诉我们，将PRI说成是投资工具，也有助于理事比较PRI与其他投资工具的风险："如果你资产的5%在风险资本里，虽然其风险真的很大，但是你承受得起，因为你顶多损失5%。PRI也是如此，它是一种风险管理。"

同理，一些新上手的投资人也强调了从简单项目入手的重要性。"别太求新颖，"有人建议，"先做小项目，简单交易。把你的整个系统做起来，然后再尝试风险大一些的项目。"

（3）找几个好项目

找好的PRI投资很大程度上和找优质善款差不多。大多数情况下，PRI发生于基金会已有的项目工作中，通常是来自已有受助者的需求。一位投资者说："我们的PRI百分之八十都是用在已有的受助者项目。有两个原因：第一，它有助于促成项目间的联合。第二，可以降低风险。"对受助者领导水平，财务状况，组织竞争力的了解会使金融风险的评估和投资担保的工作更轻松。如果出现问题，受助者能更主动地参与解决，而且中途调整也能降低无法赎回本金的风险。

除了确定当前投资组合外，PRI投资者还会寻找资助者熟悉的项目，这样，资助者可以专注于自己擅长的领域，保持领域中的广泛交流，也能符合使命和愿景的要求。寻找过程中有如下策略可供参考：

加强宣传，告诉更多的人你在做PRI项目

一家大型区域性基金会的执行总监说，他在当地为非营利组织做了关于PRI的讲座后，一家很有名的社会服务机构向其提出了PRI项目申请。如果不是那场讲座，这个项目肯定就不会有。"如果他们不是听了那场讲座的话，他们很可能就选择去申请慈善捐款了。"

将PRI发展整合到长远规划中

有些基金会的PRI策略就是从长期战略规划中得出的。譬如，某基金会开发了一批金融产品，作为其扶贫发展战略的一部分。社区内的一些金融机构是其资助对象，基金会根据其需求进行投资，帮他们设定投资期限和条件，然后通过一定的申请筛选流程和合作协议确定合作关系。项目官员说，起步阶段持续了大概一年，也多亏了这一年的准备，基金会现在有了一条开发金融创新产品的机构链，这是该基金会战略性规划的核心成果。

让慈善资助者承担起寻找和分析PRI的任务

某中等规模的全国性基金会，将PRI作为其核心业务之一。基金会直接聘用财务方面的项目官员，对一些员工进行信用分析、承销和财务分析方面的训练。所有工作人员每季度开会，分析PRI项目组合，对每笔交易进行风险评估并排序。项目官员们讨论的重要议题覆盖项目内容、经济、法律、管理和监督。所有PRI提案要经由第三方审阅，有助于确保所有交易的整体关联性，

同时也给项目人员提供客观中立的意见。

借助互联网

大多数PRI投资者的主要投资项目都是来自他们已有的项目组合。也有人提到基金会网页在宣传方面的作用。某基金会顾问说："我们用不着弄一个快餐店那样的销售窗口，但我们确实需要向更多人传递我们的信息。"该基金会把其贷款项目的介绍放到网上，提供一些标准化文档，有意向的借款人可以下载填写，然后提交，机构对这些申请进行初审。

基金会的PRI之路——案例

学习做PRI的最好办法是实践。正如一位新兴的做PRI投资的基金会的执行总监所说的，"经验才是王道，而获取经验之不二法门者，是去投资。"

PRI投资人似乎是以三种方式进入PRI领域的：有快速进入的，或者循序渐进式的，或者是全力进入式。

快速进入：将PRI整合进整体战略

一些PRI投资人会以将PRI整合进基金会的整体战略为明确目标，进而开始他们的工作。这是一个很大的承诺，可能基于此会出现战略规划的过程，也可能因此来了一个新的主管项目官员。这一类基金会大多拥有大力支持PRI的理事会，也很清楚如何将PRI关联到他们的整体愿景中去。

举例来说，不久之前，一个家族性基金会就曾开始关注PRI，将他视为有助于实现其在低收入社区扶贫的一种方法。该基金会之后用了十年多的时间关注其慈善捐赠领域中小型草根组织的领导力和能力建设。在向一些组织提供捐款以帮助它们发展获利事业之后，项目官员开始思考，PRI会不会帮助这些组织建设信用记录，提高商业技能。如果是那样的话，慈善资助者当时认为，那些组织将会比单纯接受基金会捐赠获得更多的资金。

基金会的相关委员会于是开始积极地寻求发展PRI，但很快意识到一个难题：项目工作人员里，没人有投资经验。一位执行总监回忆道："我们当时非常羞愧，我们自己谁都没能力去直接做PRI式投资。"

这家机构于是决定开始通过与一位经验丰富的另一家基金会的投资人共同投资的方式构筑自己的内部能力，并将这家基金会当作引路人。经验丰富的基金会和PRI菜鸟分享了一些做尽职调查的方法，像一个技术指导和咨询师一样，在一个社会企业化风投公司的50万美元投资项目上提供了很多帮助。两家基金会的工作者共事了好几天，一同审查内部系统，进行投资分析，积累工作技能，并观察不同的岗位——包括项目、管理和投资等各个岗位——是需要以一种怎样的方式协调起来进行卓有成效的投资。

那家新参与到PRI领域的基金会逐步发展起它的PRI项目以后，开始主要关注它的一些核心领域。这两家基金会也在探索其他投资项目。"有Cadillac version的帮助真的很好，"一位执行总监在谈到那家经验丰富的基金会做尽职调查的过程时如是说，"当我们学会了寻求已久的技能后，我们变得艺高人胆大，能够开展一些风险更高的项目了。"

循序渐进：一步一个脚印

有些基金会的风格倾向于更谨慎一点，如果不进行一两次试验性的投资，是不会轻易决定发展PRI战略的。即使理事会再支持，理事会成员也还是需要多看到一些使之逐渐信服的依据，而不急不忙的行事方式恰能在不付出太多的精力和资金的前提下逐步证明PRI的有效性。有好几家小型基金会曾多年潜龙在渊，组建了一系列专门的投资团队，在基金会的常规慈善捐赠活动中等待可能存在的投资机会。也有的基金会和其他PRI投资者合作投资，但并不去刻意学习。

美国西海岸有一家基金会，它的一位主要负责人向我们描述了该机构与PRI的第一次亲密接触。这家基金会组建于2002年，主要关注其慈善捐赠活动运营的维护和提升。不过其理事会也批准了一个600万美元的PRI项目支出。此后，这家基金会并没有急于冒进，而是聘请了一位咨询师协调尽职调查的工作，并负责它第一个PRI投资的合同协商。2004年，这家机构开始了它PRI投资的处女秀，那是针对一家为发展中国家的小公司提供资金资助的知名中间组织的私人股权投资。

和那种一下投入PRI的组织相似，这家基金会找了一个在那个中间组织投资过的较有经验的基金会一起合作。合作伙伴与他们共享了做尽职调查，搭建商业模式，以及研究相关法律问题的过程，但这种合作关系很难使那家有经验的基金会做到一个很好的指导者。这家基金会的首席运营官跟我们回忆说，"这就有点像是有一个主投人""我们支持的那个项目是在业内的蓝筹基金，但能有一个合作人对于我们信心提升还是有好处的。"

继首次投资成功之后，这家基金会仍是不紧不慢，只在PRI看起来比普通捐赠确好一些时才有选择性地做PRI投资。之前的咨询师最近已被聘为全职员工，他开始在机构内培育相关的法律和和做尽职调查的能力。但就目前来说，这家基金会仍是一步一个脚印地在走。"我不知道还有多少路要走。"那名首席运营商说道。他提到说，基金会并不打算再给他们尚不成熟的PRI部门添丁。

完善内部政策也是工作的一部分。这名首席运营商承认："如果某个受助者不能按时还贷怎么办？如果我们确实想把贷款要回来，那么就要对这笔项目做些调整，那么我们需要什么样的专业能力和资源？这些都是我们需要考虑的事情。

全力进入：让PRI项目促进主要的捐助活动

有一类基金会往往会时不时地做一些PRI投资，因为这是最好，也是唯一的支撑起长期受助对象或项目目标的办法。

这种类型的投资常常既有优点，又有缺点。一方面，由于这种投资是由一组织的核心慈善捐赠活动触发的，所以基金会对相关领域及领域内的参与者很熟悉。但在另外一方面，由于这种投资开始地比较匆忙，所以基金会必须赶着制定出一套一次性的交易方案。这是基金会一般无法做到的。

譬如，一家西北地区的社区基金会曾长期是其所在州向低收入家庭提供保健服务。1994年，这家基金会为其四个健康领域的慈善计划之一设立了一个捐赠项目，希望为合格的无保险儿童、家庭和孕妇提供全面的保健服务，并作为全州医疗项目的一部分。六年以来，该计划的社区保健中心向所在州医疗计划内超过一半的人提供了服务。这已成为那些贫困和少数族裔家庭所依赖的一项重要资源。

而在2000年，这个保健计划的一个优先股股东———一家外州的商业性公司，宣布要清算资产，而这将对计划中的一些低收入者获取医疗资源构成威胁。"我们意识到有人要参与进来，购买这个保健计划，然后把那些受保户踢出去，对此谁也无能为力，"该基金会的一位高级副主席说道，"我们苦心经营起来的整个医疗保健体系行将土崩瓦解。"

不过，基金会还是想出了办法，它设立了一项400万的PRI投资，从而让其健保计划可以把股东的股份都买下来，然后转换成非营利的状态。这家基金会真的就买下了那家商业性公司的原有股份，然后把它变成了一个利率为5.75%的二十年期有息债券。

虽然这个保健计划因此得以维持良好的财务状态，其领导力和执行力也很强，但风险还是有的。它太依赖联邦医疗基金——特别是在州预算赤字和私有化推进时期，这一点尤为严重。该州在认识到这个保健计划在全州的保健系统里的重要地位之后，当即通过了一项风险分担协议，决定在医疗支出之外每年再提供200万美元作为运营费用。

确定交易结构

某投资者说："在我看来，PRI和其他重要的捐赠项目一样会经受严格的项目审查。"此外，他还谈到另一个困难，就是要建立一套分析和协调确定交易结构的体系。他说："这是门艺术，你必须凭第一印象对某笔交易进行分析，然后协调确定交易结构，在加速项目进展的同时保证投资的可偿还能力。此外，你必须知道如何将交易流程的记录标准化，以及如何结束一笔交易。"

每个基金会的投资过程都各不相同，但万变不离其宗。以下就是确定交易结构的主要步骤：

（1）早期分析

许多基金会在前期会做一些非正式的初步工作，比如和受助者、合作者接触，了解一些和其项目兴趣相关的机会和点子。一位投资人说："我们并不预先假设机会将以何种形式出现。"另一位投资人则指出，一开始你最好对自己的风险偏好有一个清晰的认识："如果某组织希望你给他投资，但你觉得风险大，就最好尽早结束和他在PRI方面的接触。"

一旦资助者觉得某个项目有戏，他通常就会对对方的财务、管理和组织状况做一番粗略评估。有的基金会会快速浏览该组织的内部财务记录，评定其基本的财务和组织情况。

以下是这一阶段基金会通常会要求审阅的文件清单：

√ 一份简短的陈述，内容是借款者的信息和诉求，包括申请全额、条件和款项用途；

√ 过去三年每年的年终财务报告，包括独立审计师的报告结果和内部审计师最近出具的管理评价书；

√ 当前财务年度的财务预算；

√ 财务、基金募集、人才招聘或商业规划；

√ 组织的人力信息表和其他背景材料，包括组织最近的年度报告或指南；

√ 其他任何有关材料：需求分析、财务预测、管理规划和办事流程等等。

（2）尽职调查

在早期分析阶段之后，大部分投资人会展开正式的尽职调查环节，不过具体细节的确定还需要根据不同的组织和投资工具而进行选择。一名投资人说："我们的尽职调查开始于项目官员的这样一个问题，即从项目的角度看PRI有哪些意义。你必须理解交易结构，从而进行尽职审查，使其能够尽可能分析出每笔交易的风险和优势。"

尽职调查包括几个关键内容：管理能力、财务状况（资本、债务、现金流）以及财务追踪记录。法律上的尽职调查也在这个时候开始。一些投资人也往往将其和类似机构进行比较，这一过程叫做标杆管理。

（3）确定投资结构

大多数基金会会制定一份投资推荐表，列出投资的项目效益和投资回报率，对尽职调查过程中的财务和其他重要议题进行分析。

如果投资采用的是贷款形式，那么各方就需要在以下关于收益的问题上达成共识，包括贷款额、利率、收益的使用范围、回收日程安排、抵押物以及汇报程序等。基金会也需要制定一些合同来规范监管和汇报流程，这类的合同在很多股权交易中都会出现。

（4）监测与报告

大多数PRI投资人都按季度或年度要求提交项目目标完成情况的描述性报告，这一点和一般性捐赠是一样的。不同的是，PRI的金融事务需要额外制作报告。大部分基金会都要求受助者报告一些核心的财务指标（如现金量、债务总额以及净值）、人事、项目监测、以及组织监测（员工、科技、理事会发展、以及领导层的交接等）。"直接报告监测结果，让基金会理事放心，也让管理层和借款人放心，这一点很重要。如果你对贷款资金的使用有规定，就必须对其进行监测。可以是直接监测，也可以聘请顾问来监测。"

"一个好的PRI投资，要求从结算到收益期间长期坚持按计划办事，包括处理受助者延期还款的要求等。"

（5）重构问题重重的投资项目

如果一项投资遇到了麻烦，慈善投资者首先会关注其清偿问题。大多数情况下，投资人会顾及他们和受助者之间的友好关系，努力帮受助者解决问题。而管理人员如何回应质询，能反映他们对问题及解决途径的看法，开放和真诚非常重要。

在有些情况下，基金会可能会"索要"对方的抵押品，可能是实体资产、资产的留置权或押金。有时，基金会选择延迟还款期限，当然，取消部分借款，或者将其变成一笔捐款也是有可能的。有些投资人坚持认为，PRI绝不能披上捐款的羊皮。"如果受助者拖欠还款却没受到惩罚，其他人就会说：'看来他们没那么严格地要按期还款。'"从宏观角度看，允许借款者欠债不还，就是在损害PRI的市场。

投资团队

大量的投资活动归根到底都和一些问题有关：投资人何时在何种条件下收回资金？作为对财务风险的补偿，投资人能获得多少利润？如果对方拖欠甚至破产，投资人将还剩下什么样的资源可供使用？

偿还条款——投资方或贷方以何种方式收回资金

√ 直线式分期返还——在一段时期内分期偿还贷款

√ 只针对分期付款中最后一次特大还款收取利息——仅在期限的最后阶段对本金余额收取利息

√ 部分收取利息然后直线分期返还——仅在特定时期内收取利息，该时期之外则将余额转换成直线式分期返还

√ 分红——公司（或合作伙伴）向股东支付股息

证券——针对贷款是否有抵押品

√ 有担保的——债务是必须要有具体的资产或抵押物做担保的

√ 无担保的——债务不要求任何抵押品

追索权——如果借款人欠债不还，贷款人能做什么

√ 全部追索——允许贷款人获得对方机构的所有资产

√ 有限追索——允许贷款人获取有限种类的对方资产（比如仅限于现金而不牵涉到地产）

贷款位阶——在有多个贷款人的情况下，借款人拖欠还款而资产又被清偿（liquidated），此时各贷款人收回资金的顺序

√ 高级——资产清算时处于优先地位的债务类型

√ 次级——针对同样的资产或财物，与其他债务追偿相比优先度较低，或者没有抵押品做担保的债务类型

从想法到实践：一家基金会的经典案例

我们邀请了一位经验丰富的PRI投资人向我们介绍了他所在的基金会的投资过程，从前期分析到最终结算。以下是他的原话：

■ **前期分析**。"我们会给受助者或受助机构开一份他们要提供的文件的清单。在这一阶段我们不要求他们创新。如果他们有商业计划，我们会要来看看。如果没有，也无所谓。我们需要的仅仅是基本财务信息，就是关注他们已经做了什么事情。"

"这一阶段的结果是一份3页纸的备忘录，我们会和我们的法律专员和其他PRI投资人，以及相关的项目官员分享这份备忘录。接着我们开会讨论。说实在的，开会的目的是决定我们是该通过、待定还是不同意某笔交易。我们需要进一步了解该笔项目吗？它具有基本的可行性吗？它真的体现了基金会的项目利益了吗？它具备了基本的慈善性了吗——或者说，它合法吗？它的可偿还性如何——即财务上可行吗？假如我们决定通过或待定，那么就会开出一份清单，列出尽职调查过程中需要调查的问题。我想说，60%的交易申请都能顺利通过这一阶段。"

■ **尽职调查**。"接下来我们就转入正式的尽职调查阶段，这包括更多文件的搜集，特别是针对那些还没有成熟的商业计划的投资申请人而言。我们通常会进行一次实地考察，与其他利益相关者深度交流：包括对方的代表委员会成员，其他工作人员、顾客、其他债权人、其他投资人、监管人。""在该阶段的末尾，我们会起草一份交易条款说明书和关于这笔交易的未来发展方向的基金会管理建议书。如果项目官员和基金会的管理层通过了的话，我们就会把条款说明书加以修改，变成行动意见书。"

■ **确定交易结构**。"在通过和结算之间还有一步，那就是制定条款法律性文件，文件中的诸多条款是要在通过之前协商好，并且是要符合PRI借款人的任何附加性条件的。这一步之后我们就进行结算，并事实上开始资助贷款。不过偶尔管制性或法律性方面的问题也可能让一笔项目泡汤，但那是很罕见的。"

■ **最终决定投资**。"从前期分析到尽职调查过程很可能要花上六到十个月。从调查通过到最终投资要花上两到四个月。但这还只是理想状况。有时候项目会进一步扩展，我们在投资之前就还要再耗上若干年。而有时你又能速战速决，特别是那种续约性的交易。"

从更广的视角看PRI

关于PRI投资如何同组织的慈善捐赠任务整合起来，必须有清楚的认识。以下是基金会采用PRI的几个主要理由：

（1）证明一个市场的潜力或一个机构的信贷可靠性

在很多情况下，PRI对于未经证明的市场、公司或机构来说是一种风险资本。某投资人说："PRI的作用之一是帮助组织成功建立债务管理记录。这样，他们就能在未来进入更广阔的资本市场。"当受助者申请银行贷款时，基金会可以为其担保："银行并不关心我们做的是PRI还是什么，对他们来说，这只是一个3%的七年期高级贷款而已。"

（2）强化受助者组织的内部管理

由于PRI增加了管理和执行过程的复杂性，好的组织往往要求其管理人员具备兼顾社会目标和利润盈亏的能力。在一位投资者看来，PRI投资的最大优点便是有助于增强组织管理的专业性："事实上，优秀可靠的管理很难做到。许多社会企业有好的目标，却不一定有好的管理经验。"

（3）对机构的慈善捐赠活动也有帮助

虽然优质的慈善捐赠也可以达到同样的效果，但PRI投资者，同时也是慈善资助者认为，PRI要求的财务风险分担和长期承诺让他们在评估和支持受助者组织方面显得更在行。一位PRI新手说："PRI投资在很多方面推进了我们的工作，比如，信息分析和尽职调查。"

许多有社会责任感的商业机构面临很大的市场压力，PRI提供了特殊的资金来源，助其坚守理想。比如，某大型社区发展银行主席回忆，正是PRI股权投资让其机构能灵活地推进他们在某市场领域的工作，该领域备受政府冷落。

（4）拓展基金会的资源

某基金会有经验的投资者将PRI描述为"可循环的有息捐款"。PRI能拓宽基金会的资金来源，因为本金、利息或资本增值是会返还给基金会的，PRI增加了捐赠或其他PRI项目可用基金的总量。"PRI在经济不景气时特别有用，在总体资产缩水的情况下，捐赠的弊端就显现出来了，许多慈善捐赠者会开始考虑传统捐赠以外的PRI方式。"

（5）作为通向使命相关性投资的桥梁

基金会如何才能跨越项目与金融之间的鸿沟，以投资的形式来进行捐赠？一家私人基金会，是否比一家私人投资公司更应该拿出多余的钱来投入到慈善事业中去？

对这个问题有两种回答。一种认为，投资和项目活动必须明确区分。"投资的目标是争取捐赠基金的价值最大化，让我们有更多的钱去捐赠或投资。PRI在我们的项目领域中处于中心地位，我们不把它看成投资，对于我们来说，它就是某种形式的捐赠，这种捐赠在特定场合有特定的效用和利润收益。"

做使命相关性投资的基金会则有不同看法。他们认为，其战略与捐赠基金最大化并不矛盾。基金会应该投资其金融资产以促进基金会使命的达成，有些基金会还使用其他的资产投资工具。

给PRI新手的四个建议

1、**重新审视你已有的慈善捐赠组合**，然后和你的受助者聊聊PRI。有时候最好的投资机会已经蕴藏在基金会的慈善捐赠组合当中了。一位PRI投资人曾接到一位受助者的申请，对方希望能得到一笔50万美元的捐款，用于将一个会雇佣残疾人的城市美化项目资本化。"他们的收入已经足够维持运营了，但我们不想用捐款来承担所有的金融风险。"他解释说。作为替代，这家基金会说服了那家非营利组织，提供20万捐款和30万PRI投资贷款，这样就把部分财务风险转嫁给了那家NPO。这笔贷款让这家组织在分配单纯的大量捐款的工作之外又加了很多金融上的工作。刚开始，这家机构根本不需要任何投资。但一年之后的今天，这家机构提前完成资金返还任务，并开始寻找新的机会。

2、与有经验的PRI投资者合作投资。与有经验的投资人合作是新人增加经验的最好办法。"意识到你不是一个人在战斗是非常重要的，"一位PRI投资人建议道，"这几年来，PRI领域有一种合作的趋势，这意味着与其他基金会一道合作担保某笔投资是可能的。"合作各方会分享尽职调查、投资分析和记录的全过程。或许更重要的是，合作投资能给新手对潜在的投资过程及各环节间的关联有更直观的感受。"几年以前，支持项目相关性投资还缺乏一个基础框架，"这位投资人说道，"但现在有了，它将极大便利基金会在这方面的工作，并有助于工作的提高和成功信心的提升。"一位新手还提供了一条建议：找合作伙伴时要找与你的机构类似的，因为"私人基金会和社区基金会遵循的是不同的规则，有不同的视角和需求。"

3、投资中间组织。一些有经验的投资者建议新手考虑金融或社区发展中间组织作为他们的第一次投资对象。理由和他们自己的投资活动相同。"对于传统的慈善资助者来说，与中间组织合作意味着PRI的难度没那么大，"一位投资者指出，"我觉得这么做会少费些脑子。"同样，新手也可以买下一个其他基金会做好的现成的投资交易——这事实上是一种合作投资，但相比于正宗的合作活动来说又要简单些。

4、打破项目和金融的界限。来自一些投资人的最后一条建议是在你自己的组织内部寻找专业力。许多基金会的财务和投资部门是很有价值的专业能力资源，特别是对那些无力聘请全职的PRI专员的小型基金会来说。"对于小型组织，或者新进入这个领域的人来说，仅仅通过考虑他们的目的而获得提升是可能的，"一位投资者说道。"开始先问问自己，能在捐赠活动上走多远，然后看看投资前需要什么样的尽职调查。"就中等规模的和相对直接的项目而言，基金会内部的专业能力已经足够了，至少是在规划工作方面。"对于你目前还没掌握的技能，去寻求咨询公司的帮助，"他建议，"不要弄成一次性的体验，而是要把它变成是组织学习的机会，从而才能在内部构建起专业能力。"

PRI投资常见误区

PRI投资有哪种常见的误区吗？

必须注意，"风景这边未必独好"，一些很有经验的PRI投资人谈及了一些他们个人认为的常见错误：

- √ **单打独斗从而承担了太多风险**。如果一个项目设计得很糟糕，或者员工缺乏经验，或者市场无法现实化，那么单独投资一个项目而非与他人或中间组织合作可能会让你举步维艰。

- √ **在项目投资中占了过多的投资比例**。如果麻烦出现，往往是最财大气粗的赞助者首当其冲。又或者，一个项目可能会中途停滞然后再也无法完成。此时投资方和其他各方就应该担负起监督项目进展的责任，知道项目任务完成。

- √ **投资濒于破产的NPO**。有些组织即使明明没有偿还能力，也会去尝试借贷做最后一搏。所以仔细审阅PRI申请者的项目前提很重要，要避免把钱砸进无底洞。

- √ **自信过度地挺进风险资本领域**。除非PRI投资者是和一家十分有经验的风险资本公司合作，否则的话和直接的贷款相比一般很难收回投资资金。在投资社区发展风险资本基金时，投资者在开始阶段的支出有时会偏少——和捐赠基金相比较时可能更吸引人——但现实来看还是别抱那么美好的希望比较靠谱。

- √ **投资不熟悉的领域**。我们很容易被项目范围之外的金点子吸引，这些想法是不能用捐赠的钱去赞助的，因为不合适。如果对一个领域、社区、行动者和市场运作机制不熟悉，一般这样的投资者很难成为负责人的投资者。

- √ **没有建立风险预警机制**。许多基金会已经学会了通过纳入具体化财务参照系的协议来管理风险，而此参照系是借款人在整个借款期间都要维持的。如果一个项目不要求预付所有资金的话，有些PRI投资人会选择分期注资——特别是当借款人还是新手或风险比较大时。

PRI的受助者对投资者的期望

（1）将你在PRI中习得的经验教训运用到慈善捐赠原则上

一些PRI受助者主张更多的捐款人采用PRI。不同于关注短期效益的慈善捐赠，PRI关注长期目标，构建核心商业力，扩大规模和影响。"如果资助是投资导向的，非营利部门更能受益。"

（2）将汇报的要求标准化

很多PRI受助者从多个投资者那里获取投资，各个投资者都有自己的评估和汇报体系，对于受助者来说，项目汇报的工作量就很大。投资者对报告要求形成共识，采用一致的报告模板，有助于减轻受助者的报告压力。

（3）基金会资产里剩下的95%该如何是好？

一些受助者希望基金会的投资能更多样化，"基金会应该在项目相关性投资之外再开发一些'投资相关性项目'。"一些基金会现在用混合价值工具投资捐赠基金的一部分，基金会有很多机会走向前沿，不光是在基金会领域，也可在投资领域。

（4）贷款很好，但股票更好

贷款和其他债务工具构成了PRI的主要部分，受助者欢迎这些投资，但许多人希望基金会能进行更多的股权投资。一位PRI受助者说："我认为使用PRI的最好机会是通过股权投资的方式，特别是在用传统手段很难进行资本化操作的时候。"股票意味着更大的灵活性，特别是对刚起步的公司，受管制的金融机构，以及市场潜力尚不被承认的企业来说。

第七节 资助项目案例

引言

下面几个案例中所描述的情景以及其中工作人员所面对的问题，都是真实的案例。我们在这里呈现给大家， 并不是把它们当成历史课程，也并不期待它们为资助者提供现成的"答案"。答案还要靠自己来找到。

资助组合——一个资助水资源管理项目的案例

案例背景

（1）人物背景

资助者菲利普·安达拉非常熟悉水资源管理。作为这方面的学者，他在康奈尔大学撰写过关于印尼灌溉的论文，同时编辑过一部关于印尼水资源的书。作为这方面的实践者，他已经在印尼的水资源领域工作了数十年，最后三年担任雅加达福特基金会的水资源官员。当福特的印度地区代表斯图尔特·斯托为安达拉提供基金会在德里的水资源工作时，他看中的不只是安达拉的专业技术，更看重他在推广小规模水资源的参与式管理方面的丰富经验，而这个领域恰恰是斯托所重视的，也是福特在印度地区的工作重点。安达拉到达德里时，准备得比任何没有来过印度的人都充分。但他之前在印尼的工作经历没能让他预料到的是，印度的水资源问题更加复杂。

（2）环境背景

印度拥有世界上最大规模的灌溉区，覆盖面积是中国的近两倍之多。然而印度的农业用水供应极不稳定。三分之二的耕地完全依赖每年雨季的降雨，从而使这些地区面临周期性干旱以及灾害性的洪水。穿过印度（恒河）和孟加拉国（雅鲁藏布江），最后注入孟加拉湾的大河系统产生的洪水总量仅次于亚马逊河，为世界第二。它所携带的淤泥量比以高含沙量著名的黄河还要多。

虽然幅员辽阔，但印度的灌溉网却非常低效。与世界上其它许多地区类似的土地相比，作物密度和农业生产率都比较低。二十世纪七十年代，当福特开始参与水资源管理时，自然地把关注重点放在了可以为大半个国家提供灌溉用水的大型国有灌溉渠。这些水务工程的总体规模之巨大导致水资源分配过程出现明显的浪费和偏私问题。由于政府机构当时忙于新的建设项目，水资源管理同样也受到了忽视。福特的德里办事处工作人员们相信，改变官僚机构态度的最好方式是专注于灌溉官员们最感兴趣的系统。

到八十年代早期，其他的资助者比如美国国际开发署和世界银行也开始投资水资源管理，以促进农业生产，因此福特基金会也将目光移向能够作为减轻贫困杠杆的水资源管理。与此同时，基金会改变了它的运行模式，从原来主要和政府部门合作转变为依靠非政府组织，以便接近贫困人口并更好地了解他们的需求。在水资源领域，这意味着从大型的灌溉系统转移到占印度灌溉面积60%的小型灌溉系统的实验工作上。

这些小型供水系统，尤其是地下水泵，绝大多数都是由农民自己拥有并经营的。因而，与国有系统相比，它们常常带来更高的土地产量。那么，通过提高管理水平、更合理地分配小型灌溉系统的水资源看上去能更加直接有效地改善农民的生活。鼓励当地的水资源用户协会肩负起维修管理村庄水库的责任是一个受到欢迎的方法。大家所希望的是，一旦农民们组织起来，他们就会更有权利意识，并且他们的水资源用户团体就会开始为其他的权利而游说。

问题调查

（1）遗留问题

菲利普·安达拉1990年10月来到印度，准备着对水资源用户团体一类的参与式项目进行支持。他对在重点突出的投资组合中的工作非常熟悉。然而在德里，他却发现了几乎相反的情况：一项600万美元的投资由62笔资金组成，涵盖不包括尼泊尔在内的九个国家、十多项主题，项目参与者众多，包括国家、邦州和地方政府以及非政府组织。

一般来讲，德里办事处的一个投资组合大概比安达拉将要接替的小三分之一。而在最近，基金会的高级经理极力要求外地办事处保持更少的工作量。安达拉注意到印度的生物多样性和制度的冗杂使得资助者产生了许多分歧，但这也正是他决心要抵制的趋势。

在印度，水资源管理在道理上讲是邦州政府的职责。虽然中央政府通过财政力量可以行使相当大的影响，但各个邦仍旧实施他们自己的计划方针。邦政府对这种自主权很妒忌，也不愿意相互学习。在安达拉看来，在九个邦之间工作就像在九个国家之间工作一样。在其投资组合中不仅需要减少邦的数量，而且在哪些地方继续运作的选择也会对项目的形态造成很大的影响。

情况本来会更糟。安达拉的前任罗伯特·瓦特先生的工作量相当于两位项目官员的。当他离任时，17笔用于农业系统研究的捐赠款转到了另一名官员手上。即便如此，仍然给安达拉留下了惊人数量的未尽事务：62笔捐赠款中有20笔已经到期，需要评估、清理。在印度尼西亚，安达拉在前水资源管理官员离任前与之一起工作了一年。在德里，他和瓦特只相处了一两个小时。他没有拿到捐赠备注清单（尽管两个月后，瓦特提供了一份冗长的关于捐赠组合的备忘录），没有阅读清单，没有有用的联系人清单，甚至连一个接收关键文件的信箱都没有，留下的只有一份含有一些从未兑现的潜在捐款的18个月的预算。如今安达拉说，如果他当时从第一天开始就有瓦特的备忘录，可能会给他造成"投资组合非常连贯的假象"。

尽管安达拉没有修改备忘录，但备忘录上雄辩的记载的确迫使他重新审视一些自己最初的判断。他最终将这个将自己抛入深渊的困境看作"因祸得福"。

安达拉的主管斯图尔特·斯托在该阶段几乎没有给过他明确指导。"每个人都认为（瓦特的资产组合）范围太广泛"，斯托说，"我们只是赞同需要集中精力，以及建立政府和非政府组织的连接和参与的标准。"与其他项目官员在走廊里的聊天让安达拉确认了他之前的看法：福特基金会关注的核心是社会和管理问题，技术问题仅仅处于边缘。他同时还发现，德里办事处不再对自然科学领域的基础研究进行支持，且不愿意将资金投入到如灌溉系统一类的硬件提升上。在对多项捐赠申请实地访问后，他了解到，尽管没有正式取缔对印度国民个人进行研究和旅行的资助，德里办事处实际上已经停止了这方面的捐赠。对这种捐赠的需求几乎是无止境的，而将支持的渠道转移到主办机构则更为有效。另一个不成文的规定就是创造了巨大的影响并不意味着解决了最大的问题或处理了最大的项目。可复制性和规模化被认为是至关重要的。如果一个小小的革新有潜力帮助到数以百万的农民，那才构成影响。

安达拉在来到印度的第一个月里都在想如何处理接管过来的工作。他将捐赠分门别类，寻找主题上和地理上的模式，很快他就发现减少主题数量会带来额外的益处——减小他活动的地理范围以及他必须合作的官方机构的数量。他根据过往数据和文档记录情况将捐赠项目以图表形式展现，然后给捐赠过期的组织写信，要求它们提交最终报告。

幸运的是，在请求新的捐赠或延长过期捐赠方面，他无需作出紧急决定。在他任期的第四个月，安达拉终止了八项捐赠，并撰写了被斯托引用为范本的最终评估。

最为了解安达拉接替的捐赠事宜的是两位曾帮助瓦特减轻负担的印度顾问：前政府水资源工程师潘特，和监督农业系统捐赠的农学家安东尼。他们对项目和受助者提供了建议，尽管安达拉后来谨慎地学着不要陷入潘特的关系网里。他也咨询了福特的首席捐赠管理人并与来自其他捐赠机构如世界银行、欧共体、美国国际开发署与荷兰援助局的同事们对话。

同时，他也与印度水利资源部进行了探讨。但在当时，除了把潘特当作百科全书和名片夹之外，他并没有向其他水利专家寻求帮助。

（2）进入该领域并缩小范围

在快速回顾了他的新任务和工作环境后，安达拉与他的指导潘特上路了。从十一月中旬到来年的二月中旬他会见了几乎所有的现行受助者。对安达拉来说，此行的目的在于大致了解受赠组织和他们的项目，同时开始对如何重整捐赠组合做出选择。他在寻找优秀的项目来继续支持，并吸引竞争机构一起解决类似的问题。他的初步假设是："要解决前沿问题，就需要有顶尖的机构。"

安达拉的下一步就是明确项目重心。他的目标是把自然资源管理作为社区能力提升的工具，并展示这一方式的有效性。为达成这一目标，他认为他需要现有的成功案例。因此他决定专注捐赠的主题和地域。通过筛选和淘汰，安达拉立即排除了所有已经没有福特工作任务的邦。他同时排除了仅有一份全新捐赠的拉贾斯坦邦。他的观点是盲目的进入新地区会造成浪费，因为寻找良好的合作机构并且与之巩固合作关系会花费很长时间。

初期产生的一个问题是是否在该国最贫困的地区——印度东部，继续开展资助活动。在该地区，即西孟加拉邦、比哈尔邦、奥里萨邦以及乌塔普拉德什邦东部，现有的绝大多数捐赠都是以农业系统研究的名义进行的。一旦这些被撤走，在这一地区就只剩下一些分散的捐赠。因为腐败和政治动乱，在比哈尔邦和乌塔普拉德什邦东部的工作难以继续进行。但尤其是比哈尔邦地区的贫困和无政府状态成为了不能放弃它的原因。这时，斯图尔特·斯托已经在为德里小公室努力解决着同样的困境，但他注意到，在一个最需要帮助的邦和一个最容易成功的邦之间选择时，福特倾向于后者。

"我们是这里的开拓者，向大家展示的是事情应该怎样完成的，"斯托说道，"所以取得成功至关重要。"安达拉总结说，虽然可以作为边缘项目在过期之前保留，但印度东部剩余的捐赠要继续支持下去既不够有力也不够相关。

安达拉现在只留下五个邦作为新捐助计划的候选：西部的马哈拉施特拉邦和古吉拉特邦；南部的安得拉邦、泰米尔纳德邦以及卡纳塔克邦。安达拉在这些地方希望看到的是有能力应对水资源问题的组织机构集群。一旦实验项目规模化，政府将会成为重要因素，因此，最重要的将是找到一些有创新思想的邦州政府机构。正如安达拉解释的，福特的工作就是促使政府作为服务性机构把这项工作做得更好。作为政府的合作伙伴，他希望能够从研究中心借用学术指导，并依靠非政府组织注入草根思维，成为农民和外部机构之间的代理人。非政府组织同时还能保证项目的持续性，这尤其重要，因为印度政府官员更换频繁，而且倾向于任命临近退休人员担任高端职务。这就导致了公共机构中的制度信息严重缺失。

安达拉相信，他所强调的建设机构能力和机构间的联系偏离了德里办事处早期的水项目设计。当政府是主要的合作伙伴时，提升农民能力和减少贫困的目标就被忽略了。当非政府组织成为主要的媒介时，项目往往会停滞在孤立地进行实验的水平。安达拉的目标，与斯托一样，就是要把两边最好的力道结合起来。

启动项目资助

（1）寻找切入点

安达拉认定当前所面临的挑战是选择合适的主题来集中精力。他之后便可以进一步削减邦名单。他的初始条件是：

√ 他致力于的所有领域都应该以扶贫为宗旨。

√ 该领域应该已有受助者成功的先例。

√ 非政府组织与政府有合作的可能性。

基于这些条件，他识别了十项可行的主题：

√ 大坝

√ 邦际水资源纠纷

√ 大型灌溉渠的管理

√ 流域开发

√ 国际水资源纠纷

√ 与水资源管理相关的法律和宪法问题

√ 抽水灌溉

√ 小规模的自流灌溉

√ 地下水资源管理

√ 贮水池修复

　　他最终选择了清单上的最后两项作为立刻开展工作的领域：地下水和贮水池。另外两项——相关法律问题及国际水资源问题，他留作更长期的打算。

　　安达拉选择了地下水和贮水池（非常小型的水库），因为它们提供了印度半数以上的灌溉土地的水源，而且大多数都是由私人或社区管理，与大型政府经营项目相比，它们更适应于参与式管理。虽然这些领域只是安达拉所接替的资助组合中很小的一部分，但是在安达拉看来，它们不仅涵盖了邦州中优秀的公共和个人机构项目，而且为这些机构之间更好的合作提供了可能性。安达拉相信基金会对这些领域的援助能够引起更广泛的反响。

　　安达拉推迟了与水利法相关的捐赠，他这样做的原因有两个。首先，也是最重要的，他把此领域视为所选重点领域的附属问题，而不是单独的课题。其次，安达拉接替的是一项庞大的捐赠，还有大量资金亟待使用。之后他将国际水资源问题的争端搁置到一边，因为眼下现有的受助者已经覆盖了这一主题，暂不需要额外的帮助。

　　安达拉否决了剩下的六个主题，原因是他感觉每个主题都责任重大。大坝和邦际水资源纠纷会带来政治纷争；这样以来在这些地区的捐赠可能不会得到印度要求所有外国资助项目都必需的政府批准。在1984到1985年间，基金会停止了绝大多数的大型灌溉渠管理项目，对于该决定安达拉不愿多做回忆。流域开发吸引众多非政府组织的关注，因为在他们看来，这是推动贫困人口增收的一个有效途径，然而在官僚机构眼中，该领域并无好前景。抽水灌溉需要将河水抽到附近的田地里，在整体水资源环境中，这种方式并非主要灌溉方式，而且现有的水资源用户协会的管理较为良好。在印度，仅有一个挣扎中的受助者还在从事于小规模的自流灌溉项目，这使得安达拉很难看到他的印度资助组合如何对这个领域产生大的影响。相比之下，基金会在尼泊尔已经在运行一个优质的自流灌溉项目。

　　选好主题后，安达拉回到在哪些地区工作的问题。他立即将马哈拉施特拉邦从名单里划掉。因为马哈拉施特拉邦总体上来讲是一个逐渐进步的邦，有良好的组织机构和四项现行的针对不同主题的捐助，且这些捐助都不包含小水利系统。安德拉邦看起来是更有希望的候选地区，因为和其他邦相比，它有更多的贮水池，而且它还有对福特基金会比较熟悉本地机构。但它只获得一项捐赠，并且其灌溉部门的实力也不强。所以安达拉决定不选它。

泰米尔纳德邦是一个更明显的选择。其灌溉部的地下水处被认为是全国最好的，同时还有四个强大的学术机构在做相关的工作，此外，还有一个富有潜力的非政府组织合作伙伴。

卡纳塔卡邦在水池修复方面的工作很有前景。安达拉的前任，罗伯特瓦特曾帮助建立一个名为水资源管理协会的NGO，并提供了为期两年的捐赠。协会的使命是促进水池工作机构的联系。在邦首府班加罗尔市还有一些完善的机构，以及一家受尊重的非政府组织在开展贮水池方面的工作。这个易干旱的邦曾经在分散化发展发面也是一个开拓者。

古吉拉特邦也有一个类似的的关注贮水池和地下水的强大的非政府组织和良好的学术机构的结合。此外，它还有个合理的较负责任的政府。

因此安达拉确定了这三个邦，他在这些地区接替了一些好项目，是所选主题的核心，并且在这些地区其他的福特项目官员也曾实施过好的捐赠项目。在三个邻接的邦州实施的集群捐赠会带来额外的好处，那就是可以高效益的利用他的行程时间。基于地理和主题的综合考虑，安达拉将日程安排到泰米尔纳德邦，卡纳塔克邦和古吉拉特邦。他将集中力量改善国家最贫困地区中的易旱地区，包括改善那些贫困的部落人群的生活。他把第一年的捐赠工作的最终选择描述为"把赌注压在赛场上最强的马身上。"

（2）资助项目启动

到1991年春，安达拉已经对这个领域较为熟知，有了一个清晰、大概的方向。现在他准备考虑提供新的资助。理想情况下，他希望能开发出资金数额大小相间、劳动密集和要求较少的捐赠（以安达拉的经验，捐赠的规模和项目官员所花时间的多少没有必然的联系）。他第一年新资助项目的预算是72万美元。安达拉之前期望预算大致为100万美元，但他的前任在任期尾声作出的一系列资助消耗了安达拉任职第一年的许多资源。在接下来的几年里，安达拉每年将会有近100万美元的资金用作新的捐赠。

他本打算将捐赠大致平均地分给印度的三个邦，尼泊尔和一批计划外的受助者。但他立马就需要给尼泊尔的农民灌溉管理工作提供40.5万美金的捐赠，具体工作则由一家总部在斯里兰卡科伦坡的著名国际组织实施。

这是这家世界一流机构的一流项目的第三次延期了。瓦特曾计划分配10万美元给这项工作以期其他捐赠者会提供补充支持。然而，事实并非如此，并且现在又面临着失去项目最初建立的势头的危险了。这个农民管理式的项目需要确保自己的生存，扩展领域，并做好让尼泊尔其他机构分享其使命的准备。安达拉计算这将会花费大约40万美金，而这一机遇千载难逢。斯托对他的观点表示认同。

这样一来，留给他在印度重新设计的工作的资金就少得多了。安达拉用剩下的资金，两次捐赠给那些与他的印度主题直接相关的项目，总额达236,000美元：

√ 164,000美元用于古吉拉特邦地下水资源研究，为期两年；

√ 72,000美元用于管理易旱邦的地下水短缺和过度开发问题，为期三年。

他同时设立了3万美元的资助来编写一本关于灌溉的书。他第一年最后的一笔捐赠，上任时就已在规划之中并列入了预算，是投入到了农业系统研究中的4万9千美元。因此，在安达拉第一年资助的五个水资源管理项目中，只有两个少于其财政预算三分之一的印度项目针对的是他计划的关注领域。

（3）与大人物打交道

安达拉每年都会收到一百多个未经征集的资助请求，大部分他都会回信委婉地拒绝，在可能的情况下，向他们推荐其它合适的资助者，他从不拒绝面谈的要求。安达拉相信，他在避开政治压力方面与其他项目官员相比而言困难较少，因为与其它比较显赫的工作领域相比，水资源管理不会吸引太多有权势的著名人物。但是他也回忆起两次与明显有权利的人有接触的情况。

其中一次，一群退休的高级工程师曾与瓦特谈到对他们新成立的NGO的支持，他把他们列为了很有前景的受助者。他们的使命是组织水用户协会，但是没有一个协调人以前做过草根组织工作，而且他们薪水的预算对NGO来说出奇的高。这个项目看起来似乎是为前官僚们解决工作的计划，但因为这些领导地位较高，安达拉还是亲自和他们会谈。他解释说福特不希望支持孤立的项目，而更希望非政府组织和邦政府有合作的安排。"尽管在讨论过程中眉毛都皱了起来，但他们并没有明显地生气"他回忆道。后来，这些人没有通知安达拉就把他们的提议呈递给了斯图尔特·斯托，然而他支持安达拉的拒绝。

来找安达拉的最著名的申请者要数在水管理界很有影响力的中央水务委员会最近退休的主席了，他在咨询顾问潘特的建议下来寻求组织一次会议以及就最先进的水资源管理著书的支持。这里存在几个问题：尽管参与者名单里有几个大人物，但是他们的主题完全是技术性的；同时，主席只给了两个月的时间准备会议。安达拉解释说由于时间太短政府不会批准，而且该组织没有接受外资资助的授权，并且福特目前关注的重点在管理上，而非技术上。申请人同意补充其议程中管理方面的问题，安达拉确定此次捐赠不仅安全而且数额不会很大（25,000美元），成果就算不出彩也会很受用，并且不会占用他太多时间。前任主席来自古加拉邦这一情况并没有很大的影响他的决定，安达拉说道，但他的影响力确实起了作用。安达拉和斯托讨论了这一问题，他们一致认为如果申请人带着一份修改的提议回来，那就应该发放捐赠。

（4）一年下来

到第一年任期末，安达拉处理掉二十项前任遗留下的过期捐助项目，启动了四项新的捐助，还从其他官员那里接手了四项，但他仍然没有影响水资助组合的形式。这个组合数量仍然很大，有50笔，而且范围太泛。在他的第二年任期里，另外有20笔捐赠将到期，而他预备发放大约12个新捐赠。而新捐赠从数量上超过旧捐赠，得花费三年时间。安达拉靠在椅背上，回顾自己的进展并考虑接下来的计划。

两项资助考虑

在福特基金会德里办事处负责水资源政策的项目官员菲利普·安达拉任职的第二年初面临着两个艰难决策：一个是他的前任官员作出的一项延期捐赠，这一捐赠的对象和地点都不在安达拉选择的重心之内。第二个是一项支持古吉拉特邦地下水和蓄水池主题的新捐赠方案，这个方案在他的作为印度资助者的第一年任期中就已经确定。

（1）资助一：暗区中的星星之火

20世纪初，木材承包商转移到印度东部的比哈尔邦，采伐多尔顿根杰南部地区的森林，致使该地区成为退化的荒地。与大部分裸露的森林不同，该地区所有土地都归私人所有———一些大面积土地归原始承包商后代所有，而面积比较小的归村民所有。当地土地的主要用途是放牧。1986年，一名经验丰富的前林务官古普塔，曾成功运作福特在哈里亚纳邦的资助项目，来到多尔顿根杰开始一项包括融入森林管理远见的合作式耕作计划。他的梦想是在未来五年内在该地重新造林，与此同时，让不毛之地重焕生机。他发起了被动的土地改革，打破了地主和村民协会共同达成的协议，从而促使贫瘠之地以合作的方式开发，而无须移交土地业权。各种各样的非木材林产品将被分给三方：土地业主，协会以及农场工人，他们中的绝大多数都属于印度社会阶层中地位最低的群体。

安达拉的前任，瓦特，为该项目提供了为期三年总计5万美元的捐赠。而古普塔也从另两位资助者那里取得了种植材料和资金。

到1991年，当菲利普·安达拉访问多尔顿根杰时，该项目已由最初的5个村庄发展至30个，而周围的"荒地也已经开发成一个巨大的农场花园"，生产包括木瓜、番石榴、茄子、生姜、姜黄、竹子和桉树等大量的农作物。农民收入增加了三倍，村民外迁现象基本消失。得益于古普塔项目的储蓄计划，村民们生平第一次获得了个人信贷的权利。

但是很严重的问题也存在。当地的购买力极低，因此不久，市场上就充斥着木瓜。虽然当地对该项目的热情很高，但也有对是为生计还是为销售种植粮食的争议，同时部落成员与非部落成员之间也存在紧张局势。有人担心土地所有人在看到他们所曾经荒芜的土地所存在的潜力时，就会取消非正式协议，并将其所持有土地从计划中撤出。原本预计持续五年的植树活动改为八年。

该项目的财务规划与报告制度很不完善，因此，外部资金已被耗尽。古普塔希望福特能给予更多的财力支持从而延长该项目的期限并扩大地理范围。但安达拉对该项目缺少管理能力以及来源多样的资金表示担忧，此外该项目也与他的主题不符。由于地区遥远，他也无法给与其太多的实际关注。但这是一项不仅造福贫困人民同时也有利于整个多元社区的创新性的尝试。即便它无法在这个国家的其他地区复制，但至少在这个邦的其他类似的贫困地区是可复制的。安达拉在启动第一个全年度捐赠项目的时候所面临的最困难的决定之一就是决定是否要进一步冒险支持这个"在一个巨大的暗区中点燃星星之火"的项目。

（2）资助二：可怜的小富机构

之后，安达拉开始考虑乡村支持项目——一个在古吉拉特邦三个地区开展一系列小规模水利用项目的非政府组织，它与福特在提升当地水资源管理方面有着共同的利益，同时它也负责政府与村民之间的沟通。该项目鼓励村民清楚提出他们的需要，并且建立当地协会；之后它会寻求政府基金来援助那些优先项目，有时也可接受私人捐款。自项目成立6年以来，花掉的360万美元中一半都是来自于一个海外基金。但它也总是定期的寻找其他合作伙伴。福特已经着手与其合作林业资源方面的项目了。

该项目的第一任也是唯一的理事长罗梅什·可汗是与政府高层官员有很多个人交往的前公务员。他的任期已到，但在该项目理事会找到继任者之前他会继续留任。可汗和该项目所有员工都并非伊斯玛仪派穆斯林团体的成员，但他们的主要资助者选择古吉拉特邦是因为它是印度少数民族聚集最多的邦。

这一项目开展了好几个有关务农管理的创新实验。在位于古吉拉特东部的贫困村庄平哥特，他们获得邦政府许可接管了一个停止运转的水库和灌溉系统并代表当地农民进行运营。他们发现这些设施有重要的自身缺陷，所以必须和政府就修复预算进行谈判。这一工程是由急需额外收入的村民实施的，并非商业承包商。结果是被遗弃的投资重新具备生产力，贫穷的农民不但有能力种植经济作物，而且也可以通过家庭菜园养活家人。

这个村子的项目代表是一个来自克什米尔的印度教女性，她能和男性农民很好地交流。与大部分印度教种姓相比，部落用更开放的眼光看待女性。在平各特的女性成立了她们自己的组织，成功争取到了将水通向自家花园的权利。因为这样，平各特成为了一个对水用户协会的价值进行研究的对照组。一半的村庄自行管理用水，完全支付水费；而在另一半村庄中，农民没有加入协会，因此有人无力支付水费而无法取得用水。

安达拉在古吉拉特邦停留了五天，走访了村庄和其他地方。可汗陪同他两天，参观了项目进程，与邦灌溉部门负责人进行了商讨，寻求政府支持以便能把其他失效的灌溉工程转给使用者。安达拉对恢复其中一些不完整和低效的系统所需要的工程之少感到惊讶。他也被很多官僚的谨慎和想象力缺乏所打击。

可汗向安达拉提出了为该项目在水利资源上的工作提供资助的口头提议。这些资金必须能够承担培训费用和非政府组织员工、农民、政府官员的差旅费用，以及项目进行中的监测和文件记录上的花费。这包括通过改变农作物种类、增强水泵效益或在渗滤水池中修筑水井防止水资源流入大海等方法增强用水效益的行动研究，他们也想要继续并加大努力来动员农民去改造和管理小型灌溉系统。

古吉拉特政府乐于让这个项目接管零散遍布全邦却不起作用的水利系统。"他们想抛给我们一个烫手山芋，"一个成员说道。可汗的希望则是通过提供相对应的私人基金引导政府提供用于修缮或重建贮水池和水渠的资金。可汗对修复停运的灌溉工程的估计是（那时，他猜想全国大概有200个，其中有些是由3000亿美元的世界银行资金支持的）只需一公顷133美元，而重新建造一个灌溉系统通常需要超过这十倍的价格。他请求福特提供一个为期三年、涵盖土地面积5000公顷的项目预算费用的一半，大约为35万美元。可汗认为成本分担的方案帮助他从勉强的政府那里借贷。这也会让他能坚持，训练和用水户的加入必须成为任何重建计划的一部分，他梦想着能向其他邦那样扩展这个计划。他向福特寻求支持，安达拉同意审核可汗的请求。

案例后记

安达拉认为取消对多尔顿根杰贫困部落的资助会很"残忍"。他的结论是，即便古普塔的方法只在该邦的其他地方适用，那么它也算得上是成功了，因为这片区域实在是太广阔又太贫困了。他原则上决定对项目提供额外资助：用10万美元来给员工发薪水以及充当日常管理费用。尽管古普塔热切地希望扩大项目的规模，但安达拉还是建议他要谨慎一些。他邀请他的前任瓦特花些时间做实地访问以做出新捐赠的时间表。他同时也决定寻找一个合作机构——也许是天主教救济服务处——来帮助他摆脱现境。一个合作机构可能会提供诸如农民薪资之类的直接投入来帮助稳定该项目混乱的财务状况。

在古吉拉特邦，安达拉对农村援助项目的工作成果和高素质领导核心印象深刻。但由于罗梅什·可汗即将离开，他仍然表示担忧，因为理事会对灌溉项目并无太大兴趣，而邦政府可能无法提供重建的基金。同时印度政府也有可能在林业捐赠不到一年后不予批准福特的第二笔捐赠。但他仍然准备在三年内提供价值12万美元的"软件"，即培训、交通和文档记录，但精确数额还取决于选址数量和人员需求。但安达拉拒绝了罗梅什·可汗对修筑经费的请求，因为这将花费他年度预算的一大部分，他建议罗梅什·可汗寻找其他合适的资助者。

在安达拉选择的其他看似风险很小的地区中，印度南部的卡纳塔卡邦却遇到了麻烦。新的联邦政府忙于与邻邦泰米尔纳德邦就河水权争论，以致无暇顾及贮水池和地下水问题。他们重新集中权利的做法也阻碍了福特与当地政府建立合作关系以修缮破旧的水槽，而且一个资助NGO项目的中央政府机构拖延了资金的批准。此外，那些正在进行贮水池修复工作的大型非政府组织也不想扩大这项工作，因此没有产生之前所希望的势头。不过最严重的问题是瓦特帮助建立的非政府组织水资源管理协会的内部冲突。文档记录处长起诉组织的主管，控告他违反协议，并且引用了与瓦特的谈话作为证据。这是福特基金会在印度第一次被卷入官司中。而安达拉的首要任务则是使基金会摆脱起诉。

对水资源管理协会的捐赠一直进行到1992年年底。安达拉计划重新评估在卡纳塔克邦的重点，或许要用在马哈拉施特拉邦和安得拉邦的工作将之取替。当下，他决定先放下卡纳塔克邦的事宜，将工作中心放在泰米尔纳德邦、古吉拉特邦和尼泊尔。水资源管理协会的经历使得安达拉对参与建立受资助的机构很是戒备。

从零基础开始——一个乡村扶贫项目的案例

案例背景

1981年秋天，当罗伯特·阿姆斯特朗先生从印度归来，第一次来到他在福特基金会的项目主管办公室时，他发现自己的这个办公室空空如也。没有书、没有纸，更没有待批的资助请求，这样的景象显示了53岁的阿姆斯特朗先生作为"乡村扶贫与资源"这个新部门的第一位主管，面临的"白板"状况。在基金会内的12年里，这是他的第四个职位。

那一年早些时候基金会内部大规模的重组，结果就是产生了——最起码是重命名了——相当一部分项目单元。但是乡村项目从各种角度来看都是其中最新的部分，因为基金会之前从未直接参与过这一领域。除了肯尼迪政府期间对阿巴拉契亚山区贫困的短暂关注，美国乡村的贫困问题长期以来都是被忽视的，人们假设这个问题在一直改善。沃尔克·伊文思和其他一些人拍摄的照片曾经将乡村贫困的画面呈现给国人，但这一印象现在也已经被城镇贫困的景象取代了。

基金会计划了一系列温和的步骤来改变这一趋势。在美国，它的乡村扶贫和资源项目不仅仅是最新的，也将是最小的一个项目：阿姆斯特朗领导的扶贫项目将在秋季启动，到时将有至少50万美元由其处理，进行资助活动。

随着他进驻办公室，阿姆斯特朗认识到除了处理资助金外，他还要做些其他的事情。他必须定义所领导的这个项目的轮廓——他希望这一项目能使乡村贫困问题到年底能有一个更鲜明的形象，不论是在基金会内部还是在公众范围内。而这就要求尽早对重要的资助作出决定。

美国的贫困问题，不论是乡村的还是其他，从来都不是罗伯特·阿姆斯特朗的专业领域。尽管是科班出身的农业经济学家，1969年他来到基金会时，还是从事商业经济部门的学术研究。他过去接受的任命，都是在拉美、印度这样的发展中国家，利用自己的背景知识来提高农业生产力，从而改善乡村的收入和就业前景。之前的工作，他一直是在基金会最大的国际项目部门负责农业和乡村发展项目。

在新职位上，阿姆斯特朗还要继续在国际项目上发挥作用，主要充当发展中国家的那些新手资助者的顾问——按基金会的说法，就是"智力资源"。而他自己的资助决策，将集中于美国国内。因此阿姆斯特朗面对的挑战不仅是涉足了一个新领域，还要在纽约和新德里之间分配自己有限的时间，因为在印度他还要担负接下来一年的责任。还有，新任务将大部分靠他自己完成。在起步阶段，将仅有一个项目职员能够提供协助，而且也像他一样在国内贫困领域没有任何经验。

新的工作充满挑战，但也并非让人完全无计可施。阿姆斯特朗在基金会内有着相当的项目管理经验，而且他早已不把自己看作一个狭义上的经济和农业领域的专家了。相反的，他把自己看作一个"项目管理者"，也就是有能力把资金和活动集合起来，致力于高效地实现慈善目标的人物，像基金会里的其他人一样。阿姆斯特朗自己说："作为一个项目管理者，对我来说就意味着不能只支持几个孤立的活动——尽管他们可能很有趣——而应当试图累积性、系统性构建起一个体系。"

在这样的背景下，阿姆斯特朗确信，他们的任务就是"把乡村贫困标注到地图上，吸引人们的注意。我们做的事必须让人们意识到乡村贫困以至于更广泛的乡村事务在一定意义上是很重要的。"阿姆斯特朗十分清楚，基金会常常采用在这样一种方式赢得政策的关注：把那些草根的组织和倡导团体与研究机构联系起来，通过研究结果传达信息，这样就会使主流政策更加正视团体的地位，也更有可能改变他们的看法。

问题调查

（1）一片荒芜

尽管到1981年的10月份才要开始新的工作，在那年夏天阿姆斯特朗就开始思考策略的可行性了。阿姆斯特朗决定他的工作方法首先不能是短期行为——也就是说，不能只为了项目的进展就草率的资助一系列项目。就像他的一个长期合作伙伴所说的："他清楚地知道，如果你只是读一读呈到办公桌上的申请，然后就从中选择资助的项目，那一定会遇到麻烦。"

在开始思考部门的职能时，阿姆斯特朗把部门的两个"天赋"作为了思考的起点：新部门的名字，还有在基金会内部的优先度。他相信，整个基金会范围内对帮助弱势群体的重视，意味着他的工作必须帮助乡村的穷人们找到改善自身处境的方法，而不是仅仅推动美国几个地区的发展而已。项目名称中的"资源"一词显示了，自然资源的分配情况将是他帮助弱势群体时需要慎重考虑的因素。

1981年的夏天被难以计数的电话占满。阿姆斯特朗认为他需要努力了解自己将要致力的领域。这不能依靠别人，乡村贫困的问题他必须自己形成看法。他回忆道：

"那年夏天我和很多人进行了讨论。我希望自己能跟上当时对美国问题的普遍看法。我找了农业大学里研究乡村贫困问题的一些人。虽然成长在乡村，对这一问题并不陌生，但我还是希望找出最前沿的话题是什么，还有人们最关注什么。"

"我想知道体制内还有多大的发展空间：已经有哪些人在做什么事情？这个领域谁的思想比较先进？为此我去往华盛顿拜访了农业部。但我最想了解的其实是周围的非政府非营利组织。这相关的问题我此前从未接触过。我想明确哪里能找到合作者，而我应该帮助的又是谁。

阿姆斯特朗确信了一点，他面对的，是一个政策的空白。"我发现这个领域真是一片荒芜。"但他同时也的确发现了一些工作的要点，并由此作出了一些最初的决定。尽管从1959到1981年，乡村的贫困人口数在下降，乡村贫困问题仍然是相当显著的。乡村中贫困人口的占比，仍比城市中的要高。

认识到这一问题，阿姆斯特朗先生在基金会内外的非正式谈话里，开始强调"乡村贫困比例失衡"这一概念。他相信通过强调一些数字，这个刚起步项目的合理性也将得到增强——尤其是与基金会内规模远远超出的城市贫困项目相比。"我无意与他们的项目竞争"阿姆斯特朗说道，"但我的确希望人们认识到乡村贫困问题也是很重要的。"

他的动机也不仅只是策略上的；他的关注点和展望也得到了其他人，尤其基金会内部资深资助者的认可。把项目的必要性宣传出去，这当然只是在做出资助决策之前的准备活动。明确了自己项目的确为社会所需，并且这种需求还未得到满足，阿姆斯特朗开始放手努力了。

（2）缩小领域

阿姆斯特朗对于乡村扶贫政策这片荒芜地带的探索，虽然令人沮丧，但至少帮他明确了，他的项目不会是什么样子。人们对于项目名称的普遍反应也帮助他认识了这个问题。"如果你在名称里包含了'资源'这个词，那么人们就很容易会说，'啊，那我猜你是在五大湖区工作是么？渔业嘛，那算是资源吧。'事实上基金会过去曾经有过大规模的环境资源项目了。"阿姆斯特朗的决定是他不准备把项目办成环境主题的。这种不断地从话题组合中排除选项的过程很令人振作："我感觉很好，项目中无所不包，或许能省去一些解释的麻烦。但我认为那样却不会有效率。"

乡村的贫困人口往往是孤立的，相当高比例的人都在失业状态，而那些在廉价工厂工作的人，即使全职工作，赚的钱仍在贫困线以下。想要帮助他们，就必须改善他们维生的手段。这一认识使得阿姆斯特朗把另一个主题也从项目中剔除了——农业。

虽然农业是阿姆斯特朗一直以来的专业，但在夏天的电话询问过程中，他开始质疑促进农业和改善乡村贫困状况之间是否有着必然的联系。

1981年秋天，在正式上任之后不久，阿姆斯特朗与一位已经在农业部工作的基金会咨询顾问唐娜.荷伍德进行了影响深远的谈话。对于农业部在项目中应当是怎样角色的问题，谈话消除了阿姆斯特朗的疑问。荷伍德此行来纽约见阿姆斯特朗其实是向他报告之前的她所作的调查成果的。在他们之间的谈话还有她的报告中，阿姆斯特朗发现她也对农业在扶贫中的地位有相同的怀疑。她描述了相对于聚焦贫困的农村，贫困和相对富裕的农业农村中大量非农业家庭的数据。

阿姆斯特朗由此更加深入的意识到扶持农业或许不是帮助穷人的最好方法。"这不是一个很难做出的决定，但它很关键，"他说。"我们不会在致力于农业、价格支持或者农产品贸易。那些我虽然很了解，但我们在做的不是农业项目。"

确定了哪些不去做之后，接下来的几个月阿姆斯特朗就要做一系列决策，来定义他将要运行的项目了。为了保持灵活性，他没有写什么高屋建瓴的报告，而是通过一些资助项目构建起了项目的轮廓。在与基金会的资深职员的不断交流中，他开始了自己的项目。

启动资助项目

（1）早期决策

作为一名项目策划者，罗伯特·阿姆斯特朗确信他必须最终为自己的资助活动确定一个清晰地框架才行。在长期，这意味着夫主动招揽符合预想的项目。但在初期，他还是需要考虑一些已经主动向他提出申请的项目——分析一下各自的优点，以及与长期目标的符合程度。因此阿姆斯特朗就对以下四个潜在的受助者进行了考察：

南部水源工程是由南方某州的一位名叫薇诺娜·爱德华的社区活动家引入阿姆斯特朗先生的视线的。她大老远自费乘飞机来到了基金会的纽约总部。答应会见她后，阿姆斯特朗先生听到了一场热情洋溢而有效的申请，而主题是他从未在美国环境中考虑过的问题：清洁饮用水。爱德华相信，尤其在西南部，以及东南部的部分地区，很多乡镇都没有足够的税基来建造或维护饮用水处理系统。还有一些社区，其中贫困的住户无法负担加入市政或清洁饮水系统的"连接"费用。

爱德华寻求50,000美元来与教会、市民团体或私人企业结成公众/私人伙伴关系，共同推进新的饮用水和污水处理机制。资金将主要用于发给员工，而非直接用于水资源的工程项目。爱德华和她那积极的理事会成员看起来热情而又能干，而且意向书里也的确包含了扶贫和自然资源的内容。这个项目还在其他方面符合了基金会的资助兴趣：福特基金会一向热衷于公私伙伴关系的构建，以及推崇女性的领导地位。这样一个选择似乎有一石三鸟的好处。

然而南部水源工程并非一个新的组织。它已经有了十年多的历史，鉴于它一直以来的工作都依靠联邦和州政府的拨款，它似乎已经形成了一种公私伙伴关系。事实上，爱德华来到基金会，部分原因正是联邦对于社会活动的缩减，这种效应正在里根政府的首个财年中体现出来。这一缩减将影响许多项目和组织，阿姆斯特朗知道他是不可能填补空缺的。在这样的语境下，资助南方水源工程，有可能向那些寻求政府之外的靠山的组织发出错误的信号。

"我大致上考虑的，就是人们不要误会我们，认为过去由政府资助的大量社区发展团体我们都有能力接手。我想我必须得说：'看好了，我们不是顶替者。'"而且，尽管薇诺娜·爱德华提出的联合当地商业团体的想法是阿姆斯特朗希望鼓励的，但她作为长期致力于扶贫事业的忠诚战士，可能对这样的联盟活动既不适应，也不会热衷。

另一方面，阿姆斯特朗其实对爱德华很感满意。他说，她的组织"运行的很正常很优秀，非常关注贫困人群，而且比大部分的乡村组织都要老练。"阿姆斯特朗也相信改善水源的供给质量不仅有益于公众健康，也会促进经济的发展"有哪个公司愿意在无法保证安全用水供给的地方建工厂呢？安全的水源并非经济发展的充分条件，但却是必要条件。"最终，南方水源工程承诺将福特基金会的50,000美元资助通过私人部门的筹资增值到500,000美元。

在阿姆斯特朗考虑南方水园项目的申请的同时，他还面对着另外一个决策。一个全国知名的非营利公共政策研究中心在"荒芜"的政策环境下站了出来，这个组织一直专注于乡村问题，并对扶贫的议题表现出了兴趣。"当然这个组织得做我真正感兴趣的事情才行，"阿姆斯特朗回忆道"而不能是农业问题。第一次知道他们的意向时我满怀希望，他们的帮助将很大。"

　　希望也是相互的。研究中心的领导者希望基金会能够在长期内，提供稳定的资金流支持——要求的规模或许会在百万美元以上，当然，在当时的时点，任意规模的资助都会利于维持中心的运营。该研究中心在70年代初纽约的一家基金会资助成立，之后一直在公共政策领域进行着相当有影响力的研究——更确切的说，在阿姆斯特朗看来，是一些吸引公众注意的非常必要的研究。例如，中心曾经有一项研究关注到距离医院较远的乡村居民接受医疗救助的途径非常差。这一研究受到了很热烈的欢迎。

　　这个研究中心，还是为数不多的几个同"乡村扶贫与资源部"目标明显重合的机构之一。阿姆斯特朗认为他的任务就是"帮忙开拓一个领域"，拓展乡村扶贫课题的研究空间，以及将研究者、倡导者和政策制定者聚集到一起。一个全国性的乡村研究中心将对这一工作有很大的帮助。

　　在同一时间，他也收到了其他基金会的支持意向。阿姆斯特朗知道福特基金会是支持争取其他资助者的意向与援助的。在研究中心这个问题上，洛克菲勒兄弟基金就表现出了兴趣。该基金会支持了研究中心的创建，并且希望它还能维持下去。他们的观点是，"假使不继续资助这个中心，那我们就不得不另外创建一个相似的。"

　　为了决定是否要批准研究中心$250,000的资助要求，阿姆斯特朗派遣了咨询顾问唐娜·荷伍德以及部门职员卡罗·约翰逊去评估可行性。他们的报告使他暂停了行动，他们发现，研究中心的领导力已经不像过去那样强大了。研究中心由于预算问题已经大大削弱了实力，失去了行事高效的名声，并且在华盛顿形象实在不算好。它递交报告迟缓，结果就是经常错过影响政策的机会。而且，它的报告中自然性地保留下了上个时代的那种斗争性的口吻和风格。而荷伍德和约翰逊相信，实用性的判断应当比单纯的道德呼吁更为80年代的政治环境所需要。

　　阿姆斯特朗自己没有政治经验，他认为乡村问题得到联邦一级的重视是很重要的。因此他慎重考虑了报告内容。但作为一个有经验的资助者，他也知道，基金会的一项资助也可以用来鼓励受助者重新思考其使命，调整运作模式，甚至进行重组——只要这种改变是双方都希望看到的。

　　在到任的头半年里，阿姆斯特朗也开始接受一些机构的申请，他们都相当确定自己能从他这里得到同情的反馈，其中一个例子就是内布拉斯加大学，这是阿姆斯特朗的母校，也是中西部知名的致力于提高农业生产力的土地资助机构。这样的机构往往与根基较深的农业机构关系更为密切。尽管近些年来，已经有些新的宣称代表农业利益的团体出现——例如，反对保险公司不断购买农田的某草根团体——但像该大学这样的土地资助机构与传统团体关系更为密切。

开始向阿姆斯特朗提出申请的土地资助机构是多种多样的，他们从前都得到过基金会的支持。提议主要强调了帮助美国乡村应对80年代的农业危机的必要性，在这段时间产品价格大幅下降，社区人口也在减少。一些提议集中关注了某种具体作物的问题，例如小麦减产。尽管阿姆斯特朗的决定是不把农业作为资助的重点，这些话题也并非完全不能引起他的兴趣。而且他知道，这些大学都是很有声望的研究机构，他们的员工中包含了乡村社会学和政治学的科学家，而非只是农业专家。即便他不愿意资助关于农业减产的项目，难道就不能请他们考虑一项他更感兴趣的工作么？

环保组织往往会被部门名称里的"资源"两个字吸引，其中许多团体过去就曾受到基金会的资助。来接洽阿姆斯特朗的环保团体中有两个非常突出，他们都是以研究和宣传力而知名。两个组织首要关注的都是西部水域，尤其是对水生生物多样性的保护。

阿姆斯特朗对这样的项目没有直接兴趣，但他对西部水域这个广泛意义上的话题非常看重。早些年在加州大学系统，他对水资源稀缺和水源政策是否倾向农业的问题有了了解。阿姆斯特朗相信在西部地区贫困和水源问题在很多方面都联系紧密。例如新墨西哥州北部集中的西班牙裔农业小镇，他们往往不能充分利用本就稀缺的水资源。而像德克萨斯和墨西哥边境的一些地区，水源供给不安全使他们屡遭灾害。最后在印第安居留地，尽管人们享有条约权利，但事实上还是难以获得水源供给。他也感到，作为发展经济的手段，部落的水源权利其实可以利用或卖出，如果他们有恰当的训练和表述的话。

这当然已经超出了两个环保组织在提出西部水域问题时的想法。对于乡村贫困和其他阿姆斯特朗感兴趣的问题，他们显然也没有经验。但阿姆斯特朗还是考虑是否对他们的这个项目进行引导，使其成为他设想的样子。

总之，罗伯特·阿姆斯特朗在考虑为以上四个申请者提供资助时，必须时刻注意项目的整体策略，谨慎决定对每一个提议是否资助，以及以怎样的程度和形式进行资助。

（2）构建领域的后续举措

部门成立的那年年底，罗伯特·阿姆斯特朗从他任期头几个月收到的四个较有前途的主动申请中，选择三个推荐的资助请求。他给那个专注于乡村问题的公共政策研究中心提供了部分资助（50,000美元），并规定资金只能用于完成当前项目，而不能有新的目的。他也为南方水源项目提供了相同数目的资助推荐，在他看来，这个组织有着很强的群众基础，正是基金会所鼓励的。然而阿姆斯特朗在他的建议书中注明了：本项资助并不保证能完成纯净饮用水目标的实现。"我不希望只是做许多小事，搞得东一榔头，西一棒槌。但我也会设定一个预期，避免在这上面投资过大。事先做个否认，这样我也就不会在这事儿上走太远。"

阿姆斯特朗最大的一笔资助推荐给了那两个对西部水域感兴趣的环保组织。这两个组织最初的意向是要保护水生生物，但在阿姆斯特朗的要求下，他们同意了修改提议，把重点放在通过管理水域解决贫困问题的方向上。这样他给每个组织推荐了175,000美元的资助。除此之外，阿姆斯特朗给予了州资源理事会100,000美元资助，它是州政府行政部门决策的臂膀之一，正计划解决影响水源管理的司法之间的问题。

阿姆斯特朗倾向于这些水资源的项目是因为他们能把资金指向西部和南部最贫困的地带。两个项目也都兼顾了促进经济发展的好处。阿姆斯特朗还认为南部水源项目的领导人薇诺娜·爱德华将是乡村贫困人口很好的代言人。正如唐娜·荷伍德所说的"你得记得鲍勃（阿姆斯特朗）曾有海外工作的经验。在这经历中他理解了灌溉，水资源问题会很容易引起他共鸣。"

阿姆斯特朗限制对公共政策研究中心的资助，一方面是由于当时对研究中心条件的评估，另一方面他也发现研究中心的目标与自己的目标存在分歧。比起对特定政策意图的早期倡导，阿姆斯特朗更想着力使整个乡村贫困问题在政府决策中的地位提高，而研究中心的目标似乎只是前者。按照他的想法，最好的策略就是"构建领域"——将研究者和活动组织吸引到乡村话题，使他们互相了解，并保证他们的工作得到公开和传播。阿姆斯特朗知道，没有这个研究中心的支持，他将失去吸引公众注意的一个潜在途径。为了达到引起公众，并最终政策制定者兴趣的目标，他决定冒这个风险。

同时，阿姆斯特朗继续选用荷伍德为咨询顾问，在西部水域项目中起到联系的作用。由于缺乏人手，阿姆斯特朗希望能有个同事可以一起探讨项目的日程。她作为咨询顾问，还能独立地承担起对受助者的考察和评估工作，不必负相关责任——她和阿姆斯特朗都相信在这种条件下，更利于展开非正式的对话。

"乡村扶贫和资源部"发展起来之后，开始筹办一个全国性的奖励乡村政策研究的竞赛，这是阿姆斯特朗构建领域的重要一步。这项努力取得了初步的成果。让阿姆斯特朗和荷伍德意想不到的是，第一轮的奖项吸引了超过300名申请者——尽管其中很多都是农业相关的研究项目。在阿姆斯特朗的指导下，荷伍德同时开始组织研讨会，以逐步建立起"相关"的研究者、政策制定者和乡村发展私人部门领袖的联系网络。

这些努力帮助阿姆斯特朗在项目的最初三年里，识别、培育和资助了一系列机构，开始推进新的乡村议程。受助者来自于不同的乡村地区，并且其中许多是社区或地区范围的。到部门成立的第五年，它的总体预算已经达到了大约6,700,000美元。资助工作人员也从三个增加到了四个职位，其中有两位项目工作人员全职负责国内乡村扶贫相关的工作。

回顾之前的工作，阿姆斯特朗相信他已经在多个方面取得了显著的进展。然而，乡村话题向政策焦点地位移动的进程在他看来仍然过慢，这使他倍感受挫。尽管对于他所描述的"乡村行动-研究团体"工作比较满意，他还是觉得这一领域还未能整合起来，而他现在"构建领域"工作的效果正在到达瓶颈。阿姆斯特朗写到："圈内更优秀更知名的政治经济研究机构显然还是对乡村问题缺乏兴趣，即使他们开始关注了一点儿。"特别的，他急于找到一种方法"使主要的经济政治研究团体参与进来，改变他们从未重视美国乡村问题的情况"。实现这一目标的策略将包括一个新的政策研究奖项的评选。但阿姆斯特朗仍然感到他需要做些其他的事情。

案例后记

成为"乡村扶贫和环境部"主管的第五年，罗伯特·阿姆斯特朗批准了165,000美元的资助给总部在华盛顿的公共研究所，以支持其成为新的"持续性乡村政策计划"的承办机构。

"我们考虑在基金会管理的一个大项目下继续这个扩大了的计划，"阿姆斯特朗写到，"总结出的比较好的选择就是，和一个有兴趣的外部组织协作，帮忙建立一个外部的稳固的机构基础来持续这个计划，这当然首先要找到一个合适的候选者。"他最终选择的研究所就是一个杰出的政治中立的组织，以广泛支持一系列主题知名，其中就包括一个关于食物、水源和气候的项目。基金会还将给唐娜·荷伍德领导的一个新的"乡村经济政策计划"提供资金。在资助建议书中，阿姆斯特朗列出了新计划的五个主要目标。

1. 明确在乡村政策领域需要优先研究的课题日程

2. 组织较大规模的活动，建立起美国乡村政策领域的专业人士和机构的联系网

3. 在乡村政策研究奖的评选中管理搜索和评阅环节，为福特基金会的支持对象选择候选者

4. 组织研讨会，鼓励学者、政策制定者和乡村发展领袖和私人部门管理者就乡村问题交换意见。

5. 促进乡村经济研究成果的出版，由此传达给政策制定者，并唤起公众对于乡村所面对的问题的认识。

在之后的三年里，机构的"乡村经济政策计划"向福特基金会推荐了120多项资助，其中大量资助给了一些国内知名的研究政治经济形势的机构，虽然他们的总部在华盛顿。这些机构往往是被说服同意在正在进行的经济研究中加入有关乡村的部分。

在主要的资助接受者中，包括了"预算和政策优先权中心"，他们以研究政府的社会福利支出的效用而知名。该研究中心接受了两笔150,000美元的资助，"用以研究在联邦计划中加入乡村贫困问题以及财政预算对乡村贫困

的影响"，同时支持他们"正在进行的对乡村政策和贫困话题的研究"。机构另外确定的主要合作伙伴是在城市扶贫方面比较知名的"儿童保护基金"。它接受了150,000美元资助来"发起关爱乡村贫困儿童的项目"。阿姆斯特朗相信这些受到媒体和议事委员会密切关注的组织不但将进一步构建起乡村慈善领域，也将使乡村的话题更加成型。

构建资金实力和项目质量——一个加强社区基金会的资助案例

案例背景

（1）挑战

资助者萨拉·格林尼刚刚完成一项为期六个月的探究社区基金会工作，现在正准备一个提案：一个几百万美元的针对社区基金领导力的资助项目。格林尼相信这项提议既能加强社区基金会的资助业务，又能提升社区基金会作为社区催化者和资助者身份的效率。然而对她而言前景却是喜忧参半的。

格林尼所兴奋的是，她觉得一旦此提议成行，将会对该领域造成激励性影响。她所预想的这项提议基于一个前提：建立一个社区基金会的项目能力，将有助其达成资产发展目标。在她当时的认知之内，没有任何国家的投资方可以明晰资产发展和项目效率间的联系，而且他们也没有探究出其在筹资策略中的应用。

尽管如此，格林尼还是有所忧虑，因为她知道将其简单的概念转换为具体的提案的截止日期就要到了。除了编写一个对此领域内的竞争阐述的文件，她还需要在一个基金受托委员会会议上报告她的进展情况。格林尼坐在桌子前毫无头绪，不知从何处着手。

社区基金会是为特定的地理区域服务的慈善机构，通常以城市或者乡村为单位，有时候也可能是整个州。社区基金会的资助是一个开放式的，由来自不同来源的基金会发起，特别是社区中的富有人群，而非单一来源的捐赠。由于社区基金会被美国国内税收服务（U.S. Internal Revenue Service）定义为"公共慈善"，从而具有扣税作用。社区基金会是典型的资助者导向，而且其收入主要来自资助者。资助者既可以提供允许社区基金会随意处理的非限制性资助，也可以提供严格的限制性资助——明确资助者的利益份额或者甚至包括个人资助者的偏好需求。

（2）社区基金会倡议的来源

作为在她的领域被新任命的理事长，格林尼是在副主席珍妮·谢尔曼的直接领导下的。珍妮·谢尔曼拥有在80年代中期的丰富阅历，对社区基金会产有着极大的兴趣，她在被任命前就开始了社区基金会倡导的活动。她的兴趣源于一件很重要的事情，就是每5年进行一次的基金会方案的评论审核。一个围观者对最后一场评论的参加促使了基金会去成立最开始的办公室，以使它的影响更广阔和提高当地活动的质量。在和珍妮·谢尔曼的谈话过程中，审核员也建议社团通过基金会去寻求当地的一些支持。

珍妮·谢尔曼和社区基金会也有过直接的接触。她最近也帮助建立波多黎各社区基金会，这个组织的任务是充当慈善基金与本土企业的桥梁，以及吸引更多的岛外资助。珍妮·谢尔曼在与一系列社区基金会合作后继续帮助建立青少年抚养计划的方案。

在这个计划的中途，珍妮·谢尔曼意识到社区基金会组织的工作不能只在他们希望帮助怀孕的青少年的愿望下进行，还要与一个庞大的国家基金会合作。社区基金会感觉到他们的活动以及他们价值的提升，是靠是否有一个全国知名的社团作为伙伴，这是一种他们希望延续下去的利益。然而，福特基金会一开始只关心计划的结果，没有注重与本地的组织建立联系。直到其中一个社区基金会的主席把这个问题提到议程上。

"我们曾一起花时间讨论过这个计划还有我们从这个计划里学到的东西，但我们没有花足够的时间去分析和谈论我们能从这段关系里怎样去得到更多。"

这个观点在会议上得到了支持，珍妮·谢尔曼也开始了参加一系列大型社区基金会的会议。在这些会议上，社区基金会探讨了与福特基金会开展更多交易的可能性。

这让珍妮·谢尔曼感觉到这里是一个网络，在这个系统里跟福特基金会讲着同样的语言，有着双方达成广泛共识的潜力。

第一，他们显得对他们自己的社团有着很好的认识；

第二，他们能满足那些敏感社团的需求。就像她说的：

"在社区基金会里工作，能让全国人民了解我们以及我们所做的工作，所以他们能成为一种过滤器或者找到人才者，以及我们的二线队员。"

珍妮·谢尔曼也注意到很多小的社区基金会有着还没被发现的潜能以善于捐助一些机构，但他们通常倾向于反对捐助战略，特别是那些来自于机构，而不是来自于新的、实验性的项目的资金。

此外，他们的理事会——通常负责选择受赠者，其组成更倾向于同质化，并没有反映他们所植根于的社区的多样性。再者，社区基金会经常缺乏那些可能会使他们能够发展最初和集中的项目的工作人员和资金来源。

珍妮·谢尔曼相信社区基金会能够在他们的社区扮演一个重要的领导角色，福特基金会也能帮助他们做到这点。在谢尔曼看来，社区基金会能够在社区中不同的、甚至是互相冲突的利益间，发挥中立的召集人的作用；他们能够通过把那些具有象征性的基金引入那些争议性的项目而成为一个催化剂的角色；像福特基金会那样，他们能强调在那些他们资助的组织中理事会成员和工作人员的多样性的重要性。

在他们各自的城市，一些福特基金会的理事与社区基金会相似，在议题上表达着一种广泛性的利益。作为对他们利益的回应，珍妮·谢尔曼于1985年春天向他们建议了发展社区基金会的第一步。珍妮·谢尔曼想获得大量足够的资金以在这个领域发挥具有象征意义的作用，在成功游说那些对社区基金会有认同感的同事后，她申请在两年以上的时间中获得500万美元的拨款。

在此想法获得批准后，珍妮·谢尔曼要求格林尼开展提案，其目的在于"增加社区基金会的资金基础"，以加强社区基金会工作人员的专业性，并在社区基金会和全国基金会之间建立起特殊的资金合作关系。

在格林尼看来，要完成这项任务，首先要学会开放性地回答：在社区基金会方面她究竟能够做些什么；然后再去开发一项与基金会使命相匹配的战略。

（3）资助者先前的经验

格林尼担任福特基金会的一个项目职员已有5年时间，负责发展一些女性事务方面的事务，最近她在管理一个福利和少女怀孕领域的捐助投资组合，她刚刚被提拔为成一个项目主管。在这个新的职位上，这项提案占了她大约25%的工作量。

除了这些经验以外，格林尼还有着慈善机构之外的一些经验。在加入福特基金会之前她是一个社会工作领域的教授，但并没有真正从事社区基金会工作的经验。但在进入基金会后，她已能在少女怀孕协作方面扮演领导角色，这也给了她一些与社区基金会共事的经验。作为项目工作人员，她已通过两个闻名全国的中间组织引导资金投入到目标社区少女怀孕项目中去。在每个这样的社区中，社区基金会会确定受助者，资助当地的项目，并公布提案。

格林尼从与她的工作经历中学到了三样东西：首先，她感到福特基金会没有被视为对当地诉求漠不关心，这是非常重要的。其次，她认为社区基金会之间如果想从各自的经历中吸取经验，必须直接进行互动。最后，她相信依靠中间组织去管理项目进程，可能会使福特基金会与社区基金会建立更紧密的关系变得愈加困难。

问题调查

（1）了解领域

格林尼关于社区基金会的第一轮谈话是在她和她的督导珍妮·谢尔曼，以及曾和珍妮·谢尔曼一起创立波多黎各社区基金会的一位项目官员之间进行的。她之后也开始和基金会以外的人有了对话，包括几个大型社区基金会的领导层和美国基金会协会委员会的工作人员，以及慈善机构的行业协会。在委员会那里，她获悉了社区基金会已经获得的种种或来自美国基金会协会委员会以及自其他公共和私人组织的支持。

格林尼同时也了解到，大型的社区基金会寥寥无几，而非常小的社区基金会却为数不少。1984年美国基金会协会委员会曾针对204家社区基金会进行过一次调查，发现仅有13家资产超过5千万美元。除了这13家之外，还有27家算得上是中等规模，其资产介于1千万和5千万美元之间。小型的社区基金会有约63个，资产介于2百万到1千万之间。资产少于2百万的约100家基金会则基本上都是新成立的。

委员会预计，最大的24家社区基金会持有所有社区基金会加起来一共30亿总资产中的百分之八十。格林尼之前和委员会的工作人员以及其他对这一块比较熟悉的人也有过交流，得知当地实际上只有很很少数大的基金会，和大量的小型基金会。相比于中小型或刚刚起步的基金会，那些资产超过5千万美元的社区基金会并不那么需要福特基金会的资助。

格林尼也发现，社区基金会是慈善事业中成长最迅速的一块，也是美国基金会协会委员会中一个较大的组成部分。她还十分惊讶地发现，在基金会委员会的工作人员的眼里，基金会领域内社区基金会是多么地个人主义。虽然社区基金会向来缺乏一个强大的协作传统，这可能和它们各不相同的地理服务区域有关；然而，委员会的工作人员看见的则更多：在他们看来，机构对独立性的追求会限制其所在领域的发展。

格林尼也从各社区基金会的领导和成员那边搜集到了激励人心和让人气馁的各种故事。基金会委员里来自社区基金会的成员们组织了一个理事会，用来在更大的组织层面代表他们的利益，并举办针对社区基金会工作人员和理事会的工作坊、研讨班，讨论募款、投资策略和伦理等诸多议题。然而，尽管如此，社区基金会仍然感到在委员会里不受重视，并且不为其他成员所理解。

由于社区基金会既是募款者，又是资助者，他们觉得他们的需求和那些通常意义上的慈善机构不同。特别是小型的社区基金会常常会觉得自己陷入了"第22条军规"的困境中：他们需要展现出他们在做慈善资助的一面以吸引捐助者，但没有捐助者他们又没办法去实现慈善资助。他们认为委员会必须提供更多的专门针对他们独特需求的技术指导，但由于在委员会里的影响力与他们的数量不成比例，他们常常感到力不从心。

美国基金会协会委员会里的社区基金会事务方面的专业人才最近都离开了委员会，而接替的工作者往往不够专业。结果造成有些社区基金会开始考虑退出委员会，成立一个他们自己的一个单独组织。

通过这些访谈和研究，格林尼逐渐形成了对一个典型的社区基金会的演化过程的较清晰客观的了解：社区基金会通常由一个很有抱负的个人创建，这个人对机构的愿景非常有进取心。接着，该创建者组建一个理事会，申请免税。在开始的两三年内，这个新兴组织的唯一工作人员，常常会是一个单打独斗或者只是兼职的志愿者或退休人员——这大大地限制了该机构快速成长的能力。一旦它的资产达到2百万，这家组织才开始有能力雇佣一个正式员工。社区基金会的运行费用往往来自多个不同渠道，包括资助基金的管理费、资助、投资收入等。一家社区基金会给员工付工资和支付其他运作支出的能力往往是由其募款的能力决定的。

一位名叫山姆西特的专家——他同时也是另一家支持社区基金会的基金会的某个行动计划的咨询师，后来又成了一家大型社区基金会的负责人——认为任何一座人口不低于25万的城市都应该有支持社区基金会发展的数量充足的富有的资助者。他也认为，"钱能生钱"，不过起码要有5百万美元才能达到某个临界点，此后才有可能和资助者群体建立信任关系，帮助社区基金会迅速发展。

其他一些专家则认为，要想达到那个临界点，一个社区基金会里必须有两种专业人才——筹集基金的，和使用基金的。他们认为，一家社区基金会必须至少有1千万美元的资产才能达到事业起飞的临界点。

（2）寻找干预的时机：盘活资产和项目质量之间的关系

一些社区基金会的领导人告诉格林尼，开始最容易获取的资源通常都是限制性的，或者说"资助者主导型"的基金，这意味着资助者有权决定资助的种类。在格林尼与基金会委员会里工作人员的早期访谈中，委员会工作者曾指出，资助者主导型基金的大行其道会极大削弱社区基金会的灵活性，使之无法针对当地不断变化的需求来开展相应的项目。

大多数社区基金会在资助方面的决策都是由它们的委员会做出的，委员会又被称为"散财理事会"。委员会可由两种方式产生，具体选择哪种要视社区基金会的法律结构而定。在"信用"结构下，委员会成员由当地重要机构（诸如当地市长或某大学的校长）的代表指派的。而在"法人"结构下，新的委员会成员则是由现有的受信托人委员会选出的提名理事会选定的。不论在哪种情况下，委员会成员都更可能是社区的富人。同样，并不出人意料地，成员里白人和男人居多。

小型社区基金会的委员会的慈善资助，通常包括对当地医院、交响乐团或其他重要社区组织的年度资助。这种基金会通常缺乏在某个特定领域开展多年资助项目的经验。在格林尼看来，社区基金会存在形象问题：基金会圈子里的人并不了解他们。她还认为，他们会因此失去在解决儿童福利或青年失业等严重问题上实践领导力的重要机会。举例来说，他们是有能力担当起召集人的角色的，可以将公共的、私人的和非营利领域的各种力量调动起来共同解决一个可能导致社区分裂的本土议题。然而，社区基金会并没有做这些事。它们在社区里像个隐形人，在地理上被隔离，也不熟悉国家在某个特定议题方面正在发生着什么。

格林尼曾尝试寻找更多的社区基金会，比如太平洋西北基金会。这家基金会后来成为格林尼领导的青少年养育联盟的参与者之一。它拥有三千两百万的资产，年度资助额达到二百六十万，在受访组织中排在前百分之二十五，但格林尼看到了资产规模之外的更重要的特征。例如，太平洋西北基金会发起了一个著名的、对于推动青少年父爱计划的开展意义重大的政治和筹资联合行动。由于运作费用有30万美元，它得以雇佣两名专业人才，分别管理募款和项目运营。最近，这家基金会又决定要再加一名项目官员。

格林尼还发现另一家更典型的社区基金会，克里弗兰地区的Cuyahoga社区基金会。这家资产8百万的基金会成长迅速，但它基金的几乎一半是受限制的。它的委员会全部由白人男性组成，在提高基金会的社区影响力方面无所作为。不过，这家基金会的执行总监已经开始关注社区需求，对于基金会如何才能在解决青年失业问题方面发挥有益作用有些想法。

许多刚起步的社区基金会都面临和Southern Cone社区基金会类似的起步困境。这家基金会资产50万，为东南部的一块三城大区提供服务。它的创立者是当地一家制药公司的科研人员，该人曾获诺贝尔奖，并用奖金创设了这个基金会。其委员会构成比较多元，执行总监很年轻，充满活力，但欠缺募款经验。每年的运作费用有四万三千美元。为此，执行总监一直努力筹资来支付她自己的工资，并进行一些慈善资助。大多数基金因此受到很大限制。

格林尼对社区基金会领导人和其他熟悉该领域的人的访谈坚定了她的一个印象，即社区基金会需要福特基金会提供一个行动计划，帮助他们建立资助基金。然而一些访谈对象也表示了担忧，认为福特基金会可能会过多强调项目的重要性而忽视了资产发展的严重问题。另一方面，包括其他基金会的执行官和基金会委员会工作者在内的一些社区基金会的批评者告诉格林尼，社区基金会把重心全放在募款上了，以至于有些社区基金会变成了纯粹的"发展发动机"，无意也无力于制定更好地慈善资助项目。

在格林尼眼里，募款能力和项目运营能力是相互联系的。她认为，如果社区基金会能展示出开发和执行优质项目的能力，那么筹集资助基金就会更容易。因此，格林尼认为，除了关注社区基金会的募款方面以外，该项行动计划还需要帮社区基金会开发真正有益于社区的项目——并由此建立起他们作为有价值的资助对象的声誉。

格林尼也感觉到，社区基金会领域需要规范： 共享的目标体系，共同的话语，以及社区基金会都同意遵守的标准。她认为，作为一个领域，社区基金会圈子能从更好地数据收集中受益，这些数据也能被用来教育公众和其他潜在的资助者，让他们更了解社区基金会。她得出的结论是：行动计划应该能够帮助社区基金会领域变得更加清晰，提高其公众形象。

启动资助项目

（1）定义计划

在调研的开始时，格林尼觉得或许只需要邀请几家有潜力的社区基金会提交提案便可以了，但她的基金会协会委员会之旅告诉她事情并没有那么简单。社区基金会似乎对于慈善界的态度方式十分敏感。如果关键资源仅能流向少数几个社区基金会，那么最好的办法是让它们竞争获取。在格林尼看来，竞争会使领域内的选拔标准更明晰，也会使得福特基金会免于有失公平的批评。

十一月初，格林尼在脑中已构建好了她的行动计划大纲。她计划邀请一群社区基金会来对一份需求建议书做出回应。她鼓励那些被选中的基金会率先帮他们所在的社区找出当地的重要问题。那些针对性较强的社区基金会将会得到资助，同时社区基金会也将利用那些项目的信息和福特基金会善款的效果来获取对一个永久的资助基金的支持。目标是让每个社区基金会在资助阶段的末尾都有足够的不受限的基金来继续进行有创造力的慈善资助。该项行动计划还将为基金会的工作者提供更多的开发项目的经验。

正如格林尼所说：

"我们希望社区基金会经历整个过程——也就是说所有各种各样的技能：决定主题、认清社区背后的结构、想清楚怎么构建政治热情、并真正地策划一个慈善资助项目且执行之。我们认为，如果他们在某一领域成功了，那么这些技能也可以运用到许多其他领域中去。我们相信，那些技能对于社区基金会的生命力真的是非常关键——光有钱是没用的。"

尽管格林尼对于这些决定很自信，该计划的其他许多特征还有待确认。这包括：

目标群体的界定：格林尼知道，和该领域的规模相比，她所能调动的基金是相当有限的。（虽然她和Jane Sherman已经找到了一些福特基金会的潜在的合作者，该计划仍未能满足他们的慈善资助兴趣。）所以，她必须界定出慈善资助的明确关注点。

格林尼可以想象到不少界定潜在申请者群体的方式。她可以凭规模、或者根据将社区基金会能够灵活调用的资产所占比重考虑在内的框架进行目标界定。如果她选了后者，那么资产相当有限的中小型基金会就有可能获得入选资格。格林尼认为，对于在资产扩张和项目培育二者间达到平衡这一目的而言，可灵活调度的资产和够资格的机构规模是重要的。如果项目培育是首要目标，那么缺乏灵活资产的中型基金会就能像小型基金会那样从她的行动计划中获益，显著的效果也更容易产生。另一方面，如果资产扩张是首要目标，那么和一群同质性的小型社区基金会合作会更容易。她咨询过的那些基金会选前者后者的都有。

选拔过程：格林尼很快就决定使用竞争性的RFP过程；但是由福特自己主持这场竞赛呢，还是让一个中间人来办？福特是自己来做决定（或许离不开委员会的帮助）呢，还是组建一个选拔委员会呢？据她对福特组织的其他竞争活动来说，格林尼深知其中行政管理任务繁重。雇一个中间组织很可能可以帮助格林尼管理审查的细节，节约时间，但那将使得福特基金会对整个过程有些生疏。格林尼也明白，她自己做决定会给她更大的控制权，但这样一种手把手的模式也可能产生公平性的问题。

项目目标：格林尼同时还面临着这样一个问题：是为所有申请者选定一个问题领域，还是允许他们自由选择呢？格林尼不想对社区基金会施加太多控制，也不愿因为坚持让他们从事一个不受欢迎的课题而承担更大的风险。另一方面，她希望行动计划可以和福特基金会的兴趣相符。此外，确定一个统一的问题领域可以帮助福特基金会从多种多样的社区基金会的行动方式中学到更多东西，这可能会有助于基金会组建一支专家顾问团队来提供更优质的协助。单一问题领域也能够让社区基金会更容易去和其他领域分享本领域的信息。

募款要求和资助条款：格林尼明白，要形成一个足够继续推行新的资助项目并且支付专业工作人员的报酬，社区基金会需要募集大量的当地资金。如果资金要同时完成资助基金的建设和捐助项目实施的目标，基金会将需要加强对资金筹集的影响和控制，同时使得众多的社区基金会能够立刻开始它们的资助计划。

格林尼估计，一个社区基金会，每年将至少需要10万美金，用于形成一个有意义的资助计划和招聘工作人员或者所选择问题领域的专家顾问。在支付工作人员和办公费用后，一个社区基金会将剩下大约50,000美金用于资助。格林尼认为，这一数额将使得社区基金会一开始就以比她们曾经开始时还稍微大点规模提供资助。同时，这个规模也使得社区基金会能在众多的致力于同样目标领域的机构中拥有一席之地。

资助期限同样需要定义，资助项目可能需要一段很长的时间来形成对目标问题领域的影响力。根据格林尼的估计，至少需要花五年时间来制定并实施一个项目计划。与此同时，基金筹集活动需要强烈的紧迫感和动力感，而且不得不在数年内完成。

多元化目标：格林尼开始思考项目资助选择过程中应如何重视多样性。一些社区基金会担心目标多元化带来的干涉问题，他们不想外部机构干涉他们的理事会结构。与之相反，另外一些社区基金会则热衷于扩大他们的理事会，并且希望从基金会得到帮助来完成扩张。他们不想干涉其理事会结构与外部机构。那么，格林尼她怎么能取得适当的平衡？目前几个貌似可行的措施包括：

√ 要求在申请书中附带其机构的经营理念和价值取向的陈述，并要求申请人提供多样性的信息

√ 在遴选过程中给予多样性统计权重

√ 为管理理事会的甄选过程提供技术援助

技术援助和支持的领域：格林尼的另一个考虑因素是如何组织对竞选获胜的社区基金会的技术援助。格林尼发现自己投入了大量的时间在一对一的联系上，特别是在项目规划阶段。虽然作为基金会的工作人员，她这样帮助参与者看起来是适当的，但是她希望找到一个不同的首创性的机制来提供这种援助。格林尼还关心如何对处于不同的发展和组织阶段的社区基金会提供技术援助。如果她决定致力于中型和小型基金会的工作，把所有基金会视为一个类群会有所不同。

格林尼同时开始考虑给予其他形式的帮助，使得竞争之外的基金会也能得到首创性的帮助。她想增加公众对这一领域的认可度，这样社区基金会将会成为一个家喻户晓的词汇，就像公益金一样。同时她觉得基金会需要一个论坛用来相互交流。但是社区基金会还没有决定，无论是共同地还是单独地的情形下，如何完成这些目标。

当她做决策时，她需要考首创性方式如何和社区基金会的理事会相关联。虽然理事会在项目运营上不是很有经验，但在基金会的压力下，它不得不做更多。作为回应，基金会的委员会已经开始建立一个全国性的代理机构，旨在增加理事会对基金会的现有服务，同时募集资助并增加对社区基金会的认识。一些全国性的基金也已经表示有兴趣支持这种努力。

（2）建立支持体系

除了和她自己基金会的高层管理者分享她的想法和发现外，格林尼还想通过更多的领域内受众检验她的工作假设。为了扩大咨询范围，她雇佣了一名顾问，名叫乔治菲尔德，来帮助她完成这项任务。乔治菲尔德曾是中西部一家资产3500万美金的社区基金会的负责人，现在是一家公司基金会的理事。对于格林尼来说，Field提供的不仅仅一双耳朵来帮她完成任务，更是公信力的源泉。Field可以引来社区基金界对格林尼工作的政治性支持。对于格林尼来说，他同时充当了另一个重要角色，就是作为格林尼的同事，他有丰富的知识，格林尼相信他的观点，他也能在新的探索中给予格林尼精神上的支持。

在接下来的两个月中，格林尼和乔治菲尔德采访了23位社区基金领域内的专家，包括大中小型社区基金会的理事，以前的理事，以及创立了其他社区基金会项目计划的执行官。他们还参加了社区基金会的理事会会议，在那里他们描绘了理事会在基金领域内提供技术支持模式的大致轮廓。和他们交流的人员在基础概念上给予了积极的回应，并提出了各种各样的使这些想法成型的意见。下面是一些他们收到的建议：

√ 对于项目计划要求不要规定得太严，而是给予一些指导

√ 形成筹集相匹配资金投入的动机

√ 和已经开始积极筹集资金的社区基金会合作，这样他们一开始可以少走弯路

√ 选择一些感兴趣的领域和项目给社区基金会做

√ 使多元化成为一个选择标准，但不要过分

√ 保持匹配模式简单而灵活

√ 理事会需要有足够丰富的社会资源，这样能够对筹资有所帮助；理事会需要代表社区而不是反映社区。

√ 经常将基金会的员工们召集起来交流，成功的关键是基金会员工的能力素质

√ 覆盖需要重新组建的中小型社区基金会

√ 顾问委员会是无能的

√ 考虑不同数额的捐助

在仔细研究了这个领域后，格林尼、Field和几个潜在的参与竞争的候选人交流了关于项目发展的想法。他们有的已经想好了在哪些领域给予捐助，只要福特基金会的资源可以获得。然而，大多数情形还是忙于资金筹集上。除了把资产构建和项目发展联系起来的想法，格林尼和乔治菲尔德还未遭遇过太大的阻力。

（3）锐意进取

格林尼很自信她已经了解这个领域的主要问题并能设计出可行的创意；现在是她证明自己的时候了。当她坐下来构思自己的想法时。她得弄清楚哪些具体的元素是她需要放在她的申请书里，以及她应该在报告里告诉信托人什么。

（4）使用需求建议书

1986年的春天，Sara格林尼准备向受托委员会创造性地提出她社区基金会的计划。她的首创性有两部分。第一部分也是最主要的就是通过招标方式来从8个社区基金会中选择谁会在未来五年内得到500000美元。第二部分是一项给全国社区基金会议程500000美元的资助，这是一个关于社区基金会委员会非常特别的项目。这个项目会收集该领域内的相关数据，开展一个筹资培训项目，并且举办一个公共信息活动。

格林尼已经明确有资格竞标500000美元的社区基金会需要有如下特征：

固定资产介于两百万和一千万美元之间：格林尼认为，用一个简单的公式来计算资产规模是界定候选人的最好办法。根据一份基金会理事会1984年进行的关于社区基金会的调查，这个限制会给格林尼一个可管理的候选人数量——大约60到70个之间。尽管设置一千万美元的上限会淘汰一些非常不错的竞标者，格林尼认为这样会给这些同质性的基金会提供一个相似的舞台。她觉得对于一千万美金级的基金会在建立资源方面不会再有更多的需求。她选择两百万美元作为下限是因为基金会在此规模以下很难支付专业员工工资，从而很难建立一个活跃的筹资模式。

至少有一个人全职工作：格林尼发现有一个全职工作者是一个社区基金会发展的先决条件。

位于250000人以上人口的大都市：格林尼根据的是社区基金会专家Sam Hitter的经验法则。他的评估发现一个社区基金会需要的资金支持只能在一定规模的城市内获得。

基金会协会委员会的成员：格林尼想加强社区基金会和基金会协会委员会之间的联系，以此来确保基金会协会委员会在竞争中的伙伴关系。

在他们的申请中，基金会理事会将会描述他们提出的社区基金会工作的重要问题，并且提出一个他们如何使用福特基金的计划。该问题的界定会交给社区基金会来做，尽管在他们的招标中，格林尼已经告知申请者，该问题的重要性会通过"影响人群的数量和种类，问题的重要性、普遍性或者难解性"来估量。

该基金还有一个二对一的配比要求。申请者需要明确说明他们筹集一百万美元资助资金的方案——不论是不受限制的基金或者有特定领域限制的基金。基金需要在两年内给予并且在五年内筹集。与此同时，50万美元资助的首批10万美金将会下拨给社区基金会，该笔资金可用于筹款和项目选择中的行政开支。在最初的两年中，新资助的基金每资助两美元，福特基金会就会匹配一美元的善款。然而，福特基金会基金期望在五年内每年投入十万美金。社区基金会也可以选择放置福特基金会基金中的最高五万美元每年来资助新的基金会。

格林尼使用以下的准则来选择加入基金会协会委员会：

问题定义和计划策略：被选择的问题必须具有一定的重要性，社区基金会需要论证它不仅具有在对付该问题中扮演重要角色的机会，还要有一定的竞争优势。除此之外，基金会需要寻找到一个结合预防性的政策定向视角和指导服务条款的筹资计划。

基金会协会委员会的领导角色：除了基金会协会委员会准备实施的筹资外，基金会将要考虑活动的多样性和质量。这些可以包括引入各类不同的组织成分，刺激党派间产生冲突性观点的对话，鼓励公私合作。

筹款计划：社区基金会需要制作一个特别的计划来在两年中满足资助基金，并且展示该计划与基金会理事会的发展计划相一致。

职员和理事会能力：理事会和职员都必须展示出对运行项目的开发和筹款部分的能力和承诺。

员工和委员会的多样性以及应对改变的计划：申请者会获得一份关于基金会多样性政策的文件，并且会被要求提供关于员工和委员会多样性的支持数据。在格林尼对申请者的评估中，她不仅要看当前的多样性，也会考虑它会如何在其项目中计划包括社区输入和对他们项目的兴趣。

地理分布：因为社区基金会的倡议倾向于帮助福特基金会达到它的地理覆盖率，格林尼想确保竞争的胜利者可以很好地分布在整个国家。

（5）应对竞争

格林尼已经决定通过竞争来筹集善款，她意识到需要一个方法来应对大量她期望的申请者——多达60个——并在进程中管理他们。格林尼计划亲自做一些选址，她透过一个顾问团队来帮助她来审核申请者、选址、给她大致的初步引导。基于顾问的观点，尽管基金会掌握有最终决定权，他们会推荐一些竞争胜利者。格林尼召集的顾问团队包括了现任和前任的大型社区基金会主管以及一些其他基金会的主管。她也召集了一名熟悉社区基金会的福特基金会项目的官员，和一名她之前雇用的顾问——乔治 菲尔德。

为了解决管理竞争和受让人服务的大量的负荷，她决定雇用一名项目经理。项目经理需要能够组织会议，直接提供技术帮助或者以中间人身份通过他人来实现，检测基金会理事会的项目，管理评估。对于项目经理分配的人物，格林尼雇用了一名有经验的慈善的顾问，路普 特拉多，他曾经管理过一个地区性的慈善组织。特拉多将会在一个非营利性管理组织工作，这会给她提供一个管理基地。

1986年夏天，格林尼把她的招标书发送给了基金会理事会筛选后的300个社区基金会。由于她不想忽略任何可能适合这个计划的人，她认为给他们所有人一个申请的机会非常重要。招标书中要求，所有申请者需要详细地说明

資助 藝術</cite>

一个为期五年的项目计划和一个为期两年的筹资计划。顾问团的两位成员将向进入最后一轮的潜在受助者进行实地考察。

格林尼收到了28封申请。她和她的团队成员对12个基金会进行了实地考察。到12月，在特拉多、菲尔德以及其他顾问的帮助下，她选拔出了8个将会获得50万美金善款的基金会理事会。这些基金会分布在南部、西部、中西部、东北部，资助规模也覆盖四百万至八百万。尽管社区基金会至少申请了两百万的资产资助，这表明他们有最弱势的项目计划。在8个最终的竞争获胜者中，4个曾经被格林尼和菲尔德在探索阶段被认可。

一旦竞争进行起来，格林尼开始思考如何去构建一个评估。她期望评估可以达到两个目标。第一个是为基金会提供基金会理事会发展资产、项目和社区领导力初步成功的反馈信息。第二个是提供关于扩大领域的有效策略信息。在特拉多的帮助下，她选择了一个小规模的非营利性评估咨询公司来收集关于竞争胜利者在常规实地考察、标准化问卷和年会出席方面的数据。这些信息将会通过一系列公开报道传播给大量的社区基金会。

三个资助项目案例

（1）三个案例简介

在三个最后赢家中有一个是西南社区基金会，一个在过去两年里面规模翻倍的五百万美元基金会。除了在服务领域内覆盖很高比例的少数民族居民外，在他们26位理事会成员中只有1位是少数民族，4位是女性。然而，西南社区基金会建立了一个分会来指导筹资决策，并且11个成员中有3个是少数民族。他们的执行总监，基金会中唯一的专业员工曾经管理过一个团体的基金会并且在公共服务方面有长期良好的记录。

他们建议用善款来解决有精神疾病的儿童问题。这个项目让格林尼感动的是，西南社区基金会是同时计划支持采取早期策略降低危险中儿童和与社会服务系统合作推动针对此类儿童的服务的基金会。他们运作的新型开放性基金将会建立儿童基金。西南社区基金会也提出通过建立社区顾问团队来应对项目的多样性需求。

另外一个竞争胜利者是中西部社区基金会。最初建立的时候他们是联合劝募协会拆分出来的,但是懂事最近投票决定使它完全独立。六百万美元的资产和四百万美元的抵押品,让这个基金会看上去在达到临界质量上相当不错。不像许多同等规模的基金会理事会成员,中西部社区基金会有能力支持三个专业员工。在39位理事中,白人男性占主导地位,但是也包括7位少数民族和7位女性。假设中西部社区基金会的领导力,它的执行总监曾经是一位资深管理者,曾经在相邻州管理过一家1.3亿美元的社区基金会。

这家基金会选择了一个困难而又紧迫的问题:在他们服务的7个国家中降低毒品滥用现象。他们的决心给格林尼留下了深刻印象,他们计划采取行动来提高对预防活动的重视,强化不同团队间的区域合作。根据他们的提议,一些他们准备实施的特别活动包括善款竞争,一个公共意识和媒体活动,一个信息交换,区域性政策建议,以及数据收集分析。为了让更多的社区参与他们的活动,他们提议建立一个项目咨询委员会。

第三个赢家是南方郡县社区基金会。一个表达清晰明确的前任郡县政府特派员最近承担了这个四百万美元基金会的领导职务。这个基金会有一个当地合作和五年内能够筹集七百万美元的项目的前景。尽管他们计划在理事扩增中增加少数民族和女性的席位,在他们21位理事中只有2位少数民族和2位女性。

坐落于一个有着许多不同民族的中心城区,南部农村社区基金会发现并开始关注文化疏离问题。格林尼被它所推行的假设——无处不在的文化疏离感和建造融合社会的有效机制的缺失使得社会没有一个正常的模样,并且使得刻板映像和歧视得以持续——激起好奇。他们提议支持重大的多文化项目。例如,一个支持贫穷却有志创业的青年人同来自不同民族及文化的年轻教授联系的项目。

(2)竞赛第一回合的预估

回顾比赛的第一回合,格林尼分析了其成功于不足之处。就社区基金会筹集资金而言,八个基金会中只有一个没有能顺利完成他们的基金会筹资目标。这个基金会及时地完成了竞赛但没能保持筹资的动力。四年以后,平均而言，基金会规模扩大了两倍多。他们增加了平均四百万美元的不受限资金到他们的养老保险中，此举意味着大部分资金到达了那些需要额外重大帮助的群众手里。第一回合筹集资金的成功者向格林尼建议：基金会不需要坐落于250,000平方公里的中心城区以筹募资金。此外，她还观察到：

"如果比赛在财务增长方面是成功的。那么它就会产生恰当的压力并帮助达到正确的平衡，除去一个例外，所有基金会都在第一回合中拥有充足的知识和能力去筹资。"

然而，格林尼很清楚：即使有一千五百万资产，一个基金会也可能仅有两百万不受限资金。这让她想到可能需要更改最初定下的一千万的资产上限。

就项目质量而言，结果并不那么明朗。八个基金会最初计划的项目很弱，尽管不惊奇但格林尼依旧对此感到失望。对于他们中的大多数，这是第一次尝试将五年项目计划综合在一起，总体上而言，这些计划反应了他们经验的匮乏。计划要么没能完好地阐释清楚要么被证明是不切实际的。不过，在这五年的过程中，她和特拉多能够帮助他们完善计划。格林尼观察到：

"我认为最初我们没有充分地意识到做一个好计划的难度，他们在项目发展中上需要更多的劳动力密集技术协作。"

这个问题揭示出的一个征兆就是这些基金会中的一部分在第一年没有办法使用他们的资金。项目负责人特拉多解释道：

"他们需要建立起基础结构：理事会的发展、更多的办公空间、投资政策的改变、顾问团。第一年有许多事要做，但基金会只有一到两个人完成这些事。他们是真正的创始人。对他们而言用公众的视角来安排一个项目是很难的。"

第一回合也使格林尼意识到社区基金会执行官的角色是很重要的。如果有一个富有创造性想法及对社区基金会角色有宏观视野的充满魅力的人在，那么在领导力目标的完成上便是成功的。大概一半的基金会有这样一个执行官。危险在于当这样一个执行官离去，就像在一个基金会中发生的，这个项目的其他参与基金会没有足够的能力去弥补这损失。在多元化的一面，项目的其他参与基金会花了很多的时间和不同的策略，也都取得了巨大的进步。特拉多在每周她主持的会议上对他们就多元化问题进行培训。基金会为将大众纳入其中而设置的顾问团被证明是给新理事会成员好的试水池。

回望她倡议中的其他要素，来自National Agenda的支持，格林尼也做了成就及缺点的分析。这个项目的公共教育收效甚微。希望基金会像United Way一样有名是不切实际的。但格林尼希望项目能最终在更具体的税法律师及财政计划师的教育中取得成功。

在另一方面，格林尼对National Agenda项目能够减少基金会分离并帮助促进这块领域的发展感到满意。虽然这个项目最初的目标有产生一套社区基金会操作的共识标准，但这件事被搁置一旁了，因为许多人认为这将局限机构的风格。虽然如此，格林尼依旧相信他们同基金会委员会的关系，在他们的年会中，基金会现在是更专业和有效率的机构。

参与者观点：总的来说，参与者认为计划提供给他们很大的机会。比赛给了他们一个机会调动理事会，使他们对项目更感兴趣，与此同时，比赛使得他们走上了一条持续增长的道路。第一回合的一些参与者分享了他们的观察心得：

"我们参与这个倡议对自己而言是一个重大的转机，它给予了我们直接的资金信用。""筹资很困难。过去的传统是我们等着别人经过并施与我们一些东西。我们也从来没有参与过筹资事务，理事会厌恶参与其中。我们同非营利的基金会竞争。"

（2）第二回合的预估

格林尼在比赛初就预想好会有第二回合。正如她所解释的：

"这个领域如此广阔，如果仅同八家基金会合作只是沧海一粟。如果你仅做一次，那么你仅能获得那个规模的回报。你希望能更深层地证明这个模型适用于更宽范围。通过更多地当地实际适用，你能学到更多。"

她希望第二回合能加深基金会的经历并且证明模型有更大的适用性。项目的经历已经吸引了一位新的投资伙伴麦克阿瑟基金会。它所提供的两百万美元支持使格林尼能在第二回合考虑扩大规模。

但比赛本身对一些较弱的申请者而言是有问题的。为了参加，社区基金会需要劝说其他当地机构加入他们一起完成项目，准备他们自己的理事会来筹资，并为计划的顾问团举办两天的实地考察。格林尼要求项目评估员去访问一些没有成功的申请者的比赛经验。她获悉到当投入了那么多的时间及精力后没有赢得资助将造成他们的公共关系问题。一些还没有割舍的人想要知道原因。格林尼观察到：

"我们需要更清晰地意识到社区基金会公开发表意见时承担的风险，我们在为这些基金会努力。话已经说出口了，如果他们没有得到资助，那将对他们筹资产生什么影响？"

当她开始设计第二回合比赛时，格林尼需要将从第一回合得到的发现考虑进去。

第三章

资助项目过程

第一节　项目挑战和调整

当项目陷入困境——拯救误入歧途的资助

每个经验丰富的资助者都见过些处于困境的基金会，有些基金会承受很大的舆论压力，有些本身就运作得很辛苦，这些基金会需要资助者的大力支持。

对于拯救那些困境中的基金会，没有现成的指导手册，也没有成功案例可供借鉴。每个基金会所处困境不同，很难有范式的方法进行指导。而这并不意味着资助者只能自己想办法了，资助者仍然可以利用自己和他人的经验来帮助陷入困境的基金会。

陷入困境的类型

希望给予帮助的资助者们首先要对已有问题进行准确分析，每个资助者开始面对的都是"一团糟"的情况，组织理论学家唐纳德·舍恩认为，很多问题并非简单地用技术性方案就能解决。更多的情况是，实践者发现自己身处"一片沼泽低地"，面对着"令人困惑的、讨厌的、以及不确定的困境"，实践者首先要做的就是把这种"一团糟"的情况转变为比较好处理的情况，要诊断问题，给问题分类，甚至有时候要用试错的方法来分析。

有三种常见的困境类型：

（1）项目设计和实施方面的困境

如果遇到这种情况，问题通常比较清楚，比如，项目设计中有些元素需要修正。如果能好好思考和分析，这类型的困境比较容易找到解决方案。

（2）组织绩效方面的困境

这类型的问题不是依赖于好的项目设计和实施能解决的，它是按照组织运行方案操作之后出现的一系列问题，包括财务管理混乱、员工流动大等。

（3）战略或价值观的冲突

有时候，出现的问题既不是计划方面的，也不是组织机构方面的，而是资助者与受助者在基本战略的观点上有冲突，这一冲突在项目一开始就存在。

寻找警示标志

在陷入困境前，会有一些警示，识别这些警示有助于将损失或不利影响降到最低程度。以下是这些警示：

（1）长期现金流问题

大多数非营利机构，特别是小规模的和新发展起来的机构，资金数量有限，来源不确定。如果出现现金流问题，不会是大的经济或金融环境变化引起的，而是机构本身的问题。长期的现金流问题会引起更大的问题，所以，资助者要注意以下这些受助者的问题：

√ 将营运问题描述为现金流问题；
√ 由于现金流差而反复要求增加资助；
√ 项目转移至一般业务以掩饰资金流问题。

某资助者回忆："他们在陷入困境的早期来找我，让我帮其渡过难关。他们说是现金流问题造成的，但我发现问题在于不良的财务管理，所以，我没有同意资助。"

（2）不顾一切追逐资金

由于许多非营利组织都有资源短缺情况，资助者会接受受助者在其他方面寻求资金的做法。但有时，这些组织会为了获得资金迎合各种资助条件，甚至甘愿违背组织的战略目标。一些组织为了获得资助，会接受一些与自己领域间接相关的项目，由于对这类项目缺乏经验，对需要的资金估计不足，结果反而要贴补资金才能完成项目，实在是得不偿失。针对这种情况，如果一开始在财务上的进行整体核算，就不会陷入困境了。

（3）可疑资金突破

一些创新的想法可以争取更多资金支持，减轻财务压力。但有些人这样做是为了争取新资金而回避以前的财务管理问题。

某资助者说："我资助一个受助者的筹款活动，他们采用直接邮寄现金的方式筹款，该做法成本很高，最后，他们出现了现金流问题，甚至出现了赤字。"

（4）理事会漠不关心

如果理事会不过问项目，那往往是麻烦来临的标志。理事会不主动了解项目和受助者，缺乏项目和财务跟踪机制，不对项目进行反思，这样的情况提示，该组织工作人员的工作没有人监督，也没有人定期支持。

理事会成员的背景不代表其运作的有效性，"不要以为由于理事会上有商业人员，就能管理好组织；成员中有社区的人，他们的声音就能被听到。一个理事会是否有用，得看当受助者陷入困境时他们如何作为。"

（5）创办者盲点

非营利组织创始人往往将其愿景和决心塑造成一个组织的使命，随着时间推移，又发现其在实际工作中不适用了。所以，资助者需要了解受助者的情况，看看其是否有财务管理或员工发展方面的盲点。比如，某小型基金会资助者回忆，他认为某受助者（组织创始人）非常热心，非常靠谱。但几年资助下来，组织发展不好，没有社区参与，也没有财务监督等等。总之，一团糟。

部分资助者认为，对于项目的质疑不应阻挡资助进程，因为没有对问题给予足够重视而资助后项目失败的例子比比皆是。对于这些问题，大部分资助者不会视而不见，他们会认真考虑，深入调查，发现问题所在，并在资助过程中认真管理。

迷你案例：一个陷入困境的组织

资助者： 一个坚信在环境组织中促进合作对于其长久战略很关键的大型基金会。

受助者： 一个在上述基金会支持下几年前成立的有几十家环境倡议团体的母组织。

现状： 复杂、耗时、有时资助者会直接介入受助者的财务问题中，部分由于其缺乏战略。

问： 你是如何知道这家组织是陷入困境中，而不仅仅是有了资金的问题呢？

答： 问题是现金流。我们很努力的尝试去帮助他们解决，但很难。他们已经使用了六万美元用于核心支持。

问： 你想要拯救这个组织，但你不希望有坏的管理。你如何知道你是在那帮忙，那些事情必须有改变？

答： 我们知道他们投入了数万资金。所以我们与他们的执行总监见面了。我们希望他们能好好整理他们的财务。他们给了一份许愿单，很多项目以及一份资助目标。但有些东西缺失了。他们有愿景，但没有路过去。他们确实需要成长的帮助和新的资金渠道。在这方面他们并没有好的想法，我们同意他们需要顾问来帮助。

问： 介绍新伙伴是微妙的时刻。受助者接受你们介绍的顾问么？

答： 一开始他们抗拒顾问的财务和管理方法，他们认为有些讨厌。那时我们也一致觉得他们进行了太多项目而没有思考应该聚焦在哪个领域。因此我们告诉他们需要一个基准，来聚焦他们的努力——在顾问的帮助下——在一段时间内减少亏损、吸引新成员。好长时间内都过得很艰难。

问： 距离你介入已经两年了，事情好些了么？

答：好多了。现在已经没有亏损了。他们成长了很多。一旦他们知道了要往哪里去，他们就开始工作了。对于一个资金的讨论意味着危险的组织——一个你失去使命的标志——他们的确进步了。例如，他们发现会议可以带来收入。他们也承认有些工作虽然不能赚钱但必须要去做。这引导他们开发新计划，来探索如何从部分工作中获得收入，如何资助不赚钱的工作。

决定介入

每个资助者都知道，如果你的资助项目正处于困境，正确的做法不是体面地退出项目，或是尽量去减小损失，而是帮助其脱离困境并扭转形势。资助者也知道，要帮助项目脱离困境需要时间，而这时间内，资助者还要审批其他新的项目资助申请，资助者精力分散也容易影响后续项目的运作。但资助困境中的项目还是有意义的，有如下情况值得讨论：

（1）大型资助

大多数资助者都知道不是所有资助项目都能顺利进行，总会有问题出现，特别是大型项目。当这些大型项目陷入困境时，资助者不得不介入。

（2）对受助者的特别义务

某资助者资助困境中的受助者，其认为："我们有责任坚持到底，我们敦促他们制定商业计划，告诉他们如何能找到其他资助。"他总结，正确的做法是找到错误之处，协助进行新的策划，并支持其参与其中。

（3）资助的战略重要性

资助者希望每项资助都产生影响力，但战略上来说，有些资助更重要，也需要更多关注。例如，某文理学院院长希望得到基金会的资助，但又不想如基金会希望的那样提高职员组成的多样性。基金会为什么还要考虑这样的资助呢？因为如果项目在该所学院获得成功，将具有重要的示范作用，甚至改变高等教育的一些做法。

（4）组织文化

资助困境中的受助者很有意义也很有必要，但资助者在这过程中还要考虑一个因素，即基金会的组织文化特点。

有些基金会因为各种原因并不鼓励介入资助困境中的受助者。一定要知道你所在机构的风格，没有机构支持而强行介入一个复杂的资助情形中，可能会让事情变得更加复杂。

介入的策略

当你发现了警示，了解了问题的性质，决定要介入，你将面对新的挑战。以下六个干预手段为资助者提供了介入的策略选择：

（1）不要单打独斗

不管找到合适的介入策略有多困难，有同事参与一起评估和审核还是很有帮助的。当你低估或高估问题的严重性时，他们可以提供一些参考意见。

一些大型基金会，有时会组建由同事组成的小组进行内部指导。某资助者说："当我们碰到困难时，我们向这方面有经验的同事求助，尤其是法律和财务方面的同事。"当然，这些意见包括肯定的、怀疑的甚至批评的，这些意见是"旁观者清"的论点，资助者应从不同角度全面分析和考虑这些意见。

（2）让它机构化，而非个人化

当你担心受助者策略与资助者战略冲突时，可以把基金会既定目标当作参考。介入策略的确定不是个人的决定，而是两个机构在目标上协调统一后的策略。既然是机构间的行为，最好有机构领导参与这一过程。

（3）理事会的参与

让理事会参与策略的制定可能会比较困难，也会让双方的沟通更复杂，但对介入策略的确定很有帮助。理事会的参与让这一过程上升为机构行为，代表了机构的承诺，机构需要为策略的选择负责。

某受助者未经资助者同意，就将其资助转到其他项目，而且也没给资助者提供该项目的报告。当其提出额外资助的申请时，资助者坚持要与该受助者所在组织的理事会商量此事。就是因为一开始没让理事会参与，才出现了上述问题，这一次，一定要让其组织来决策和承担责任。

（4）明智地使用你的权力

资助者有权利敦促受助者合理有效地使用资金，并对资金的使用承担相应的责任。但过度使用这种权利又会破坏受助者问题解决能力的提升。所以，在行使这种权利时要谨慎，如果不涉及受助者的能力强弱，只是战略上选择判断的问题，资助者可以仅仅表示一下关心，了解一下具体情况。如果是影响项目实施的问题，比如，资金和组织结构等出现风险，为了防止不良后果，资助者需要更多的介入。

某资助者对受助者是否遵从当初的项目承诺提出了质疑，这一质疑并不针对受助者的能力问题。资助者说："我知道我有这个权力，知道他们会听我的，我可以引起他们的关注。"另一位资助者面对一个完全不同的情况——筹款出现问题，而且对此受助者完全没有应对方案。该资助者认为，必须要给予受助者警示，"我告诉他们务必做好财务管理，我们不会资助他们的亏损。"这引起了受助者的注意，并开始整改。

（5）创建学习机会

很多情况下，一些有能力有决心的受助者只是埋头于工作的某些方面，这种做法能使项目不偏离轨道，但却使其没有长期的愿景、无法把握最佳实践、工作没有重点。针对这种情况，有必要提供一个正式的学习机会，这样，资助者也不用再对受助者时时提醒。

资助者很喜欢这种做法，特别是在项目策划阶段，可以安排其进行学习。比如，针对性别教育的资助，在项目启动初期，资助者安排受助者去波士顿、芝加哥、洛杉矶和伦敦学习最佳实践经验。学习结束后，受助者有了灵感，决定从安全性行为、艾滋病宣传、以及推广使用安全套上着手项目。

接受同一资助的受助者们可以相互学习。比如，某资助者资助了十个受助者，其中一个在家访项目中表现不佳，资助者写信给表现最好的前三家（通过报告确定）询问他们的做法，并将这些信息共享，同时，邀请高绩效的机构参与会议，帮助表现差的机构。"我们自己没有参与，因为资助者和受助者之间的交流总会有障碍。当与其他受助者交流时，他们学到了很多，还发现了很多其他问题。

（6）考虑使用顾问（要谨慎）

如果问题很严重，很复杂，比如，财务管理危机，可以选择邀请顾问来帮忙提出解决方案。不过，当资助者、受助者和顾问一起解决问题时，很有必要厘清责任，否则，问题反而会更复杂，或者可能产生争议和矛盾。受助者可以参与顾问的选择，在一开始就建立相互信任，有利于以后工作的顺利开展。比如，某资助者让受助者针对问题制定解决方案，其方案缺失了很多东西。所以，资助者同意其聘请顾问来协助。

迷你案例：一个陷入困境的项目

资助者：一个在旨在推动健康服务的医院相关的基金会工作的资深资助者。

受助者：一个受认可的提供医疗保健服务的非营利机构，但在上门医疗项目方面的工作成绩很不理想。

现状：较为可管理。如果可以尽早发现问题并且基金会正确指导受助者，这样一个面临困境的项目可以在无需拖延努力的情况下好转。这与那种组织架构自身而不仅仅是项目陷入困境的情况远远不同。同样地，这与受助者为了策略而不仅仅是项目表现而苦恼也完全不同。

问：你想试图通过与受助者的努力达到什么成果？你是如何知道事情运转不顺利的？

答：在我们有六笔资助去支持受助者的上门医疗项目，这个项目给那些不能够去医院看医生的人派送忽视和家庭援助。我们要求他们在每笔资助的前六个月后提交一份报告，这样我们就可以尽早发现问题。在这个案例里，我们发现六笔资助的受助者差异很大。六个当中的三个表现很好，但另外三个却很糟糕。尤其是其中一个——由很多健康专家运作——只完成了16%！所以从一开始我们就清楚这其中有问题。

问：你们是如何帮助受助者走上正轨而不用采取威胁的方式？

答：我们写信给三个表现最佳的受助者的高层询问：你们的哪项工作使得项目运转如此顺利？我们根据他们的答案整理出了一份十佳行动，并把它传递给了每个人。后来我们建议召开最佳表现和陷入困境的受助者大会，坐下并谈论失败。这个势弱的项目好转了很多。许多问题都是有关要如何同邻居共处。有些受助者有规划很好的带有良好技术能力的项目，只是他们缺乏通情达理的渠道。我们帮助他们获取了一些通情达理的渠道。

问：结果怎么样呢？

答：到第二次汇报时，表现好转很多。

权利的交接——资助者及非营利机构领导层的改变

资助者在领导层交接过程中的角色

每个非营利组织都会有管理层变动，有些变动可预知，而有些则在意料之外。有些组织可以平稳度过领导层交接期，而有些机构却在这段路上却走得异常艰辛。领导的变动对一个组织、成员、及能力都有极为深远的影响。

资助者通常都了解执行人员的职位变动，当那个组织是基金会重要的受助者或执行者时，他们甚至会亲自加入管理层。资助者如此重视领导层的变动是因为，有效的领导力是一个组织成功的关键。因此，资助者会支持受助机构进行系统的可持续的领导力建设。

资助者在非营利机构领导层变动过程中，应保持什么立场？部分资助者总结了五点：

（1）借鉴其他项目的经验来处理领导力交接的问题

有些基金会认为，领导力的延续对于受助组织的可持续发展非常重要，所以，他们愿意用系统的方法来处理此类问题。一些资助者会研究其他领域中的领导力危机，借鉴其经验，或通过一些项目，为受助者提供持续有效的领导力计划。当受助机构领导权交接发生时，部分资助者选择在自己管理人员的协助下做出专业的领导权交接计划。

有些基金会会有选择的对受助者提供服务，他们会把主要资源投入到这样一些受助机构，这些机构将领导力可持续发展作为战略和能力建设的重要内容。例如，某基金会要求受助者提交领导权交接计划，计划包括理事会、现任执行官及继任者的安排。基金会通常还会要求咨询机构给出一份详细的审核分析报告，对受助者提交的计划给出赞同意见。

（2）战略性地接触和你一起工作的受助者

有些资助者与受助者联系紧密，能了解受助者的情况。例如，某大型基金会的资助者看到，在一些相对较新、较脆弱的领域里，其管理者们已经五、六十岁，快要退休了。所以，该资助者决定支持这些机构的领导层交接工作，以促进机构持续良性发展。她聘请顾问为长期任职的CEO们提供咨询服务，并同时与继任者沟通交流。该资助者认为，这种方法也有弊端，那些受助者可能会认为这是要强迫他们离开，但这并非她的初衷。

（3）及时给予支持

当受助机构已经开始领导权交接时，有些资助者才意识到需要提供支持。某关注经济与社会公平的基金负责人回忆，一位长期担任要职的受助机构管理者在大病初愈后找到她说，这场病让他意识到一个问题，即这个组织过于依赖他。该管理者希望基金会能协助他在一到两年内卸任。基金会由此有了新的思路，即让理事会参与领导权的交接过程。

（4）遇到问题及时参与

当理事会在不公平的情况下解雇CEO时，必定会引起资助者的关注，也会在机构中产生压力和负面影响。当理事会要求基金会提供招聘新CEO的资金支持时，资助者走了一步险棋：经过其他资助者的同意后，她提出，只有所有成员退出理事会，基金会才会提供帮助。理事会答应了要求，接受资助的同时也从理事会中退出来。同时，一个咨询委员会诞生了，由前任理事会成员、社会领导和资助者组成。该委员会找到一位新的执行官，并聘请一位顾问作为过渡期的执行官，与机构领导一起创建一个新的理事会，其中包括了原来的理事会成员。

（5）保持最小范围的参与

有些资助受管理层变动的影响很小，比如，某健康研究项目的资助者说，她资助的重点在研究者本身，而非机构。但当她资助倡导团队制作手册时，恰逢该机构管理层的变动时期，到了期限手册却没有完成制作，资助者所在机构的执行主管退休了，而新主管又不能立刻解决问题。当手册制作延期时，该资助者说："我当时唯一能做的就是耐心等待。"

大部分资助者认为，当受助者组织与基金会关系紧密，在受助者机构管理层变动时，资助者给予适时的支持，会让受助者心存感激。

协助受助机构完成权利交接：资金及其他

几年前，一家旨在改善儿童福利的基金会听说，几位重点资助的受助组织的CEO将要离职，一位资助者苦恼地说："我们的第一反应是'我们怎么办？'"这些受助组织的正常运作有赖于这些资深的CEO，他们离开了，这个组织怎么办？

这位资助者决定面谈一些资深的执行主管，了解CEO离职后可能出现的问题。一位在培训中心工作了20年的首席执行官即将退休，他说，现在的主要问题是，在管理层变动的过渡时期，资助者对于常规资助越来越犹豫不决，对于即将离职的他来说，这是机构面临的"最糟糕的问题"。了解到这个情况，基金会开始调整工作，他们会在管理层变动时也给予资助，而非转而资助其他机构和组织。资助者说："当受助组织或机构有新的执行主管来之前，我们会保持观望的态度。"而受助者说："如果没有资助，就会阻碍新领导的工作和基金会的运作……我想对资助者说，'请相信我们，无论之前基金会在做什么，我们都会继续完成。你可以一年做决定，这不是问题。但如果不提供资助，那么，我们就一点成功的机会都没有了。'"

除了资金支持外，基金会还能为有价值的机构在经历管理层交接时做什么呢？有以下策略可以参考：

（1）过渡时期的资助

过渡时期的资助可以用于寻找新的领导、进行战略规划、培训、过渡时期的咨询费用等。资助可以起到桥梁作用，其金额可以超过资助者的正常捐赠数额，用来减缓资金的减少，以安全走过过渡期。管理层变动时的资助金额，可以覆盖从1,500美元左右的宣传费到数以万计的顾问费，还包括猎头公司费用（通常会占到CEO第一年薪水的三分之一）。几位资助者都提到，他们通常希望通过内部人事预算，来聘请一个过渡时期主管。

（2）提供信息和实物资助

某社区基金资助者说："我们的资源有限，不可能给每个处在领导权力交接的受助机构都提供资助。"此前，他已经资助了两家这样的机构。他补充说："但是，我们一直都关注那些领导层更替的机构，因为我们可以提供资金以外的援助。"例如，当发现受助机构有领导层变动时，基金会会将支持性相关资料送到该机构包括理事会和员工在内的领导层手中，基金会还会利用内部刊物和培训项目来激励该机构员工，使其高度重视过渡期的交接工作。

（3）要求得到关键信息

一位在西海岸基金会工作的资助者认为，应该尽快提交过渡期时间表和执行计划。"如果需要两周时间制定计划，那就意味着理事会没有对此问题快速响应。"当然，还有另一种方法，就是直接询问受助机构在过渡时期打算如何与各利益相关者（包括资助者）沟通。"如果在过渡时期一个组织没有发表任何声明，在外界看来，是相当糟糕的。"但受助机构理事会成员并不都认同需要"主动向外界发布相关信息或举办官方新闻发布会"。

（4）交接计划

一些资助者鼓励受助者在恰当时间提交管理层交接计划，其内容包括：如果首席执行官突然的离职会有什么状况，什么时候这种情况会发生，谁应该起关键性作用，谁来承担相关责任，组织如何应对过渡期等。某资助者主张："应该鼓励机构内部的文化传承，同时，领导的职权分散也很重要。这能缓解机构在面临首席执行官离职所带来的压力。"资助者不仅要与领导者保持联系，还应与整个机构进行常规沟通，避免领导者离职带来沟通上的负面影响。机构还可以邀请各个层级的员工参与交接工作，在机构内部积极配合领导层的更替和发展。

（5）资助者的协作

一些基金会通过资助者间的协作来提供资金和资源，帮助受助机构渡过管理层交接期。比如，一位在社区基金会工作的资助者与其他资助者一起创办了一个过渡时期的管理简报，部分资助者还成立了咨询委员会，进行筹款（最多高达200,000美元）和研究，并完成了交接过渡期的报告。他们按照需求方案建议书成立了一个公司，专门为过渡期的非营利机构提供招聘和培训服务。

与理事会制定共同纲领

当资助者为受助机构提供过渡期资助时，往往是受助机构理事会负责接洽。以下是如何与理事会协商共事的建议：

（1）预先与理事会领导建立联系

很多时候，当受助机构CEO要离职的时候，资助者才开始去了解该机构的理事会。资助者、理事会、CEO各自的角色定位和权利分配可能会出现混乱。一些资助者会选择与理事会成员建立联系，让其更多地参与过渡时期的工作，资助者说："不仅要让普通员工参与，还要让理事会也参与进来，这样才能构建良好的关系。"

（2）为理事会成员提供过渡期的各种支持

资助者可将交接的各种信息纳入培训项目中，或是在相关刊物上公布。某资助者曾这么做过，她说："我曾接到理事会主席的电话，电话里说：'记得你曾在一个课程上提到过关于管理交接的事，而我们的首席执行官即将离职，这种情况我想知道可以怎样做。'"

（3）帮助理事会渡过领导权力交接阶段是个漫长过程

某社区基金负责人回忆，其受助机构的首席执行官突然离职，离职的首席执行官在15年中丢下一个烂摊子，员工士气低下，财政赤字，项目无法按时完成。该机构理事会主席马上替代其履行职责，这让项目执行者很放心，机构可以马上寻找合适人选，并对整个组织进行全面评估。最后，理事会决定先聘用临时首席执行官。接着，理事会和执行人员再次回顾组织使命和章程，寻找正式的首席执行官。临时首席执行官薪酬由组织自己支付，大部分权力交接过程的费用由基金会承担。

（4）建议受助机构进行财务分析

一个组织想要对财务稳定性和持续性有清晰的了解，需要资助者的协助。许多资助者认为，审视财务问题不仅要查看审计和预算，还要检查未付账单、预期账单、债务和信用，即现金流。有时候，结果会让人吃惊，你可能会发现，原来受助者已经处于财务危机边缘了。这种情况常出现在刚创办的组织或长期管理运营的执行者身上，他们总是认为，"不管财务怎么糟糕，总能有办法继续运营。"资助者经常发现，理事会和咨询顾问都不会意识到上述情况的风险性，这样，新的首席执行官到任时，在财务管理方面可能会陷入迷茫和混乱。

资助者如何能帮助机构避免这类财务危机呢？很重要的一点是，尽可能让资助资金及时到位。同时，我们还需要对机构的财务管理能力进行审视：是否有正常运作的财务系统，项目管理的能力怎样？理事会了解机构常规运作吗？保证这些能力能够得到适时提升。

（5）鼓励制定交接计划

首席执行官、高层领导和理事会都需要制定交接计划。这样，当出现领导者要离职的情况时，我们才能有实施交接和过渡的文件依据。例如，一个非洲社会组织的执行主管会在两年内离职，某资助者资助该组织"制定交接计划，作为首席执行官和理事会讨论的依据。"

（6）聘用咨询顾问或猎头公司

某资助机构负责人认为，聘用咨询顾问来帮助组织度过权力交接阶段是与组织保持一定距离的好办法。她说："每个组织都有害群之马，咨询顾问可以避免受助机构的信息被泄露。"

如果受助组织希望顾问协助过渡期工作，资助者可以将其交给与自己有长期合作的咨询组织，资助者定期审核该项支出，并询问受助者对于咨询建议的看法。咨询顾问定期向资助者汇报各种数据综合分析结果，不包括其与受助者之间非常细化的工作信息。通常，受助者和咨询顾问都相互信任，受助者知道咨询顾问传递给资助者的信息。

顾问可以在交接过程中提供组织管理的建议，比如，可以分散领导权，构建新领导层，得到新支持者，提高上层员工能力等。

关于顾问费的拨付，有两种形式，其一，资助者拨给受助者，由受助者支付顾问费；其二，资助者直接拨付给顾问。有人认为后一种方式不可取，如果这样，受助组织觉得是受助者花钱请的顾问，顾问和资助者说什么，受助者不管同意否，都会默许。

猎头公司不一定按照招募、筛选、比较、最后面试应试者的基本流程行事，但猎头公司可以确保招聘到的对象胜任职位。

权力交接管理："准备、执行、发展"

管理层交接管理是为非营利组织提供的一项咨询服务，以便他们成功地完成领导层的转变。这包括建立模型，提供补助金给非营利组织雇用顾问，为非营利组织提供培训，还是建立投资者间的合作以促进当地及地区管理层的交接。目前加利福利亚、马里兰、新英格兰、纽约和华盛顿就是这样做的，投资方扮演着很重要的角色。

管理层交接管理模型在权力交接过程中，与非营利组织一起工作的，受过训练的咨询顾问。它提供了"一种语言、一项纪律和权力交接的实践方式。"汤姆·亚当斯说。"我们应该更有创造性，"他说，"要拓宽思维，不要仅仅调查"。

它的格言是：准备、过渡、繁荣。总之这对于管理层交接的看法就是"关键时期，使得一个组织改变方向，保持势头，增强他的能力。"

管理层交接管理服务在三个阶段的过程中支持非营利组织：

阶段一：制定权力交接计划

在这一阶段上，重点应放在帮助现任首席执行官决定如何离职，加强理事会管理交接的能力，通过对于组织自身的定位、走向评估来阐明组织的策略方向。

阶段二：调查和挑选

这一阶段的重点是招募人员、调查机构内部情况和继续加强组织建设，以便为之后的管理扫清障碍。

阶段三：岗位发布和支持

这一阶段的重点是要重建管理层的管理能力。这一阶段通常会需要建立一种"社会契约"，在两个新的首席执行官之间以及首席执行官与理事会之间，写明各自的角色定位、优先权、和接下来12到18个月的规程。

这个阶段关键因素是临时执行主席的能有效管理机构。当一个组织需要处理好在诸如财政、资金筹集、人事领域的问题，以便吸引到新的首席执行官之前，临时的首席执行官尤其有帮助。临时首席执行官可以帮助员工调整情绪。

在管理层交接过程中，管理层的交接服务与持续性计划之间有个区别。当一个首席执行官打算在特殊时期离开时，管理层交接服务会很有用。而持续性的计划有两种形式，都没有固定的日期限制：突发情况的持续性计划可以帮助一个组织解决当一个首席执行官突然离职的紧急情况；跨时长的持续性计划，通常是被制定出来帮助加强并且拓宽组织的领导能力，以便为将来的交接做准备。一些组织会提前准备两种持续性计划。

协助做好首席执行官的离任和上任工作

在整个交接过程中，资助者可以与受助组织离任或就任的领导协商交接过程。

（1）与即将离任的首席执行官告别

交接过程会出现很多问题，这是可以预知的，在交接阶段，保持与离任首席执行官的良好合作关系非常重要，对此，有几点需要注意：

让离任成为对话中很自然的一部分

某大型家族基金会资助者回顾了一个案例，一青年组织主管申请了项目续签，获批后她才告知要离职。其首席执行官找基金会寻求帮助。资助者意识到，在资助过程中来谈这件事的解决办法可能会更容易些。

某项目官员说："如果一个人在一个岗位上已经干了20年，现在已经五六十岁了，可以程序化地询问其是否有留任意向，这样做其实很重要。"还有人认为，对任何年龄的执行官或临时执行官，交接计划都应该是"标准化的"。一个在交接方面经验丰富的咨询顾问建议："交接计划应该作为战略计划的一部分，就像项目实施和资金筹集方案一样。"还有资助者建议，如果你想要知道执行官是不是想离职，与其靠谈论财务报告去了解，还不如用一种私人的方式去沟通。

识别离任执行官所关注的问题并做出回应

离任首席执行官会关注和纠结于一些主要问题，比如，退休金的不足、没有其他工作机会、害怕丧失身份、对整个组织未来的担忧、缺乏对何时离职、如何离职、有哪些选择的清晰认识等。某咨询顾问说，有时候，这些问题很简单，他们只需参考一些与其经历相似的其他非营利组织离任的执行官的例子。

当一项工作被很好地完成时，要给予鼓励和支持

对即将离任的执行官工作给予肯定和表彰是很重要的。某资助者说，他们曾经表彰了一位即将离任的创始人，这个方法非常有效，"我们为即将离职的执行官举行告别会，我们在邀请卡上贴了回寄的邮票，希望大家写下对执行官的感言，寄回给我们。"

（2）欢迎新上任的执行官

如果管理层交接顺利，以前的首席执行官就能顺利离职，后续执行官能顺利上任，并与理事会就组织发展达成共识。但可能实际情况没这么理想，但资助者还是可以做点事让这过程更顺畅：

提供特殊资金支持

特殊资金是常规项目资金和年度拨款之外的资金支持，它可以帮助新首席执行官聘请顾问或指导人员协助战略计划的制定，支持组织或理事会的发

展，这一做法有助于资助者建立与受助机构新领导间的相互信任。

与理事会沟通

某基金会为一非营利组织提供交接资助后发现，该组织希望从内部人员中选拔培养新的执行官。资助者联络了理事会主席和交接委员会主席，了解理事会为什么要雇用内部人员，其对新首席执行官的期望是什么，对新首席执行官有何培养计划等。很明显，理事会的决定是经过深思熟虑的，建立在与资助者的充分协商之上。新执行官的选择考虑了组织战略和社区支持，确定的人选正是具备强大的组织能力的内部人员。当然，理事会了解资助者的担心，他们计划为这位新首席执行官提供指导与培训，甚至鼓励她加入员工互助会和一个执行主管的进修班。

鼓励关于可持续领导力的对话

某项目官员受新首席执行官委托，起草一份关于交接的文件，该文件在一会议上得到讨论，为很多非营利组织所接受和认同。之后，它得以出版，成为非营利组织借鉴的重要资料。

提供同事之间相互交流和学习的机会

首席执行官的位置往往比较孤立，但新首席执行官可以经常与下属、同事交流学习，或者参加相关培训班的学习。

注意福利问题

合理的薪资水平、健康福利、退休福利、甚至是帮助偿还大学贷款都是吸引新领导的重要因素。例如，某地区的资助者协会最近花了很多钱来评估自己的员工福利系统，他们认为，这对理事会来说是很有用的信息，员工也能从中获益。这些数据为其今后的发展提供了很好的依据。

让新执行官更容易得到帮助

某资助者说，为城市家庭提供社会服务项目的新首席执行官刚上任就深受打击，该组织的情况一团糟，特别是组织结构缺乏的问题，它甚至没有人力资源管理手册和员工表现评估系统。当该新任首席执行官与资助者商讨资助申请时，说明了其碰到的困难。资助者同意为其提供培训费用，提升其处理问题的能力，之后他顺利地解决了问题。

为上任领导开创新局面

某国际资助者认为，资助者需要"看着这幅蓝图，问问自己，15年后，希望自己在该领域处于什么样的位置。"然后，他可以据此目标让受助者提出组织的领导力需求。

基金会可以运用以下这些策略，促进自身发展，强化非营利组织的领导力。

（1）确定本地领袖并帮助他们提升技能

某资助者与某社区基金会合作，开展一个为期6个月的课程，该课程面向那些希望成为执行官的高级管理人员。她的目标之一就是让从业人员技能更加多元化，该课程让参与者明白，要成为非营利组织的执行官，其自身的兴趣、资质和能力是否能满足该职位的要求。课程主办方扩大招生范围，力保学生的多元性，他们甚至鼓励黑人申请课程。最后，班上三分之一的学生都是黑人。

（2）看看社区可以提供什么帮助

某资助者鼓励启动项目来培养受助组织的"当地领导力"，作为他们为了达成"在领导领域不分种族、阶级和文化差异"的第一步。他们的工作重点是在当地提供服务，比如，住校学生、公民委员会、家庭教育以及能够培养领导兴趣和能力的事务。让"更多有色人种成为资助者，并让其加入非营利组织的工作中"。

（3）帮助建立专业的社交网络

某基金会运作一个非裔美籍专业人士交流网络平台。当地专业社团白人成员居多，缺少来自商业、非营利组织以及政府的非裔美籍专业人士，该平台的建立正是弥补这个空白。目前，网络运行已经步入正轨。

（4）帮助高级经理特别是有色人种和妇女建设领导力

大部分机构都有带薪假期的做法，比如，某组织一高管是海地裔美国妇女，当其以色列裔美籍执行官休假时，她作为代理执行官管理机构。这期间的表现使大家看到了她的能力，她也因此成了下任和其他组织首席执行官的有力候选人。

（5）鼓励受助机构理事会成员的多样性

一位东海岸资助者说："理事会成员的多样性决定了管理的多样性。理事会成员不但喜欢利用自己的人际网络发布各种消息，而理事本身也是首席执行官的重要人选。如果理事成员缺乏多样性，那么，有色人种就更难担当领导职务了。即使有色人种当选首席执行官，如果理事会不具备多样性和包容性，这个人在首席执行官的位置也待不久。"

（6）鼓励"扩张型"的做法

某受助机构宣传部负责人采用一种特别的能力建设方法，即让员工更多地接触媒体，向媒体宣传该组织，固化组织形象。她认为，"当一个组织被牢牢打上'首席执行官'的烙印后，是她的名字而非组织的名字被记住了。"因为，记者的固有思维决定了他们对首席执行官的兴趣高于对组织的兴趣。

（7）给即将上任的领导配上有经验的导师

年轻领导都喜欢正式的领导力训练和研究生教育，但其实，他们真正需要的，是有力的辅导和指导。意识到这点后，一些资助者会给即将上任的年轻领袖配备经验丰富的导师。

（8）正确认识和扶植新一代领导人。

某些资助者认为，"年轻领导在其二十到四十岁时，认为自己被老领导忽视和低估了，年长的管理人员往往会认为只有他们这种领导才是可靠的，他们没有意识到，年轻领导还有很多发展空间。"

（9）培养员工和减少员工流失

一些基金会已经开始关注年轻非营利组织员工的发展，他们邀请其参观学习，并想法减少员工流失，比如，有的基金会已经开创同伴互助项目，鼓励有领导潜质的新人发展。"一些基金会不愿在这方面花钱，但这样的项目可以吸引有领导潜质的员工，让其在机构中成长发展。"

（10）帮助非营利组织"把网撒大"

某资助者需要找顾问帮助其资助的非营利组织理事会招聘，他们希望申请人更具多样性，能招到更多有色人种来领导一个大型乡村社区健康中心。找顾问的过程中，他们没有从相关领域，如医生和健康管理人员中寻找候选者，而是看中了一个民事律师，该律师有非营利组织理事会的工作经验，在当地有很高声誉。因此，任何时候都不要局限于常规思路，不要排除那些营利单位。

第二节 项目资助风险评估和管理

引言

项目资助相关的风险评估和管理包括项目运作和财务管理两方面。在这节中我们邀请了五位经验丰富的PRI专家发表了关于风险认识、风险平衡、和降低PRI投资组合风险的问题看法，试图将专家实践经验呈现给读者。

莎莉·柏林巴赫：Calvert社会投资基金会执行理事，该基金会是非营利组织中介，管理着200个美国国内外社区发展和社会企业的总计8千2百万美元的贷款。Calvert基金会是领先的PRI投资调查服务的提供者。

弗兰克·德吉范尼：福特基金会经济发展部主任。监管一项1亿6千万美元的PRI投资组合，包括低收入住房、社区发展融资、独立媒体、发展中国家小额信贷、教育及各类社会企业。

罗伯特·加奎：俄亥俄州最大家族基金会之一的George Gund基金会副总监。该基金会目前在13个项目上有超过8百万美元的投资，拥有一栋用于社区复兴的"绿色"大楼，基金会支持的很多环境领域受助者也在此大楼内办公。

德巴拉·施瓦茨：麦克阿瑟基金会项目投资部主任。该基金会目前有1亿4千万美元用于项目投资。其中一半的资金用于资助34个美国本土社区发展金融组织，以及为低收入缺乏服务的社区提供金融产品及服务的专业中介。其余3千4百万用于支持"机会之窗"（Window of Opportunity），这是基金会为了帮助低收入住房者租赁房屋的全国性资助项目。

汤姆·崔莱：芝加哥Gaylord & Dorothy Donnelley基金会财务和行政主管。该基金会支持芝加哥和南卡罗来纳州Lowcountry地区的土地保护和艺术复兴。基金会2亿美元资产中，约5%（一千万美元）为PRI投资。

当PRI投资者谈到风险评估时，指的是什么？

罗伯特·加奎：第一步是评估组织能否达到项目影响，即使命的内容。我们有责任决定基金会是否允许部分或全部地损失资金，要做到这点，我们需要核算准确的资金流数据，判断其对基金会是否能有资金回报。如果交易有抵押，当项目失败时，我们希望确保抵押价值足以让我们收回资金。财务分析可以在很多方面补足我们对使命的评估，构成风险评估的重要部分。

汤姆·崔莱：我们要考虑四个方面：第一，真正开始风险评估前，必须确认，此项目没有资助是不能做的；第二，此项目必须符合两个项目领域：艺术或土地保护；第三，基金会与组织间曾经有过资助合作关系，这与风险的尽责调查和监测评估有关。对于第一次申请的人，我们不能随便就提供PRI，因为不知道他们在以前项目执行中是否有良好的财务管理能力，其筹款经验和运营模式怎样，也不了解其理事会在筹资和管理方面的能力如何。最后，我们要确保该组织有足够的现金流来偿还PRI，这就是我们所谓的评估。

德巴拉·施瓦茨：我们认为真正重要的是要有明确的项目目标，但这一项目框架反而会使你的金融风险分析变得更复杂。传统投资模式中，价格可作为风险的补偿：风险越大，定价越高，由于考虑到项目议题的重要性，这种补偿关系需要有PRI的存在。有时我们认为项目上最重要的东西在财务上却是风险最大的。我们希望项目取得成功，愿意给出不错的价格。PRI的风险分析揭露了项目目标和项目对于项目相关性投资的风险评估，真的是关于项目目标和子项目财务管理方面的复杂关系。

莎莉·柏林巴赫：资助者面对的最大风险，就是PRI是否能确保项目实现使命目标，项目是否能进一步扩展，以达致更广范围内的减贫目标。一些资金风险因素跟你借钱给一些小企业的风险非常相似。你的回报可能比预想的少很多，或者就是一无所获。为了控制财务风险，我们会关注诸如运营收入、现金流及净资产等指标。如果一个非营利项目经营亏损，没有充足的现金流，或净资产较少，它很可能陷入低迷。

基金会如何确定其对目标和财务风险的容忍度？如何就这一问题和理事会进行交流？

弗兰克·德吉范尼：首先，你得确定理事会明白基金会进行这类PRI的原因，你想通过项目完成什么目标，你如何把PRI当成一种工具，以及为什么要冒财务风险来实现这些项目目标。其次，管理部门还要评估一下基金会的风险容忍度，能接受的亏损度。这点至关重要，这决定了你的投资范围。

汤姆·崔莱：表述形式非常重要，我们早期最大的一个PRI花了1千万美元作为担保，取得了位于南卡罗来纳州Lowcountry的面积达14,000英亩的原生湿地保护项目。三个非营利组织提交了项目申请，但申请材料让人费解，我们协助其改写了申请报告，做出一张数据表，以简单语言说明如何进行分期付款，以及基金会在担保期限内的相关责任。1000万美金是一笔巨额开支，但如果进行很好地说明，让理事会更易理解，明白其中的利益和风险，将有助于理事会作出明智的决定。当然，最终的决定取决于基金会对风险的接受程度及项目周期的长短。

罗伯特·加奎：我们对风险的容忍度，或者说我们对无绩效贷款的接受度，是由我们大部分工作都带有本地性这一事实决定的。我们有个优势，就是能经常拜访受助者来查看我们支持的项目。另外，这是一个不大的社群，我们所有的PRI受助者都对我们的计划和情况有所了解。我们不喜欢通过免除还款，把一笔贷款变成一次资助，因为其他人和组织也都希望能这样。为了保持原则，我们不容许这样的情况发生。

你们评估个人投资时关注什么？

德巴拉·施瓦茨：我们通常会做无抵押的长期贷款，这需要我们整体全面地考虑机构事宜。很多定性问题都是我们特别关注的，比如，理事会、高级管理人员、组织体系、商业实践以及战略计划等。如果整个组织陷入困境，即使我们支持工作成功了，也无法改变其状态。

弗兰克·德吉范尼：很多风险分析都不涉及财务，信贷风险仅是风险的一个方面，还有诸如市场风险，要了解什么是市场风险？市场范围内影响项目成功的因素有哪些？比如，我们准备投资一个借贷基金，支持其并购公共广播站。我们知道网络对媒体有巨大影响，谁都不知道五年后广播市场会是什么样。还有组织本身的风险因素，组织是否有能力？是否有优秀管理人员？管理人员是否稳定？领导团队如何？是否有机制促使其完成策略选择、项目实施和监测的工作？

莎莉·柏林巴赫：我们通常更关注财政状况。首先，我关注的是理事会和管理部门的能力和经验；其次，关注其支持机构。我们投资的大多数机构，不管是社区发展机构，还是房地产商，或者社区发展组织，财务上都无法自给自足，他们需要持续的资金支持。所以，资助者是否会提供长期支持也需要特别关注。另外，还需关注这些利益相关者是否有能力实时监测组织发展和项目实施。

您做过什么具体事情来减少财务和项目失策的风险？

德巴拉·施瓦茨：一开始就清楚地认识每个PRI受助者所面临的挑战至关重要，这需要公开坦诚的对话。我们所有的PRI都需要定期汇报，每年都会对每个PRI进行全面的审核和评估。通过社区发展金融机构的CARS评估服务和我们从Calvert基金会购买的报告，PRI会定期进行调整完善。其他降低风险的途径包括阶段性支付PRI、良好的财务管理、签订合约明确问题的解决办法，比如，资金流水平和关键人员的更替。

弗兰克·德吉范尼：我们会在投资过程中使用各种工具，如果我们关注某机构资本结构的优劣势情况，通常会提供一次性的相当于贷款总额10%的资助，作为净资产。这部分资金不作为支出，只能作为净资产计入资产负债表中，相当于股权。这样做可以提高整个资金实力，降低商业信贷成本。减少组织将我们的资金用于还贷，提高了我们收回资金的概率。另外，可以采取阶段性支付，如果我们对管理、绩效、或市场的长期性有顾虑，可以根据阶段性成果进行资金拨付。这样，组织就有了项目推进的动力，即使项目出了问题，我们也不会满盘皆输。在监测方面，我们会设定不同的绩效目标，如，流动资产、净收入、净资产、投资质量等。同时，要求提供季报来追踪项目实施和资金使用情况。这些都是警示性的指标，告诉我们项目什么方面做得好，哪些方面不好。我们还给每个PRI设定了风险级别，一旦某个PRI出现问题，我们就会把它列入"观察表"，进行跟踪记录。同时，我们也会建议提高该PRI储备金，让高级管理层了解该项目的情况。通过一年两次的高管会议，讨论"观察表"上所有贷款的使用情况，确定问题核心并讨论解决方案。

汤姆·莱：我们要求每个季度都提交更新的财务表，这样我们才能确保项目是步入正轨的。另外，我们要求其他资助者能提供承诺书，虽然这不具备法律约束力，但我们需要了解的是，所有资助这个PRI的资助者们的支持意愿。

最后你还有什么建议想提？

莎莉·柏林巴赫：为参与过程做好准备。PRI和拨款补助不同，补助只是出钱，很少监测项目进展，PRI的参与度更高。

罗伯特·加奎：发挥组织优势。小型基金会及本地基金会有可能成为优秀的PRI支持者。当地口口相传会比全国性宣传更有效，因为我们能在项目现场，更易了解项目各方面的细节及其所处的环境。

汤姆·崔莱：尽可能简化过程，让项目有一定的灵活性，比如，紧急情况的灵活处理。当然，这并不意味着投资可以忽略调查和分析，相反，我们需要认真和谨慎。首先，你需要事先做好评估，确保申请材料的完整性。监管方面，尽可能保证财务指标明确，让相关人员能了解资金分配、现金储备以及项目目标的推进情况。但细节也不可过多，否则，谁都会被搞晕。最后，试着把PRI作为一个工具，而非一个独立的过程或是机构里的一个部门，这是打破项目和投资间那堵"防火墙"的方法之一。

德巴拉·施瓦茨：尽其所能地提供支持。比如，我们的房屋修护项目已有不少亮点，我们在类似领域已经投资了14到15个项目了，十分了解项目的优劣势，虽然我们积累了很多经验，但却不见得有更好的方法来推进项目。受助者的工作倚赖于资金链的存在，你需要找到资金链，避免资金流失。这和PRI道理一样，有好的项目，也要有好的风险投资工具。如果你不重视这点，可能还会为受助者帮倒忙，PRI也不会成功。

弗兰克·德吉范尼：既要勇于承担风险，也要做好项目评估，减少项目风险。我的职责是尽力去了解项目风险，提出项目获益的建议。如果项目有优势，我们还是愿意承担风险的。在不影响项目推进的情况下，尽可能降低风险非常重要。

第三节　变革理论和项目计划与评估

什么是变革理论

变革理论（Theory of Change）描述了规划中的社会变革过程，包括从其规划的假设前提到要实现的长期目标。创立变革理论的资助者说，该理论有助于资助者和受助者找到项目活动和项目产出之间的逻辑关系，有助于项目监测和评估。

资助者、受助者和项目咨询顾问对于变革理论有着共同的认识。项目或活动开始时，通常要把主要筹备者召集起来，包括资助者、项目设计者、评估者、社区居民和其他资助者，一起运用变革理论讨论项目的目标、实施和评估计划等。该理论从项目目标反推项目阶段性目标、战略和重要时间节点。在每一阶段，该理论都会引导大家调查和思考项目"是什么？为什么？怎么办？"的问题。

变革理论在实践中意味着什么？资助者可以使用变革理论推演从项目设计到是项目目标实现的整个过程，变革理论能帮助资助者和受助者明白项目问题与项目战略之间的关系，利用好的战略顺利完成项目。某资助者说，"如果你理解变革理论，就更容易确定你的资助项目目标，知道哪些目标可以达成，哪些不能，需要哪些投入，投入产出的效能如何，以及如何检验你的项目成果等。"

某资助者与受助者一起，利用变革理论设计了一个七页的工作流程，用来检验其在某领域建设启动工作的设想。该流程以受助者工作环境的假设为起始，设置了四个初始目标，每个目标都有相应的前提假设，这些假设是关于为何和如何设立这些重要目标。然后，把每个初始目标细分为不同的小目标和捐赠战略，并标明实现每个目标的时间线和评估指标。资助者对假设部分的内容可以有推动作用。

比如，某改善低收入儿童家庭条件的项目运用变革理论进行分析，"逻辑关系基本是，当儿童的家庭生活不错时，这些儿童就会生活得不错；当他们有良好的邻里关系支持时，这些儿童的家庭生活才会不错。相互支持的邻里关系意味着儿童的家庭有经济发展的机会、社交网络，并享受有质量的服务和支持……所以，问题的核心不是家庭，而是家庭间的联系。"这一分析为项目设计提供了思路，项目开始着手帮助每个儿童的家庭与邻里建立良好关系，构建相互支持的社区系统。

选择变革理论还是逻辑模型

有些人使用术语变革理论和逻辑模型时将之互相替换，而另外一些人说重要的是把两者区分开。这两个术语的意思是什么？他们的区别在什么地方？

变革理论对一个期待的改变有一个宏观的看法，但同时也对一个长期复杂过程每一阶段进行了仔细探索。详细阐述变革理论通常需要思考达到期待的改变有哪些阶段，识别和设计推进每一阶段的前提条件，将可能产生这些条件的活动列出来，并解释为什么这些活动会起作用，但不一定以流程图的形式呈现。

逻辑模型更聚焦投入和产出的关系。它通常以表格的形式呈现，列出了从投入到实现项目目标的资源匹配的每一阶段。一些资助者使用不同的逻辑模型图来更加清楚地表示相关变革理论不同阶段的实施情况。

一个为提高低收入家庭生活质量的项目工作了多年的资助者解释道："逻辑模型将项目活动与客户或消费者产出连接起来。变革理论则具体阐述了如何建立正确的合作伙伴关系，开展适合的活动，进行有效的技术支持，帮助人们加强合作，推动项目产生影响。"

两个定义之间有很多模糊的理论，这些理论比传统的逻辑模型复杂，但比变革理论简单。正确的模型取决于很多因素，包括项目的复杂性、时间表和资助者与受助者的运营模式。

为什么资助者要开发和使用变革理论

某资助者认为，"对基金会而言，变革理论可以有效地倡导问责和促进信息透明"。当变革理论用于评估时，可以让资助者和受助者了解其项目是否达到预期目标和影响。变革理论是资助者和受助者了解变革，管理变革过程和评估工作成效的工具。

变革理论起源于上世纪70、80年代的项目评估工作，并在1990年初开始使用，广泛应用于基金会支持的"综合社区启动项目"，致力于提高低收入国家生活质量，鼓励低收入国家居民的参与。但"综合社区启动项目"的战略和目标有时过于宽泛，对突发事件没有应对策略，经常在项目中期改变策略，从而无法通过传统方法进行项目评估。变革理论有助于"综合社区启动项目"制定工作计划，加强资助者参与，获得更多民众支持，确定实现项目目标的若干里程碑。

资助者认识到变革理论对项目的价值，一些基金会用它制定自己的运营策略和项目策略。他们还用其帮助受助者进行项目设计、机构改革或为项目推广做准备。很多人发现，变革理论提出的有些项目目标很难定义和量化，比如，更好的邻里生活质量，更高效的非营利组织，或基金会在领域内的持久影响力。

事实上，变革理论能帮助资助者和项目设计者完成很多事情：

（1）建立共同原则和语言

某资助者回忆其协助受助者使用变革理论的过程："变革理论为我们和那些不了解我们的人提供了交流的共同语言。""如果没有一个清晰的变革理论，项目目标的实现必然会受到影响，甚至有可能受他人或外界的影响而使项目脱离既定轨道。"

（2）使隐含的假设更清晰

变革理论基于隐含的假设，这些假设有些甚至没有被充分理解。比如，某资助者邀请受助者为某项目完成变革理论的设计，旨在扩大为"瘾君子"

提供康复支持项目的规模。受助者假设30天的康复周期符合每个人的康复需求，然而，他们很快就开始质疑这个假设：为什么要把康复周期定为30天？时间上如果灵活性大些是否可以支持更多人的康复治疗？

（3）识别资源及其对项目的作用

识别那些能为改革带来影响的重要外部资源，无论这些资源是资金还是其他方面的，尽力把它们找出来。某资助者说："通过变革理论，我们和受助者在一些基础设施建设上更加理性，我们不再事事亲力亲为，而是与不同的伙伴进行合作，比如，学校、医院、企业和政府，与他们一起为共同的目标努力和负责。"

（4）设计更加现实的行动计划

一位常与受助者共同工作的评估人员说："变革理论的价值在于，它使人们开始质疑最初设定的假设以及这些假设对应的行动是否能为实现目标而服务。"某资助者说："变革理论不是项目计划，但它促使你养成一个思维习惯，有助于项目计划的制定。变革理论让一个项目具有合理性、可行性和可检验性。

（5）弄清职责范围

变革理论能揭示项目本质，让资助者和受助者能清楚认识自己的角色和责任。某受助者说："我们可以通过变革理论分析我们愿意为什么样的结果负责，为达致项目目标，我们会对项目实施的所有事情负责。"

（6）建立更有意义的评估

某基金会总监说，其机构以前都是用传统方式进行项目评估，外部的评估者"用剪贴薄的方式对做完的事情进行核对。"在资助者和受助者共同运用变革理论后，评估工作更加完善，评估结果可作为其日常和未来工作的指导，同时，这一工具还激发了组织的学习热情。

（7）保持健康的怀疑态度

某评估者说："理论是需要检验的。理想状况下，理论基于经验式的研究，就这点来说，事实上，变革理论还未经过真正的检验。"变革理论的价值在于，验证资助者和受助者认为重要的那些要素是否会对预期目标的实现发挥作用。

为评估问题制定框架

变革理论让相互联系的复杂的计划变得更加明晰，可以消除捐款方在监测过程中的疑问。例如，一个关于场地建设的全国性项目，其变革理论设定的项目目标是其对于当前该领域的实践活动的指导能力能得到提升。所以，在战略层面上资助者希望将一系列学术和应用研究整合起来，支持和帮助相关领域的学习和提高。

变革理论列出了三个关于工作要素的核心评估问题：

（1）战略研究能促进和提高制度、法律和司法层面的政策干预吗？

（2）框架形成，指标设定和其他知识工具的开发有哪些进展？

（3）专业政策机构和草根组织分享战略研究的程度怎样，战略研究实现有帮助作用吗？

变革理论还列出了"重要时间节点"和"指标"来观察：

√ 协调、整合和聚集同领域学术工作机制；

√ 有整合和提高领域研究的有效工具；

√ 政治问题和学科研究得到提高；

√ 有途径向政策倡导者和草根组织传播新知识；

√ 政策倡导者和草根组织对战略研究高度信赖；

√ 国家和学者团体开始在不同的论坛、学科和组织加强对这个领域案例的研究和传播。

案例研究：变革理论作为战略计划的基础

某基金会决定为受助机构提供深度商业计划支持以促进其发展和扩大。

一优秀的咨询公司承诺协助基金会完成这一工作，但前提是，基金会受助者先完成组织的变革理论。

该案例中的一位资助者说："商业计划必须建基于组织的变革理论，否则就无法起作用。一份商业计划书是你如何执行公益项目并进行倡导的指引蓝图，如果一个非营利组织没有项目的变革理论，那其商业计划的实施就缺乏社会价值。"

本手册访问了某受助机构执行总监，其机构为前罪犯提供就业服务，也与完成变革理论的参与者进行了一系列访谈：

（1）受助者如何制定变革理论

某团队（机构执行总监，四个项目主任，协助商业计划的咨询公司的两个代表）完成了两个变革理论：项目变革理论和机构变革理论。项目变革理论阐述了为什么机构以这样或那样的方式为特殊受众提供服务，即机构希望服务对象获得什么，怎样才能满足服务对象的需求。机构变革理论阐述了组织应该做什么，怎样做，从而促使项目变革理论发挥最大效应。

这一过程中，受助者需要弄清楚四件事，它们对开发组织的商业计划非常重要：

· 谁是其服务对象；

· 他们希望项目达致什么样的影响，这些影响怎样评估；

· 他们为受众提供什么服务来满足其需求；

· 机构内部结构和运营与对员工支持的需求之间的关系。

（2）制定变革理论的目的？

某机构执行总监说，"在制定变革理论前，我认为对'服务人群是什么？'其实可以马上有答案，但我们的团队用了好几个小时来对其定义达成共识。"事实上，制定变革理论目的如下：

组织目标的清晰图画

双方达成共识非常重要。比如，在讨论过程中，有人认为，假设条件是帮助前罪犯获得工作将降低其成为惯犯的机率，但受助者发现，他们的项目并没有针对这点做任何事。讨论催化者便会询问，受助者是否愿意承担做这件事的责任。长期来说，机构决定继续为前罪犯的就职提供支持，该项目的前提假设就是就职后，这些前罪犯不会再涉案，当然，假设是否成立还要看项目进展的情况。

对组织发展需求的高度敏感

变革理论只有当组织有资源来推进它的实现时才有作用。比如，受助者发现，变革理论对项目设计、管理及监测等方面能起到优化改善的作用。变革理论让大家认识到，项目中涉及到的每个方面都可能对组织发展产生影响。

更强的分析能力

变革理论有助于受助者形成学习型的机构文化。资助者和受助者之间的传统合作方式，如，由评估人员设计评估、建立数据采集系统、分析数据并最终制成报告等，并不能提高非营利组织的管理能力，不是非政府组织的发展趋势。

评估的蓝图

受助者通常会参与有关工作能力提升的影响力评估。项目的效益、指标和评估方式是变革理论的一部分。受助组织希望评估能够帮助其厘清项目效益与项目产出间的相关问题，从而能监测管理现状，提高运营水平。

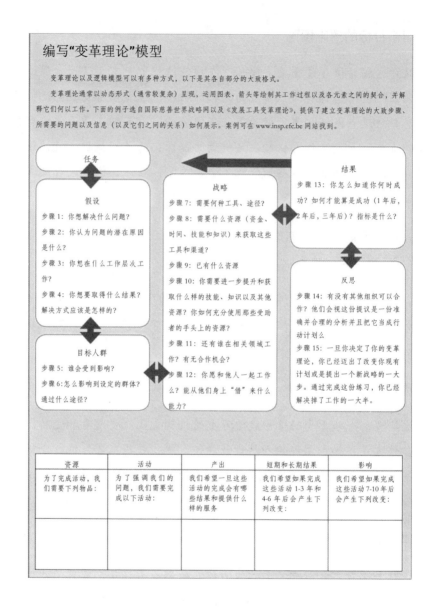

编写"变革理论"模型

变革理论以及逻辑模型可以有多种方式,以下是其各自部分的大致格式。

变革理论通常以动态形式(通常较复杂)呈现,运用图表、箭头等绘制其工作过程以及各元素之间的契合,并解释它们何以工作。下面的例子选自国际慈善世界战略网以及《发展工具变革理论》,提供了建立变革理论的大致步骤、所需要的问题以及信息(以及它们之间的关系)如何展示。案例可在 www.insp.efc.be 网站找到。

任务

假设

步骤1:你想解决什么问题?

步骤2:你认为问题的潜在原因是什么?

步骤3:你想在什么工作层次工作?

步骤4:你想要取得什么结果?解决方式应该是怎样的?

目标人群

步骤5:谁会受到影响?

步骤6:怎么影响到设定的群体?通过什么途径?

战略

步骤7:需要何种工具、途径?

步骤8:需要什么资源(资金、时间、技能和知识)来获取这些工具和渠道?

步骤9:已有什么资源

步骤10:你需要进一步提升和获取什么样的技能、知识以及其他资源?你如何充分使用那些受助者的手头上的资源?

步骤11:还有谁在相关领域工作?有无合作机会?

步骤12:你愿和他人一起工作么?能从他们身上"借"来什么能力?

结果

步骤13:你怎么知道你何时成功?如何才能算是成功(1年后,2年后,三年后)?指标是什么?

反思

步骤14:有没有其他组织可以合作?他们会视这份提议是一份准确并合理的分析并且把它当成行动计划么?

步骤15:一旦你决定了你的变革理论,你已经迈出了改变你现有计划或是提出一个新战略的一大步。通过完成这份练习,你已经解决掉了工作的一大半。

资源	活动	产出	短期和长期结果	影响
为了完成活动,我们需要下列物品:	为了强调我们的问题,我们需要完成以下活动:	我们希望一旦这些活动的完成会有哪些结果和提供什么样的服务	我们希望如果完成这些活动1-3年和4-6年会产生下列改变:	我们希望如果完成这些活动7-10年后会产生下列改变:

变革理论常见问题

(1)制定变革理论是资助者还是受助者的事

双方需要制定变革理论。基金会无论规模大小,都会应用变革理论完成机构的目标设定,并在机构内部达成共识。同时,基金会也会要求受助者提供相关资助项目的变革理论，一些资助者称其为提案。每个资助项目都会有不同的变革理论，它由受助者来完成。

（2）变革理论如何支持评估

好的变革理论能阐明我们的关注点，包括何时、何人以及何方式，它能从四方面支持评估工作，即"项目目标是否有意义？项目可否由该组织实施？项目设计是否合理？项目结果是否可测量？"这些问题也可回答项目需要何种类型资助机构的支持。

某资深顾问对变革理论在评估中的应用提出了两条建议：第一，强化基础数据收集及数据研究工作，比如受益者数量、资金使用量以及雇佣人数等；第二，明确可测量的具体成果，并注重其合理性，同时，要关注那些会影响长期效果的因素。有些因素短期内可以看出，有些则需要更长时间才能发现。另外，无论宏观还是微观因素，都需要在变革理论中考虑。

（3）资助者如何帮助受助者制定变革理论

有些变革理论是资助者和受助者共同制定的，也有些是聘请顾问来完成。采用哪种方式取决于基金会是否有相关专家来催化这个过程，或者基金会是否有经费聘请顾问。一般来说，大的基金会都会聘请顾问。

对于那些已经提交了申请的受助者来说，其计划书的细化仅需资助者为其提供几次培训即可完成。通常，基金会会聘请顾问同时培训五到六个受助者。第一阶段，培训每个队伍制定自己的变革理论；第二阶段，制定评估计划。基金会每年花费2万5千美元培训大约24个受助者。

（4）受助者的变革理论能评估基金会捐赠的影响吗

大多数基金会要求受助者制定变革理论，作为项目报告的重要蓝本。某资助者说，他们会进行常规的到点参观、与受助者进行访谈、并将项目报告与变革理论设定的里程碑成果进行比对。长期项目快要结束时，资助者会聘请外部专家进行项目评估访谈。

要想完成一份既被同事认可又为资助者接受的报告需要及时的讨论。某资助者说："一些人认为实质性信息不会改变，每年的项目报告只需要一些小改动即可。""另一些人坚持报告要收集强有力的数据，而这些数据需要花费大力气才能获得。"

更难的是说明这些数据与受助项目影响的关系是怎样的，基金会的资助是否有效。某项目执行人员想总体看看所有资助项目的成果，但却发现困难重重，因为每个捐赠项目都不同。

（5）最好什么时候运用变革理论

案例研究发现，变革理论的制定有利于探索项目背后的各种假设和关联因子，有利于项目制定有效的实施计划。某顾问说："这其实是一个重要的思维练习，如果我们想要一个简单的、基本的计划时，采用逻辑模型或许是更好的选择。"制定变革理论非常耗时，也许不适合一些小额捐赠。

（6）使用变革理论需要注意什么？

花时间来将这套理论变得适合你自身情况

有的基金会采用变革理论研究其项目效率问题，有的基金会则更关注项目执行采用的方式。无论哪种情况，变革理论都需要大量时间和人力的投入，你不仅要告诉员工怎么去做，还要训练他们如何去做。基金会的支持事实上源于理事会的支持。如果想要运用变革理论，除了理事会，资助者执行团队还要学习相关知识并有一定的投入，还需要平衡项目评估和实施，使变革理论得到真正的落实。

将你的期望明确无误地告诉受助者

一些资助者强调，他们每次都会让受助者了解其期望，包括强调变革理论的重要性，以及对于项目过程和结果的期望。变革理论制定的过程中，资助者和受助者可能会出现分歧，但基金会不可忽视的是，双方需要紧密的合作关系来推进项目的发展。

听取受助者意见并尽量满足他们的需求

有资助者提出，变革理论的思路和过程有时候很难为所有资助者和受助者所接受，因为他们更容易接受逻辑模型、线性思维以及结果数据等方法，这些方法能简化项目，但其并非适用于所有项目。所以，变革理论需要针对不同项目灵活应用，比如，某资助者就通过表格、流程图、简化文本等来使变革理论更好地适应不同的项目情况。

让更多人参与

某资助者曾支持两个不同的地方团体，呼吁政府关注城市中心区以外的居民。这些居民大多贫困，缺乏基础设施。因为这两个团体在宗教和地方立法方面都很不同，基金会聘请人权律师和社区领袖（包括黑人和拉丁人），共同讨论两个团体不同的变革理论。该资助者说："有人怀疑这种做法的必要性，我从中得到的经验是，其实很多服务对象也很有自己的想法和建议，他们有时往往能提供有效的解决方案。"

制定评测工作——成果与评估

什么是"成果"，以及评测它们的意义何在？

项目成果就是项目看得见，摸得着的结果。如果没有项目评估，我们如何知道项目发生了什么。一个组织的效率或项目的影响都是可评估的，遵循项目实施步骤来促成项目的发展变化，产出很重要，但效益才是项目的关键所在。

以下相关案例揭示了产出和效益的关系：

案列一

某非营利组织领导要帮助长期失业者找到好工作。他们对有招聘的工业部门进行了调查研究，与其人力资源经理建立联系。同时，开设技能培训课程，培训"硬技能"（设备操作）和"软技能"（交流沟通、按时上班等）。

评估表明，这一项目过程具有创新性，是有效的调查和培训。但培训者结业后能找到工作吗？如果他们一年后又失业了呢？该组织希望深入了解这些问题，以便改进项目工作。

案例二

某青年组织的项目想降低本地青少年的吸烟率。该项目聘请顶级广告代理商设计了很棒的公益广告，广告在当地电视台播出。同时，还采取了制定相关课程，让优秀学生树立榜样等方法。当地高中采纳了这些方法，项目实施直指目标人群。但青少年吸烟率真能因此下降吗？

案例三

某基金会资助可持续耕作技术，鼓励自主生产和农业消费，希望能对当地农业产生系统性影响，同时使其农业保持全球竞争力。该策略涉及各个方面，内容复杂，包括倡导、教育、宣传、劳动力和社区组织等方面的工作。最后，资助者想知道该项目对政策和实践有什么影响，比如，多少面积农田变为可持续耕作管理？

以上案例的重点都应该在项目最后产生了什么影响？带来哪些改变？而非紧盯项目工作本身。同时，要回答这些成果如何衡量？如何发现项目产出和效益之间的关系？ 这些问题的回答需要方法和讨论。在过去几年，评估矩阵是最常使用的一种方法。

效益评估常见问题

以下是一些资助者和受助者谈到的关于效益评估的问题：

（1）对于可评估效益的争论主要是定量和定性评估的问题吗？

从某些方面谈，是的。某基金会主席说："作为资助者，我觉得最重要的是，受助组织经常自我发问，项目进展如何？怎么了解这些信息？并根据信息反馈调整项目。信息包括定量数据，也包括客户的反馈、环境和经济因素等定性数据。"

某资助者说："你肯定会对效益感兴趣，否则，你就只能看到过程。项目需要提前设定项目目标和评估指标，这对于项目评估很重要。"

评估工作需要平衡各个方面，比如，评估的松与紧，定性和定量。理想的方式是各个方面相互补充。

（2）很多人相信项目贡献不会因为评估而减少，项目人员如何去告诉这些人你的项目贡献？

评估工作不仅仅关乎数字，更多的是问自己，需要什么样的数据来检验自己做得好不好。你甚至可以不叫它评估，简单说，其实就是每天评价一下自己的工作，同时，看看有什么理据支持自己的这些评价。

某基金会为评估工作提供大量资助，其项目官员认为，如果你认为自己做得不错，那就列举几个事实告诉理事会，大家希望看到的是实实在在的理据，而非自我感觉良好，或是说自己在项目上忙得不可开交。

（3）你能否预知项目目标的特殊效益？

不能，但这并不意味着你不能着手最好的分析。有时候，你的项目风险源于你的固执和坚持，使你无法看清项目的效益。某资助者说："如果通过评估发现改善项目的好方法，我们就应该对项目做出相应的调整和改变，不要一味坚持，对评估结果应保持开放态度。"

（4）效益评估的来源什么？它最终是透明和可靠的吗？

效益评估有两个来源，其一，九十年代经济繁荣时期的新财富创造了新的基金会，其领导大多是商业人士，他们喜欢使用评估工具。其二，社会对慈善责任的关注，基金会希望政府介入之前自己能对项目进行评估。

（5）如果尽责性很重要，基金会是否会无形中给非营利组织巨大的压力？

大家对评估有各种担忧，特别是项目效益评估，用资助者的话说，"评估可能得出好消息，也可能会有坏消息。"评估时，受助者当着资助者的面需要做到透明诚实，这无形中反映了受助者的弱势处境。即使是敏锐的资助者，在评估中也要面临巨大挑战，比如，某资助者与受助者一起开发了基于数据的评估系统，在"惩戒系统"中包含了项目"急剧下滑"的情况和处理办法。她说："该系统的评估数据可能与以前资助者看到的歌功颂德的报告内容不同。"这是一种"文化融入性评估"，对受助者和基金会来说都是一个全新尝试，他们需要分析数据、反思数据和基于数据做出未来计划的决策。

另外，评估中，双方的坦诚至关重要，健康的伙伴关系决定了是否能进行良好的沟通交流。

（6）技术在效益评估中的作用是什么？

几家基金会和营利性企业热衷于使用技术工具追踪和报告非营利组织和基金会的运作情况，比如，美国社区基金会（Community Foundations of America）使用B2P影响力管理软件，帮助资助者和受助者评估项目效益，追踪项目实施。还有其他基金会也使用不同的评估工具，如，妇女基金网（Women's Funding Network），罗伯特企业发展基金（REDF, the Robert Enterprise Development Fund），社会成果评价（OASIS, Ongoing Assessment of Social Impacts）等。

（7）到底什么是SROI——投资社会回报？

投资社会回报（SROI）描述的是非营利组织对社会的贡献。有些基金会有可靠的定量方法来分析SROI，比如，罗伯特企业发展基金（REDF, the Robert Enterprise Development Fund）开发SROI测评框架体系，采用六个指标：企业价值、社会目标价值、混合价值、企业回报指标、社会回报指标和混合回报指标。

（8）何时进行项目效益评估最合适？

很多资助者认为，什么时候进行项目效益评估都可以，对于项目评估的结果，他们会灵活参考，而非原样照搬。当某成熟组织希望细化工作、推广项目和检验干预措施是否有效时，适时进行项目效益评估非常有用。

某大型慈善基金会资助某组织的评估工作，旨在提高该组织在领域内的综合能力，基金会相信，通过能力评估，该组织能够成为该领域内运作良好的重要组织。

另外，还需考虑均衡问题，比如，某管理咨询机构执行总监提醒，如何平衡和决定是"花费50万美元在公共教育领域"还是"花费500万美元请著名咨询公司进行长期评估"，我们没法回答哪个更有效，只能尽量去平衡二者。

（9）要花多少钱，需要外部顾问吗？

某资助者强调："不能指望非营利组织自己完成评估工作，需要付钱请人来做，但金额不能太大。"很多资助者说，评估花费在3.5万到30万美元之间。这样，我们又回到均衡性问题上来，即组织总预算规模、资助金额、领域的成熟度和问题或事务的重要程度各方面的平衡。

很多受助者发现，独立、公正的视角，评估的专业能力都是开展评估工作的重要考虑。需要了解用户群体、顾问群体和同事的观点。事实上，受助者必须主导这个过程，并利用它加强自我评估的内在能力。

评测无形的东西

不少项目目标是改变诸如人们的思想、态度、或者感觉，这些成果很难评估。例如，在学校改革中，大量证据表明了学生行为和老师期望值之间的关联。一个相关证据表明了老师的期望与老师在学校被作为专业人才支持和尊重的感受之间的关联。这是合理的，那么，支持和尊重老师可能会对学生的行为产生正面影响。

在此认识基础上，一家基金会决定设计一个项目，建立大量的小型高中，把提高学生的毕业率作为学校的长期目标。这些小型高中有一些非常细致何直接的支持，建立起了强大的、具有凝聚力的专业团队。但是那些团队是不是就已经定型了呢？如果是，又如何评估老师们确实又得了到支持和尊重呢？

为了得到答案，项目进行了大量教师调查。调查过程中，教师们会被从不同角度问及专业支持和尊重的问题，比如，调查要求教师对下列三个陈述的认可程度打分：

√ 该校的教师会得到公正的评测；

√ 必要的教学材料要求均可根据需要得到满足；

√ 员工工作做好了会得到承认。

一个评估者解释说，一个特定的小型学校的反馈并不能说明太多，"除非你有一个非常高的反馈率。"尽管如此，她还是说，数据仍然是一个重要部分，比如，评估者和项目成员提供的定性报告，校长和学生完成的调查，以及学生的行为数据等。

第四节　共同学习

共同学习——资助者和受助者的协同调研

什么是协同调研？以及它什么时候起作用？

建议资助者对受助者的项目使用正式的评估方法，有以下几个原因：增加资助者投资影响力、帮助受助者提高效率、强化中间组织和领域内的工作、深化慈善领域的学习。以合作的方式，与受助者一同学习，才能实现这些目标。

协同调研能使资助者、受助者及研究和评估顾问之间建立学习伙伴关系，从实践中学习。这一行动源自参与式行为研究、组织发展以及成人学习理论。以下"案例分析"描述了资助者在这一过程中的做法，包含了一些重要因素：

√ 资助者、受助者、顾问、评估者以及其他参与人员之间坦诚、专业的关系，在这种关系中，他们拥有共同目标，没人以"专家"自居，个人学习和共同学习齐头并进；

√ 对于需要共同解决的问题、问题收集和检验的方式、以及做决定的过程，大家需要一开始就达成共识，而非根据各人的专业背景划分工作；

√ 这是一个开放的实践和评估过程，这一过程中，各方都能参与到一个或多个资助项目工作中，了解整个过程存在的挑战和惊喜、项目呈现的方式、以及经验的汲取；

√ 参与者的定期沟通有助于促进周期性的行动与反思，连接理论和实践；

√ 经验和想法的共享可以促进共同学习，在研究和评估中共同获得第一手的专业知识。

案例分析：利用协同调研支持新领域增长

几年前，某资助者发现很多社区组织有这样的项目，即鼓励青年人融入都市生活。这个想法在当时是比较新的，没多少人知道。项目人员在那里做尝试，但没多少人会相互交流。有很多实践经验，但却缺乏理论上的提炼。所以，该基金会发起了鼓励受助者共同学习的倡导，在各基金会创立论坛，邀请社区组织参与讨论。但参与者却不清楚这些讨论的目的是什么，他们可以从中获得什么，参与这些讨论有没有风险等等。该资助者希望一些青年组织能为青年的发展提供一个交流活动的机会，让大家能够相互沟通和支持，分享信息。

（1）他们如何建立共同学习的议程？

资助者召集顾问、其他资助者和参与者组成项目设计团队，发起初步行动。"我们希望基于实践，能有一个最广泛深入的学习。最终，12个来自美国的组织和4个来自南非及肯尼亚的组织参与了为期三年的网络学习。"

其中一位受助者说："我们一起设计项目框架，一起探究关键性问题。"该基金会让中间组织来分配资金、管理运作、提供技术支持，并负责收集和总结实践经验。

某中间组织介绍，协同调研过程包括每年的学习小组会议、同行间的交换学习、中间组织提供到点培训和考察、评估者进行数据分析和评估、以及小型私人基金会的支持，如，战略计划、自我评估和青年领导力发展等。

某参与者说："我们会确定假设、解答问题、寻找好的实践机会。每组都有自己的目标，这是真正以学习者为中心，帮助每个组织进行学习。该学习议程有两个问题：什么样的组织力量是草根青年行动组织高效工作所必需的？青年行动能为青年发展贡献什么？该项目出了最终报告，分发给各位学习者。"

（2）已经完成了什么？

协同调查过程能产生四个重要效益：

项目绩效的提高

例如，协同调查帮助执行者进行青年人群的调查，明确了项目方式，提高了服务质量。某工作人员说："我们发现了项目的不足，进行了改进，使那些在本地发展不到1年的青年能加强领导力，融入社区。"

新关系和宽网络

通过这个学习过程，让青年人和工作人员接触到多元人群，学会用多种方式处理问题。大家建立了深厚的友谊，持续保持紧密联系。

更好的自我评估和组织提升

某参与者认为，这是推动社会变化和青年组织发展的好尝试。在整个学习过程中，会有错误出现，会有挑战信念的时刻，而大家都能很快适应，灵活学习，整个学习过程真的很有意义。

一个更强的领域

学习的启动激励了青年组织的产生，关于青年参与和领导力的文章在学术和青年发展实践的文章中频繁出现。某项目官员说："我们的成功是看到青年行动正在被贯彻到那么多地方。"

资助者为什么会使用协同调研？

协同调研提出了一个问题："谁在学习？"是社区领袖？当地组织？广泛的领域？还是研究人员和评估者？基金会？情境不同答案也有所不同。

协同调研是一个有目的的学习过程，资助者的目标是要促进各种经验知识在项目中被有效利用。协同调研可以促进以下几方面的工作：

（1）建立机构和领导者同步学习网络

某基金会借用该方法，帮助那些在工作中没有交流过的人建立相互沟通和共同学习的渠道。"他们中有些人建立了紧密良好的关系，会相互致电征询意见。协同调研是一个建立信任关系的好办法，它比破冰和绳索课程效果好很多。"

（2）建立实践者和研究者的联系

某资助者说："研究者和实践者交流彼此想法可以促进进一步的学习，但这样的交流目前却很少。"他的基金会主动使用协同调研，为"只见树木，不见森林"的人们创造一个扩大交流的平台。他们逐渐了解、尊重、并影响他人的工作。

（3）以相互增进的方式促进个人、组织和领域间的学习

例如，某有色人种社区领袖培养项目，在设计和测试领导力课程过程中鼓励社区成员参与，提高了目标人群组织社区参与的领导能力，同时，也让社区组织提出这类能力建设的意见。

（4）建立和加强一个领域中的中间组织

某推动协同调研的项目官员选择了一个中间机构来管理协同调研过程，当这一过程逐渐成熟，形成一定的运作机制和知识积累后，中间组织就会慢慢退出。

（5）资助者也需要学习以改进工作

某参与协同调研过程的资助者说："我们应该以开放的态度对待批评和意见，其他合作者也会这样做，如果我们不努力去争取进步，怎能期望别人一起承担风险？"

关于协同调研的常见问题

（1）当学习伙伴中有些是资助者，有些是受助者的时候，如何促成他们的共同学习？

资助者与受助者之间真正的合作很难，一般通过相互妥协来达成。因为资助者代表基金会，有其身份限制。学习伙伴关系的建立目标不是消除参与者的不同，而是让这些不同变得有价值、透明，并成为学习过程的一部分。

当然，资助者会利用其所学来做决策，要求受助者提供一定的信息作为资助条件，但在共同学习时，不能设立这样的假设。所有参与者都应明白，资助者的需求只是学习过程中诸多因素中的一个，还有很多其他方面的因素需要了解和学习，也需要大家共同讨论和反思。

某项目官员认为，需要说明"游戏"规则，保证整个学习过程坦诚交流，建立良好的反馈机制，听取来自资助者和受助者的不同意见和反馈。信任很关键，信任的建立需要时间。

完成共同学习这一过程需要有足够预算，能覆盖资料收集、反思和讨论，以及参与者进行必要实践的各种支出。

（2）参与者兴趣点本质上有不同吗？

资助者和受助者兴趣点不同，但政治关注点一致，大家都希望达到共赢的目的。基金会希望了解如何评估项目影响力，受助者希望提高其管理和实施能力。他们对在各自机构中起作用的内容更感兴趣。

如果实践者能聚到一起，分享其对社会变革的看法、处理问题的策略、及成果的总结和宣传，就可以使自身能力得到加强，吸引更多个人和公众的支持。

某受助者机构代表说："学习过程非常棒，我们能够从更广泛的视野来看领域中发生的事。"而资助者与受助者之间的直接联系也能得到加强。共同学习鼓励大家进行实践交流，互相支持，提高工作效率，跳出原来的单一视角，更多元地看待问题和项目。

（3）一些协同调研的支持者认为要"排除专家"。但对于研究顾问和评估者，难道他们不是"专家"吗？

"排除专家"的提议并非为了排除专业意见，而是避免专家主导学习和讨论的情况发生。

文凭、专业能力和经验都很重要，同时，政治和人际沟通方面的能力也非常重要。某评估者说："我们让组织用原始数据进行分析，使他们更有学习积极性。这是一个收获颇丰的学习过程，我们不再是旁观者，而是一起学习的伙伴。"当然，这对评估者也会有一定风险，他们需要理解和协商解决这些风险。某研究者说："我们可能会被受助者或资助者拒绝，甚至边缘化，因为我们是学者，为了融入他们的学习，可能容易放弃自己的立场，从而影响思考和分析的客观性。"

（4）丧失客观性会怎样？如果评估者是参与者，评估结果会有问题吗？

如果评估目的是为了审计中问责的部分，评估结果可能会有问题，参与式评估会引起针对合理性的争议。不管是真实的还是感觉上的利益冲突，都不是审计想要的东西。评估会提出与纯社会科学相关的问题，揭示其间的各种因果关系。

（5）协同方法什么时候不适用？

当实践领域已经有一些惯有的操作方式，大家对最佳方法已有共识，监测和评估的目的是提高项目质量时，协同方法不适用。如果评估是为了查看项目是否达致既定标准，公认的技术是否被正确运用，以及既定产出是否完成，这时，协同方法也是不适用的。

如果某种关系是强加的，而非建立的，如果民主参与过程是假造的，有很多猫腻，也不适合使用这个方法，因为这个过程完全不可控。因此，如果基金会不能创造一个宽松、开放的环境，允许超出预期的项目成果和使用新的方法，就不适合使用协同的方法。

（6）资助者参与时应该知道什么？

协同调研实施时还需注意：

√ 了解你的基金会和你的角色，坚持你的立场，这将使你与其他人的关系更坦诚有效；

√ 可以选择你的管理方法，但务必真诚，这样，大家可以为你提供多方面的选择。你需要知道不管选择什么都有失败的可能，这时候，你需要做的就是勇敢地接受失败；

√ 寻找愿意学习和分享的参与者，不是所有组织都愿意分享其想法，尤其在资助者面前；

√ 资助整个学习过程，使参与者有时间相互学习。时间和金钱是必要的；

√ 围绕参与者兴趣组织学习，同时，坚持统一的问责标准，包容不同的兴趣点。正是这些兴趣点让参与者能参与到整个协同学习的过程中。有些人是为了学习新知识，有些人是为了建立新关系，有些则为了获得新资源；

√ 对于预期之外的学习和过程的调整要持开放的态度。

（7）受助者如何融入学习过程

参加了协同学习的受助者和资助者提供了以下建议：

√ 掌握学习过程的主导权，你和你的员工、组织、领域内的工作需要你的学习和发展；

√ 这是一个协作过程，会有让步妥协，但要提供真实的反馈并愿意倾听和尊重这些意见；

√ 即使在困境中，也要学会"发声"。某协同学习的受助者设置了一个匿名反馈系统，让其度过了一个艰难的过程；

√ 培养你的好奇心；

√ 寻找对组织和领域工作有用的结果。某参与者说："最大的挑战是，发现什么是只对你的组织有用，什么是对所有人都有用的。"这个两个领域有很多内容需要学习，它们时常交叉；

√ 开放性地与其他受助者分享；

√ 采用提供的学习工具，并在组织中运用。整个学习过程会提出一些问题，比如，我们要努力解决什么问题，为什么这些问题很重要？我们如何做？为什么这是最好的策略？什么是我们需要解决的问题？我们如何做出调整？我们如何向别人展示我们工作成果？解决这些问题的过程比最终的报告有价值得多；

√ 信任你的资助者，但不要忘记，她或他也需要向机构汇报。

第五节　参与式行为研究

——覆盖所有参与者的评估和改变

什么是参与式行为研究

参与式行为研究（Participatory Action Research， PAR）是一种广泛应用的研究方法。作为一种评估方法，PAR为资助者提供机会，把适用的研究和评估方法提供给那些和相关问题关系最密切的人。PAR评估提供客观数据，促进社区学习相关知识，加强自身发展。

PAR旨在将所有相关群体都包括在评估内，从定义问题、提出质疑、收集和分析数据到起草建议等。PAR是"自下而上"、"自内而外"的研究方法，是评估者、从业者和其他资助者，包括那些享有官方权威地位的资助者之间的一种合作关系。一位使用过此方法的资助者说："PAR认为，所有利益相关方都是有重要知识和观点的专家。"

因此，PAR不仅可以得出可靠的，具有说服力的数据，对于那些面对社区问题的人，还能巩固并建立他们的知识和技巧。PAR使那些与问题相关的人参与进来，同时，也促进了积极的改变。

PAR有着丰富的历史根源，范围从第三世界穷国人民的普及教育、女权理论到组织学习，其分支覆盖了广泛的领域，这些领域均选择PAR作为研究和评估方法。本书采访的资助者在不同项目上采用PAR方法，这些项目包括：

√ 研究对象包括地方农民、研究者和政府官员，范围从亚洲、中东、北美到拉丁美洲，旨在提高人民生活水平和保存农业的生物多样性；

√ 美国早期儿童计划。计划在家长、老师、看护者和评估员之间建立起合作关系，旨在收集和分析与儿童发展中预防性的相关数据；

√ 由初到美国的移民所主导的评估。评估对他们面对问题做出的回答，建立他们和政府官员以及服务提供者之间的合作关系，并提高社区综合性；

∨ 美国大学研究者和教师之间的合作计划，计划旨在建立持续的反馈机制；

∨ 美国青年导向的研究和评估计划。年轻人提高分析和处理他们在组织、学校或者青年发展组织中感知到的问题。

PAR的适用范围很广，但要视具体情况制定计划，此外，使用PAR还需注意以下方面：

（1）不是单一方法

某国际发展项目领导人认为，PAR不是一个模型，而是一种方法。主流的评估方法很多，有定量的，也有定性的，只要适用都可以选择，并不一定只能采用PAR。当然，PAR有其突出的优点，比如，评估设计比较灵活，各方参与者在评估过程中能够共同学习，得到能力提升。

（2）关联和所有权

某PAR项目官员说："过去，大家总是忽视在访谈中把现在和过去进行关联。"这些问题一定来自于那些专注于组织的日常生活及其相关事务的人。一个研究生称："真正的问题，真正的人，以及研究，是改变过程中的一部分。"

（3）改变的过程是驱动

改变的过程是PAR方法的核心：团体成员或从业者和研究者达成共识，即有一个问题需要解决，而评估为解决问题所服务。"PAR"，一个资助者说，"涉及组织如何工作以及如何使提高成为可能的问题。"另一位资助者说："PAR使从业者参与到质询的过程中去，这个过程成为了解决问题的一部分，并为改变指引了大道。"

（4）力促民主和能力上的改变

在政策和实践上追求改变的国际发展项目有时候动力却不是很足，一位项目官员说，"由于团体、制度或体质的各个层次上内部知识储备不足，"PAR寻求的"巩固民主参与，吸收多样的声音和观点，实现自我提升和授权需要付出很大的努力。"

（5）研究和实践的相互作用

一位基金会领导人称，PAR"是一个从不停止的推动力，推动实践和研究之间的联姻。它是一个绝好的学习机会，对从业者和研究者双方均是如此。"各方都会在这个过程中学习，并获取新知识。

（6）提高解决问题的能力

PAR的设计旨在建立问题相关者的持续能力，这个能力即一位资助者所称的"基于证据的分析"去改善实践、以及定义和解决问题的能力。"你努力使你自己置之事外"，一位有过PAR使用经历的评估员说，这样才能看清问题和解决问题。"

有关参与式行为研究的常见问题

（1）何时基金会应考虑使用PAR评估方法？

某资助者说，当你寻求"人口或文化数据"时，PAR可能不是合适的方法；当你关注的是"较大的规模、及较快的时间变化"时，或是试图通过对比来证明一种干预的有效性时，这一方法也不可取。

但是，如果我们重点关注社会团体的作用以及团体内部的改变时，例如，你的项目旨在促进公民权力的授予和民主的实现，PAR应该是值得考虑的。一位资助者说，如果你的意图是"为某项成果总结知识经验"的话，PAR将是一个有效的方法。"越是想细致的了解当地的社会团体"，PAR就越有应用的价值。"PAR能把组织开创和使用的知识整合起来，从而把知识转化为社会变革的资本。"

由于这种方法涉及很多利益相关者，基金会工作人员在PAR过程中往往会比传统评价方式参与更多，他们应该对这一过程做好准备。"PAR给许多基金会人为设置的防火墙——自身与评估之间的障碍，带来了挑战，它动摇了'谁应对社会变革负责'的假设，同时动员了内外部人的参与。"资助者自然而然也就参与到了这一过程中来。

最低限度上，基金会必须接受"水被搅浑"的风险，按照某位评估专家的说法，"工作过程产生的成果可能会大不一样，而我们要灵活变通，坦然接受。"一位国际知名的PAR研究者提醒道，PAR的运作与正常的基金会管理方式不同。"它需要互动性的、长期的支持，其运作方式在时间上要求不能有太大的约束。"官僚作风在这一过程中会阻碍PAR的推进，尤其是在项目面对在既定时间必须完成既定项目目标的时候，此时"'上面'一直在催促着成果和产出。"

但当资助者有必要的灵活空间时，PAR评价方法会很强大。某基金会的负责人总结说："不是每个评价项目都适合采用PAR。但当一天结束，如果你想改变一下做法，这将是可靠的手段。"

（2）在专业评估人员和组织从业者组成的伙伴关系中，评估人员必须给与多少指导，以确保研究方法的严谨和结果的客观呢？

具体情况各异，方法也各不相同。在本书中，每个接受采访的人都强调，评估是为那些从一开始就参与进来的人推动变革提供参考的。用一位资助者的话说，"问题必须由需要信息的那些人提出来。"不过，其中显然没有人想到，有些PAR评价过程本身就不包含专业的合作伙伴。

如果只是一群年轻人想要向政策制定者展示一个案例，反映社区需要改变的状况，他们可能并不需要与社会科学方面的专家合作。有人说过："如果问题只是浴室坏了，你不需要请专业人员来修。"同样地，一群移民如要研究他们社区的需求，或许只要从一个研究生那里就能学到调查的技巧。

然而，在调查中，我们遇到的大多数项目都要依靠最严谨的评价系统，通过咨询专业人士来进行部署，以期能够经受外部客观严格的审查，同时，能说服决策者。针对一些当地的研究者，评估小组会组建一个"研究训练营"，可能会是长达一个学期的方法论课程。

情境不同，评估人员在完善研究问题这方面给予组织成员的帮助也会不同。一个致力于学前教育干预研究的小组发现，"完全从零开始"是非常困难的。一个研究员描述说，从问题的描述和解决开始，你会在不同的阶段有不同的选择，随着这个学习过程，你的主要问题会随着过程的推进而发生变化。

关键是建立起相互信任的伙伴关系，研究人员要平等的对待社会团体成员和当地从业者，尊重当地的知识。一位评估人员描述了这一过程，在此过程中，每个参与者都尝试去解决问题，只不过各人的视角不同。建立互信和解决冲突是很耗时的，一个PAR的过程必须对此有所准备。

（3）在PAR中，评估人员的合作伙伴不需要特殊技能和敏感度吗？

实际上，他们还是需要有的。为技术改善提供资金支持的某基金会官员说："在评估人员这方面，人际沟通技巧是必须的，但还不足够。"用一位中间PAR组织领导人的话说，我们的研究和评估是"为所有利益相关者服务的。"所以，评估人员或是合作伙伴都需要就所做的工作达成共识，并且，相互支持与合作，共同促进研究和评估工作。某资助者说，"PAR参与人员必须对不同领域的合作者给予最大的理解和尊重。"

在PAR过程中，参与人员必须保持一定的灵活性，随时审视各方面的问题，根据情况的变化调整研究工作。某参与人员说："一开始，你对PAR工作会有若干假设，但随着工作的推进，你会发现，很多想法随着情况变化也发生了改变。比如，原先计划只做一个访谈，后来发现，需要做十个关键知情人的访谈才行。"

有人认为，评估团队的工作应该更多地以一个社会团体的工作方式推展。比如，根据地方文化特别是信仰和种族等的特点建立你独有的沟通方式，加强你的沟通能力。某项目官员说："PAR过程中，要去除种族和阶级的区别和划分，以平等的态度对待你的调查对象和参与者。"对研究人员来说，合作关系最大的挑战就是需要充分肯定调查对象或参与者的实践经验，不要依据知识能力对其进行等级和层次的划分。某评估中间组织的领导介绍，在PAR过程中，有时，他们会让两个人一组，其中一个人有良好的组织经验，而另一个人有较强的研究能力，两人都要具备优秀的人际交往能力和洞察力。如果搭配得当，工作的推进会非常顺畅。

还需要对PAR的评估人员进行一些能力提升的培训，因为，大多数时候，这些人员并非专业人士，有些较新的评估人员甚至是机构内比较初级的员工。某评估人员认为，让这些初级的并非专业的人员去质询机构的工作，这本身就是很大的挑战。从这个角度来说，我们必须支持和保护评估或研究人员的PAR工作，以确保得能到较好的调查结果。"对于评估人员工作的支持，不仅是给予其较大的期望，还应该提高他们使用和调动资源的权力。同时，也要清楚地认识这一过程中可能出现的风险，谁应该对此担负责任。"

（4）对PAR团队成员有什么要求？

PAR评估或者研究人员需要认识调查研究的价值和重要性，通过学习不断提升自己调查和收集数据的能力，同时，经常自省，发现自己的不足，积极向团队成员学习。某项目官员说，要以此为乐，积极思考相关的支持数据来自哪里，是否合情合理，反映了项目的哪些方面，等等。一位在提升青少年公共权利工作中支持PAR的项目指导说："数据是PAR的关键，年轻人对事物总是充满激情，希望快速完成调查工作，但有时，我们也需要慢下来，认真思考工作方式和数据的可靠性，仅靠直觉和激情是远远不够的。"

整个社会团体应该达成一些共识，即有些事需要进行改善，而有些则必须选择变革。很多低收入的移民或是被边缘化的人群对于改善和变革都很欢迎，因为他们有很多困难急于解决。如果你的PAR的侧重点不在改善或变革，只是一个学术研究过程，那么，调查对象对这一工作就会存在期望上的落差，从而不愿积极配合你的调查研究工作。比如，一个旨在改善学校环境的项目需要对学生的妈妈进行调查，这些妈妈们一开始不太理解调查的必要性，她们认为："我们仅仅是家庭主妇。"后来，调查者帮助妈妈们认识到，项目对于孩子学习和发展很重要，以及她们参与其中的有很大作用。最终，项目取得了成功。PAR评估和研究人员就是通过类似这样的方式来应对调查中出现调查对象有抵触情绪的情况的。

有些专业人士也可能不太支持PAR的调查研究工作，他们认为这与自己的工作和发展毫不相关。当然，这种与上面那种抵触情绪的情况不同，需要有针对性的采取措施。PAR调查和评估人员需要识别问题，并通过一定的沟通和引导技巧去扭转对方的排斥态度。比如，某项目试图与教师合作，探寻以互动模式推进文化交流的方式，项目的调查与合作对象是领域内的专业人士，一开始，"我们从组织大家的读书会着手，慢慢建立信任，让其了解我们的工作。然后才开始推进PAR的调查工作。"

事实上，PAR是一个自下而上的过程，它给予每个人话语权，倾听每个人的意见和建议，反馈他们对于现状的理解和态度。从某种意义上来说，这一过程也是一个话语权的政治进程。

（5）PAR如何应对利益主体受到威胁的情况？

PAR参与者们想要获得成功，需要培养自己的勇气、沟通能力和领导技巧，并具有战略性的政治头脑，这些能力可以帮助他们应对一些问题和困难。如果PAR的最终目的是推动变革，采取的方法是自下而上，这一过程就很容易引起对权威的挑战，特别是对决策者和学术权威的挑战。因此，如何应对这一挑战是推进PAR工作的关键环节。

"你的工作必须首尾兼顾，"一位在学区改善问题上推行PAR方法的项目官员说，"尊重所有参与者非常重要，每个人的意见都能得到倾听和理解，大家就不会觉得自己被忽视，自己所代表的观点受到了威胁。""如果不能得到领导的理解，你什么事也做不成。"

"你需要寻求良好的合作关系，并能找到能充当机构和市长交流桥梁的合适人员。"某国际发展项目寻求改善土地利用的有效模式过程中，把农民、研究人员和各层级的政策制定者都纳入PAR评估中，听取各方意见和建议。在美国，州政府的人力资源部门就可独立赞助PAR研究，把不同类型的移民和难民纳入这一过程中，识别相关问题，并在当地政府的支持下提出解决方案，推进执行。

在PAR过程中，决策者被重新定义为参与者，同时，各方人员重新认识了自己在PAR过程中的角色和态度，积极反馈自己的认识和建议。事实上，PAR过程本身就改变了传统的对话关系和社会对于话语权的认知态度。因此，在PAR过程中要时刻强调沟通和参与的重要性。

（6）PAR是否需要更多的时间和资金？它的评估结果是否有效？

各方都需要有耐心，必须给予PAR调查和研究人员足够的时间和资金支持来逐步推进相关工作。你必须随时准备投入时间和精力，这是一个长期的过程，而这个长期的过程必然是又花时间又花钱的过程。

但对于那些重视这一方法的人来说，回报远远超过成本。在PAR过程中，你会从不同的视角进行思考，批判性的视角和反思性的实践能力会在这一过程中逐步建立起来。从长远来看，它反而是一种节约资源的方法。某资助者认为，"在开展PAR过程中，那些影响变革的障碍都会得以识别，也能构建相应的策略，这为我们尝试新的方法和推进新的政策提供了很好的借鉴。"某参与者说："是的，它可能会花费更多的时间，但你将取得比很多评估工作都要有益的收获。"

PAR评估和研究人员都强烈推荐这种方法，认可它的有效性。"我们能透过PAR听到更多边缘化的声音，这些声音在以往的研究中往往被忽略。PAR是一个多角度的评价方法，不仅评估系统内部的能力和有效性，也从外部的视角进行评估。同时，这些评估技巧和结果能得到广泛的应用。""当各个层面的社会团体都参与进来时，调查数据变得丰富而全面，充分反映了实际情况。"

随着对PAR的理解日益深入，很多应用者找到了提升其有效性的方法。比如，在美国，一些全国性的资助者和受助者开始在项目中建立参与性评估系统，这个系统以网络为基础，主要涉及社会发展领域。它使当地组织通过使用一系列标准的核心指标和数据收集工具，把项目推进与社区建设和经济发展联系起来。透过这种方式，当地组织还可全面分析其内外部环境，设定合理目标，进行项目规划。

某资助者认为，由于PAR对参与程度提出了要求，使得这一过程的推进更具系统性和持续性，受助者通过这一过程可以了解其项目在社区是否产生了实质性的影响，这是一般学术调查研究无法提供的信息。因此，具有实践性的广泛参与的评估才是这些组织想要的评估。

　　资助者、PAR调查和评估人、当地组织和社区之间就一些问题进行了长时间的讨论，这些问题包括调查要关注的主要问题是什么，数据如何收集等。共识的达成不是个容易的过程，所有人都希望自己的关注点能得到足够的重视。但不是每个问题都会被考虑，最后能得出的是一份优先考虑的调查清单，涵盖各种社区测量指标、定量和定性调查的问题等。一旦PAR的调查评估内容确定下来，基金会和各方资助者就开始提供积极的支持，并从PAR的调查结果中获取社区发展领域的相关信息，支持其设计和调整资助项目，以扩大项目的影响力。

　　以下案例可以揭示整个PAR的过程：

案例

在美国：使用PAR使年轻人成为改善城市环境的急先锋

　　当一系列由高中学生所卷入的种族主义事件（校园枪击事件、校外打架、喷绘诽谤等）在一个自由的美国大学城发生后，当地一位杰出的领导者以直接雇佣高中生的方式做出回应。她和学校的管理者一起聘用了三十位学生以代表学生群体的多样性——包括性别、年龄、种族和宗教方面。她还为这群年轻人带来了一个教授参与型行为研究的，或者如这个团体自称的教授"研究，评估和规划"的组织。

　　"前三、四个月"，一位年轻的参与者说，"我们做小组会话，每周一次在午饭时间会面，还有一个更长的周期，是每月一次在学校期间会面。周末没有会面。"在成年人的帮助下，学生们学习如何倾听和如何与别人对关于种族的话题进行交流，即使有时候这个过程异常艰难。他们还学习如何调查全校范围内的种族情况。成年人做了一定量的不成比例的毕业率分析。这个团体决定，学生们的任务是去做质的分析。他们提出并提供给年轻学生的问题是："在学术成就、班级人员配置和学科模式上，期待如何促进了种族差异？"

一位项目官员来自于支持此项目的基金会，他把PAR的努力称作是"帮助年轻人成为改善城市环境的急先锋的最有力的工具之一"。年轻人获得了"一系列难以置信的技术"，这些技术让他们学会了"如何获取公正的信息"、"如何同他人合作"、"如何影响老师和别的成年人的思想"。这个过程是"变化的"：年轻人改变着团体环境，他们自身也在改变。"愤怒和挫败感转变成了希望和可能性。"

学生们如何进行他们的研究，这些改变又是以何方式展现的呢？他们决定关注不同的小组，然后对学生进行调查。他们把工作做了划分，一部分人专攻前半部分，一部分人专攻后半部分。他们对管理者、老师、顾问、家庭和学生群体及其朋友的可感知的期待非常感兴趣。他们决定根据民族进行划分，以亚洲人为例，可以划分为东亚人、东南亚人和亚洲西部的人。

一些学生最开始不愿意进行交谈；一些老师唯恐被指责。但是这些做调查的学生受到了学校顾问的全力支持，而且，据一位参与者称，"我们向老师们解释了我们并非试图指责他们，我们只关注于看法。"

在他们所揭露的看法中，有一些是常见的种族偏见——白人和亚洲人被认为是优越的种族，拉丁人和黑人是低劣的。一些发现是令人振奋的：几乎全部的学生都觉得他们的父母对他们怀有很高的期望。但是黑人和拉丁人觉得他们比其他种族受到更紧密的指导和更严厉的约束，而相当一部分白人和亚洲学生有同样的看法。

关键在于使用这些数据在校园里和校园外开启更大范围的对话。"调查只是一个开始，"一位支持此项目的项目官员说，"你想发展一个策略使更大的团体参与进来。"这些做研究的学生照此做了，他们向老师、管理者、全校、所有高中、地方议会、人类关系委员会、学院和大学、州参议院听证会、和其他人做宣讲。他们甚至走向国际：有一个宣讲是在中国举办的。他们创作并广泛地录制视频，并出版了一个报告刊物。

一些团体的改变如下：

■ PAR为英语学习学生争取出一个顾问的职位。

■ 学校课程现在包括一门大学里开设的课程，关注贯穿美国历史的种族关系。

■ 学生为老师的研习班做指导。

■ 年轻人在校园中举办为期一天的会议，关注种族、身份认知和学校的社交风气。

至于参与者的个人转变——更深层次的转变，据一位项目官员说，"从哪里开始，这些年轻人开始成为主体，而非物体，并且开始有了急先锋的意识呢？"这些，同样，也具有重大意义。这些学生所学到的评估和研究技能驱使他们参与到公民行动中去。他们中的其中一位说："我们中的许多人过去一直以来都待在学校里，但是这之后我们想成为社会生活的一部分。"

参与此项目的每一个同学都继续接受了更高等的教育。"这种分析我的个人经历并以证据对之进行量化的过程，"一位参与者说，"使我能够决定我自己的未来。我学会独立，学会寻找我自己的道路并跟随我的热情。以前我从未想过追求博士学位。"

在中国：使用PAR使农民和科学家之间交换知识

中国西南部的高原地带被认为是人类历史上玉米首次被种植的地方之一，尽管这个地区的种植环境变化不定且大多数时候异常艰难。通过世世代代，当地环境的挑战迫使穷苦的农民保存下玉米种子的高水平的基因多样性，一种"自下而上的"多样性，在许多科学家看来，这种多样性对中国将来的玉米种植的重要性将是至关重要的。

但是为了提高食物安全性，中国提出了一种"自上而下的"种子生产和供应制度，产生了很少量的科学的杂种玉米菌株，这些玉米菌株尤其与肥沃的北方高产的农作物相对应，而且由政府以一种正式的"推广"制度在全国推行。因为中国近些年开放了以市场为主导的市场型经济，利益动机加速了这一正式制度的推行。

这个正式制度却没有必然地使西南部高原地区的农村受益。"高产意味着对肥料和其他维护的高投入"，一位PAR项目的带头研究员说，这个项目旨在使现代的繁殖学家和使用古老的不正式制度保存基因多样性的农民之间建立合作关系。在这个项目的一份书面报告中，一位项目官员提到，"贫穷依然根深蒂固"地存在于西南部地区，并且"快速地增长……伴随着不断增长的自然资源的衰竭代代相传。"

正如报告所说明的,这个项目"旨在认知和评估建立互利合作关系的方法,这个互利关系建立在玉米种植发展的正式与非正式的体制之间,尤其是对西南部地区而言"。当地农民和正式种植体制的代表们之间的误解是根本。这些研究者如此描述那些对高原地区拥有极少个人知识的正式体制种植者的信念:"那些农民是顽固的,为什么他们不能接受我们高产的种子?"

为了建成一个团队,研究者必须寻找"共同利益"。在早期的步骤中,她把一位正式体制的种植者第一次带到山区。"他是如此地动容,"她回忆说,"那些当地的农民是如何把肥料带进大山里的?"他还认识到了当地的玉米种植对于保存多样性的重要性。对他们来说,当地的农民看到了改善他们的品种以及卖他们自己的种子的可能性。

所开发团队包括研究员、国家的和地方的种植者,充当正式体制的服务者的当地"推广人员",并且,重要的是,还包括了来自当地的六个村庄的五个女性农民群体(至于男性,其中有许多人曾转移到城市,后来加入)。据一位项目官员称,该项目旨在为有"通过知识激励自主"。团队成员报告称,他们希望提高女性和男性农民的生活水平,培养管理农业生物多样性和维持农作物发展的能力。

农民学到了新的适合他们的田地的育种技术,并对政府种植者的培育方法作出补充。小组成员协商一致决定对品种进行测试,并认为那些他们所能看到种子的特性是重要的,如抗旱、高产和种子的自动留存性。参与者在每个收获季节周期共同对种子的品种进行评估和表决。

一些明显的科学成就:

■ 从几十个当地玉米品种中,农民选出了三种——考虑到"农艺的,文化的和生态的"因素——在附近的村庄中使用最终成功的正式试验。

■ 一些来自于地区之外的品种已被当地适用,而当地的品种也得到了合作性的改善。

■ 女性农民生产出了经改善既强劲又香的品种,已"经正式育种机构测试和认证",并在整个项目实施地区使用。

其中最为成功的措施,据研究人员称,是中国的"制度性方法在转变成为一种更加合作的方法。""农民以前是被动的接收者,"她说,"但现在他们通过这个项目和他们的社区组织而有了一个平台。他们更多的是在讲,而非被动的听。"

在政策层面上,农业部将包括在试点项目在采用参与方法改革国家扩展计划。在地方上,农民组织起了一些"多样性展览会",他们以此计划出售自己的种子。

第六节 有效退出

有效退出——如何结束资助关系

结束资助关系是正常的

退出资助关系是资助行为中的一个正常环节。资助者很清楚，一个基金会不会永久支持一个项目或组织，同时资助关系的结束能够帮助巩固甚至扩大基金会投资的价值。有些基金会认为退出对于受助者而言是一件好事，基金会的退出会带来可持续发展的机制，使受助者更积极地考虑项目的可持续性。

为什么有时候退出会被当作"事后考虑的问题"来对待？资助者把答案指向了基金会的工作周期，基金会有项目年度预算和支出的要求，很多新的筹款会要求支持新项目，所以，他们会把工作重心放在开发新项目，而非旧项目的持续支持。提前退出意味着，基金会要帮助受助者解决诸如今后筹款的问题。同时，受助者也需要做好角色等各方面转变的准备。如果将提前退出的战略具体化，可能会限制受助者今后发展的灵活性。很多人认为，在提前退出过程中，资助者和受助者的对话显得比较尴尬。

所有这些都是正确的、却又不完整的解释。尽管有证据表明，在资助系统工作中，退出并不总是积极有效的过程，并不总是被看作一个积极有效的部分。然而，退出更多被视为是离散和独立的，是整个资助项目中与其他部分都根本不同的一个阶段。

然而，虽然他们承认这些围绕退出的紧张氛围是真实的，一些资助者更愿意采取措施来管理，并认真考虑。他们把退出看作资助行为的一个普通环节。"如果你知道你不会永远资助一个组织，"某资助者说，"难道不应该从开始时就务实行事么？譬如你可能会参与多久，你可能投资多少，以及你希望受助者在这段时间内完成哪些？难道不应该在一开始就与受助者确定最终的退出环节？"

提前考虑

一位在基金会中负责退出和转型的从业者说："最好'提前考虑'如何结束项目资助。"她认为，提前思考并不意味着确定项目的每个步骤，或确定基金会能够给予的最大支持。

但它确实意味着"你和受助者要看到，基金会撤出后，项目或组织会走到哪里。"这意味着，对于为达到项目目标而需要的时间、资金和人力，有灵活但合理的认知，无论是现在还是在推进过程中。那些提前思考的资助者，从一开始就认识到并告知受助者和基金会最终退出的必然性。这样可以减少最终退出的尴尬和不确定性，以免结束过程太难。正如另一位资助者所说，"有一个叫得上名字的退出计划，即使不精确，也为基金会的受助者和理事们开辟了战略思考的空间。"

与资助者的坦诚对话能帮助受助者正视自己的期望，这期望无论是在提案阶段的，还是之后的项目执行阶段的。某企业基金会项目官员说，对于说什么，以及如何说，他试图保持谨慎。例如，他担心，使用"伙伴关系"来形容非营利组织和资助者之间关系，可能会误导受助者把这种关系看做是一种"长期关系"。

提前思考退出，也能提高大家的风险承受能力，让更多有趣的工作得到支持。退出将资助的核心问题提前提出了，即如果我们花了钱和时间，那我们希望离开后能留下什么？

基本要素

一个好的退出具备几个要素：

清晰的目标

好的资助项目或是长期投资往往建立在目标之上，有明确的指标、逻辑体系和行动理论。某资助者说，这些目标也许会被调整，或是被其他成绩所掩盖，但从最开始就明确目标，并反复考量目标是非常重要的。某基金会的行政人员说："我们写了一个合作备忘录，明确了资助的目标和评估指标。不管你叫它什么，产出也好，结果也好，成绩也好，效果也好，这是明确资助目标的一种方式。我们希望自始至终用对话的方式来明确双方的期望。"另一家基金会的资助者说，"过半年，我们会回头再进行一次对话。"

资助关系的期限和项目总金额

一些基金会会进行项目全额资助，而另一些基金会在项目开始时就明确告知，他们只会支持项目的某个阶段或某个时段。明确项目的总资助额和期限非常重要。某资助者提到，"它帮助我思考项目。我知道我每年会花多少钱。但当我提醒自己十年之后，这笔钱要乘以十倍后，这就会改变我对于做什么和怎么做的想法。资助总额对我来说至关重要，必须加以重视。"

资助者感兴趣的领域

基金会对特定领域的兴趣，可能会影响他们的决策，决定何时以及如何开展并结束一个资助项目。一个对公共卫生领域有浓厚兴趣的基金会提到，"在与受助者共同工作的过程中，有时候，会从一个具体项目开始，你会意识到对方是这个特定领域中的重要组织，而且你希望对其进行长期资助。"该基金会减少了某些领域的基金支持，而把重点放在对小额信贷能力建设的支持上，因为这才是他们的兴趣所在。最好资助那些在特定领域能够影响不同组织和政策决定者的专业机构。

项目未来的资金支持

有经验的资助者很清楚，该领域内还有哪些资助者，以及他们的基金会是如何工作的。他们会有一个潜在资助合作伙伴的清单，并与这些有共同利益的同行建立良好关系。一位资助者说，经常想想谁可能为项目提供未来的支持非常重要。

资助者必须与其他资助者保持良好关系。你必须清楚，你在一定意义上，是一位潜力股的发现者。一些资助者会探索其他形式的资助，比如该领域内非营利机构可以尝试的营利项目以及政府资助。

基金会的退出方式各不相同

基金会的退出政策可能清晰，也可能模糊，但大多数基金会对于如何结束资助都有自己的偏好。一些基金会的做法比较直接明了，比如，某基金会资助者会利用协议来计划最终的退出，并写明"退出应该提前计划，并通常提供三年的能力建设支持。而进一步的追加支持取决于受助者是否能在前一段资助关系的基础上，将绩效提升一个台阶，并加强机构与理事会的管理能力"，而非仅仅注明"需要达到影响与能力建设的目标"。但不是每家基金会都这样做。通常，有效的退出机制，考验管理人员的决策能力以及基金会的内部资源情况。

其他有用的信息

期望和经验是在不断变化的，资助者涉及的退出策略也同样如此。一个好的退出过程往往往决定于与受助者的沟通，以及是否能保持灵活性，并收集和评估领域内的新信息和动态。

受助者的成绩

某经验丰富的资助者提醒，将视野局限在最终的退出计划上是错误的。"我们必须重新定义'成功'并保持开放的态度。我们不应该让一开始设定的条条框框成为受助者取得进一步成功的限制。"在接近项目结束时，重新评估其取得的成绩，甚至可能为受助者找到另一条出路，比如，为受助者介绍新的资助者，甚至继续为其提供资助。

资助工作之后

某资助官员说，从受助者角度看，"许多项目实际上都没有涉及过结束的期限。你也许在项目的基础上思考一个资助项目，但它往往被用来支持一些用于无期限意义上的活动。这是资助关系双方脱节的根本原因之一。"承认受助者的资助现实，可以帮助一个资助者更有创意地去实习它。

受助者的成长

资助者同时建议关注受助者在规模、作用和能力方面的成长与发展。一个亚洲的资助者强调了，目标自开始就非常明确的"项目资助"，与目标逐渐浮现的"能力建设资助"之间的差异。他说，"对于一项能力建设资助而言，因为很难预估能力被最终达成的时间，因此在资助关系的初始，很难去讨论退出策略。相反，在项目的中期，也就是在最激动人心并有最多变动的时候，我们要开始去努力考察结束关系可能的方式。"

争取其他资助者的支持

某资助者建议，"应该将获取其他资金的备忘清单作为项目完结报告的一部分。""询问受助者在项目资助退出前能获得哪些其他资助可能是整个汇报最重要的内容。"这并不意味着，"不断提醒受助者你会有结束资助的那一天。"而是意味着建立信任，并把受助者"作为长期的合作伙伴来对待"。

实现项目目标的时限

另一个值得定期讨论的主题是，实现项目目标需要花费多少时间，这也是资助双方在沟通上出现问题最多的方面之一。"根据我在三家基金会中工作的经验，"某资助者说，"很少有项目或机构不花费足够长的时间就能成功的。如果短期的资助对短期项目目标的实现奏效的话，通常也对会长期目标与组织发展奏效。"某善于与受助者保持长期良好合作关系的资助者建议，"当目标和时间计划不协调时，要重新协商和调整项目目标，并且，适时为受助者提供技术支持。"

基金会内部的期望

提前思考，保持灵活，同样意味着要管理基金会内部的期望。一位资助者表示，她非常注意及时向基金会的理事会汇报项目的进展情况，"我们正在进行的任务之一，是向受助者提出关键性的问题，以了解项目进展，及时发现和解决问题，并依此调整我们对项目的期望，我们试着让理事会的期望更接近现实。在这么多年里，我们曾经无数次地给理事会带去坏消息，重新调整他们的期望，或是向上调整或是向下调整，让期望与现实越接近越好。""我们不应该用削减资助的方式来对待那些坏消息。"她说，"我们可以重新调整自己的位置和项目，来提供解决问题的方案。这也意味着，基金会理事会必须保持警醒，时刻扮演'支持者'的角色。"

资助者的四种退出机制

当被问到有效退出的建议时，资助者的回答总是"视情况而定"。但要视什么情况呢？最重要的是资助者和受助者所处的情境。重要的情境要素包括基金会的文化和资源、受助者工作的领域，和给予支持的投资者团体。对各个因素的理解决定了基金会五到十年的战略规划以及退出项目的方式。接下来的几页列出了四组资助者及其工作系统和采用的战略方式。

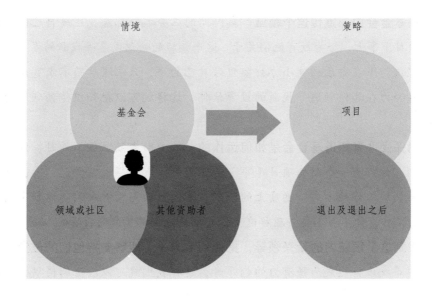

资助者 "A"

情境	战略
基金会	**项目**
■ 规模大、总部在美国的基金会，海内外的投资	■ 通过把资金授予给领域内最终有可能运作它的组织，尤其是那些有潜在领导力的组织，从而来支持这个领域
■ 支持者从事不同的领域并分布在不同的地理位置；相信"通过受助者来工作"而不是自己来追求目标；支持系统性的主动性来创造或加强一个领域	■ 将领域内的组织联合起来形成一个网络
■ 愿意长期赞助一个基金会或项目	■ 教育受助者基金会是如何运作的
领域或社区	■ 在基金会内部通过展示与成员工作相关的成绩来建立对领域的支持
■ 电子媒体领域，一个崭新的、基本还未被定义的领域	**退出及退出之后**
■ 领域内非营利的工作往往会是新生的和有成长性的	■ 给有能力或有潜力担任媒介职能的组织颁发一些奖项
■ 领域内许多非营利组织不熟悉基金会是如何运作的	■ 通过让一些投资者再次投资来增加投资者的数量
其他投资者	
■ 领域内没有其他主要的投资者	

教训和建议

在基金会内部宣传这个领域。 我时间的三分之一都是花在我自己的基金里的项目干事上，努力教育他们关于 这个领域的知识或是寻找新的支持。我不是仅仅局限在自己的狭小办公室里做自己的事，只求深度而不求宽度。相反，我努力在其他领域寻找新的投资伙伴，这样就可以把知识传播到不同的领域。

确保受助者知道基金会是如何运作的。 给受助者做准备工作时，仅仅告诉他们"你将有一个新的项目干事"是不够的。我觉得我需要说"看，这就是慈善领域工作的方式。制度上的限制在不同方面影响着人们。你如果想继续你的工作，你不得不要去理解这些你想要从他们那里拿到投资的人。"

找到这个领域内的新兴领导，把他们放到一个能够支持他们的位置上。 我试图寻找谁将能成为强有力的领导者，这样我们就可以给他们提供大笔的基金并让他们再次投资这笔钱。最终我们做到了。

资助者"B"

<table>
<tr>
<td>

情境
基金会
■ 西海岸家族基金会，地区性的基金会
■ 关注儿童和青年
■ 主要从事于改善学校和完善教育政策；选择能够发展和传播创新性实践、通报政策性改进、建立非营利能力的项目
■ 愿意提供长期支持，但会根据阶段性检查来调成支持和方式
领域或社区
■ 公共教育领域，基金会资源被大型公共基金会分流
■ 在政府和消费者要求改进绩效的压力下的学校系统
■ 教育上的改进通常在小范围内试行；如果学校系统采用它们，这样创新实践就能被传播和得到赞助
■ 创新的非营利机构通常被有技能但缺乏商业管理经验的教育者领导
其他投资者
■ 许多投资者，每一个都来自某个特定地理区域或有特定的研究兴趣
■ 学校会支持、推广和赞助一些成功的创新实践

</td>
<td>

战略
项目
■ 支持能够加强教师和学生学习的创新性专业的发展实践的设计和试点
■ 严格评估对教学的影响。早期支持标准化的评估方式，随着项目的成熟，若被授权，会逐渐采用总体概括性的评估方式
■ 资助非营利机构，但要求学校股东和其他私人投资者的合作和联合资助
■ 帮助创新工作的实现，然后支持成功项目经过成熟阶段
退出及退出之后
■ 通过提供额外的资金和技术上的支持来帮助成功项目找到推广机制
■ 把推广看成一个设计上的问题，需要新的战略、组织上的能力和资金
■ 在推广阶段持续评估
■ 在沟通方面进行投资来帮助必要的人群理解工作
■ 帮助发展一个多样化的资金来源，如果可能的话，能够得到公共支持的保障

</td>
</tr>
</table>

教训和建议

在受助者的成长过程中坚持给他们承诺。经常，受助者是非常杰出的教育者，但从来没有管理过一个企业经历第二或第三阶段的挑战来把一个想法付诸实践。它需要不同的技能来融入这项工作…我已经支持过许多个受助者经历这样的过程。他们中的一些曾经过一些错误的开始。在一个案例中，他们在尝试了4种不同的方案后才最终成功。

帮助把结果传递给关键的人群。"我亲自联系了主管，建议他开一个会这样我们可以就这个成功在社区进行的项目恭喜他，并把一些结果告诉他。

我带了评估者，定性和定量的，但没有通知项目主管，因为我们想背着他对这个项目稍许夸赞一番。我们和一个沟通方面的顾问一起准备这个会议，准备了2页的要点简报。"

资助者"C"

情境	战略
基金会	项目
■ 私人基金会，关注某一个东海岸的主要城市	■ 在一个延期内提供运营上的支持：为新成立的机构，5年期限，每年的更新，地址灾害。
■ 忠于支持当地的非营利事业，将服务扩展到尚未被服务到的人群，尤其是移民	■ 提供技术上的帮助，包括工作室，获得顾问的咨询帮助，定向于教育发展的小额的资金
■ 一半的资金用来创建组织，另一半用来建立团队	■ 和能理解小型非营利机构发展的当地环境的技术帮助提供者建立长期的联系
领域或社区	■ 能对支持风险性组织有一定的包容
■ 基层组织，许多积极参与到某个特定的社区、人群或事件	退出及退出之后
■ 强调社区组织和将服务扩展到尚未被覆盖的人群	■ 在每年的实地考察中回顾教育发展备忘录，尤其是3到4年的
■ 主要是小组织，通常有充满灵感和梦想的领导力	■ 亲自跟进，在成长必要的领域制定合作者和顾问
其他投资者	
■ 许多当地投资者	
■ 比较少投资者愿意资助新成立的机构或提供运营上的支持	

教训和建议

主动地鼓励受助者的教育性发展。我们三个检察我们在实地考察中的发现。我们可能会说"这个团队真的可以从资金中获益来做广义的撤退。"这提醒我们给那个团队打个电话"嘿，你们试过这个了吗？"我们也感觉到我们能做的最好的选择就是给钱。我们不想成为技术支持的提供者，我们觉得技术支持有点像治疗。这个组织需要认识到他们存在问题并有意愿去解决。不管我们作为项目干事说什么，如果他们没有意识到，说什么都只是在浪费他们的时间。

定义广义上的成功。"我们在一二个社区赞助了一个女子团体，她们雇了一个职员，她就家庭暴力做了许多工作。当我们的赞助停止时，她们再也找不到一个全职员工了。但我们并不认为那次赞助是失败的，因为在那5年里已经做了很多好的工作。而且她们建立了一个民族团体，改进了那个社区的服务状况。我们并不认为每一个组织在5年结束之后都一定要成为一个长期的、传统意义上的非营利组织。"

资助者 "D"

情境
基金会
■ 全国性基金会，有十年以上折旧的资产
■ 在世的资助者愿意冒险来实现目标
■ 关注人类健康和环境问题
■ 支持全国性的和重要州的宣扬领域或社区
■ 环境政策，同时被全国和州的法规管制
■ 非营利机构引领舆论，针对主流意见和政府官员
其他投资者
■ 越来越多的对环境政策感兴趣的全国性的投资者，一些愿意提供赞助
■ 不同州的支持者在数量、资源、关注点、提供赞助的意愿度方面不同

战略
项目
■ 在一些政策环境有利的关键州支持推动政策改革的主张
■ 让咨询顾问帮助州的受助者制定出带指标的改革方案
■ 有指标来持续评价有效性
退出及退出之后
■ 从资助结束的前5年开始建立"资金多样性项目"
■ 与州和国家的环境方面的赞助者合作，推动关键州的环境方面资助者的合作
■ 通过赞助对受助者工作的评估来展示进步

教训和建议

承担建立同行之间相互支持的个人责任。 "我们的工作是尝试和其他基金会的同事合作，在一些情况下和个人资助者合作。注意我们努力建立对我们共同目标的共识，最终建立向前发展的关系。"

通过鼓励受助者之间的合作来建立某领域。 "没有一个组织可以独自成功，所以我们推动我们的受助者彼此合作。我们奖励合作的表现，因此人们知道我们在寻求它。"

考虑什么也不干的风险。 当基金会考虑风险的时候，重点通常是做安全的事，不希望激起一个报告人向你提问，即使是以一种友好的方式，"你为什么要这么做？"如果你能说，"如果我们什么与不做的话，好处是什么，

坏处是什么。风险就会看起来非常不同。"

与受助者进行明确的沟通

项目结束的原因有很多，比如说可能一个基金会改变了它的优先事项，取消了一个项目，决定停止资助一个长期受助者，或者只是因为资助到期了。一旦做出了结束的决定，项目的工作人员就要承担与受资助者就项目即将结束进行沟通的责任。

在一个资助将要结束时候进行沟通的质量在很大程度上取决于双方的关系。"收尾工作进行得如何能充分反映双方长期以来形成的合作关系如何，"某资助者说，"它还会反映主要参与人员的修养。"一个来自美国大型基金会的国际资助者强调，为了使最后的沟通更加的有益双方，"在之前的工作中，项目工作人员已经建立了一定的人际关系。你需要在现有的基础上进一步的利用好这些人际关系。"

在现实中，受助者在面对项目即将结束这一情形时，通常希望能获得清晰而及时的信息，包括资助为什么结束，什么时候结束，是否还有可能获得更多的资金等。明白了这些事情会让我们更容易去理解和尊重基金会的想法，并且明白每个人，包括资助者，都要接受一些现实和约束。以下是一些相关建议：

（1）介绍决定的来龙去脉

当面且直接地向受助者解释现在的情况。一个有经验的教育领域的资助者说："受助者已经不是小孩子了，我们不能还像迁就小孩一样迁就他们。当然，我们必须要有礼貌，并尊重他们，最重要的是要坦诚。"

（2）每个人都要参与进来

"作为一种训练，基金会的每一个员工在沟通中都应该前后一致。"一位曾经是受助者的资助者说。某大型基金会工作人员提醒，"你的上司也需要参与进来，这是至关重要的，尤其是当受助者是一个有丰富社会关系的大型机构，或者已经被资助了很长时间。"有工作人员补充，这样做可以避免受助者在觉得不满意的时候"去骚然你并且直接询问理事会主席"。

（3）坚持原则，始终如一

一个有长期工作经验的资助者警告，"受助者很容易被那些个人化的表达所困惑，这对基金会不利。"她建议，不要以为"如果由我来决定"或是"我已经尽力了，但是……"，这样的话可以使局面变得好一些。事实上，尽量用更柔和的方式去传递这些信息会削弱你在这件事上的立场。如果你传递的信息前后不一，他们当然会避开你去找基金会的其他人。谁不会这样呢？"

（4）考虑受助者做出此反应的情境

受助者对失望信息有时候会有一些情绪，资助者通常都会很担心这种情况。但事实上，大部分受助者平复得很快。一个资助者解释说："对于受助者来说，这不是心理上或人际关系上的问题，这是经济上的问题。"非营利的工作永远是单调而乏味的去寻找资助，在得到资助之后尽力的去维持它。"如果你想明白了这个道理，那么你就能在那个环境里有一个平淡的开始，并在之后尽量将谈话带向有建设性的方向。"

（5）解释之后的资助前景

如果你的基金会有正式的或非正式的下一步资助计划，直接告诉受助者。举个例子，一个大型基金会的资助者已经给某团体提供了几轮的项目资助，如果他们不能扩大项目影响，他会很小心的去通知他们项目可能会就此结束。他解释说："在项目资助的第二轮，我说的很清楚，这是他们最后的资助，如果现在资助的项目结束后，他们有了其他的好主意，基金会依然随时欢迎他们。"一个同事补充说："书面向他们解释资助的终止可以保证前后一致。因为口头上的解释有时候在交流传达的过程中会丢失一些信息，或者被人以一种引起误解的方式重新解释。"

（6）尽早行动

一位在某小型中西部基金会工作的资助者认为，在资助关系将要结束的时候才开始讨论并非一个很好的做法。我们需要一个长期而稳定的沟通过程，它最好能从最初就开始讨论项目退出事宜，之后可以不停深化讨论。另一受助者做了进一步补充，"资助者应该从一开始就考虑项目退出这个问题，需要对话和讨论，不能仅仅停留在书面的规定上。"

（7）放下焦虑

一个资助者回忆说："当合作就要结束时，我们开始词不达意，我们意识到需要和每个人进行沟通。我召集了所有受助者，这样，我们可以同时和他们进行沟通。"这样的做法"开始了双方的对话，也是对彼此工作的尊重。"她说，"受助者聚在一起，讨论发生了什么，我们是否到了退出阶段。在一切都定下来之前讨论这个问题的好处是，我们真的都不知道下一步怎么办，但是我们会告知你事情的发展的方向。"

增强受助者的组织能力

基金会对于其受助者未来的兴趣，超过了对其资助金最终用途的兴趣，这是显而易见的。但作为一名即将撤出的资助者，应在帮助一个组织建立和规划未来中扮演怎样的角色？答案取决于许多因素。就如一位经验丰富的筹款人所说，"当你是一个非长期的资助者时，你是间歇地对一个机构进行资助，还是连续性地资助这个机构，成为其核心资助者，这两种情况很不一样"。

即使在"核心资助者"这个范畴里，同样存在着区别。某基金会管理者对于给非营利新兴组织提供五年的支持引以为豪，这些组织往往是小型的且"风险较高"的。她解释说，她和她的员工最近问自己，如果想让那些受助者能持续开展项目并拥有最好的发展机会，他们能做什么。"我们的受托人说，如果我们不能给受助者提供一幅现实的愿景，告诉他们基金会期望机构在三到五年内发展成什么样，那就是对受助者帮倒忙。"他们决定创建一个清单，在每年深入实地考察的时候审核受助者的状况和能力，特别是在之后他们支持的几年里。

一家美国基金会给予即将退出的受助者两年的资金支持，由受助者决定如何去使用这些资金。"如果他们认为需要的是能力建设，或者是机构发展的支持，他们可以自主决定，"某基金会执行官员解释说。这种方法符合基金会政策，为"我们信任的组织"提供核心支持，让他们决定如何使用资金和调整项目目标。

利用专有的资金计划，帮助要退出的受助者加强他们的组织管理，少数的基金会对此感兴趣。"我们为少量受助者提供资金，支持其业务发展计划，去年有三个，前年有四个，"一位项目领导解释说。项目工作人员可以在其两年的资助时间内，提名一些组织从基金会聘请的顾问那里获得帮助。"我们尝试拓展的并非一定是项目，而是拓展组织。"

如果项目刚刚开始，基金会工作人员就要更加留意受助者是否需要实时的支持，这种支持更多的是技术和管理能力上的支持。资助者可以通过提供顾问咨询的方式提供支持，但"受助者和顾问之间建立信任和理解"是需要时间的，因此，资助初期，有些受助者可能需要两年或者更多的时间来进行规划、设计和组织发展。

某"花费超支"的基金会，开放了一项特殊资金来帮助受助者在其最后三年进行组织发展。最大的一笔资金为这家基金会四分之一的受助者提供了三年的能力建设培训。一笔稍小的资金用于受助者的职员和志愿者的专业学习。"这很有必要，"基金会首席执行官说，"每年都要有一小笔预算用于未预料的机会和拓展超出预期的影响。"专业学习资金让受助者能聘请相关领域的培训师和咨询师，开展参与式行动研究和领导力评估等活动。

某大型基金会每年会为一些受助者提供运营能力建设方面的资金支持。其高级管理人员说，并非每个受助者都会收到这样的资金，但这一机制能让基金会为那些重视组织建设的机构提供适当的支持，建立双方的信任，推动长期的合作。他认为，事实告诉大家，一个机构的管理运营能力在很大程度上影响了机构的健康发展，它的建设必须得到重视，也要有足够的资源给予支持。

帮助受助者找到新资金

"筹款是一项技巧，"一位筹款人说，"帮助受助者找到新的资金也是资助工作的一部分。"

几个筹款人强调了筹款和加强受助者能力之间的联系，他们指出，强有力的组织在吸引更多的资金支持上，要远远超过一个弱小的组织。一位基金会的主管鼓励她的员工去养成一种习惯，这种习惯是去分析组织能力和筹款之间的关系，"我们已经开始在项目资助即将退出的那一年开始深入思考接下来我们该怎么来做了。'伙计们，我们可以去寻找新的资助者，有些做法能吸引新的资助者，这到底是不是我们想做和能做的呢？'"

有人强调建设关系网络的重要性，因为它能帮助受助者接触和吸引新的资助者。有时候，受助者会在一些聚会或者会议上结识不同的资助者，一方面，可以通过这种途径提高组织的识别度，另一方面，也可了解资助者的资助意向。

一些筹款人会创造机会将受助者介绍给新的资助者，希望他们之间能建立联系，进而形成资助关系。例如，某国家基金会筹款人在一个小城市主持了一次会议，他将当地资助者介绍给一位面临项目资助即将撤出的受助者，二者开始计划新的资助项目。某经验丰富的筹款人建议："资助者如果希望为受助者介绍新的资助者，那在与人沟通联络的过程中，别忘了提及受助者，邀请受助者与其他资助者一同参加讨论小组，给他们提供相互了解的机会。"

某基金会还特意为其他资助者提供"资助信息服务"，他们一方面为资助者提供受助者或潜在资助项目的信息，另一方面，又在资助者群体中担当一些联络和管理的角色。通过后者，基金会能够了解各个资助者的资助兴趣点，结合受助者的能力和项目，创造双方沟通交流的机会，让受助者有机会向潜在资助者展示自己的工作。通过这种方式，基金会为受助者和潜在资助者搭建了合作的桥梁。

某大型基金会筹款人指出，当基金会准备退出一个长期项目时，曾经主动去寻找愿意继续支持该项目的其他资助者，但在这一过程中碰到了很多困难。她认为，造成这些困难最主要的原因是其他资助者认为，该项目是"属于我们基金会的"，即使给予资助也缺少对于项目的拥有感。

其实，要促成特定受助者和相应资助者的沟通和联系，并最终达成资助共识是非常困难的。这当中有很多微妙的关系要处理，其过程往往比较缓慢。因此，需要多方都有耐心，并且尝试创新性的思考如何加快这一过程。基金会可能采取的方法包括，打电话给其他资助者的核心成员、邀请其他资助者参加会议、为受助者提供资助者的参考信息、对受助者未来的资金来源给予建议等。某筹款人指出，联合资助或提供合作资助的资助者更有可能选择提供后续资金资助受助者。"

对于如何与地方基金会一起合作，给予项目资助，某基金会资助者说："我们尝试了解地方的资助者，他们项目成功和失败的例子，他们做得好和做得不好的方面，等等。同时，我们也深入了解地方资助者都了解些什么，能做些什么，以及如何与我们一起工作，我们试图大胆接触和沟通，但也同时保持谦虚谨慎的态度。"通过选择性地合作资助当地资助者带来的项目，基金会有意试图加强一些合作关系。"聆听很重要，"另一位资助者建议，"我们参观了一些全国性基金会，了解他们致力的工作和感兴趣的事情。当其工作与我们的关注焦点有重合时，即使重合的内容并不完全适合我们的意图，我们也会提供适当资助。事实上，你自己不愿继续资助项目了，却找别人来资助该项目，这本身就是件很难的事。"

有些基金会试图培养合作资助者，无论这些资助者是因地理还是议题原因组织在一起的。"当我们刚开始时，"一位筹款人回忆道，"在我们项目运作的所有州里没有任何的合作资助者。而现在，在四五个州都有合作资助者。对于环境议题，之前并没有真正的、有组织的公益项目，而现在已经发展到有很多组织围绕此议题开展项目。"

有些基金会提供配套资金给面临项目资助即将退出的受助者，帮助他们建立其资金基础。美国某基金会近年来，采用配套资金的形式，帮助受助者获得了更广泛的社区支持，使其筹款能力也得到了很大提升，该受助者最近的筹款结果都超过了筹款目标。他解释说，重要的是要确定受助者非常清楚其目标，并懂得如何利用既有资源实现这个目标。

　　配套资金也保障了基金会内部战略的制定。例如，某国家级基金会拿出一大笔资金，连续资助某一长期的核心受助者，基金会将提供的数额高达500万美元，但受助者必须首先另外筹集到配套的500万美元。这样的要求，促使受助者努力提高其筹款能力，筹集配套资金，以便争取到那笔500万美元的资助。让受助者具备持续发展的能力正是基金会所看重的，这样，即使最后资助终止了，受助者仍然有能力继续把项目开展下去。

　　很多资助者谈到了在接触基金会寻求配套资金项目时可以使用的一些技巧。某地方投资者给全国性基金会提供了一些建议："一个全国性基金会要求地方性基金会完成配套资金的筹集任务，该任务，或者说是机会如何传达给地方性基金会呢？我通常首先从媒体或者受助者那得知该任务的，如何有效沟通和传递信息确实是需要进一步思考的。"

　　逐渐减少组织每年提供的资助金额作为一种退出项目的手段，能够鼓励受助者寻找其他替代资助的来源，资助可能来源于其它基金会、个人捐助者、甚至是政府。某支持社区发展的基金会管理人员谈到，其组织通过在最后几年逐渐减少捐赠数额来尝试激发受助者的"活力"，"如果'成功'意味着自给自足，那么一个项目的'成功'就意味着对资金的需求减少了。"

　　另一个例子来自一个大型全国性基金会，其在某跨州项目的第二阶段，用某种方式使基金会在过去三年中每年的花费减少约17%。在该项目的最后一年，该项目大约50%的主要活动的资金都来自该基金会之外的资金，很多活动在基金会的援助结束之后仍然得以持续运行。

　　如果你让受助者看到希望，最后这个希望又破灭了，那该如何应对呢？某资助者说，有一点很重要，那就是资助者需要向受助者坦诚地说明，自己能做到和不能做到的事情。"不要轻易向受资助者建议募集资金，除非你有很多经验可供借鉴，能想到的其他方法应该还有很多。"

　　但在某些情况下，项目现有资助者的经验和技术可以为项目的后续支持提供借鉴。几年前，一个美国西南部的基金会开始重新进行机构定位，作为一家致力于改善当地健康状况的基金会，它知道有很多规模更大的新的资助者进入该领域，因此，它缩小了自己的项目关注点，同时向那些新进入的资助者提供自身的经验。"我们坐下来告诉他们，基本上'我们愿意尽全力帮助你们。'"这家基金会的首席官员回忆道，"我们让他们知道怎样做有效或没效、哪些是关键人群、向哪些人宣传最有效。"

将资助的影响最大化

如果希望扩大资助的影响力，可以在项目结束的时候，总结项目经验，推广项目成果，利用各种机会广泛宣传和交流项目经验。对于受助者来说，一个能够"深度探究从项目中学到什么、怎么更好地运用到实际中"的机会是很受欢迎的。对于资助者来说，资助过程也是一个很好的契机去学习他人的经验。

一些基金会提供专门的资金来支持受助者总结、分享经验和成果。比如，某基金会为受助者在项目结束的前一年内提供额外的资金，用于项目的宣传和对外的沟通。该基金会奖励了大约25个受助者，在项目中开展了一些研究工作。

某资助者用平分资助的方式成功为受助者提供了巩固已有项目成果的机会。"寻找可替代的资金，增强机构的内部管理，制定战略计划"，这对组织来说是一个过渡计划形成的过程。对于刚开始进行项目资助的资助者来说，在这个阶段能预测的项目退出时的工作可能就是参与项目验收，对于在后期项目成果推广方面的需求这时还考虑不到。但随着项目的推进，双方对于项目的认识会日渐成熟，目标和应对措施也会逐渐明晰。

小额的过渡资金可为项目退出帮些忙，但还不足以保证一个平稳的过渡。即使没有额外的资助，资助者也可以通过各种方式宣传项目成果，总结学习经验。比如，在学术期刊上刊登项目的研究成果，资助者可充当受助者和期刊的桥梁，或者提供文字编辑、数据分析等技术支持。

很多资助者会采取会议的方式推广项目成果，比如，让受助者在会议上介绍其工作，召集包括受助者和政府官员在内的会议，帮助受助者和领域其他组织建立联系。在过去几十年中，一些基金会建立了自己的联络办公室，致力于寻找资源，支持报告出版和网络宣传。

基金会有时候会将受助者作为合伙人来对待，与受助者保持良好的关系，邀请他们参加会议、庆祝会和其他活动。某资助者指出，她觉得最开心时候是，她不仅仅是　"联络"受助者，更是鼓励受助者，激发他们的勇气、信心和创新能力。通过这样的方式让项目呈现活力，引起公众的注意。

"我所采取的一个战略"，她解释说，"是让受助者经常和不一样的人聚在一起，包括学者和活动家等。通常第一次聚会大家最常说的就是："我们是谁？这个小组是干什么的？""这些活动是环环相扣的，因此有了组织之间的互相交流，它们建立了一个联系网络。当你去思考项目的本质时，这些联系是很有帮助的。"

不寻常的退出

项目的退出一般情况下都有一定的程序，根据时间和计划逐步推进退出程序，但如果出现一些突发的特殊情况，需要很快结束项目，这时候该怎么做呢？比如，项目运营情况实在太差，双方的沟通障碍很大，基金会财务状况出现问题，或者是双方出现了矛盾等。

如果能提前发现这些特殊的情况，资助者需要灵活应变，快速做出回应。以下几个案例可以说明这种情况是怎样的，资助者可以如何处理：

（1）紧急结束

如果国际基金会在金融方面遭遇了严重挫折，领导层通常会决定减少在发展中国家和地区的活动。负责金融工作的基金会职员说："两年里，我不得不减少了15个受助者的名额。"他是如何做的呢？他说："没有好的办法，只能对受助者非常坦诚。我尽量非常开诚布公的和他们交流。但基金会依然对他们保持少量的资助，这样，他们可以去寻找其他的资金机会。是否开始削减资助是根据这个组织是否有独立募集资金的能力来决定的。我们会很快停止对一些知名度高、运行良好的组织的资助，而维持对一些不知名，可能会倒闭的组织的资助。"

（2）撤回资助

某资助者回忆说："有一次，某官员给我打电话，他以前不常理会募捐组织的，但她说，她觉得基金会的一些资助款项被某些人滥用了。很让人难堪的是，她是对的。我们立刻撤回了那笔资助的剩余款项。"还有一次，某财团资助者要求对受助者进行独立的财务审查，审查结果问题重重，审计人员发现他们伪造证据，组织的执行总监也因此被拘留了。最终资助者决定取消这笔资助。

另一个资助者讲了一个撤资实例，"我们决定资助一个为期三年的项目。从项目申请书上看，这个项目有着很好的目标和计划。我们先提供了一年的赞助（约75,000美金），并明确约定后续的付款需要由项目申请书上所写的每一步的完成计划的实现程度来确定。但是六个月过去了，很显然，项目的发展偏离了轨道。基金会要求他们修改时间表，并发去了数封信，对他们的下一步发展表示关切。之后他们回复了我们一份为期一年的报告。"

我们因此意识到他们只是计划得非常好，其实根本没有完成工作。基金会通知受助者说，我们将不会再对这个项目提供资助，"我们当然不希望看到这个项目陷入资金上的困难。我们要求他们提供资助款项的使用账单，以及是否在日后还有其他的债务。根据他们的回复，我们要求返还剩余的款项。这是原则问题。"他补充说，"基金会最后认为这个项目已经没有可能回到正常轨道了。但是如果日后的债务要求偿还，我们依然会给出一笔额外的款项。我们不是要打击他们，这是对一笔失败的投资的负责任的管理方式。"

（3）控制损害

在刚刚踏入工作时，一位在国家基金会工作的项目官员就知道她的工作内容包括终止和一位很有政治影响力的研究员的长期资助关系。之前，基金会的某位工作人员强迫一所研究所接受与这位"政治"研究员的合作，大家对这一合作都不满意，这个研究员"花光了所有的钱，但颗粒无收"。但同时他却声称研究所不能包容其研究的工作方式，资助者担心这件事再继续下去，会演变为政治丑闻。

资助者说："我不得不参与其中进行协商。一开始，大家的关系非常紧张。我总得让人在办公室里陪着我，每次开完会之后我都会写下备忘。"

他们最终承认研究员和研究所之间的关系已经非常紧张，需要采取措施。最后，基金会继续资助研究所的其他工作，而研究员也因为资助结束的事直接和资助者交涉，避免了与研究所的正面冲突。

（4）被赶走

一个支持教育改革的基金会结束了与一所地区学校的合作，因为他们的表现令人失望。更加让人震惊的是，学校管理层认为"自己没有感觉到我们所支持的教育改革有多么的重要"，并要求基金会离开。基金会使用了与自己主动结束资助时一样的方式处理了这件事。一个资助者解释说："我们没有大声吵闹，没有去找媒体来报道。我们总是在结束的时候也不让双方难堪，这样以后还有可能会继续合作。"五年后，迫于学校老师、职员和校董会们施加的压力，一个最新任命的主管来到基金会，请求再次进行合作。

第四章

资助项目合作

第一节　资助者之间的合作

认真对待资助者之间的合作

在慈善领域，合作是一个永恒的话题。近年来，有关慈善合作的会议、书籍、文章和讨论激增，大家认为包括基金会、公司、政府和个人投资者在内的各类基金资助者，都能够且应该找到基金投资合作的途径。虽然大家对这一问题的关注逐渐增多，却很少有人付诸于实践。

正如一位前基金会主席注意到的那样："慈善领域对合作的诉求在增加，但这并不意味着慈善合作的情况有所改善。"同时，一位合作基金的主管指出："对于大部分的基金会来说，合作是一种全新的工作方式。但对于几乎所有的基金会而言，他们都希望能够进行独立的决策以及设定自己的准则。这种积极的经营理念是人们所推崇接受的，但却与合作模式的发展背道而驰，使得合作难以顺利进行。"

基金资助者之间的合作十分复杂。慈善机构的许多需求都是合作受阻的因素，如高度独立性的需要、认可度和组织文化等。兴趣点不同和个性差异会使得合作难以驾驭，合作前期所需的时间、资源以及准备工作往往使得合作人员感到十分迷茫和失落。在无法确切证实收益、成本效益和战略优势的状况下，合作的动机显得十分模糊。

这些因素也只是阻碍大家广泛参与合作的众多因素中的一部分而已。近年来，这些阻碍因素已经开始减少，因为资助者之间的合作已经被极大地鼓励，并且在未来的发展趋势中，合作显得越来越必要。

例如，2008年经济危机，严重地缩减了慈善机构和在他们支持下的非营利组织的资金来源。一位基金资助者回忆道："我们曾听许多基金资助者说：'靠我们自己就可以完成所有的事情，我们不需要合作，我们依靠的是自己，我们自己的谋略和资金。'现在，由于财政紧缩，他们开始说：'我们想要遇到有相同出资兴趣或者关心慈善问题的人，因为我们也许可以把资源和知识联合起来。'"

一些基金资助者相信，经济危机正在推动一个艰难但有益的问题，那就是基金会是否做了足够多的工作来寻求合作。相似地，基金会也在要求非营利组织寻求慈善合作。一位基金会主席注意到："基金资助者要求非营利组织在这一艰难的时期付出更多的努力，例如，合并甚至是停业。"

慈善合作有增加的趋势，形成了更加多元化的慈善布局，在这一布局中，高净值个人投资者、风险投资家、小规模的基金会正寻求新的机遇来杠杆化他们的投资，人们越来越清醒地意识到，几乎没有慈善家能仅靠一人之力达成自己的目标。

与此同时，出现了一批新生代的慈善家。他们乐于，甚至渴望与他人合作。合作成了"网络一代""跨世纪一代"的核心价值观。

总而言之，许多基金资助者已经开始认真考虑慈善合作。某基金会主席说："如果我们想改变世界，我们必须选择合作，因为单靠我们自己无法拯救整个世界。即使是世界首富比尔盖茨也赞同这点。毫无疑问，我们必须在基金会合作这事上做出改变。"

聚焦和运营：设计资助合作模式

一位资助者反思道："我亲身参与过不计其数的基金之间的合作，但没有一次用了合适的方法。设计一个合作模式意味着集合一群人来完成一个独特的'拼图游戏'：要拼的不仅是主题、时间、参与基础、还有个性等等。合作的过程永远都没有固定的公式，合作的结果亦如此。总之，基金之间的每一次合作都是不同的。"

资助者建立合作关系，是因为他们拥有一个共同的慈善领域的关注点，同时，他们坚信共同学习和工作可以带来更大的社会影响力。根据经验丰富的资助者总结，大多数的资助者合作有以下特点：

√ 信息共享；

√ 杠杆化与最大化资源；

√ 共同完善组织架构和运行准则；

√ 关注系统的解决方案。

资助者对于不能接受什么样的合作同样有自己的看法。合作不应仅仅是一个接受"再拨款"的机制。一位慈善项目的工作人员称："如果再拨款是资助者的目的，那么他们不需要慈善合作。重要的不是资金，而是合作带来的附加值，如培训、能力建设、信息共享，以及能提供给基金受助者和资助者的服务。"

许多资助者强调，慈善合作要考虑合作的目标和资助者的多元化，不能由某一个人或某一组织独断决定资金的投向和运作。一位慈善网络总监的报告称："通常，一些人会说：'我想要进行慈善合作'，但他们真正想要表达的是'我的组织和计划需要更多的人来投资'。这种合作不能叫慈善合作，我更倾向于称之为筹款。"

按照功能不同，基金合作可以分为三类：学习型、战略同盟型和联合基金型。在每种分类里，不乏形形色色从组织松散到构架严密的基金，那些拥有共同特点的基金聚合到一起来达成某一特定的目标。

（1）学习型合作

是一群资助者聚集到一起，分享大家关注的慈善领域里的动态，讨论更有效的投资策略。除了信息共享，一位慈善网络总监提到："学习型合作允许资助者加强呼吁，向基金领域的其他人展示他们工作的重要性。通过这种途径，可以增加支持其项目的资助者数量。"学习型合作能够细分为不同的工作小组，向有意投资的资助者提供一个"安全的平台"来分享关于受助者和相关领域的信息，并吸引大家来深入探究他们感兴趣的话题。

学习型合作的成员常常通过共享或者互补策略找到基金投资的共同兴趣点，因此联合基金的出资人或者战略同盟基金的出资人常常从学习型合作中产生。

以下是该合作型的一些实例：

实例1：教育组织工作小组

是由资助者成立的，这些资助者中许多人具有教育基金工作经验，并以扩大捐赠作为宗旨。他们对于受助者有一定要求，即他们必须支持社区组织参与学校改革。该工作小组已经探索出了增加资助者和教育工作者合作过程透明度的方法。WGEO扮演着信息共享的合作者角色。

实例2：Slingshot基金会

由20至30岁新一代基金出资者们组成，致力于支持创新型犹太人组织的发展，是透过慈善视角探索犹太人世界的网络组织。一开始，Slingshot基金会成员都是共同筹款和资助，随着时间的发展，一些成员会选择直接参与特定组织的项目。该基金会致力于支持创新型组织，有近30名网络成员，共同审核资助申请和作出资助决议。

（2）战略同盟型基金合作

是由有共同目标和策略的资助者构成的，他们共同努力，获得社会知名度、号召力和影响力的规模效应。同时，又各自保持了基金会在投资上的独立性。战略同盟型基金合作的成员通常要经过层层选拔，合作基金会有正规的管理流程。

某合作基金会资助者回忆，每次会议都会有决议，关于下一步该做什么，需要资助什么。他说："我们问过每个人的资助兴趣，这样就能了解合作基金会中哪些工作已经涉及到成员的关注点，哪些还没有。"

实例1：美国加州移民融合倡议

正在利用其在当地社区的资源致力于解决大量的移民融合问题。这个倡议发起于2007年，它包括超过25个遍布本州和本地的资助者，通过小组形式处理他们感兴趣的问题，例如，建筑通讯容量、2010年人口普查和实施移民改革等。通过与代表当地政府的协会合作，CIII可以参与市政府和地方政府促进移民一体化的工作。

实例2：非洲高等教育合作组织

是由七个私人捐赠性质的基金会组成的，它致力于促进非洲高等教育事业的发展。基金会合作成员定期举行会议，讨论分享各自组织内部的捐赠策略，保证策略符合组织目标。这些策略被直接运用于非洲高等教育系统，捐助资金由每个成员运用他们自己的评估与决策机制独立发放。合作组织的活动资金很有限，如果大家对某一项目有共识，决定共同资助，需要每个成员各自向受助者提供资金，各成员资助额的加和即该项目的总资助额。这个合作组织有外部配备人员，有执行委员会，也有由基金会办公人员组成的工作组。

（3）联合基金型合作

由不同资助者出资，形成统一管理的资金。资助者出资额和资助方式的不同并不影响资金的统一使用。

进入联合基金组织，你可能需要付出大量时间与精力，也可能只需提供资金即可。合作组织日常工作有专门工作人员或顾问负责，资助者只负责对战略和资助进行决策。联合基金与基金会的工作有很多相似之处：分析问题、确定资助战略、审核提案、实地访问、评估潜在受助者、挑选受助者等等。资助者除提供资金外，还可提供其他方面的支持，如培训、技术、及公众传播等。

有些联合基金被称为"捐助圈"，它们能召集其所在社区或教区内的潜在资助者，整合资源进行特定组织或项目的资助。当一联合基金由国内或国际资助者组成时，资金会更多地通过中间组织管理当地的资助。

实例1：四自由基金

开展移民改革和移民与社区融合的项目。它曾资助有大批移民或移民数增长地区的非营利组织，项目资助透过中间组织进行。基金会为受助者提供长期的能力建设资金，提供学习机会，培养他们的交流能力，同时，还协调其他资助者和受助者关系。基金会也为本地、州或国内的资助者和受助者建立相互联系，鼓励大家在移民问题的解决上更好的协作。联合基金是一个有多元资助者的组织，既包括小型和州立的基金组织，也包括国家基金组织。

实例2：捐助圈

是由不同个体聚集在一起筹集资金、技术和点子来解决问题的一种慈善模式，这种模式是最古老的慈善模式之一。在过去的十年，捐助圈数量激增。群体性的捐赠会支持更广泛的组织，更多地支持所在社区的发展。

南美有色群体的捐助圈也在增多，社区投资网络深入挖掘出捐助圈的新利益所在。每个捐助圈都能获得公平公正的信息和资源利用最大化的信息，社区投资网络定期召集捐助圈与其分享相关知识。社区投资网络的创始人认为，共享基金会和论坛会议为社区慈善家的合作提供了契机，可以更好利用他们的时间、才能和财富，不仅是为了一般意义上的做好事，更是为了探讨解决社区中的本质问题。

构建和谐的人际关系与理想的成果

寻求合作和学习合作都很重要，这也是平衡利益相关方的重大挑战。有强烈合作意识的成员强调，培养成员间的信任，建立良好的关系非常重要。而细致的管理规划可以帮助资助者避免权力上的失衡，保证各方的充分参与。比如，国内和本地资助者的平衡，老成员于新成员的平衡，大资助者和小资助者的平衡，等等。以下是关于构建和谐人际关系的一些建议：

（1）尽早在工作过程中明确目标

如果没有明确目标，合作就可能冒着与初衷渐行渐远的风险。准确的陈述"为什么要合作"对整个社区、城市、地区、或任何我们进行活动的地点都很重要，这样人们才能明白正在做的事情和为什么而做。"如果你能在早期使任务和目标的设立正确"一个决策者这样说，"那之后成功合作的可能性将大大增加。"

合作需要花费时间和金钱，所以，从一开始就要考虑你的投入和最后所得的比例是否值得你参与合作。

不断有新点子和其他实现目标的方法也很重要，而非带着诸如"这就是问题的解决方案"和"我的受助者最好参与进来"的想法进入合作。最好还是问"我们究竟要解决什么问题"和"谁应当参与到这次对话当中"。

（2）要显示出对合作者的信任和尊重

"在你们亲密到把钱放在一起用之前，找时间去建立你们之间的信任关系。"某资助者这样建议，"你也需要了解自己的智力资本和社会资本，以及对方的能力和价值。"

合作组织通常会在成员进行像投票那样的工作时表示出尊重和信任。"我们在资源的意义上可能不是平等的，某些资助者可能无法投入大量资金，但其有丰富的实践经验，能给我们带来重要的借鉴。从这个意义上来说，我们是平等的，如果决定在一起合作，就要平等地分享决定权。"

某资助者说，当他初次加入一个关系紧密的合作团队时，大家会带他去吃午饭，每个人都走过来跟他谈论自己的想法和做法，并对他的加入表示欢迎，这让他感觉到被尊重和重视。

（3）尽早为处理和解决问题建立规则

某资助者说："你需要了解整个合作的过程，否则，当问题出现时，你就无从着手。"即使组织的合作进展良好，还是可能出现这样那样的问题。另外，良好的团队关系，坚实的团队精神有助于问题的有效解决。某资助者说："建立团队精神非常重要，人们会因为团队精神的存在开放而理性地进行讨论。"

资助者认为，让中间组织对合作组织进行监督可以保证其正常运行，朝着既定目标发展。中间组织可以协助合作组织进行决策，制定战略方向，提供能力提升和技术方面的支持。

关于合作，我们该怎么办

在合作过程中，会出现很多问题，针对这些问题一些有经验的合作者给予了一些处理的建议：

（1）问题：个性冲突

许多参与到合作中的基金资助者都面临过个性冲突方面的问题。冲突经常出现，比如，有人想控制整个团队，有人对策略、受助者和项目存在严重偏见，或一些决议被个人主义所驱动。一个项目官员抱怨："冲突出现的频率远远超出你的想象，冲突非常难以处理。"

促进开放的、真诚的交流

很多资助者认为，应该将问题"公之于众让大家评论"。一位合作基金会的总监讲述了一个关于合作在第二年几近夭折的故事。他们偏向于资助那些微型管理的受助者，但其他人并不知道这点，所以，每月电话讨论的时候，大家都无法达成共识。最后，有人提议进行面对面的交流，让受助者也参与进来。会议上，大家集中讨论了整个团队是否在真正的合作。这次艰难的讨论对打破坚冰大有裨益，大家决定成立一个委员会，协调成员间的联系，监督决策的制定。

识别哪些人可能在合作中招致麻烦

曾有人向某资助者推荐了一位合伙人，因为这位合伙人关注同样的领域，并有充裕的资金。资助者认为，这个合伙人并非一位理想的伙伴，当他们坐下来详谈时，他更关注很多政治问题，常常控制话语权。如果与之合作，其他合作人必然会丧失对资助项目的控制权。因此，最后，该资助者并未选择与之合作。"要想清楚你需要什么样的伙伴，为什么与他合作十分重要。"

引入外部帮助

引入外部支持在和强势方打交道时非常有用。某基金会主席曾是合作中的一员，其合作成员中有位领导有强烈的控制欲，因为他的存在，团队里矛盾层出。所以，大家决定聘请一位顾问。顾问采访了每个人对于现状的感受和解决问题的想法，并将他的发现告知这位领导，该领导积极配合协调工作，最后退出了领导角色。"每个人都很尊重这位顾问，那位'问题人物'也不得不听从顾问的建议。外来者给我们带来了坦诚的交流，这拯救了合作。"

（2）问题：试图让基金会理解合作

在合作组织中，你需要忘记你的组织文化，站在别人的文化视角看问题，合作者们甚至基金会内部未必能了解你的想法。所以，在新的工作方式下，你必须想办法让基金会决策者了解你的观点。如果基金会领导权不明晰，而同事又不理解合作的价值，你就会尴尬地夹着中间，面对两方不同的要求。因此，你也需要在合作组织中寻求支持，减少误解。

为参与提供更多的选择

某资助者参与了一些关于合作的会议，想要参与到这样的合作中，但该合作组织对于加入有诸多要求。最后，合作组织决定放松对其成员的要求，允许资助者参与与募资联系并不紧密的宣传策略和能力建设经验分享方面的工作。

培养基金会成员的领导力

资助者发现，关注组织成员的领导力，有助于减少其在决策问题上摇摆不定的态度。某中间组织总监说："与项目组成员紧密合作，找出机构中谁对新观点比较抵触，想办法促进融洽的合作。我会经常与主管或主席召开会议，强调合作能让其投资增值，同时，督促其进行受助者能力建设和培训。"

保持沟通交流

资助者认为，你需要在机构中发出声音，表明观点。"告诉人们你在合作中做什么，以及它如何帮助实现机构的目标，要不断地谈论这些事！"

减少损失

资助者说："如果在合作中和基金会的分歧过大，资助者最好不参加合作。如果分歧不大，还是值得试图进行调解的。你必须想出方法通过新的工作方式，把关键决策者纳入你的组织。如果矛盾很明显，就要考虑退出了。毕竟，合作组织只是基金会整体形象的一面，最好不要有不符合基金会文化的合作出现。"

走出中间地带

基金会主要成员要亲自参加合作工作，无论是资助者访谈，参加战略会议，还是参加其他一些活动。这样才能掌握更多的信息，在基金会内部交流时，能向大家介绍合作的好处，寻求多数人对于合作的支持。

（3）问题：俱乐部特性

合作有时会有一种"俱乐部"的感觉，某些资助者，往往是那些加入很久了的人，会有些陈规陋习，他们常常主导会议和决策过程。这让新成员和备受忽视的人感到压力，阻碍各方目标的实现，这些目标包括吸引新的出资人或新的点子。

扼杀在萌芽状态

某资助者说，她尝试让合作变成"俱乐部"。"当我们看到这种态势开始出现时，就把它消灭在萌芽状态。我们鼓励每个人，尤其是新成员，公开谈论任何困扰他们的事情，每个人都可以参与问题的讨论。"

利用新成员的优势，欢迎他们参与讨论

改变是困难的，特别是合作组织成员已经营造了一种舒适的工作关系后。但定期的新成员加入可以带来新的活力。同样的问题如果由新成员来回答，可能会有不同的观点出现，这可以帮助合作组织看清组织的情况，每个人所处的位置，检查自己是否与组织的发展同步。

从不同类型的基金会中找出拥有不同目的和行为方式的成员

经验丰富的资助者和慈善新人的加入，带来了很多有趣的讨论。这些人来自私人部门、社区、公司和家庭基金会，他们的观点独特而有价值，使得合作更加有效。

（4）减少合作中的分歧和混乱

合作组织常会有矛盾和分歧。某资助者回忆，"我曾参与过一个'松垮'合作，大家一般就是来听听会，或是出钱资助感兴趣的项目，而对项目没有任何要求。另外，投票制度也不透明，整个过程十分混乱。每个人都说了自己的看法，但决策却完全不考虑他们的建议。"这种问题需要在合作一开始就处理好，通过建立良好的组织结构和运作规则，让每个人都遵守这些规则。

从一开始就制定明确的指导方针

某资助者说："我们一开始就会根据共同的偏好制定一些准则，在执行过程中，可能会有人想取消这些准则，但我们会提醒他：'这是我们共同制定的准则，你必须遵守。'"

制定一个跨越僵局和继续前进的计划

可以通过协商共识的过程来缓和成员间的分歧，比如表决和投票。

聘用专职工作人员或借助中间组织进行管理

理想的合作形式是，组织有专门的工作人员或理事来管理运作事宜，协调各成员之间的沟通。一些资助者建议合作者们聘请专门的协调员，他们既是优秀的管理者，也是推进讨论的催化者，例如，对进展不顺的项目，或需要退出资助的项目进行决策。选择协调员不仅需要考虑其实务工作能力，更要看其是否有较强的协调沟通能力，这样的人才能推动各方达成共识。

非资助者扮演的角色

让非资助者，即受助者、领域从业者、目标受益人或专业人士加入慈善资助是目前常用的方式，资助者介绍了非资助者的角色和开展工作的方式：

（1）建立愿景

当有色妇女工作小组（The Women of Color Working Group）的成员开始讨论一个愿景时，她们决定打破常规，询问受助者的意见。最后确定的愿景帮助他们建立了Catalyst基金。某项目官员说，他们从受助者中寻找能提供帮助的人，或者请其介绍合适的人给予支持。事实上，他们的参与也是我们项目的一部分。有色妇女工作小组正在从支持生育权利和生育健康的资助者中寻找新的帮助形式："我们需要拓展我们关于'生育公平'的理念，来帮助那些现有保护方式无法保护的女性群体。"

Catalyst基金已经把资助延伸到资助"新的组织和新的人群"，受助者向他们提供了培训，拓宽了针对特定问题的对话，这些问题包括"什么是生育公平？""为什么它区别于生育权利和生育健康？""怎样建立圈内外同盟和合作'"

（2）计划后续行动

与中心城市合作组织有关的资助者想从基层开始振兴社区，他们知道，这种改变需要社区领导的持续支持。最后他们确定了三个项目，得到当地负责人的大力支持。

某基金会前任主席说："几年前，基金会和许多当地非营利组织联合发起了在我市范围内消除儿童饥饿的行动。每个致力于营养问题的组织，从食物救济站到基金会，都聚集在一起，为解决问题献计献策。最后，我们通过商讨制定了一份计划，然后把这份计划发出去，希望得到各方意见。"总之，每个人，包括资助者、州政府和当地政府管理项目的官员和相关的非政府组织，都参加了这项工作，他们都同意最终成果。资助者说："这份计划不仅在该城市得以实施，还被全国各地复制。"

（3）开拓新领域

某资助者曾派一位代表去观察2006年联合国残疾人权利公约（CRPD）的商议过程，这项工作催生了"残疾人权益基金会（DRF）"的成立。

某资助者未来策略中一个关键组成部分就是建立一个集资基金，用以挖掘社区智慧。在接下来的一年，资助者寻找基金合作伙伴，创建管理模式，成立了全球性的咨询委员会和督导委员会。咨询委员会包括12名成员，来自南半球和东欧，小组成员考虑以下因素：残疾人（包括身体，感官和心理上的残疾）、地理位置、年龄和性别。大部分成员都是由国际性和地区性的残疾人组织任命。咨询委员会有监督和评估的作用，对全球残疾人权利运动的趋势和现状十分了解。

督导委员会由资助者和四位选举的咨询委员会代表组成，它对基金会行使统筹监督的作用，并作出拨款决定。

（4）改变对话

当两个来自美国大型基金会的资助者听说，几个与雨林联盟合作的非营利组织希望给美国带去可持续林业认证，他们很支持也很担忧。这是一个关系到500亿的产业，他们觉得这些非营利组织的能力不足以推进这项工作，这需要引入其他资助者。这一过程需要持续的对话，促进新的合作。

后来，基金会推进建立了可持续林业组织，定期举办战略会议。随着认证运动的发展和全国各地的支持，各非营利组织，资助者和合作者们开始进行公开而广泛的对话。过去几年，合作组织各成员间建立了坚实的信任关系。90年代末，连锁巨头开始考虑在其店里出售已认证的"绿色"木材，该组织邀请了连锁公司代表参加会议，讨论如何推进"绿色"木材的销售。"我们听到了从公司角度思考的战略问题，简直太棒了！这实在是个不错的合作伙伴。"直接参与项目对于合作组织来说一直是个犹豫不决的考虑。受助者承担了很大的责任，一方面，要为资助者的目标而努力，另一方面，也要承担作为社区成员的责任。虽然资助者想要一些非资助者参与整个过程，但考虑到他们的这些责任及与社区的关系，最后都很难推动参与。

第二节 与中间组织合作

引言

这部分采用了对几个资助型组织相关项目负责人访谈形式构成，结构上与本书其他章节略有不同。

对于许多基金会和其他资助者来说，"如何才能支持国际项目"的问题可以通过中间组织的筹款得以解决。我们就资助者和中间组织之间的关系如何、让国际中间组织参与其中的优势和利益权衡等问题，请教了一些有经验的资助者和专家。

罗伯·布坎南，基金会理事会国际项目总监。这个机构的国际项目为其会员、公众及美国政府提供负责高效的国际的资助，并且支持慈善事业作为公民社会的一部分。

莎拉·霍布森，新领域基金会执行总监。新领域基金会帮助妇女及其家庭解决贫困、暴力以及团体中的公正等问题。

娜塔莉·加奈姆，主席，艾兰·加罗兹克，项目副主席，（美国）ELMA慈善服务有限公司。该基金会致力于通过提升非洲国家自身解决贫困、促进教育卫生事业的能力来改善非洲少年儿童的生活，以及他们所在的家庭、社区的状况。

阿兰·欧卡达，Citi基金会的首席行政官。Citi基金会通过与遍布全球的Citi工作人员及非营利机构合作，为理财教育、社区构建和创业的项目提供支持。2006年，来自Citi基金会的善款帮助了86个国家和地区的项目实施。

肯·威尔逊，执行理事，沃尔德·塔德斯，东非大裂谷项目执行官，克里斯滕森基金会，格玛·赞内比埃塞俄比亚文化艺术协会总监（埃塞俄比亚文化艺术协会是克里斯滕森基金会的赞助对象和中间组织）。克里斯滕森基金会主要关注的是世界上五个特定地区的自然环境与人类文化之间的相互关系。

切特·特泽维斯基，国际绿色资助基金会执行总监。国际绿色资助基金会是一个接受基金会赞助和个人捐赠的公益中间组织，它为草根环保组织提供赞助。1993年以来，该组织为120个国家提供了超过3000笔赞助。

什么是中间组织

在国际慈善领域中，"中间组织"这一术语并没有一个统一的普遍接受的定义。有的投资方倾向于将它理解为"资助伙伴"，或者直接是"伙伴"，以反映出"合作"在这一关系中的重要性。

本文主要考虑美国的资助者，我们将"中间组织"定义为这样一个组织（而非个人），它为基金会和其他资助者提供专业支持，特别是将资金转捐给美国以外的其他组织和项目时。中间组织的专业支持可能包括美国法律和政府政策的知识，对于世界某一地区的深入了解等。

考虑到资助者与中间组织的关系，罗伯·布坎南解释道，"中间组织可以扮演顾问、管理者的角色或是代表自己的投资方。有的中间组织同样是项目创立者和网络搭建者，而不仅仅是管理资金。聚焦型中间组织有自己的战略和目标，他们会将你的资金放入到自己的战略部署中。而另外一些中间组织则简单的协助你将资金用在你指定的区域，尽管他们专业且合法，但是并没有自己特定的战略。"

至于中间组织的定位，布坎南进一步解释道："'中间组织'这一术语既可以指美国本土面向全球进行资助运营的公益组织，也可以指世界各地面向当地组织、社团进行再资助的组织。有的资助者同这两种组织都进行合作。""我们资金中一大部分都流向了这两种中间组织，"莎拉·霍布森解释道，"美国本土的组织为非洲比较强有力的组织投资，而强大的非洲本土组织为那些与其有着密切合作关系的乡村妇女组织投资。"

与中间组织合作

罗伯·布坎南：有好几个好处。首先，鉴于中间组织拥有丰富的经验知识和人际网络，你可以获得其关于潜在受助者和策略的建议，尤其是当你对计划资助的国家不十分了解或者不确定该如何使用你的捐款时。另外，中间组织可以成为基金会的眼睛和耳朵，帮助建立新的组织并运作。

获得关于联邦税务总署IRS规则的建议也很重要，尤其当你只是个小型的，没有专业工作人员的私人基金会，或者小型的企业基金会。即使你在一家大型基金会，如果你打算在非日常范围的项目或在一个不常资助的国家投资时，中间组织仍然会很有帮助，因为中间组织对于将要进行资助的国家的法律规定非常熟悉。中间组织也提供管理方面的支持，它可以帮助那些无暇顾及文书工作以及国际资助后续工作的国际资助者。通常情况下，基金会会发现与其闭门造车，不如同中间组织展开合作更加有效。

莎拉·霍布森：当你进行国际资助时，向你合作的中间组织提供资助有许多好处。中间组织可以帮助你可以建立与当地的直接联系，你也可从中间组织那学到许多东西。经由中间组织，你资助很多当地组织，如果没有中间组织的帮助，其中很多当地组织是资助者不可能接触到的。透过中间组织，你的资助可以更加适宜当地状况。

我们很希望对非洲本土组织进行直接资助，帮助他们以及与他们合作的组织提升能力，我们尤其希望接触西非乡村地区的妇女。因此，我们资助了大量类似于农民协会的组织，比如，其中一个组织拥有3,000名成员，他们组成了33个农民小组。透过这个组织，我们将一大笔资助款发放给了这些农民小组。这个组织还为农民小组提供技术支持和管理账目以帮助他们善用捐款。

阿兰·欧卡达：项目启动的速度要快，因此，我们选择使用以下两种机制：由资助者指定基金用途，同那些在不同国家有分支或附属机构的国际组织合作。这种方式使我们可以在短时间内迅速起步，不用增加员工和内部律师，可以在不同地区进行资助。

艾兰·加罗兹克：相比于仅凭借自身力量，使用同样的项目资金，中间组织使我们可以进入更加广阔的领域。尤其是当中间组织运作介乎5,000美元和10,000美元之间的针对草根组织的小额资助时这种优势更加显著，因为这对于大型机构来说是很难运作的。我们非常关注残疾儿童，因此我们希望能够借助自身的基金带动其他款项以建立一个由尼尔森曼德拉儿童基金会运营的共同储备金。这家基金会是一家优秀可靠、在南非公益领域很有影响力的组织，因此我们认为以上行为是可行的。

与中间组织合作的注意事宜

罗伯·布坎南： 在同中间组织的合作过程中你会得到很多好处，但同时你也不得不放弃一些东西。首先，你需要放弃对于自己慈善资源的控制。如果你是一家美国基金会并且为一家公益中间组织提供资助，通常情况下，你会以书面形式同这家组织就款项如何使用达成协议。一旦协议签署了，从法律上来说，你给予的资助就归中间组织所有了。

同中间组织合作也有缺点，即你与受助者之间无法直接联系。当与中间组织合作时，你就在自己和受助者之间插入了另一个组织。对于有的基金会来说，这不是问题。但有些基金会更偏向于同受助者保持一种直接、紧密且持续的关系，他们希望看到资金如何使用，能够直接参与项目工作，与受助者共同学习。

另一个缺点是资助者假设其与恐怖主义没有关系，认为这是中间组织的责任。但最坏的情况是，你的部分资金通过中间组织流向恐怖组织，如果真发生了这种情况，你是否能免责，谁也说不清楚。所以，你的假设必须设定你需要为此承担责任，虽然你的资金是通过中间组织在使用。

阿兰·欧卡达： 当同中间组织合作时，你的名字可能会被忽略。我们曾经资助中间组织去开展项目，资金都是通过这些中间组织发放的。受助者只能看到中间组织的名字，却看不到真正提供资金的资助者的名字，就好像这些资助与我们没有什么关系。

娜塔莉·加奈姆： 好的中间组织对当地情况十分熟悉，了解当地文化、政治、以及地理状况，这在某种意义上都是一个大型资助者无法做到的。

艾兰·加罗兹克： 你可能无法亲自与目标人群接触，作为项目官员，你了解的是中间组织的而不是受助者的问题。

切特·特泽维斯基：同中间组织合作的风险之一是管理成本增加，也有可能出现一些瓶颈问题，比如，管理成本增加，但项目实施进度却减慢。中间组织试图通过保持灵活、去官僚化以及提高成本效益等方法来解决这些问题。

中间组织的选择

罗伯·布坎南：中间组织的选择非常关键，资助者必须在所期望的和中间组织能提供的两者之间找到平衡，因为他们很可能并非都有一样的侧重点，提供一样的服务。中间组织能够提供的服务很广：在初始阶段识别合适的NGO组织、处理常规事务、处理文案工作、管理资金、转移资金、监管资金的后续使用状况、及时跟进报告等。如果一个基金会想要独立做点事情，可以同中间组织订立协约，这些通常都是可以协商的。

基金会中间组织的属地也很重要，例如，如果你想要资助阿富汗女童教育，但对这个国家的NGO并不熟悉，那么你可以去找Give to Asia，他们会回复你"如果你想要资助阿富汗的女童教育有如下选择方案，其中这个是我们推荐给你的。"

资助者可能只是一个由非专业人士运营的小型家庭基金会，没有时间和专业知识对甄选出的组织进行直接资助；资助者也可能是一个规模很小的企业，正尝试在世界各国进行资助，但却没有时间完成资助所需的文件和管理、跟进、报告等工作。无论哪种情况，资助者都可以将款项转给中间组织，让其完成所有这些工作。

莎拉·霍布森：当我们寻找中间组织时，除了关注他们的宗旨、前景和项目，我们还会考察他们向受助者提供的款项、培训及技术支持的能力。其能力因组织不同而异，我们更愿意通过资助帮助中间组织提升能力，最终使受助者获益。我们也会要求中间组织证明他们确实同受助者保持持续的联系，以认真负责的积极方式开展工作。我们同中间组织进行讨论时，就明确表示我们想要与农村妇女及其家庭进行对话，了解其如何进行改变。同时，我们希望能够直接与接受资助的妇女组织进行沟通。但情况其实没有那么简单，一方面，我们希望获得资助项目的进展，另一方面，我们又不想打扰社区和社区组织，让他们觉得我们在密切地监控项目。

阿兰·欧卡达：每个人都会根据风险做出选择，但什么风险才是你可接受的？比如，不允许自己在华尔街日报首页上被点名批评。而对于开展国际资助项目的企业资助者来说，我们会考虑中间组织在该领域的经验、与其他资助者的合作情况、是否有能力带领领域的发展等。

娜塔莉·加奈姆：我们想要寻找能够从当地的视角理解问题的人。有一次ELMA将残疾少年儿童作为我们项目关注的领域，我们想要寻找一个好的并且在我们资助的南非各处社区都有影响力的组合。残疾人并不是一个热门的资助对象，但却是尼尔森曼德拉儿童基金会的一项特殊业务，对于他们和我们来说这都是一项宏大的承诺。他们也关注诸如艾滋防护和教育、儿童供养，技能培养等领域。所以我们认为将我们的基金托付给他们是一种扩展我们资助范围的有效方式。其中的一部分他们用来再次投资，另外一部分则投入他们直接运作的活动中。

艾兰·加罗兹克：深刻了解中间组织的运作方式是非常重要的。我们花费了大量时间在史蒂芬刘易斯基金会的办公室谈话，并且多次会见他们的领导以便清晰的了解他们如何将资金落到实处。我建议想要资助给中间组织的人都去亲自了解组织的方位、如何接触潜在受助者的方式、其成员和顾问是否具备"可靠性"（因为找不到更合适的词汇），尤其是当他们的工作是在距离你很远的地方进行的时候更要仔细了解。

中间组织的建立和关系维持

娜塔莉·加奈姆：如果你能亲临现场，那么就去看看他们在做些什么。如果你的预算不允许这样做，那么你必须同直接进行工作的人们建立可靠的伙伴关系，以确认他们确实能够代表你希望帮助的目标人群。我们通常都会保留直接拜访受益人的权利，我们之前去拜访，去同难民谈话，询问事情进展，情况如何，经历了什么之类的，就是要让自己亲眼看看成果如何。

阿兰·欧卡达：我们的使命就是在花旗公司开展业务的所有国家做好高效的资助者。我们有良好的机制来辨识那些国家中的潜在受助者并完成提案审核过程，这些项目都与这些国家社区的公共事务相关。我们所有该领域的人员都要学会建立合作关系，积极讨论为这些国家NGO提供帮助的最佳方式。

肯·威尔逊：如果基金会要求严苛，那么，中间组织就需要将注意力更多的放在资助者的需求而不是社区的需求上。

举个例子，如果中间组织无法达到与501（c）3公益组织相当的水平，那么他可能要面对繁重的报告任务。作为基金会，我们已经知道要尊重CASE的质疑和职责。相应的，我们也得承认因ASE想要通过能力建设来增加其受益者的获益，这就需要增加大量经费以使其免于过分扩张而导致资金跟不上

通过一个由项目执行人员、实地拜访过CASE团队的基金管理人员组成的联络网络以及持续的真诚友善的沟通，我们同CASE一直保持着良好的关系。其中的部分交流沟通也有CASE资助的社区中的受益者参与其中。

CASE也同其他文化领域的基金会形成了战略合作伙伴关系，这些基金会涉及领域包括当地语言的字典、具有重要文化意义的芳香植物、当代诗歌以及传统兽医知识等许多方面的研究和出版。

案例：制定同中间组织合作的策略

一段同新领域基金会（New Field Foundation）的莎拉·霍布森（Sarah Hobson）的谈话

当我们在2004年开始运营时，我们特意选择用最初的两年去做一些比较宽泛，比较实验性的资助，同时不断确立自己的使命愿景、价值观和战略。其中委员会一个重要决定就是将资源分配给员工去调查那些我们设想中可会进行资助的领域：帮助妇女及其家庭摆脱贫困、暴力，以及促进撒哈拉以南非洲的公平状况。

在最初的两年中，我们试图寻找一些已经在类似领域进行资助活动的伙伴组织，这样我们就可以向他们学习。例如，我们资助世界妇女基金（Global Fund for Women），火光基金会（Firelight Foundation），非洲妇女发展基金会（Africa Women's development Fund），以及世界教育组织（World education）。

计划的一部分就是他们会同我们分享信息并帮助我们学习如何进行稳妥的资助活动。

正是这些催生了我们现在的关注焦点——帮助撒哈拉以南非洲的农村妇女组织。下一个重大问题就是如何达到目标。许多国家级别的或者国际NGO都接触不到农村妇女，这就意味着很难找到确实能够将钱交到农村妇女手中的组织。另一方面，非洲许多地区的农村妇女都被很好的组织起来了——她们组成了各种乡村协会或农业合作社。我们发现这些组织有一定的能力，但是却很少接受外界的资助。

我们不想针对乡村妇女组织进行太多的直接资助，因为大部分这样的组织都规模很小，而我们却相距太远。为那些与乡村妇女组织有着紧密联系的省级、国家级或地区中间组织提供资助应该更加可行，因为他们可以进一步进行面向社区的资助。

我们赞助的其中一些组织并没有很多资助的经验。因此我们提供了诸如甄选标准、申请表格、合同样本、报告指导之类的信息，他们可以根据自己资助对象的具体情况酌情使用。我们还向他们提供了有关美国财政部要求的相关信息，这样他们就会明白为什么我们要询问那么多问题，以及为什么我们需要了解有关组织和财务方面的信息。我们有一个地区代表，她是我们核心领域的项目顾问，她同这些组织接触比较多。因此她可以为我们提供一些信息，并且可以同当地组织互相监督。

功能或专业知识	描述	对于我们的重要性？
资助	高效明晰的将我们的资金转捐给其他实体，包括管理、报告等其他相应事项	
法律知识	针对包括美国财政局规定等相关事宜提出法律建议的能力	
税收减免	基于税收优惠的资助质量	
管理和领导	高效且负责的基金管理——可通过财务控制、管理结构、资源利用的可持续性等方面体现	
思想伙伴	帮助我们根据实际情况来开发新战略，以解决我们面临的问题	
能力建设	提供技术援助的能力，满足受助者、社区和他们工作的需求能力	

功能或专业知识	描述	对于我们的重要性？
学习和知识分享	同资助商、受助者、公众及其他利益相关者分享信息的能力和使命感。评价编排课程和受助者反馈的系统。	
关于某个议题或地区的专门知识	针对某一特定议题或地区的文化、语言方面的专门知识，资助所在国的有关NGO运营和接受国外资助的相关法律知识，以及熟悉政局和政策。	
当地关系网络	同当地社区的关系以及同当地大型组织之间的联系。跨越种族、宗教、阶层间界限的能力。	
杠杆效应	利用资金、资源以及与其他组织、项目间的联系来实现目标的能力	

第三节　与新生组织合作

引言

　　资助建立新生组织对于资助者来说是个不小的挑战，它意味要做些全新的事，这些事已有的组织不曾做过，也没有谁着手在做。这当中，你需要尝试一些新方法来解决问题，需要有新的执行机制或者项目思路，甚至要做的是创造一个"明日之星"。

　　新生组织的建立可能源于已有项目的理念和经验，逐渐向更广和更深层次发展。不管什么情况，如果没有一个已有的经验丰富的受助者来实施，资助者无法顺利推进这样的事情。资助一个新生组织不可避免要考虑该组织的架构、成长和发展。这意味着要与不同的人一起工作，他们可能是提出这个理念的人，或是那些在发起新机构的设计、规划和实施中举足轻重的人。

　　在新生组织走向独立成熟的过程中，资助者的角色至关重要。这是否意味着，在新生组织的建立过程中，资助者要承担一些责任呢？

　　经验丰富的资助者认为，我们可以使用一些策略性和实用性的方法来推进这个过程：

　　（1）权衡这个新生组织形成需要的时间、费用和操作的复杂性；

　　（2）平衡资助者的参与度和新生组织的独立性；

　　（3）协助新生组织保障资金的稳定性，一开始就做好资助者未来的撤出计划。

新生组织需求

　　不管你的想法是源于基金会内部的思考，还是外部的提议，资助者在与新生组织沟通的时候，都应询问其对问题和机遇的识别是怎样的，让其分析当前的环境是否适合建立新生组织。正如有人提到的："组织需要有自己的目标，你必须问自己：它能填补什么空白？有什么发展空间？有必要成立吗？有需求吗？有人支持它吗？如果你的组织目标设立正确，接下来的工作就自然而然地好开展了。如果目标设错了，你的工作就会困难重重。"

要想预估一个组织是否能成功并不容易。为了回答一些基本问题，有人建议采用讨论、分享式学习、研究，甚至尝试运行一些组织功能。这些方法也能看出社区对其的接纳程度，以及有哪些其他的资助者愿意参与进来，同时，也能识别哪些是可能的合作伙伴，哪些人可以成为该组织的领导。建立新生组织需要注意以下几点：

（1）详细了解所涉及领域的现状

有人说，在新建新生组织过程中，他们首先会去了解现有机构的方方面面，比如机构的使命、策略以及项目覆盖区域等，从而找出新生组织与现有组织存在哪些差距。针对儿童权益倡导，某资助者收集了在该领域工作的所有本地机构的信息，并为一家全国性组织给出了咨询意见：

"我们在该领域工作了很长时间，知道本州有哪些相关机构在做这件事。他们大部分都属于某一特殊领域，如医疗卫生、领养机构或青少年管教中心等，有些与政府签订过协议。这都限制了他们进行倡导工作的自由度。我们研究其他州的情况，获得很多有用信息。信息显示，本州是唯一没有无党派儿童权益倡导组织的州。"

（2）广泛咨询

咨询从业人员、专家和其他资助者，了解是否有必要建立一个新生组织。有经验的资助者会更多地关注建立一个新生组织的必要性，这不同于常规的资助。

例如，一批资助者认为，若能构建一个互联网技术平台，分享电信方面的解决方案，非营利工作会从中受益良多。在实施前，资助者召集受助者、技术专家和其他资助者共同商讨，是否有必要成立这样一个组织，以及它能发挥多大的作用。

在另一个案例里，某资助者介绍了针对是否要建立新生组织，她是如何征询从业人员意见的。她认为，整个过程都是由对方主导的："我们努力听取专业人员的意见，看看是否有必要成立一个组织。事实上，一开始我们就希望对方相信，我们真诚地希望得到他们的建议，而非来考验他们的专业实力最后还是按我们的想法做事。"

（3）支持分享式学习

资助者可以通过让社区领袖和从业人员参加会议或参观其他组织，来帮助那些问题相关人群寻找相应的解决方案。

曾经有一份研究报告让很多资助者对一长期讨论的议题开始采取行动："首先，我们委托别人撰写了一份白皮书，然后分发给几个基金会，他们已经在这个议题上非正式地讨论了很长时间了，这一行动促进了这一新生组织的建立。"

（4）试水

上述资助者想测试一下该新生组织的服务，他们邀请少数非营利组织来体验这个新生组织提供的服务："一开始，申请服务的组织很多，为了不使新生组织负担过重，但我们只选择了其中一部分组织。很显然，需求还是很大的，我们需要一名专门的工作人员。"

（5）寻求人才

虽然需求很多，时机也成熟了，但要建立一个新生组织还必须有人加入。某资助者谈到："你可能有很棒的想法，但如果没有人来实施这个想法，就别干了。"

有些资助者自己发起成立新生组织，有些资助者资助那些有完善建议书的申请。新生组织的领导人能力一定要比较强，某基金会的头认为，"这个组织需要有个完美的领导人。"这个想法可能太显而易见而容易被忽略，但这位资助者强调，在行动前，一定要谨慎地考量未来领导者的能力："把资助给了谁关系着每个人的利益，事实上，重要的不是你资助什么，而是你资助什么人。"

新生组织理念

当你确认有必要新建组织，同时又有资金支持的时候，就可以着手协助组织者设立可行的使命目标和组织框架。本手册的受访者说，大家很容易错误地认为，谁提出要创建组织，谁就最清楚这个组织如何来构建。有些人回顾说，他们当时事先没有什么计划就着手干了，事情进展还不错。但大多数人更倾向于先有一个深思熟虑的思路后再开始干。以下是一些有关新生组织的理念：

（1）使命目标与组织运作的联系

许多资助者强调，使命目标对于一个新生组织非常重要，其内容应该精炼，功能明确且与众不同。一位受访者说，这一过程中涉及两个基本问题：

"组织要做什么？它与其他组织有何不同？这两个问题会促使人们换一种方式思考问题。面对现实的困难，使命目标让你专注于你的目标和工作重点。"

（2）研究类似的组织

受访者强调，要与那些在相关组织内参与过组织建立和运作整个过程的资助者或者从业者进行充分沟通。一位资助者资助过一个机构从事经济和社会权益组织网络的开发，他谈到了组织初建的一些过程："我们研究了八、九个，甚至更多的网络，不仅仅是关于人权，还有其他领域，比如转基因网络，妇女问题网络等。我们访问了这些网络的负责人，询问他们创建机构过程中，做哪些事有用，做哪些事无用。并请他们给出一些网络创建的建议。他们的建议涉及管理、职员问题以及指导委员会的成立，这些都是有代表性的建议。"

（3）从以往工作中吸取经验

一些成功的新生组织往往都是经过第二次尝试才建立起来的。一位受访者回忆说，他之前筹建一个网络，结果失败了，他从中学到了不少东西。当他重新来过的时候，绝不会再重蹈覆辙。

"从一开始我们就知道，如果我们下定决心要创建新的组织，就必须提供足够的资源支持，同时，我们也希望大家能共享这些资源，让所有人都从中受益。"

（4）考虑工作领域中可能发生的变化

有必要与从业人员探讨领域的发展变化，以及这些变化将如何影响其组建新生组织。例如，某国际基金的顾问团认为，如果他们在某国新建一个集中式的组织与该国的政治环境不符："考略到那个国家正处于分权的过程，我们不能建立一个单一集中的机构。像十年前那样，只设一个全国性的秘书处是不够的，我们得设地区分支机构。"

（5）聘请策划人来协调志愿服务

一些资助者会聘请专门的策划人来协助构建新生组织。当支持者自愿合作来成立一个新的组织，但没人能协调时，策划人的作用就尤为重要。一位曾是策划人后来担任该组织执行总监的受访者说："我最初受雇于一位资助者，在一个志愿工作小组中工作。我组织大家开会、做会议记录、实地调查、联络每个人。我是主要的行政管理人员，让工作能在很短时间内正常运作。我和基金会主席、地方首席执行官一起工作，而他们都是志愿者。"

（6）别让计划取代行动

一位家族基金会的资助者回忆说，他当时与一批年轻的行动主义者一起工作，他们想做社区组织工作但苦于没有一个模式："他们真的卡在了计划过程中。一年后，他们告诉我他们与多少人谈过话，但这对我们没有任何意义。我想看到行动，我对他们说，'很好，让我看看你们的人员安排和行动计划。'他们给我看了，我给予了资助，同时还资助他们办公室的搬迁。"

资助者在新生组织中的角色

在新生组织的创建和发展过程中，资助者参与程度应该怎样？资助者们对这个问题的认识各不相同。有些资助者参与度很高，甚至亲自撰写组织的文案；其他人对"放权"的方式情有独钟，他们认为，过多的参与会使资助者影响力过大，组织无法自主管理自身事物，从长远来说，这样的能力在一开始没建立起来，今后就很难有长期的发展。

所以，对"参与程度到底应该怎样才合适"这个问题，资助者理解各异。其答案取决于他们自己的组织经验、对新生组织需求的正确判断、以及他们可能投入的时间和资源。下面一些资助者的建议可能有助于回答这个问题：

（1）根据具体情况调整你的参与度

参与程度是否合适不仅取决于你的偏好和原则，还取决于新生组织的具体情况，而且会不断发生变化。某资深资助者认为："我一直以变化的眼光来看待参与度这个问题，某些阶段多参与些，某些阶段少参与些。刚开始时，我总是积极参与组织构建的讨论，对使命目标、角色和战略都提出建议。当理事会和领导层考虑这些建议（有几次他们把我说服了！）时，我就放手了，让理事会去雇人来管理组织事务，我则变成顾问和支持者。"

（2）努力平衡

一些受访者说，他们总希望能积极参与讨论，但结果总会变成他们主导了讨论。某大型基金会资助者说，他和同事试图缓和这种紧张的气氛，告诉与会者，资助者在决策过程只是提供建议而不是仲裁人："我们是积极的参与者，但不是最后的决策者。换句话说，我们不会说：'如果你不那么做就拿不到资助'。但我们也不会闲着，把想法和意见收起来。对什么能行，什么有用，我们也有自己的想法。我们会提出讨论，其他人也可以这样做。"

（3）让计划按照合理的节奏成型

资助者总是在其他参与者还没准备好的情况下就急于看到进展。某资助者反思自己的这种做法，他想知道，耐心的态度是否有助于促成更多更重要的产出："如果再做一次，首先，我会用一段时间去建立彼此的信任和沟通方式，然后再进入下一步。让他们按自己的节奏来做事，而非求速求快。让他们自己去体验和经历，发现需求和解决问题。"

（4）根据需要提供帮助

给一个新生组织提供大量的技术资源是很诱人（同时也昂贵）的事情，但结果却发现建议太多了，专业知识太多了，多到项目的组织者不能立刻接受或吸收的程度。你必须知道你只能给新生组织提供它所需要的技术知识，一定要提防给它提供过多的外部帮助。

（5）挑选你关注的问题

有些资助者表示他们对于细节要么采取妥协态度，要么采取忽视态度，这样他们才能把精力集中在诸如组织结构、使命和价值等重人的问题上。他们强调说，资助者的视角是独特的。一位全国性资助者回忆，他曾在一个新的劳动力政策联会的规划会议上艰难地推动一个观点："我对一些问题完全不关心，我关注和支持的是多方利益相关者的观点。我相信，没有我的推动，他们不可能朝那个方向发展。他们看到的只是他们自己组织的需求，而我们考虑的是社区大学、工会和其他面临同样问题的组织的需求。如果他们朝别的方向发展，我不会把钱投给他们。同时，你没有必要去推动某些无足轻重的策略细节。"

（6）知道什么时候放手

一开始就参与新生组织的建设是激动人心的，但要知道什么时候该放手。一位曾参与设计一家非营利科技组织，后来又在理事会任职的资助者这样描述她放手的感觉："和任何筹建工作一样，你很难脱身出来。因为你太倾情投入这个组织，你认为它没有你就没法持续下去。但我们的离开对组织有好处。分享组织的所有权很重要，在组织有牢固的基础结构时，我们退后一步就能腾出地方让其他人进来。"

新生组织的支持群体

新生组织需要伙伴，通常一个领域里其他已经存在的组织会谨慎地对待新出现的组织，他们的领导者可能担心新生组织会在资金、影响方面与他们竞争，干涉他们的工作或让他们的生活变得复杂起来。

"我们建立新的社区基金会时，短时间内我们与六、七十人进行交谈，有时是小组形式，有时是个人访谈。这种咨询方式有很多好处：首先，它帮助你明白真正的需求是什么；其次，如果你针对需求进行资助，那么，这样的咨询过程能使该组织更公正合理、获得更广泛的支持。"以下我们提供一些建议，帮助你找到合作伙伴：

（1）让重点社区参与计划过程

资助者常常会让潜在的客户和股东参与组织至少最初的讨论，他们的参与能建立信任，帮助人们理解组织能满足的需求以及发挥作用的方式。但一些受访者也提醒说他们的参与应该是实质上的而不是形式上的，这样才能从他们的参与中获益。一位资助者说不要"先有了计划，再把人招集起来计划。"

（2）把人们召集起来但不强求合作

有时，人们需要学会一起工作才能自如地参与计划过程。为了成立一个言论自由的国际性网络，一位资助者首先要做的，是尽量缓解组织间的不信任关系："我们资助了一个约有20个组织参加的会议，共同讨论关于建立一个国际性'言论交换自由网络'。我们在用词上很用心，因为这些组织都愿意交流信息，这没有威胁性，但如果你说要采取联合行动，那就有威胁性了。"

（3）为新生组织和他们的组织者打开方便之门

新生组织能从资助者的关系网络中获得建议、支持、受到关注。例如，某资助者意识到一新生组织正在一个"相当封闭，具有排他性"的领域里开展工作，他就主动邀请这个组织的理事长去参加一个例常的政策集会。他解释说："每个月我们政策领域的组织都有一个上午的例会，这个新生组织没参加过这个会议，我推荐他们去参加。"

一位大型慈善基金会的资助者将一批当地名人召集起来，咨询他们对建立一个新的社区基金会的意见。他希望这些人能利用他们的专长和影响从政治上、财务上和规划性上给新生组织以帮助："我们正努力建立能解决特定问题的人与人之间的信任。我们怎么才能启动这件事？谁应该参与进来？哪些门应该被打开？我们怎么决定谁去做什么事？权力将会是什么？"

（4）资助培养技能的活动

某资助者资助在某重要选区对代表进行领导力培训，那些参与者成了倡导社区规划的核心力量："我们让年轻人、学生、社区领导、父母和官员们参加为期两年的领导力发展项目。他们学了青年的发展、合作和项目设计，我们举行了几轮这样的活动。当三、四百人都经历了类似的过程，你就拥有了关键的一群有共同语言、有某些相同经历和某些共同价值的人。"

新生组织的领导和管理

有些新生组织开始时只有一个执行总监，他需要招募一个理事会；有的一开始就有理事会但要寻找聘请一位执行总监。不管是哪种情况，资助者都可以提供帮助，尽管我们应牢记新生组织的最终目标是独立，是要建立理事会与总监稳定的工作关系。这方面有以下建议可供参考：

（1）如何帮助建立有能力又投入的理事会？

寻找具有各种技能和背景的人

理事会需要由了解该领域及相关工作的专业人士组成，还需要有了解法律、管理、政府事务、传播或通晓所有这些领域的专业人才。多数理事会拥有代表各利益相关方，对问题分析和处理有多元观点的成员。此外，许多理事会至少还需要一些愿意而且能够帮助筹集资金的成员。一些资助者与受助者一起列出名单，列出理事会需要的候选人。

把目光放到你的关系网以外

你的关系网是寻找理事会成员很好的出发点，但也要把搜寻目光放到关系网之外，例如，在建立一个地方青年组织理事会时，一位资助者就去商业人际圈寻找有影响的人。

"你寻找的是能带来知识和资源的人，那些你希望将来能成为伙伴的人。我们组织的一个目标就是确保商业人际圈对孩子在社区中的活动了解得更多，所以我们寻找那些对支持我们工作感兴趣、想了解这些问题的商业领导者。"

鼓励积极的、正在进行的招募活动

一些资助者说，他们利用顾问团转变成理事会的时机，督促理事会招募新成员，以填补其专业上的空缺。也有资助者会给理事会成员设定一个最长服务期，采取这种方法的某资助者认为："受助者应该从一开始就实行理事会成员轮换制度，成员们应该逐渐被替换下来。这是一条普遍的规则：死木从不挪动，好的人应流动。为了活力、思想、新的方向，任何理事会都必须变化，否则你就只有一群意见相同的人，整个组织就停滞不前了。"

创建顾问委员会来填补理事会的专业空缺

一些组织利用顾问委员会来监测项目进展、收集社区信息、提供评估建议、或寻找具有相关领域专业知识的人给予支持。某国际医疗组织总监描述了他在由全世界研究人员、医生和医疗政策官员组成的顾问委员会所起的作用："每月理事会会议召开前，专家委员会会先开一次会，讨论我们在该领域取得的进展，商讨下一步该做的事，去哪些国家开展工作，如何扩大规模。我们把他们的建议汇总交给理事会，他们可以在理事会会议上进行讨论，这样理事会就能把主要的精力集中在财务和管理上。"

（2）如何聘请一位有能力的总监

寻找需要耐心和全盘考虑

许多资助者都强调，不论你在聘请过程中扮演什么角色，在确定和选择一个能力强的总监时都需要细致的考虑。某资助者描述他为了让理事会在选择执行理事时不局限于"大牌人物"而进行的努力："我们想让他们明白，即使你想尽快地把领导人选出来，你也应该时时提醒自己，聘请人容易开除人难。这就是为什么我们必须小心谨慎地花时间去确定几个好的候选人，不要局限在惯常的几个人和退休的一些名人，而应寻找一个有活力的人。"

资助专业的搜寻

有些资助者说，除了与理事会成员共同选择总监，他们还同时利用专业招聘公司来进行招募。有些资助者认为，这样做很必要。某资助者的基金会在理事会刚成立时就决定花钱去搜寻执行理事。

"筹备组发表了一个组织宣言，做了一个初步的工作计划和预算。然后开始选举理事会，多数成员来自筹备组。我们从这个组挑出了一个搜寻委员会，与一家猎头公司合作去发现和聘请第一位执行总监。同时资助伙伴们同意为前五年的运作提供资助，这样理事会和理事就可以开展工作了。"

（3）如何帮助建立领导能力

帮助领导会面并互相学习

正式和非正式的关系网可以让新生组织领导向面临同样挑战的人学习。一位在非洲工作的资助者用"同行向同行学习"的方式为一家新的社区基金会提供技术支持："我让在美国社区基金会工作过的人与基地在非洲的技术服务提供者结成伙伴，目的就是交流信息和教训，而不是从美国进口专业知识去非洲。这不是教授，是分享。"

可以通过召集会议让人们相互认识，推动关系网的建立。一位大型全国性资助者定期召集非营利教育组织的资助对象一起讨论工作，听取业内人士意见。这样的会议非常重要，尤其该组织最初的几年中。

提供管理培训和指导

管理专家的培训或咨询有时非常有用，尤其对发展整个领导层的领导力有帮助。一位在某地区资助几家新生组织的资助者说："我们资助新生组织和几个受助者进行能力培养项目，包括组织发展、管理、战略规划、筹资和理事会培训，他们为每个组织量身定制培训计划。"

充分利用技术支持

许多资助组织会资助新生组织在关键领域聘请顾问，也有顾问会提供志愿服务，以新生组织理事会成员的身份或提供无偿服务来帮助新生组织开始工作。当资源许可时，可以使用有偿的专业服务，这能让顾问全心投入其工作。有些资助者则认为，新生组织应该有自己的技术服务人员，以提高新生组织的能力。

对于需要寻找顾问的新生组织需要留意以下几个重要原则：

（1）技术支持不能解决所有的事情

一位资助者认为，技术支持"不能替代你真正需要的三个东西：强有力的企业家精神、过硬的理念和强大的市场。"即使这些都到位了，有时也得承认外在的解决方案并不能解决组织的所有问题。

（2）受助者需要一定程度上的选择和控制

有些资助者提出"第三方支付"的问题，也就是说资助组织直接聘请技术支持，而受助者没有选择权或控制权。一位资助者说："我越来越认为资金和责任应该掌握在主要客户手里。受助者必须积极参与挑选他们的技术支持，如果技术支持不是他们所需要的，他们必须有权利解雇这些人。为什么不把资助给他们，对他们说：利用这些资源去把工作做了"？

（3）帮助受助者找出最佳技术支持

一位资助者说，他密切关注最好的技术支持提供者，将他们的行踪告诉受助者："我们有获得这些信息的机会和背景"，他解释说，"而我们的资助对象通常没有。"

（4）每一个新生组织需要的帮助在种类、数量和搭配上都不一样

了解新生组织领导人者的专长和不足，资助者才知道如何为其提供支持。某企业资助者说："资助者和受助者要相互了解，才能知道哪些方面需要支持，每个受助者的特点不同，有些需要较多的技术支持，有些可能不需要那么多技术支持，要根据情况调整和决定你的支持力度。"

新生组织的规划

新生组织要成长为持续发展的组织就必须在开始阶段具备以下特点：多样的筹资渠道、社区和同事的大力支持、严格的财务管理、好的策略和运作计划、完善的人员和技术配备。一开始，可能以上很多因素都无法一下到位，需要新生组织的头几年逐渐建立起来，这通常需要资助者的支持。

新生组织最初几年的一个重要目标就是建立一个多渠道的筹资基础，使其充足资源来完成组织使命。许多资助者把这个目标叫做"可持续性目标"。这意味着要有一个高效的理事会和员工队伍，要有正当的收入渠道，有足够的流动资金维持运转和开支，有紧急储备金，能自行决定拨款，有持续的资源支持项目和产生收益。它还意味着长期拥有良好声誉，吸引支持者和资助者。

一些有经验的资助者为新生组织的发展规划提出了如下建议：

（1）计划安排第一笔资助时你该考虑什么？

建立新生组织的第一笔资助非常重要，它关系到该组织是否能建立稳定

持续的资金基础，其初期的发展和使命的形成是否有资金的保障。为了让第一笔资助能一石二鸟，既在最初的几年里扶持新生组织，同时又为建立今后更广阔的筹资基础加大机会，资助者们提出了以下建议：

在时间上要现实

很多资助者认为，第一笔资助应该至少持续三年或更长时间，这样新生组织才有持续性。一位资助者讲述了他最近决定将一个三年的资助延长至五年的经历："我们意识到我们应该帮助资助对象度过几个关键阶段，三年资助让其自给自足时间太短了。"

有些资助者说他们的第一笔资助通常持续三年，如果新生组织显示出让人认可的成长与进步，资助可以再续三年。

考虑提供程度递减的资助

一些资助者通过逐年缩小资助额将他们的资金支持延长。有的资助者比较谨慎，其提供的资助金额不足以新生组织的全面运作，这种情况要求受助者要立即开始筹款。

"我们提供一个为期三年的500,000元启动资助。第一年涵盖80%的预算，第二年50%，第三年20%，他们需要逐年提高自己的筹资额。"

和参与前期支持的资助者共同合作

如果新生组织是从小项目中成长起来的，有可能将其前期的资助者召集起来共同支持这个新生组织。某国际新生组织由两个曾在疾病控制项目上有过合作的国际组织以均等比例共同资助：一个国家基金会提供了核心经营的预算，一个大型制药公司则提供了同等价值的实物资助。该基金会项目负责人认为，这有助于加强合作，确保两方资助者的共同参与："虽然我们最初并没有设计均等的资助份额，但它最终以那样的方式呈现还是不错的，日后的资助会逐渐多元化。"

（2）如何为成长与独立性做计划？

一开始就做好长远规划非常重要。未来，新生组织的规模可能会扩大，人员会增加，资助者也会越来越多，其对愿景的诉求也会越来越多。应尽早确保财务、人力资源等方面的内部系统可以随着组织的成长而发展。预测最初的资助者减少或撤资后如何应对也非常重要。对此，资助者提供了以下建议：

评估组织的治理、人员和管理系统的能力

评估通常需要考虑，随着组织日益成熟各种相关因素会如何变化。一个典型的例子是，随着时间的推移，理事会承担的责任越来越多，执行总监需要面对领域内更大的竞争，其监督内部运营的时间会减少，理事会需要从员工那里获取更多的帮助与信息。一些出资者鼓励理事会成员和工作人员进行自我评估，了解组织的能力，制定发展目标。

考察组织的财务前景及可能发生的变化

有经验的资助者说，在考察一个组织的财务前景时，他们会考虑一系列因素，包括收入来源、运行费用、核心资助者以及一次性资助者、基础设施能力及需求等等。一个小型基金会的负责人说："即使你不逐渐缩减资助额，你也希望看到在他们的预算中你的资助比例越来越小。它（资助份额）持续上升或保持稳定，都不是好兆头，在那种情况下我们会要求面谈。"

明确你的承诺

基金会采取截然不同的方式逐步停止它们对新生组织的资助。虽然大多数资助者在终止资助方面保持一定的灵活性，但了解基金会的总体政策对各方都是有帮助的。

比如，一个资助者称其城市社区基金会并不承诺数年资助，但会向受助者明确自己的平均资助金额和期限。同时，也会和受助者合作制定评估准则。因此，长此以来，新生组织在决定如何使用资金时，会对基金会资金支

持可能持续的期限和资助程度进行合理预期，对于将被如何评估也会有一个更加实际的认识。

询问其他资助者的情况

吸引其他资助者的能力对于新生组织的可持续发展至关重要。一些资助者密切关注新生组织已获得的捐赠及其新的资助者，他们会询问这些资助者是否提供长期支持等问题。某资助者认为，他在评估新生组织的稳定性时会考虑资助者的声誉："我关注在这一领域堪称专家的资助者。一个组织若能成功地从专业资助者那里获得资助，常常意味着它拥有有效的、高质量的项目。"

新生组织的筹款

作为资助者，你也许会出于各种原因认为，必须参与新生组织的筹款活动，因为你了解这个组织，支持其工作，可以代表其发言，说服潜在资助者采纳你的建议，参加受助者举办的相关会议。

另一方面，你又会对参加筹款活动的承诺犹豫不决，因为担心这些承诺会占用您的定期捐款时间，也担心这超出了你的职责范围，承担了本应由新生组织理事会和行政领导担负的责任。同时，你也会担心如果将你的受助者"抛"给你的同事时，你在资助界的信誉会受损。当然，习惯了做资金的给予者的资助者坐在桌子的另一边，要求获得资金时，他们总是觉得不自在。

本手册的受访者对参与筹款有不同的看法，他们中的一些人代表新生组织积极参与宣传，另一些人则更倾向于低调的方式，专注于新生组织本身筹款能力的培养和社交能力的发展。以下内容介绍了资助者如何吸引其他资助者以及帮助刚成立的组织培养筹款能力：

（1）怎样将新生组织与其他的资助来源相联系？

尽早联系其他资助者

一些资助者指出，如果在筹划一个新生组织时较早让其他的资助者参与进来扮演重要角色，他们更愿意提供资助。

某位资助者指出，吸引其他资助者参与发展过程是一件微妙的事："他们帮忙充实了模型。这使他们获得了这一项目的拥有权。其他基金会也会回复你的电话，你可以对此表现得很低调，说'这里有一个组织也许你会感兴趣。'但你不能一直这样，他们会识破的。他们会认为那是你的项目。"

作为"推荐人"

能够和潜在资助者交谈可以帮助打开通往新生组织的大门。一位企业资助者这样评论："受助者可以带上筹款预期的清单来找我们。我们会看一遍然后说，可以，但要用我们的名字。我们支持他们但不以他们的名义筹款，我们可以接受作为新生组织的其他捐款人的推荐人。"

找出其他的资助者支持的是什么

资助者可以通过参与一个既定领域里资助者的专业小组会议来了解新生组织潜在的资助。

举办或参加活动，以此让其他捐款人了解受助者的工作并与其领导见面

一些资助者举办研讨会或赞助商圆桌会议，使得组织的员工可以做专题介绍或参与小组活动。资助者可以找机会让受助者在会议中展示自己。一位卫生保健方面的资助者经常被要求推荐参会者。她经常推荐其支持的新生组织作为报告人，如果观众中有潜在资助者，她也会把这一组织的工作包含在她自己的报告中。

（2）如何帮助新生组织发展其自身的筹款能力？

帮助受助者开发筹款材料

在支持某新生组织时，互相合作的一些资助者帮助刚成立的组织撰写了一般性材料，介绍组织的概况及提供的服务。这一基本信息最初是内部使用的，后来为了新增的资助者而进行了修改："我们帮助他们准备了基本概述，可针对不同的基金会或公司而修改。"

提供培训

同社区型组织合作的资助者帮助他们支付了参加筹资培训班的费用："学习那些技能帮助他们建立组织的筹款能力，即使我们离开了，这一能力也会留在组织中。"

创造实践和反馈的机会

让新生组织自己撰写筹款计划是个提升能力的实践过程，并可在这一过程中获得他们的反馈。某资助者在与社区型组织合作时认为："他们和我们的员工通力合作，将筹款提议和申请组合在一起。有效地从其他资助者和机构那里获得了资金。"

确保执行总监花足够多的时间在筹集资金上

在组织成立初期，执行总监需要重视内部问题的处理特别是筹款方面的问题。某资助者说："这是一个如何利用你的时间的问题。你是否花90%的时间思考如何成功的做一个项目，而花10%的时间思考从哪里获得更多的资金？还是你花50%的时间做必需的调研，找出资金在哪里，而花其余的50%时间在项目上？又或者是40%，40%，20%的比例，20%的时间注重细节。问题的关键是，如果你想要有资金继续支持你的工作，就必须转变态度。"

鼓励理事会参与筹集资金

某资助者财团领导对一家小型儿童慈善机构的执行总监给予指导，使得她更自信地向理事会提出一些要求："她打电话来向我寻求资助，帮助她聘请一位筹资人。我说，'告诉我你现有的筹集资金方式。'她说，'都是来自基金会的资助。'我说，'你知道，你真正需要的是看清楚你的理事会到底在做什么，因为雇佣一个筹款人并非解决问题的办法。关键在于有一个准备好去筹款的理事会。'"

针对筹资提供奖励

一些资助者谈到资助政策，这些政策鼓励组织联系其他资助者。某国际资助者发明了一种配合拨款的层级制度，鼓励新的微型企业资助者从地方上寻求资助："如果你在美国、欧洲等地筹集资金，我们会按一比一配对。但如果你在这个国家筹集资金，我们会以更高的级别配对，三比一或二比一，直到一定上限。我们这样做获得了他们积极的响应。"

第四节　与商业领域合作
——携手私营伙伴，追求公共利益

引言

资助者有许多与商业领域合作的理由。基金会常常同企业合作共同为某项计划或组织提供资金。在某些领域中（比如银行业和零售业中），基金会积极主动的支持旨在改变商业实践的相关研究和倡议。有些资助者积极寻求同商业部门合作并建立伙伴关系，在这种合作关系中，双方的利益并不完全相同，但依然可以互相补充相得益彰。

某些资助的目标只有通过私营企业的参与，最好是合作，才能达成。正如一个反贫困项目的长期投资人解释的那样，"能够让人们生活得更好的许多资源都是由私营企业提供的。它们可以雇佣员工，解雇员工，它们生产设施，购买商品和原材料。因此不论它们的影响是积极的还是消极的，这样一个在社会中有着广泛影响的行业是不容忽略的。"针对他自己的项目领域，他说："如果我们想改善人们的生活，就必须要有私营行业的参与。"

当然，也有一些资助者作为企业基金会的一部分，已经同私营部门建立了合作。它们的资金使用一般都与出资公司的战略目标、专业知识或地理位置相一致。例如，一家制药公司的基金会可能会为改善卫生保健状况提供资金，一家金融服务公司基金会则可能会支持其所在社区的经济发展。共同目标意味着来自企业的更强有力的支持以及更多的可利用资源，比如企业员工的专业知识、企业与其他公私营部门的良好关系，或者可能是在今后进一步的慈善活动中利用企业所提供的产品或服务。

但合作并不是一件容易的事，有些联合给双方都造成了实践上和理念上的困扰。许多资助者担心资金会被用来为个人谋利，出于要对股东负责的心理，很多企业不愿被视为总是在为一些与自己本职工作不相关的社会目标付出金钱和时间。

另外，正如一些资助者所指出的，现在慈善行业中有一种将私营行业"妖魔化"的趋势。"几年前当我们开始同企业合作时，"一个资助者回忆道，"我们遭到了许多同行的攻击，他们质问：'你们为什么要同他们成为合作伙伴？你们应该与他们奋战到底！'"一个对于资助者来说更合情理的问题是："我们能做什么来影响私营行业的行事方式？"对于他来说，答案包括同私营部门结成战略同盟。

（1）为什么要合作

慈善资源需要企业的资源和专业技能

假设一个投资致力于治愈一种主要在贫困地区流行的疾病，控制这一疾病不仅需要找出有效的治疗方法，还需要将治疗方法进行推广。而受疾病困扰的人群大部分生活在没有任何医疗门诊设备和服务的乡村地区。

在这一案例中，基金会成功说服了一家制药企业为一个疾病控制项目捐赠上百万剂的新型高效且易于管理的药品，这一项目致力于几个疾病肆虐的特定国家的疾病防控。之后，资助者同这些国家的卫生部合作来改善其卫生系统，培训卫生工作者，管理医药，向大众普及医疗体系和疾病预防的知识。利用双方的专业知识和资源，基金会和制药企业通过良好的合作保证了药品能够有效的分发使用。

社会需求和商业需求日益趋同

在另外的案例中，基金会和受助者与公司合作设计员工培训、招聘以及任用方案，这一举动的理论依据是这种做法可以促进企业获得更加稳定高效的生产力，而员工可以获得更加令人满意的工作和更好的薪酬。企业也发现，在岗培训和升职机会可以导致更低的离职率、用工成本，和更高的忠诚度。

一个基金会同某大城市中同一行业的多个公司建立了合作关系，同时还同工会、社区大学以及培训机构、当地政府官员和其他投资商建立了合作关系。除了这些参与方自然存在的紧张关系（几家企业是市场上的竞争对手；工会并不总是同雇主相一致），这种合作在整个城市的行业中打造出了一种全新的合作体系。这一体系包括雇佣、培训、晋升和获得额外福利的机会等。据一个参与此项目的基金会领导估计，他和他的同事们"大约花费了两年时间向企业、当地社区组织以及政府机构沟通相关事宜，促成多方的共识。"

结果是这一体系使两大群体（寻找初级工作的工人，和想要获得晋升机会的低级别工人）从中获益。这些群体正是基金会最想要帮助的社会群体。对于整个产业而言，这一体系可以提供更加训练有素的工人，更加稳定的劳动力，以及更好的工作环境。

公共部门没法顾及某些领域

上文提到的案例为我们提供了商业领域和基金会合作的强有力的理由：填补由于政府提供的资源、服务在不断减少或不恰当而造成的缺口。"在美国，"在一家企业基金会工作的资助者说，"一定程度上，政府做的越来越少，因此企业不得不采取行动。正如在欧洲，过去政府比现在承担更多的任务，现在商业部门不得不面临更多教育问题、无家可归和饥饿问题。"在一些比较贫困的国家，政府需要从慈善机构、NGO以及其他私营行业中获得支持以满足日益迫切的社会需求。

（2）一份手册，两种观点

一个在私人基金会工作的资助者说，她常常质疑自己在合作关系中的定位，她期望合作伙伴也做出类似的自我审视。"我认为不断的质问自己是我的责任，我总在问自己：'我们是不是仍然走在一条通往（慈善）目标的道路上？我们是否让（企业的）利益凌驾于那些我们想要帮助的群体的利益？'我也知道，企业一方的合作者也会不断问自己：'这样真的对公司有利吗？'"

在企业基金会工作的人对于将企业利益和公共利益结合起来的机会有着不尽相同的看法。"我理所当然的认为存在着共同利益,"一位企业基金会资助者说,"尽管这种共同利益可能很棘手很复杂。就我所处的位置,我仍然认为我们的商业利益和慈善利益是一致的,并且两者可以彼此促进。如果我每天从早到晚都不停的质疑这一基本理念的话,我将一事无成。"

本书将针对"商业-慈善"合作关系从两个不同观点进行剖析。第一部分从在企业外部,即私人或社区基金会工作的资助者的角度来解读这一议题;第二部分从在企业内部或企业基金会工作的人的角度来解读这一议题;第三部分处理两方共有的问题。大多数读者会从这三部分中得到有益收获,正如一位有私人和企业慈善机构工作经验的资助者所说的,"它就像是一种罗生门式的体验,当你收集来自不同利益相关者的意见和观点之后,你会萌生一种有关将资助投向哪里,以及如何投资的逻辑分析思路。"

与商业领域寻求共识

当大家普遍认为市场和企业在社会问题及其解决中居于核心地位时,就会有越来越多的私人和社区基金会的资助者将企业作为潜在的合作伙伴。当政府不再涉足国民需求的许多方面之后,这种倾向在许多领域中都变得愈加明显,尤其是诸如公共事业、文化、住房、奖学金和贫困问题等领域。

例如,一位资助者意识到,1996年通过联邦福利改革之后,低收入家庭就不在同福利机构相联系了,而过去他们可以从福利机构领取政府补助,其中包括食品券、儿童保育和卫生保健,这些补助可以帮助他们摆脱贫困。虽然现在仍然保留了部分补助,但已经几乎没有一个体系来负责分发这种补助了。

很多企业开始认识到支持非营利活动的好处。"企业社会责任"运动,或者叫做"企业公民"或"企业社区参与",正是企业这种利益的主要表现。

在企业之外工作的资助者通过多种方式为运动做出了贡献。有些提供资金来帮助非营利机构向商业人士介绍他们可能感兴趣的议题或活动;有些通过资助相关研究来表示他们的支持；有些帮助他们的受助者寻找合适的途径来吸引商业支持或合作。

根据使命和各方需求的不同，私人基金会和非营利组织已经发现了几个与企业合作的途径。大体来说，资助者建议采取如下三种基本模式来获得企业的参与：

√ 为了慈善目的而吸引企业资源；

√ 在共同计划中合作；

√ 寻求商业领域的变革。

以上三者并不互相排斥，有些项目就结合了两个或三个不同元素。我们会先分别阐释以上三条，然后再通过几个例子看看这些途径是如何有效结合的。

（1）吸引企业资源

与企业合作最直接也是最基本的方式就是劝说企业资助项目（或追加资助）。如果企业已经进行了慷慨的捐助或者已经拥有企业基金会，这种方式可能并不比一个资助者去找另一个资助者以寻求建立共同资金的可能性有更好的结果。但是如果企业并不是一个积极的捐赠人，或者并非是企业以前捐赠过的领域，或者资金不是以捐款的形式给予，比如说是来自金融机构的有优惠条件的贷款、一份在特定社区内部购买产品服务的合同、或者是向受助者或社区居民提供免费或优惠的服务，那么资助者就需要以其他方式同企业交涉了。

明确企业利益

合作过程中些挑战是确认合作企业的战略利益。有时一个社区需要企业提供产品或服务，但是这个企业在当地的生意并不景气，或许是因为缺乏对社区情况的了解，也可能是因为低估了当地的市场潜力。

还有一些非营利组织，为了帮助那些来自贫困社区的居民获得住房抵押贷款，甘愿担当"贷款人探测仪"的角色。他们深入那些贷款人没有记录的地区，估测客户的支付能力。另外，他们也承担市场营销和发掘客户的工作，他们培训人们成为更好的借款人，准备好所有材料并将顾客推向市场。"从这点看来，银行将可以提供本来不可能提供的抵押贷款，甚至可能愿意提供非常规贷款，这就全看非营利组织的工作成效了。"

另一个案例中，一个小型基金会帮助社区艺术组织，使其更具有对企业资助的吸引力。这家艺术机构有一些企业可能乐于资助的资产：咖啡厅、排练场地、展览场地、特定活动，但是他们不知道如何将这些优势展现给企业。当他们成功吸引到企业捐助之后，这家企业变得更加认同艺术机构的使命，并且也更愿意参加以后的捐赠活动。接受捐助的其中一家艺术机构说："企业需要的透明度和知名度，作为一家艺术机构，我们无法提供。但是在基金会的帮助下，我们发现这也是有例外的，如果我们常常使用或销售这家公司的产品，比如出版商、点心公司，以及那些生产销售艺术品的公司。"

资助款优先，其次才是进一步参与

寻求更多企业资源的支持并不仅仅是为了资金募集，它还有战略方面的意义，即唤起企业发现和解决问题的意识，建立与企业的广泛联系。

一位进行交通运输方面社区组织工作的资助者发现，捐赠企业会逐渐参与到活动的战略层面，"他们会同我们保持联系，可能是为了监测善款是否得到有效利用。但是渐渐的，事情有了新的发展，当我们在为改善目标地区的交通状况而努力时，企业意识到，他们可以在这个地区吸引更多的顾客，录用更多的员工，但如果当地交通状况得不到改善的话，这一切都无从谈起。所以他们就开始向这一地区派出员工，同我们合作，帮助我们起草更专业的策划书，就好像他们也是团队中的一员，而这一切都是从一次捐赠开始的。"

唤起企业的志愿精神

一位参与拉丁美洲项目的资助者也有过以上的类似经历，但他更加主动，"我们努力尝试促进慈善资源的流动，但我们认为，社会议题和社会公正的志愿参与和传统形式的捐赠同样具有价值。我们参与过许多国家的不同项目，试图找出那些基金会和公民社会所面临的，同时也能吸引私人志愿者参与的主要挑战。"在哥伦比亚，基金会资助一家由一些企业家成立的非营利组织，该组织通过提供私营部门能源来和平解决长达几十年的地区争端。在阿根廷，基金会资助一个组织，这个组织招募企业员工作为志愿者帮助当地受到经济危机影响的人。

寻找一个安全的切入点

"有些议题与政治有关，因此企业不愿牵扯其中，"一位在东南亚基金会工作的资助者提醒，"企业一般都会避免资助那些致力于军事研究、人权、环境问题的非营利组织，因为存在着军队、企业、政府、当地议会勾结的先例。所以他们倾向于将这些问题留给跨国企业和基金会，而去资助风险性更小的项目，比如教育和孤儿项目。"

（2）在共同项目中合作

一些资助者与企业的合作方式是建立合资企业，其中企业是直接参与者。

通过提供资助来同企业合作

例如，基金会和企业在某大城市中共同建立一种全新的项目模式，基金会希望能够增加城市居民的就业机会，企业希望同当地从政者形成良好的关系，并建立良好的企业公民形象。在项合作中，基金会为一些社区组织提供资助，培训他们，这些组织所在社区失业率很高，就业率很低。企业协调其各项事务来配合基金会的资助项目，他们建立了一个初级劳动者的培训中心，加强失业者工作能力，帮助他们更易获得工作。

明确共同关心的议题

雇佣并非是企业和公共利益能达成共识的唯一领域。一位在大型国际基金会工作的资助者回顾，其基金会帮助发展中国家受助者在共同关心的议题，如居民安全方面同企业建立联系。"它帮助警署部门、市政府、关注城市中心商务区犯罪问题的组织，和城市治理组织之间建立了合作关系。"美国一位资助者为社区组织提供资金，支持它同邻近地区的企业合作，促进地区的商业发展。这样做也能促进企业发展，并将其留在本地，持续为当地提供服务。

建立联盟

与企业合作的目的是希望以一种更深远的方式改变企业和政策，有时企业也有相应的目标，即施加影响来改变基金会和非营利组织的行事方式。

在雇佣项目中，基金会希望公司能够发现，项目可以助其吸引更优秀的员工，保持员工的忠诚度，并通过进一步措施，比如培训，提供指导，来赢得社区更广泛的支持。

你可以跟企业说，合作能让其感觉良好，但更实在的是让企业看到合作可能带来的经济影响，这样，双方才能有持续稳定的合作关系。

（3）寻求商业领域中的变革

有时候，资助者会将改变商业操作方式作为自己的目标，例如劳工标准、产品安全和工作场所安全，或环境议题。这可能引起各种争议，但分歧并非不可调和，可以使用包括倡导在内的多种方法来应对争议。

寻找市场漏洞的解决方案

在企业和慈善之间发生的争议中，有些反映出的是双方在自由市场、财富和资本主义本身等方面基本理念的差异。有时候这种观点可能是对的，有时候却不对。

古典市场经济学直观的解释了社会负担是由自由市场中的企业创造的，

但是这些问题又无法仅凭市场力量解决。市场的不完善可能是信息交流和理解的不畅通导致的，比如，雇主可能因为偏见而低估求职者的能力，也可能是由外部问题导致，比如污染或建筑物的无限制扩张，这些问题的成本由整个社会承担，而成果却由企业享有。在这种情况下，即使是最狂热的市场理论家也会承认地区需要以调控、财政支持或教育的方式进行改善。

敦促定期改革

为了达到与社区再投资法案通过的影响力相匹配的效果，一位资助者指出，"你和你的受助者需要向公共部门争取，让所有企业去做正确的事情，这能产生巨大的社会效应，超出你为此付出的任何成本。"这可能是一项需要长期坚持的事，会面对很多反对意见。

资助者建议，一个缓解问题的方法是支持商业部门在法案出台前进行改革。例如，某资助者的长期目标是，支持同性婚姻关系中的雇员获得配偶家属应有的福利。该项目一方面致力于改变基层的公共观念，另一方面，努力说服大型企业在没有法规压力的情况下主动采取措施。他指出，"联邦政府官员行动太慢，在做出改变之前他们要进行大量工作。如果美国的公司认为平等的权利很重要，并且当地政府机构也认为消除歧视是将来努力的方向，那么联邦政府就需要以某种方式来强调这一点。"

创造经济激励

改变企业的行为模式并非意味着只能通过强迫驱使企业改变，还可以通过经济方面的激励机制来对其行为进行鼓励。例如，一位美国资助者同某金融组织合作，了解这类组织在低收入社区中提供的服务。"我们资助数据的收集，了解金融组织是否能够从这类服务中获利。如果答案是肯定的，金融机构就会因为利润来做这件事情。如果答案是否定的，就应该建立一个公共政策议程。因为根据大约二十家金融机构的判断，唯一能帮助这一群体的方法就是提供补贴，比如提供税收优惠"。

一家全国性基金会同几个大型雇主和医疗保健协会合作建立非营利组

织，致力于提高医疗保健的质量。在基金会和企业的帮助下，组织提出了若干广泛使用的门诊指标，比如儿童免疫、哮喘和糖尿病的管理，以此来收集保健计划效果相关的数据，进行相关认证。认证是自愿的，这种保健计划往往能够激励医疗机构的参与，通过认证的参与者能够在竞争和吸引客户上占据优势。

通过认证来倡导消费者

将消费者纳入商业改革过程的一个方法就是认证，即让消费者知道哪些公司的生产和销售是符合社会责任标准的。有些公司可能愿意同非政府组织进行商议，另一些则愿意设立一些生产中可以达到的标准，比如"环境友好"或"非血汗工厂"。某些倡导型组织会将这些议题带入公众视野，让民众来促成一些企业公共标准的达成。

某环境保护的资助者发现，认证是一种吸引企业注意力的有效手段，如果没有认证的话，这些问题根本就不会在企业改革的考虑范围内。"当环保倡议组织认为，可以针对企业销售来推广认证。当企业生产方式不符合社会标准时，你就可以去和消费者说：'难道你们想购买这种有损社会和环境的产品吗？'"这样做的结果是企业会主动寻求认证，使消费者认同其品牌和产品。

在社会目标中发现商业利益

商业人士也和资助者及非营利组织一样想要解决一些社会问题。作为企业领导，他们可能会被说服为了整个社会的利益来分担部分社会责任，但他们不愿独自承担这种责任。

一位资助者，同时也是一家小型家庭基金会的发起人和主要负责人，一直主张雇员友好型政策，并将其作为他自己业务的一个标志。除了每年针对雇员友好这个主题进行25到30场演讲之外，他还投资建立了一个致力于帮助中小型企业完善员工政策的非营利组织。"我们对企业需求进行了深入分析，发现企业是愿意这样做的，只是他们不知道该如何进行。"于是这个组织建立网站，编写手册，指导企业建立家庭友好项目提高员工士气和忠诚度。

慈善与企业公民

对于商业领域中的资助者来说，将商业利益和公共利益结合起来无可厚非。即使公司支持的活动与其商业运营毫无关系，比如一家制造业企业资助音乐节，或航运公司支持当地学校，公司也希望它的顾客、员工和周围的人能看到公司的贡献和善心，树立起优秀公民和有原则的雇主的形象。

但是，也有资助者期望在企业的慈善活动和追求利润的活动之间能有更好的平衡。"企业战略慈善"这一概念将资助和企业的战略目标结合在一起，尽管这一概念还没被广泛接受，但是它的重要性却在不断提升，这也和企业社会责任运动相呼应。"我不知道现在是不是已经时机成熟，"一位资助者提到，"但是企业开始认识到，你不可能让慈善凌驾于所有之上，一部分是慈善，其他的仍旧是商业。你必须在整个商业实践的各个环节考虑到你的社会责任，需要将这些都相互结合起来。"

私营部门的资助者总结出了以下三种方法来促进他们的工作，帮助他们与站在商业一方的同事更加有效地沟通：

√ 将慈善目标同企业战略目标相结合；

√ 创造性地利用除了资金之外的其他资源；

√ 度量慈善投入的经济收益和社会回报。

在资助者推进项目，结成必要的联盟，维持组织信条的过程中，他们会综合使用这些方法。

（1）与战略目标相结合

对于资助者来说，把公共利益和商业目标结合起来的过程中，最大的挑战就是寻找一个能够适应企业核心价值观、历史和战略利益的方法。"首先最重要的是，在战略慈善中，资助者必须为企业服务。"一位经验丰富的企业资助者说："你必须同企业建立并维持牢固的关系。"

"在公司内部，最重要就是盈利。要把他们的注意力吸引到我们所做的事情上来往往非常困难。他们不了解这个领域，可能会认为资助就仅仅是捐钱。所以，企业资助者要做的是引导高层管理人员了解慈善，为慈善捐款，在内部树立慈善榜样，这样，其他层级的领导也会愿意这样做。"

（2）开发商业资源

对于想要在公司和更广泛的社区之间建立紧密关系的资助者来说，不能仅仅局限于提供资金，还要利用公司自身的员工和专业知识，为社区提供资金以外的支持。比如，挑选有专业技能的员工担当志愿者，邀请社区参与公司的研讨会和培训，为受助者提供机会参观公司，等等。这些都可以在企业利益和公众利益之间建立联系。

服务性的支持可以作为经济资助的补充，并可帮助企业扩大关系网络。"大部分受助者都不认为我们是一个大型投资方，"一位来自地区卫生保健公司的资助者说，"但他们会就各种问题向我们寻求帮助，比如选择承包商的建议，附近地区居民的特殊卫生保健项目等。服务性的支持让我们同社区关系更加稳定，这是单一的捐款做不到的。"

（3）度量慈善的"回报"

资助者在试图推动企业战略性慈善事业时，面对的最大阻碍就是无法提供客观证据来证明"做好事也是有利可图的"，而寻求客观证据正是商业人士惯常处理事务的方式。许多商学院和慈善领域的研究者对衡量社会事业的投资回报很感兴趣，他们试图寻找一种商界认可的方式。

某商学院专家指出，"认为慈善所带来的好处可以用经济指标进行衡量的想法是错误的。当你帮助城中村的孩子接受音乐和艺术熏陶，试图减轻社会上对于某种疾病的歧视，或者帮助老人保持行动能力和自理能力，这些行为都能带来一些可以衡量的经济收益，但无法对其全部进行经济方面的衡量。"

另一位企业资助者说："建立价值衡量体系的另一个障碍是，许多企业并不愿意花钱来进行评估，并不清楚这种花费能给企业带来什么好处。"大部分企业更加愿意投资建立一家新的诊所，而不是花钱请研究人员来研究诊所在几年间带来了多少收益。不过这种状况也正在逐渐改变，"企业也想知道他们到底做出了什么贡献，"一位有多年资助经验的高管说，"并且管理层也希望确知他们并不是在挥霍企业的钱。"

结成跨行业的伙伴关系

对于"商业–慈善"合作的双方来说，是营利机构和非营利机构之间的文化差异，这种差异体现在两种机构追求的目标不同，带来的收益不同，使用不同的工具，并且员工的职业背景也不尽相同。

在企业和非营利组织工作的资助者都认为，双方会有理念上的差异，但商业组织和非营利结构之间的文化差异常常被误认为是原则和价值观的分歧。

"商业人士经常以为，基金会的人并不重视事业、竞争、经济激励、甚至是资本本身。我们则会认为，他们不关心弱势群体，除了金钱之外他们什么都不关心。我们彼此之间存在很多偏见误解，都是基于一些零碎的经验。当然，我们的说辞不同，分析问题的方法不同，有时候对于等级制度、团队合作、政府或其他事情的反应也不同。这些个人或组织的习惯有时确实会造成很大的问题。"

（1）建立文化上的联系

在与他人合作过程中，你必须意识到你的反应、陈述的方式和偏好都可能影响到另一方，要尽可能努力尝试站在对方的角度来考虑自己的利益和担忧。

以下是一些来自资助者关于如何处理文化差异问题的建议：

建立讨论和学习的平台

将人们聚在一起大概是资助者能够做到的最重要的事了。"许多利益相关者都在寻求机会进行交流。基金会无疑是举行这种会谈的绝佳场所,并且,这也不会造成很大的开销。"

鼓励商业领袖的参与

在商业领域中,如果某些新想法来自同行,商业人士会比较容易接受,基金会可以从这方面鼓励企业对社会公益进行创新性思考,吸引更多的企业参与讨论。例如,东南亚的六位资助者组成了一个当地CEO小组。"我们每个人负责一到两个CEO,主要与他们分享我们关于合作组织的一些想法。"之后这些CEO建立了一个研究和推广企业社会责任的合作组织。资助者说:"其实,基金会只是利用自己的影响力为人们一直想做的事情添加了一点合法性而已。"

培养非营利组织领袖

非营利组织也更愿接受来自同行的意见,经常性地在领域内交流,有助于增加其对与企业合作的信心,提高其合作方面的能力。某资助者说:"一位曾与企业合作的资助者坦诚地讲述了他们是克服不信任、解决问题的过程。"

（2）资助那些"天生的探险家"

想要在慈善领域有所创新,成功的秘诀之一就是选择合适的受助者,即那些迫不及待想要尝试新想法,并拥有能力和优势的人或组织。就此,一些资助者给出了如下建议:

支持商界的先锋

当商界人士跨出他们熟悉的领域来引领社会议题时,基金会可以支持他们的行动。例如,一家拉丁美洲的国际基金会资助几个哥伦比亚企业家,支持解决国内暴力问题。资助者以国际组织的名义，在和平解决哥伦比亚暴力问题中扮演了角色，召开了"联合国应当如何在政府和暴力团体之间斡旋"为主题的会议。基金会的资助为他们的工作提供了重要支持，并且成功地让商业部门参与了重要的全国性会谈。

促进非营利组织的联盟

商业部门和非营利组织之间富有前景的合作并非来源于精心的策划，很多时候只是因为一个临时的项目，一次偶然的会谈，或是一些较好的私人关系，属于一种自发性的联盟。

"这种关系需要时间，并且常常进展缓慢，"一位资助者指出，"如果你直接说'我们来和卫生保健行业联手开始一个新项目吧'多半会把别人吓跑。但是你可以这样说，'你们已经在同这家医院合作了，那么或许也可以尝试同镇上的其他医院合作，我们可以提供资金进行一年的探索实践。'如果成功了，你就谈成了一个新项目。即使没成功，你仍然增进了彼此的了解。"

（3）做一个灵活的中间人

基金会因为其财务上的独立性，可以做一个灵活的中间人，帮助各方建立合作联盟。本书建议在独立基金会和企业基金会工作的资助者可以在以下三个领域内帮助非营利机构和企业建立合作联盟：

资助研究和信息传播

在地区抵押贷款公司的资助者的研究显示，非营利机构丧失了抵押品赎回权保护项目的经济利益。抵押贷款公司以前从未关注过这项服务，主要是因为其收益分散在整个行业中，并且只有当抵押品赎回权消失时，才会带来经济收益，这种收益太不显著了。资助者将这些研究结果作为会议主题，召集各方讨论，让企业证明他们提供的资助是非常有益的。某资助者说："基金会能做的一件事就是'让我来展示你能在这个过程中得到的收获吧。'"

促进难以沟通的合作

一些商界领袖和非营利机构中的领导者在与对方接触的过程中发现，很难让对方认真倾听自己的观点。如果能有一个双方认可的中间人来协调，有助于增强双方的合作关系。

一位想要帮助低收入家庭跨越"数字鸿沟"的金融服务公司高管说，他设想同一家大型电脑制造商合作，为低收入家庭提供硬件、软件和宽带连接。在他看来，这是商业和企业基金会之间建立联系的良好切入点。但是很遗憾，那家电脑公司并不这样认为。他想，如果当初能有一个基金会介入，扮演两个私营机构中间人的角色，事情进展可能会大不相同。

（4）保存记录

一些资助者建议保持记录的习惯，或至少有一份文件记录对合作经历的反思和感悟。"当事情进展反复无常，沟通不畅，并且不断出现令人失望和惊讶的事情的时候，我们真的在其中对于自己的工作不知所措。只有当过后翻阅我们写下的自己的想法时才发现，'哦，原来我这里犯了错，'或者'天哪，原来我们为了达到这个目标绕了这么一大圈！'这时候无论是优点还是缺点都一览无余了。现在我们系统梳理的经验都能够为以后提供参照。"

第五节　与政府合作——给资助者的指导

为什么与政府合作

对于与政府广泛合作的资助者来说，一般会这样考虑：如果真的想解决非常大的社会问题或满足非常迫切的社会需要，必须战略性地思考政府可以做些什么，慈善领域能怎样贡献，以及如何建立双方的关系，以促进行动，充分利用资源，以及确保持续的支持。

越来越多的资助者发现政府的重要作用，从教育改革和经济问题，到消灭疾病和民主参与，美国和国际上的慈善机构和政府之间的合作越来越多，正如一位资助者所说："基金会看到了政府的价值，并认识到与政府合作能有机会以综合的方式解决问题，而不是自己单纯出资而忽视了长期存在的根本问题。"

这之前一段时期内，许多基金会都避免与政府合作。有人回忆，当时由于政治环境变化，如选举、政府的敏感性、公众争议等，很多项目被暂停，甚至被"劫持"，最后以失败告终。这些与政府合作的项目都超出了资助者的控制范围。

即使在今天，一些资助者也表示，与政府的合作一定要谨慎。有些人担心慈善事业可能会对对公共决策产生不当影响。也有人担心与政府合作可能会出现问题。

一位有丰富州政府合作经验的项目官员担心，与政府合作的风潮也许驱使一些资助者仅仅是为了合作而合作。他坚持说，"如果你要与政府合作，那是因为它能推动你向目标前进，合作要与组织的使命有联系。资助者要知道，不是每个与政府的合作关系都是机会，有时是，有时不是。基金会有责任对合作做一个严格的评估，预估合作可能带来的结果，它是否会改变或证明什么，是否能解决问题或是满足需要。"

对于许多基金会来说，与非营利组织合作是工作的重要组成部分，要做好很有挑战，但这是基金会基本的工作领域。与政府合作是一个非常规领域，要想成功，需要有特定的技能和知识。

首先，把将要合作的政府作为一个对象来研究，它如何运作，如何决策，以及如何落实政策。某资助者说："你必须知道游戏规则，你需要花时间去了解政府官员如何工作，有什么想法和愿望，如何处理问题，等等。"

然后，坚持你的资助原则，保持一定的敏感度。另一方面，也要相信，政府的受助者和合作伙伴未必如此与众不同。某资助者针对与政府的合作提出以下三条建议：第一，明确期望；第二，操作透明；第三，为合作准备好资金。

资助者还提到，在促进合作的同时，一定要坚持自己的优势，与政府合作，并不意味着你需要同意他们说的一切，你也可以发表自己的观点，积极提出问题的解决方案，正确认识自己是合作团队的一部分，而不单单是赞助商。

总之，许多资助者认识到，与政府合作如果成功了，其潜在效益是巨大的。但目前针对与政府的合作，还没有很成功的案例和经验教训可供参考。想要与政府成功合作，还要靠自己的摸索和实践。本书试图用众多旨在解决地方、国家和全球意义的问题的范例对此进行介绍。

与政府合作的方式

一位在数家基金会工作过的资助者说："我见过基金会与政府合作时扮演的各种角色，有的负责传统的研究开发，来测试和评估新的想法；有的试图提高政府绩效，或者在现有制度下重组资金用途和资源分配；有的试图通过倡导宣传政策带来的变化。基金会已经走到前头试了水，这使得政府解决问题时会相对安全。他们还配合政府的工作，资助那些必须要做，但政府由于各种原因没做的事情。"

总之，每一个合作都是独特的，从高度结构化、多方位的倡议，到分享共同目标信息的松散协议等。进行怎样的合作取决于双方的战略、愿景和目标。

资助者和政府官员一定要明确以下几点：工作的目标是什么、谁扮演何种角色、各方对对方有什么期望，整个过程应该怎样进行。提早想到这些可以帮助大家预见风险，确保合适的人都参与其中，在节奏加快工作变紧张的时候避免误会的产生。

一般来说，基金会与政府的合作有以下几种方式：

（1）联手

在这种关系中，基金会和政府直接合作，共同制定和实施一个项目。举个例子，一个家族基金会的资助者了解到，一个大型联邦的儿童项目正处于修改阶段。该基金会对残疾儿童长期关注，他们与政府官员接触，了解如何重新设计项目，以更好地满足特殊儿童的需求。政府的决策者表示，他们与基金会关注点一样，并指出该方案是根据法律规定招收残疾儿童，他们其实不知道项目该怎么做好。因此，基金会和联邦政府合作，扩大项目范围，采用试点项目、培训计划、并与评估相结合的方式，探索新的解决方案。某资助者认为，相对于提供其他资源，政府更愿意出资开展项目。资助者说："有两样东西决定我们是否在某个州工作，一是要有政府的参与；二是政府提供资金保障。"政府承诺提供资金比具体的资金数量更重要。

另一位与政府合作过的资助者说："有时候我们每投入1美元，他们就会投入10美元。我们的1美元是灵活的，而他们的10美元不是。他们会跟在这第11美元后面去做那些他们所资助不了的事情。认识到杠杆的潜力后，基金会总是在自己投钱之前先要求看到政府有大量的资金投入，或者承诺投入。"

共同资助还可以打开与政府合作更广阔的空间。例如，几个全国级和州级的基金会与一家州教育机构联手通过一系列倡议，以提高高中教育质量和高中升学率。由于倡议符合美国财务部条例53.4945-2（a）（3）的"联合资助项目"，私人基金会可以参与规章制定和立法游说，推动倡议目标的实现。另一个全国性基金会已经通过倡导，使联邦立法通过，其可以资助一个州级的儿童健康调查项目，该基金会承诺还会提供资金进行技术支持，其数据可以为一系列机构，包括州和社区的组织和个人所使用。一位基金会领导认为，共同资助的安排必然会引起公共资源的更优配置。

（2）通过中间组织工作

合作中，基金会和政府机构会与一个独立的第三方中间组织进行合作。该中间组织协助双方推进整个或部分项目的实施，例如，策划和执行本地农民关于水资源利用的调查研究，推进政府的倡导工作。某基金会就资助过一个中间组织开展项目，训练儿童福利方面的社工，而这项服务本应由政府来提供。

因为中间组织能够做一些政府自身无法做的事，同时，中间组织通常会对基金会更负责任，会监督项目进程，定期提交工作报告等。有时，中间组织还充当正式或非正式的顾问，以专业而独特的视角给予项目技术和管理上的支持。另外，中间组织还是基金会和政府合作的中间人，促进其沟通和协作。

中间组织专业性比较强，对相关领域十分了解，实践经验丰富，资助者愿意选择与之合作，特别是当项目在地理上和文化上离资助者很远时。例如，一个总部在美国的基金会支持在撒哈拉以南非洲农村消除疾病，它通过两种类型的中间组织与国家卫生部门合作，即有公共卫生专家的国际组织和与目标社区有良好关系的本地组织。

（3）交流和学习

另一种与政府合作的方式是支持政府人员能力提升的学习和培训，例如，当美国西部某州的官员，有意重建医疗服务系统，当地基金会便提供资金，支持其参与各种工作坊的学习，增强其在这方面的专业知识，提升其进行医疗改革的能力。

当机构间的合作对于建立一个新系统或实现改革很必要时，基金会就把不同机构里的人召集在一起，共同工作。当然，这样做并不容易，分歧经常发生。但基金会通过培训、讨论和学习，帮助大家找到双赢的解决方案。

一位资助者介绍了其基金会与政府交流的方法："我们资助了一个写作工作坊，聚集了政府部委、非政府组织、以及大学的人围绕特定议题进行讨论。"他们的任务是根据各人的经验和知识完成论文。

一些基金会支持与政府有联系的组织，例如，全国州长协会组织。这些组织，反过来，用拨款举办研讨会和培训班，让政府官员参与学习，听取专家讲授，学习其他地方的改革经验，并与各方进行交流。资助者观察到，这类活动对政策制定者有一定影响，当其制定和编写准则，实施立法时，会参考之前学习到的内容。

政府很认可基金会对于其调查研究工作的灵活支持，一位政府官员指出："基金会可以帮助快速跟踪任何一种改革，相比政府各种规定和限制，基金会没有繁琐的步骤，资金使用更加灵活。"

许多与政府合作的资助者会跟政府官员分享新思路和新研究，并更新相关进程。"当我碰到某份报告，我知道市政府官员会对它感兴趣，就把报告寄过去了，这能引起他们对于问题和基金会的关注。"

（4）支持公民参与

基金会的角色与其说是政府的合作伙伴，不如说是政府和广大公众之间的对话者。在某个州，一个家族基金会支持某中间组织设计一个多方对话，对话方包括家长、教育工作者、和公立学校的行政人员，希望他们谈谈公立学校面临的最困难的问题。然后小组合作，共同开发未来行动的计划和倡议，并为学校改革进行宣传。在另一州，基金会支持一个消费者利益联盟参与制定新的医疗部门管理规则。

某城市的三个基金会联手，支持非营利性组织召集公开讨论会，使交通立法者和受交通堵塞影响的居民坐在一起进行对话，讨论过程参考了该组织收集的相关数据，并借鉴了其研究成果，最后形成了初步的政策和方案。自成立以来，该组织已成为当地政府值得信赖的伙伴。而这样的活动，重点在于加强公众参与，让政府能听到公众的声音。

寻找合作伙伴和项目

为了寻求政府合作伙伴和合作项目，经验丰富的资助者会逐步建立自己的联系网络，从中获得相关信息。同时，随时留意政府官员中可以提出议程的人，观察了解慈善活动中积极参与的政府官员。

以下是一些可资借鉴的相关策略：

（1）四处打听

定位政府合作伙伴和合作项目最简单最常用的方法是：到处打听。想要了解一个领域、知道哪些政府官员对于改变有想法，资助者可以询问一些部门和组织，如政府州会，也可询问受助者，特别是与政府合作过或有政策经验的受助者，请求他们给予推荐。

某些基金会聘请顾问，调查特定辖区内的政治和政策环境，确定潜在的合作伙伴和机会。基金会也可聘请前政府官员作为工作人员或顾问，他们更了解该领域的情况。

当然，并非每个政府人员都适合开展合作，政府中总会有人不愿看到改革，希望固守既定政策。甚至有人具有较强的防御性，很难与之沟通。通常，基金会会邀请他们参加研讨会或会议，看看哪些人有合作的可能性。不管你的立场、观点和行事风格是什么，你都需要以开放的态度来看待问题、变化和发展。

一位之前在政府工作的项目官员描述了与潜在合作伙伴保持联系的习惯："每年我都很认真地参加吸引政府官员的会议。我没有出席会议的太多环节，我常常待在大厅，人们过来说：'拿上一杯咖啡或啤酒，我想和你谈谈一个想法。'三天内，我可能有超过100次的对话。这样的对话比什么都重要，它让你获得与政府牵手的机会。"

（2）寻找支持者

当寻求政府合作伙伴时，资助者首先要寻找合作的支持者，即政府中有创造性的，能看到合作前景的人。也可以是政府中有远见，愿意投入时间搞研究、实地调查和做试验的人。"政府有很多优秀的人知道他们需要什么。他们需要政府外部的支持，可以与之交流合作，帮助他们推广一些内部不能做或不能完全从内部做的事情，这很有帮助。"

（3）战略纵览

一些人强调，以强调效率又肯定重要性的新观点和新方式来进行纵览，有助于寻找更多的合作机会。比如，某基金会致力于提高城市学校中少数民族和穷苦儿童的比例，基金会给相关行政区政府写信，主动提出对一些区域该主题的项目有资助兴趣，希望能与对方进行合作，开展项目。他们会采用两种方法进行沟通，一是寄出大量的信；二是先跟相关人士进行有效沟通，再有针对性地寄出少量的信。

处理好与政府的合作关系

好的合作伙伴依靠好的关系，但做到这点并不容易。意外的波折、随意启动和停止、难以琢磨的官僚机构、公众的不同看法，等等时刻影响着合作双方。

以下是一些关于处理合作关系的具体建议：

（1）建立信任

以一个好的态度开始

与政府共事的首要规则是放下偏见。"很多人总认为政府就等于官僚，一开始就带着不信任的眼光。如果你以这样的心态开始合作，你走不了多远。"也有资助者说："我始终惊叹政府工作人员的能力、智慧和善意，以及他们希望使事情更好的意愿。"他建议，对政府的话要认真听，同时，也要坚持基金会的使命和目标。

得到基金会内部的支持

管理基金会外的关系，重要的是来自基金会内部的支持和理解。一位社区基金会主席回忆，他们花了很多年劝说其理事会就一个具体问题与州政府合作，但却没能成功，因为理事会认为合作"风险太大"并且"政治性太强"。但理事会对于土地保护议题却非常支持，因为土地问题是中立的。之后，该主席继续向理事会宣讲与政府合作的意义，最后得到了理事会的认可和支持，迈出了第一步，与政府合作的事就不再那么突兀，而是自然而然的事了。

了解合作方的工作领域和发展方向

基金会常常掌握各种创新的信息，了解各领域的发展状况，能够第一时间知道一些高效的发展模式和问题解决方案，可以为政府提供第一手的参考资料。资助者也了解潜在政府合作方已经做过哪些事情，正在做哪些事情，他们目前的政策是什么。一个资助者说："不要忽视你所工作的领域任何正在发生的改变和创新。"

坦诚相对

"坦诚些，"一位资助者建议说，"这使得信任更加长久。我期待坦诚，如果我不够坦诚，就会假设与我打交道的人都试图打太极。最好以一种尊重他人的坦诚方式进行交流。使用幽默！这对于快速打破沟通障碍非常有效。"

关注道德问题

基金会与政府的合作常会引起人们对于"道德问题"的关注，包括担心基金会会因为合作，控制或影响政策的制定和出台。但某基金会资助者说："我们合作的政府人员都能坚持操守，有些甚至连一杯咖啡都不会接受。"资助者最好向政府官员询问他们应该遵守的规则以便维持关系、坦诚对话。

（2）建立合作机制

澄清目标和期望

和政府合作时，双方都需要清楚地表达各自的目标和期望。某基金会用一封约定信来管理数据获取。某资助者说："我们通过签署谅解备忘录，陈述双方的权利和责任，确定工作产出，对一些行为进行约束，比如，政府无权篡改他们不同意的研究结果。"

拓宽你的基础

一些资助者强调，需要与利益相关者进行良好的沟通交流，了解他们的想法，听取他们的意见，从而扩大项目的影响范围。某基金会回忆其儿童福利的资助项目时说："它是同类项目中的第一个，结果表明，用基金会以前的方式实施项目非常困难。这个项目很重要，我们开始尝试与联邦机构、州机构人员合作，并在国家理事联合会和其他团体的年度会议上资助专设分论坛讨论该项目，让更多的人了解此项目，并为其出谋划策。"

把政府当作一个系统来对待

有效地和政府合作取决于建立一个认识，即基金会并不是只和一个机构合作而是和一系列的利益相关者合作。在教育领域工作的一位资助者说，她刚开始时"不能完全理解这点"，所以她"和主管密切合作，比其他人都要密切，或者只和教师联盟合作。"她现在已经学会在关键项目中吸引更多成员。

有经验的资助者还谈到了不仅要与政府的个体成员合作，还要政府群体合作。很多基金会的政府合作伙伴来自多个部门，需要以系统的方式进行合作。加利福尼亚的一位资助者说，他们会把各方合作者聚在一起，建立一个项目管理团队，讨论项目开展和问题解决方案。当然，由于大家来自不同的机构和部门，要聚在一起真的不容易。但这种做法却是有意义的。

（3）保持良好关系

协商解决分歧

政府合作伙伴会把行政和政治因素纳入考虑范围，在行动上有诸多限制和要求。基金会需要作出一些妥协，在这些限制和要求内推动合作开展。比如，在某州开展一个大型合作项目时，基金会认为只有8个郡是其工作重点，但政府反对，他们认为，从政治角度来看，应该把项目扩展到整个州。基金会回应，在整个州实施项目的提议远超过了项目周期覆盖的时间，也超越了项目实施的能力，更重要的是，没有那么多的预算支持整个州的工作。因此，基金会和政府人员就如何解决这一分歧进行了协商，期望找到一个合理的解决方案。

共同确定日程

如果日程表被认为是基金会强加的，政府会有不满，甚至会采取不合作的态度。所以，最好一开始就与政府一起商定日程表，让其清楚地知道自己的角色和任务。

一些基金会选择扮演低调、幕后的角色，不计较功劳归属。"谦虚是关键，"某投资者说，"基金会必须适应这样的角色，在大多数工作中，很少或根本没有公众议论。对于基金会官员而言，大肆宣扬他们的角色是没有用的，也不合适。"

以开放的态度进行合作

"你必须准备好'接受你的合作伙伴'，当出现挑战时，它们一定会出现，你必须知道谁是你的伙伴，并且知道你们各自在联盟和协议中的责任和义务。了解你的伙伴，包括他们的名字和声誉、品牌以及团队中的角色，以开放的态度接纳与合作。"

成为准确、相关信息的来源

某资助者说："如果你准备与政府合作，你必须对推荐的东西以及给他们的信息有信心。有时候，你只有一次机会，尤其是你在向公共官员汇报时。如果你的所作所为让他们难堪，那就麻烦了。你必须保证提供给政府的任何东西都是合法的，无论是什么事，要能使政府有效推进。"

另一位资助者指出，政策制定者需要的信息形式不一样，"你的信息必须与之相符。"当和立法者谈论新观点时，"我不能给他们上一堂学术课，我必须会说：'你想带多少孩子去麦当劳？15个还是30个？'一旦他们发现了问题，我就可以开始谈论技术解决方案。"你的表述要简洁，"不能期望人们会耐心听你讲那些细枝末节。你应该随时准备利用电梯里的时间，把重要的事情讲清楚。"

考虑政治和外交的敏感性

政府官员经常希望事情不被记录或者在会议之后不予公开。此外，政府官员所作的决策不总是只建立在良好信息的基础上，而是考虑到政治现实和可能的结果。

保持监督和记录

任何项目、资金都应追踪，掌握进程，与政府的合作关系也是如此。一位基金会主席认为，与政府的合作这一点尤其重要，因为，虽然每个政府工作人员勤勉工作，力图把项目做好，但因为政府要对成千上万的人负责，工作要求很高，很容易被细节遮住全局眼光。政府工作人员没有那么多的时间去回顾整个过程，按照基金会的思维方式工作，所以基金会要帮助理顺过程。

一位与政府长期共事的资助者说，"确保每场会议都做记录，如果会上达成了某些协议，得出了某些结论，确保以书面形式保存下来，周知所有参与者。还有，最好能够让政府敲个章，签个名，做个确认。"

了解政府及其运行模式

基金会有时对政府的运作并不全面了解，因为政府有些工作流程并不对外公开。一位与政府共事的基金会主席说："就像《绿野仙踪》里的欧兹国巫师，你只看到一个大脑袋，可能是市长、州长或是总统，但你永远不知道幕后是怎样的，除非把帘子拉开。人们对政府的决策是怎样做出、如何利用杠杆力量有许多想象和误解。"

一些资助者说，自己或同事曾经有政府工作经验，这非常有帮助，"这样会更容易理解政府人员在做些什么，为什么这样做。因为州政府和联邦政府有时做的事情特别复杂，让人很难理解。"参与方数量、政府采购流程、时间表、分立与制衡等等，都要考虑进去。"如果一个资助者不明白这些，当政府方开始抱怨，就很难共事和建立互信了。但如果你曾经做过类似的事，明白对方的语言，这将大有裨益。"没有政府工作经验的人就要花时间在正式和非正式场合，结识一些知道"游戏规则"的人，向他们了解相关情况。

如果资助者对政府的运作机制缺乏认识，在与政府协商考虑合作建议时就会遭受冷遇。"资助者告诉政府官员：'点子很好，但成本过高，行不通'或'没有把人力资源和劳动力管理的问题考虑进去'，这些因素对政府很重要，但基金会却没有考虑进去。""任何有关承包、采购、分配拨款等问题基金会都视为官僚主义，但那却是政府工作的核心。"

把提议交给政府之前，有经验的资助者会和慈善机构、与政府合作过的受助者，以及有相关经验的同事透彻了解政府的特点，甚至进行一些调查研究。"我们需要知道，如何用政府的方式提出项目方案建议。"一位经常为市政府设计及测试新方案的资助者说："我们需要明白税收政策，并根据资金和花费做出预算。我们还需要非常具体地了解政府对公共雇员的限制，即雇用、解聘、升职和工资。"

资助者也和与他们类似的组织、区域协会和资金理事会协商，了解公共部门方案的复杂性，时刻掌握政府在某一领域或地区的动向。

第五章

资助项目影响力

第一节 有效公关传播——使公益项目更有影响力

为什么基金会需要传播

一个致力于支持地方非营利组织能力建设的家族基金会，为相关机构的高管们提供传播强化课程，帮助他们提升形象；一个国际基金会支持关于艾滋病的全球会议，并进行网络转播，使会议观众增加数倍；一个生育健康方面的资助者把受助者和其他组织召集起来，分享该领域取得共识的理念。在以上每个案例中，项目和传播很好地结合在一起，基金会的资金影响力也大大增强。

"基金会或组织都需要传播。"一位基金会官员解释道，并举出一系列项目例子：研究需要推广，艺术需要观众，卫生保健信息需要被理解，资金需要筹措，还有成员需要鼓励，捐赠者需要被培养。基金会和其他非营利组织都可以运用传播去增强影响力。问题不在于传播是否有帮助，而在于传播如何才能最有效地发挥作用。

传播不仅仅是宣传，它是基金会提升项目和受助者工作的一种方式，比如，让受助者和社区领导、媒体、捐赠者、同类组织、资助者及其他第三方建立联系。但也有例外的情况，"我带着社区组织的背景来到基金会，"一个资助者回忆说，"我记得当时非常震惊，因为发现基金会倾向于把传播看成单一模式，传播结果让大家认为我们是让人们做我们希望他们做的事情。"

基金会可以把传播视作多方位手段，从一开始就把项目策略纳入传播计划。这个过程开始并不是问诸如"我们怎样去接近受众"或者"我们的受众是哪些人"之类的问题，而应该问"我们想要实现什么"。从这点出发，接下来的问题就自然而然厘清了，例如，谁需要参加到实现目标的进程中来？

怎样使他们参加？达到目标的最好方式是什么？我们怎么达到？等等。

换句话说，传播不是仅仅带有一点策略性的做法或仅是策略的一部分，传播本身就是策略，而且早在他们对捐助作任何慎重考虑时就应当有传播计划。

利用传播这个"透视镜"

如果传播就是策略的话，为什么经常被排在最后呢？一名经常向基金会和非营利组织提供建议的顾问描述了一个典型场景："我们接到一个组织的电话，'我们有一篇报告，描述了加州教育的一些有趣发现，我们希望在三星期内发表，你能帮助我们吗？'。他们等到报告发表前的三星期才向外寻求传播方面的支持，而不是更早地想到这一点。"也就是在决定"报告的内容是什么，报告的受众是谁，如何从一开始就让这些人参与进来，以及如何修饰语言以便让目标受众容易理解和使用"的时候，他们仅仅把传播看作"实体"工作的附加，这种在项目结束时的评估环节一样对待传播环节的做法本身的意义就被削弱了。

无论是资助者还是受助者，在早期阶段就要使用传播手段，并用其检验项目要实现的最终目标，以及谁是项目及理念宣传的对象。这些假设明确之后，我们通常就会发现存在哪些差距，可能会有哪些误解，或者还有哪些可能性没被考虑。

一个在坦桑尼亚工作的国际资助者举了个例子，某项目计划让人们利用手机和调频广播电台获取基本的公共服务信息，但并不是每个人都有手机，接收无线电信号也很困难。资助者建议受助者考虑能被最遥远村庄接收到的产品作为传播媒介，他们认为，每个人都需要买肥皂，可以利用这个介质。在基金会的支持下，受助者开始与肥皂销售商合作，在包装上印上公共服务信息，"我们并不肯定这一定会起作用"这位资助者说，"但它突破了条条框框的思维模式。"我们需要直接思考传播如何能被整合到最好的方案设计中。

一个环保方面的合作团体获得一个新的资助，资助者之所以愿意资助是因为他们从新的传播角度看到了该团体的工作，并不是他们环保支持者的身份和项目吸引了资助者，而是他们的传播内容和方式起了作用。

一个智库资助者指出，"当资助者谈论智库传播时，通常他们指的是每一笔资金都要有自己的宣传策略，或者说你要用10%的资金去做相关研究的传播，比如，政策简报、新闻发布、公开会议等。"她说，每项都很重要，但更大的挑战是，要明确这些调查的结果和问题的答案，并让公众有效质询。这些问题的答案如果一开始就很明朗，传播的结果就能与人们的信息需求相匹配，实现传播目标。

一项新调查显示，"受众"本身也需要传播。例如，生育健康领域的资助者决定加入一个每月举行的网络研讨会，为受助者和该领域的其他人提供一个平台，讨论创新的传播方式和组织策略。"大量创新发生在非正式地交流之中"一位资助者解释说，"比如，通过介绍一些发生在密苏里州的有趣故事，让人们有兴趣跟进整个过程，并试图参与其中。这样，我们就能帮助人们提升组织能力。"每次研讨会涵盖了特定的主题，会吸引50到100人参加。

可以把传播手段作为一个"透视镜"，用其去发现各种文化差异和信息来源。一位反暴力项目的资助者说，受助者用他们的方式强调"公共健康"问题时，他们就很难接近一些移民社区。资助者向一位曾接受过资助的柬埔寨群落首领征求意见，首领认为，群落具有极高的凝聚力，如果想在社区开展反暴力项目，就要让其充分了解你的项目，想办法让项目与社区的想法和需求达成一致。因此，基金会聘请了专门的传播公司，以更易社区接受的方式进行项目宣传。

传播"透视镜"还可以帮助人们重新认识哪些因素阻碍了人们接收重要信息。例如，教育资助者很难接受受助者提出的关于学校需要更多高效能校长的论点，"大部分学区及州教育部门都认为，校长的主要工作必须要重新定义，""但许多利益相关方不这么认为，他们需要有力的证据来说服他们改变看法。"此资助者支持了一项研究分析发现，有时主要问题并非信息本身的真伪，而在于谁在传播这些信息，他们的观点是什么，受众是什么。一位支持海洋生态保护的资助者说，一个旨在提高受助者传播能力的资助项目发现，渔民才是该项目的关键受众，受助者利用渔民们在港口聊天这一途径来进行项目宣传，同行间互相交谈传递的信息显得更为真实。

在类似的例子中，资助者和受助者都会超越项目活动层面来重新审视每年项目目标的实现情况，这样的视角让项目传播工作更富创造性，更直接，也更有效。

关系、角色和策略

"关系很重要"，这对于所有的资助活动都是不言而喻的，当一个资助者在传播策略方面与他人合作时这点尤其重要。不论合作伙伴是受助者、顾问还是基金会同事，资助者总是需要在处理角色和关系之类的问题上保持相当的敏锐。

（1）与受助者一同工作

在和受助者一起解决传播问题或者鼓励他们使用传播手段时，许多资助者都强调倾听、尊重和信任的重要性。毕竟传播涉及组织的公众形象，甚至可能以一种不同于基金会的形式来树立自己的声誉。

某传播顾问提醒资助者说："事实上，每个人都在一定程度上是传播资料的消费者。发表你的意见非常重要，但你要清楚你只是提供建议。"提前厘清角色和预期，建立尊重和信任的关系非常重要，这有助于受助者和资助者协同进行传播工作。

下面是一些双方协同开展传播工作的具体建议：

对传播重要性达成一致意见

某传播顾问认为："对非营利机构而言，重新思考传播可能会是一件非常花时间，并且打乱工作现状的事情，资助者可能需要向受助者'兜售'理念。受助者可能会认为，在传播营销上的投入会浪费项目工作中包括时间在内的各种资源。"她建议："组织的核心是去做值得做的事情，而不只是为了让资助者感觉良好走走过场。"

和受助者分享案例学习或者传播价值方面的资料可能会有帮助，应该让受助者知道你愿意就此再深入交流下去。

表达你对传播工作的支持

许多非营利组织都对策略性传播很感兴趣，但他们认为资助者可能并不支持他们这样做。如果你愿意进一步探索传播策略，那么就应认真和当前受助者以及该领域的其他组织一起合作，表达你对传播工作的支持态度。

维持组织间的平衡

当项目涉及多个组织时，资助者可以把他们召集在一起，帮助合作伙伴取得个人和团队工作之间的平衡。资助者还可以提供额外资金，帮助合作伙伴在项目中保持平衡和独特性，鼓励他们根据能力和需要决定参与程度。一个保健领域的资助者认为，需要在一个涉及多方利益相关者的集体中保持地方和国家优先事宜的平衡："传播需要在各自领域独立经营，但有些时候，也需要联合起来，以取得更大的影响力。"

准确预估传播需要的费用

虽然传播很有价值，但它的确很花钱。一个受助者可能觉得花在传播上的钱不如花在项目上来得实在。传播可以揭示一个非营利性的使命、策略和行动中更深层次的问题。在实施传播活动和监测传播过程中也会花钱，还要耗费组织领导的时间和精力，以及未在预算中的自付费用等。一位传播顾问说："从一开始，资助者就应该去计划他们要如何支持受助者的传播工作，是提供资金，还是利用好的建议、设计等。"

（2）和传播官员一同工作

项目官员和传播官员有时会从不同的侧面来看同样的问题，项目官员通常是各领域的专家，其专业知识通常来自其学习、工作和生活上的体验，他们认识到了问题的复杂性，而且知道解决方案必须针对这种复杂性。而传播官员擅长将复杂的事物变得简单而富吸引力。所以，当一份得到资助的研究报告被缩短成几个句子时，项目官员们会感到惊恐和忧虑。一位项目官员说："'简述'和'消息'将细节差别都丢掉了，故事变得过于简化。"项目官员感觉传播官员低估了他们的专业性和经验性。而传播官员关注的是如何让信息传播，如何让信息被接受，如何调整传播渠道使传播更有效。传播官员通常不会有那种如同项目官员一样的综合性专业问题，但他们都面对的是同样的项目问题，双方只有合作和互补才能实现有效的传播。一位项目官员说："我们的角色差异很大，但我们都有同样的目标。"

关于如何在项目与传播分立的情况下更好工作，基金会工作人员提出了如下建议：

促进项目和传播的协作

要寻找机会建立项目与传播官员的联系。比如，某基金会让负责传播工作的副总裁参与项目所有纲领性的战略讨论；在另一基金会，传播人员鼓励项目人员提出传播建议。可以看看其他基金怎么做的；也可借助网络和其他媒介，了解项目和传播人员如何协力推进传播工作。项目和传播的协作关系包含着对所传播问题的持续探索，该问题也贯穿于项目策略的形成过程。

明确各方在传播工作中的角色

大家在参与传播活动时，受助者、项目官员、传播官员和顾问都应力争在角色和责任方面达成一致。比如，谁将在信息发布、受众推广、媒体关系、顾问监督方面起领导作用？谁在哪个阶段审查资料？谁需要签署文件？通过建立准则，可以减少各方发生误会或重复工作的可能性。

建立共同目标

通过建立共同目标，确定实现途径，让每个人明白自己的使命和努力方向。一位资助者说："我们要在所有领域紧密合作，如研究领域、项目领域、传播领域等，并弄清楚成功的指标有哪些。"

（3）与其他基金会合作

在与其他资助者一起开发和执行传播战略时，对角色及责任的足够认识相当重要。某资助者说，如果想要其他基金会也参与传播行动，需要有各方都能够接受的联合方式，"我们希望传播行动从项目倡议的描述就开始，但也要听取其他资助者的意见，否则，没有人会愿意合作。"

资助者也同样会面临一些挑战，一位在抗击疾病运动中与公共和私人组织合作的资助者说："我们各自都有自己具体的议程。合作组织是结构化的，以便各方为目标做出自己的贡献。同时，也随时互相沟通信息，我们定期见面，并在每次半天的活动中一起为传播计划设计方案。每个基金会都有自己的强项和喜好，在合作组织中都有自己的角色。大家将其传播工作做了两个方面的定位，第一是关于健康政策的，第二是关于社会底层防治运动的。传播过程中，如果在政策议题上有重大分歧的，可以保持其立场；但大多数时候却要尽量避免分歧，这要根据具体情况进行分析。而合作组织各方的特长都不一样，有些是网站设计的专业机构，有些则擅长处理媒体关系。良好的合作确保了传播的影响力和效益。"

在与其他基金会合作过程中，可以借鉴以下经验：

从征求意见开始

某资助者聘请了一位传播顾问，主要工作是从其他基金会那里听取相关建议，不仅仅是资金方面的建议，更多的是项目设计、实施以及传播方面的建议。

通过受助者与其他资助者建立联系

某基金会向受助者提供资金，用于其传播能力的培养。同时，发起项目的所有资助者都有意识地开始建立联系。这促进了有共同传播策略的资助者们在关键项目领域建立联系，比如气候变化方面。

促成不同受助者间的联合

当多个受助者共同参与一个项目时，资助者最好能提出要求，让不同受助者一起合作实施项目，并承诺不参与他们的决策，这有助于项目的顺利推进。

新媒体和自下而上的传播

新媒体有很多名字：参与式传播、交互式传播，或其他的一些名称，无论你怎么称呼它，它总有一些新鲜事物吸引你的眼球。它关注的不仅是"向谁传播"，还包括"和谁交流"甚至"和谁们交流"的问题。

新技术能推动社会改变，某社会事业传播公司的总裁说："随着时间的推移，我们已经不想要自上而下的命令，而需要自下而上的沟通。现在社交媒体盛行，自下而上的传播可以使我们不必把受助者召集到一个固定地点进行讨论和会议。"社交媒体指的是一切从YouTube视频到维基页面再到社交网站和博客的东西。在数字化时代，人们越来越希望创造、分享、挑战和参与。他们可以在博客文章后发表评论，完善维基页面，并能对信息做出快速反应。

是否多渠道的传播就意味着放弃对信息的控制，或仅仅让你成为众多观点和声音中的一员？传播专家并不这么认为。新媒体技术可以通过扩大参与基础，帮助受益人和基金会进行传播工作。社交媒体也是很有用的倾听工具，它们为资助者提供了一个倾听的平台，有助于在实施一项新举措之前或实时监控之中，听到大家对一些组织和问题的看法。

使用社交媒体可能需要提前做些准备，特别是当一个媒体方式刚刚面世而其规则不被熟知时。比如，一个基金会支持的新闻节目主持了一场会议，每项分议程都使用了Twitter，在展示者后面的大屏幕上提问或发表评论。资助者提前和展示者及博客主坐下来交谈，并思考Twitter在会议中如何工作。他们最终想出了回应观众的预期和活跃评论的方法。她解释，"当你做这样的新事物时，你必须搞明白冒险是可以接受的，并非一切尝试都将取得成功。"

项目官员并不需要成为最前沿的新媒体技术专家，他们只需要明确传播策略。工作人员或顾问可以提供所需的知识和支持，从而充分利用社交媒体。

某资助者说，"我们正处在一个技术变革的时代，它需要持续不断的专业化发展。我们可以不领先于受助者，但我们绝不能落后于他们。"对他来说，这意味着保持和受助者使用相同的网络应用。他并不一定要受助者使用新媒体，比方说，他不会要求他们使用Flickr或Twitter分享照片、或更新他们的工作新闻。但他要求他们使用一种共同的"标签"或关键字，这样不论使用什么在线平台，他们的工作都可以取得联系。

资助者也尽量鼓励基金会及合作者采用新媒体进行传播。例如，基金会有一个在线学习的博客，邀请受助者及其他博主发表文章、链接、音频和视频。博客可以被看成一个关于项目的对话。

然而，我们也听到一些警告。一个基金会将受助者的视频放到网上，大家起初很高兴，但后来网站流量统计显示，只有一小部分访客点击了"播放"，而那些看过视频的访客平均停留时间也不到20秒，这让大家非常沮丧。在线视频可能是基金会的有用传播工具，但资助者需要慎重考虑它的使用，比如，确立传播目标，如希望多少人浏览等，并有激励观看的机制。

当你决定使用新媒体时请记住，良好传播策略的几个根本问题仍然不变，即我的目标是什么？我想要接近的受众是谁？我需要他们做什么？什么是让他们参与的最好方式？社交媒体是完成这些事情最有效的方式吗？传统的通信手段往往比新媒体更有效，这二者都是理想的传播工具。

当我们使用最新技术，不论是Twitter还是博客时，我们应该不断提醒自己，它必须为我们的使命服务。这些小工具让传播变得更容易更便捷。

评估传播效果

资助者认为，想要知道一系列传播工作对活动有什么确切的影响非常困难。例如，儿童期肥胖或通过新的联邦卫生政策等有多大影响。你可以通过评估诸如该活动是否接近了预期的受众，并对他们产生很大影响等方面得到评估结果。资助者建议，对传播的评估可采取以下步骤：

（1）明确传播目标

在开始传播之前，确定传播活动的目标。一旦目标确定，就可以监测传播的进展情况，还可根据实际情况进行传播工作的调整。在评估中使用变革理论，使评估工作有参照数据，避免盲目的评估。一开始就被利益相关者认同的评估目标，在传播活动的成功上也至关重要。

（2）确定目标受众人数和特点

搞清楚这一问题的策略包括，对目标受众的委托调查，监测网站的访问和页面浏览量，跟踪植入广告的报纸发行情况，或亲身出席社区会议等。问题的关键不只是受众的人数，而是其是否按我们的意愿确实受到了影响。他们是你目标中确定要接近的受众吗？一个禁止吸烟的广告活动可能被百万人看到，但真正重要的只是那些烟民和能有共鸣的人。

（3）评估传播的理念为受众接受并采取行动的人数

主要有两种方法：第一是定量研究，即是否收到信息的数据统计；第二是进一步的定性研究，如调查、访谈和焦点小组。由于回复信息的异质性，定性方法可能会更好的反映给资助者传播活动是否达到了预期效果。定性的方法也有更大的可能性得到那些意想不到的结果。你必须在进一步传播之前进行一些研究，来确定传播是否已经产生了影响，这也是我们从项目初始就把传播策略纳入项目策略的原因之一。

（4）分阶段评估传播工作带来的影响

评估工作应具体分析短期，中期和长期的影响。短期评估包括，对一个公共教育活动进行评价的投票结果，或捐赠者和志愿者对募资广告的反馈情况。中期评估，是资助者通过观察，拓展短期分析后的评估。比如，剧务公司在整个演出季的出勤情况，公众在投票之外的态度，机构的捐助者或志愿者数量的增加，等等。长期评估可能包括，剧院财务稳定性的增强，观众多样性提高，对特定观众的观念产生影响，等等。一项传播活动持续的时间越长，就能吸引更多的资助者，信息传递的网络会更广。

（5）评估传播带来的各方关系的建立

有效传播不仅仅是信息被传播给了所谓的"最终用户"，更重要的是，它建立了多方联系的网络，使信息在网络中得到及时和广泛的传播。某资助者资助一纪录影片的拍摄，该影片宣传公众对政策议题的关注和参与。他从观众人数和其他一些类似指标中了解到很多信息，另外，他还与不同群体一起观看和讨论了影片，这一过程让他很有感受，"我认为，我们应该对这种感受进行评估，这是一种影片和人之间的关系，它能反映影片所带来的真正的影响力。"

三个案例学习

以下的案例研究描述了包括资助者和受助者在内的四项举措，致力于追求核心的传播功能：组织、倡导、联系和定义。

案例1：组织

罗伯特·伍德·约翰逊基金会和奔腾基金会

故事开始于1996年，奔腾基金会（Benton Foundation）和罗伯特·伍德·约翰逊基金会（Robert Wood Johnson Foundation）成为了社区健康领域的合作伙伴。罗伯特·伍德·约翰逊基金会的传播部门为相关的举措出资，奔腾基金会做管理工作。奔腾项目的联络员凯润·曼切利说，奔腾带来了媒体和传播项目的新实验并且"也想了解社区媒体的使用。"十年来，在全国城市中启动的完善的合作伙伴项目促使了社区组织和公共广播机构的合作，以提高人们对健康问题的认识。"在早期，它只不过像是公益广告，"曼切利解释说，"随着时间推移，它变得更加丰富，包括了谈话节目、电视剧等等。"

随着该计划接近尾声，罗伯特·伍德·约翰逊基金会表达对扩展项目的极大兴趣。焦点工作小组曾透露，移民渴望得到健康信息并希望帮助他们在新的社区发展。主流媒体并没有满足他们文化或语言的需要。因此，完善的合作伙伴项目演变成了社区健康的新途径，通过罗伯特·伍德·约翰逊基金会资助弱势群体。在一小群职员和设计技术顾问的支持下，国家项目办公室成立了，它主要是管理一些具体的行动，并为全国的团体再次捐赠投资。在2007年，八个站点被给予了三年的资金和技术援助，包括网络研讨会、捐赠会议等等。在每一个网站，新的媒体正在创建中，并且都把移民的健康问题放在更加重要的位置。其目标是建立真正的社区领导和协作组织，追求一种更健康、信息更充分和有所授权的移民社区。

新途径吸取了以前典型的几个重要方面。曼切利说，"我们想要把它向当地蓬勃发展的媒体全面开放。网络，数字评书，社区""电台，商业和语言媒体都如雨后春笋般在全国各地冒了出来，"她补充说"这是很重要的，"真正的平等的伙伴关系——并不只是媒体过早地决定了内容分，也不是非营利或健康组织纯粹为公关考虑"。

每个项目包括移民组织链接到目标社区，媒体组织提供一个出口和技术专长，以及高容量社区组织作为合伙人。这样做的目的是要形成新的伙伴关系。

"当人们说社区媒体，他们往往指的是当地新闻。但对于这个项目而言，社区媒体意味着参与式媒体，"曼切利说。芝加哥的"赛路德"计划中，拉美裔青年在媒体制作过程中接受培训，在社区健康问题上搭建与电台合作的平台，并接触到参与讨论的观众。在双城中，一个被称为"埃嘉勒史戴德"的组织制作出了一个长达1小时的关于索马里移民健康问题的片子，这个组织包括一个索马里社区、健康组织、一个电台和视频网站。这项举措采用"参与式研究"模式来评估结果，每个站点定义自己的目标和指标。而在芝加哥，成功的标志是成为参与2008年"赛路德"项目的青年，而他们有可能在2009扮演更重要的领导角色。

罗伯特·伍德·约翰逊和奔腾的兴趣略有不同，但在评价措施上有重叠之处。奔腾正在寻找研究能够促进领导和协作的项目，以便应用到其他领域。"我们希望网站不要把它当成一个严格的科学评价过程，而把其视为在领导力发展和社区建设层面上有影响力的项目，"曼切利解释道。罗伯特·伍德·约翰逊基金会对社会影响因素方面更感兴趣，如就业、暴力、健康等。但是他们也认为，评价过程和测量结果同等重要。"这就是社区买入的过程"主管国家办公室的贝丝·马斯廷说，"新航线确实是一个超越传播的项目——一个能够培植其他传播项目的计划，它能够让移民们利用媒体工具，在其社区健康问题的解决上担当起领导角色。

案例2：支持

伊夫林和瓦尔特哈斯基金会

2008年，加州选民以微弱优势通过一项禁止同性婚姻的宪法修正案。虽然52%支持与48%反对的投票是对同性恋社区及其联盟的一个打击，这种失败也显示也一定程度的进步。2000年，类似的措施已经通过了61%支持39%反对的投票。在短短的八年里，对同性婚姻的支持已经提升了10个百分点，这也是当今最富争议性的社会问题之一。在那个时候发生了什么事？这与伊夫林和瓦尔特哈斯基金会（Evelyn and Walter Haas, Jr. Foundation）在旧金山提供的支持息息相关。

2000年的评估之后，该基金发起并成为了婚姻自由联盟的首位资助者，致力于在全国范围内争取同性恋和非同性恋婚姻的平等地位。该团体和许多以特殊人群为受众的活动展开了广泛合作：向大学生介绍同性婚姻，到教堂进行外展，建构相关组织的传播能力，开展对增加男女同性恋者法律保护的政策学习。这项工作是严谨的同性婚姻研究和教育，不为任何特定的选票或立法做宣传。

该基金会认为，尽管这一问题可能会在法庭做出决定，公众的接受还是尊重同性婚姻权利至关重要的一环。"你需要克服人们的层层阻力，"伊夫林和瓦尔特哈斯项目总监、现在吉尔基金会基金会总裁汤姆·斯维尼说，他也强调"人们的确担心，但不会大声说出来"这一问题。

伊夫林和瓦尔特哈斯基金会基金会还支持广泛的民调，焦点小组和其他研究，以及创造一个传播工具箱，以帮助受助者把他们的信息更好地定位一个可移动的中点上，进行开放的婚姻问题的游说。该基金会的支持，也使一个受助者联盟集合在

马特·弗曼，伊夫林和瓦尔特哈斯基金会基金会同性恋捐赠项目的主任指出，在加州的公众教育运动"开始追求婚姻平等对话的目标"，它们利用社区组织，通过在主流媒体和小媒体上做有偿广告来"赚取"对自己的新闻报道。他补充说："这项筹得超过1100万美元的运动，在最高法院的婚姻决议后提升了问题的重要性和紧迫性"，这也促使了很多其他基金会的参与。

"基金会的一大价值在于，他们可以在'3万英尺'的高度来俯视一个领域，一个部门或一个运动，将所有的组成部分整合在一起来进行组织、诉讼、公众教育"斯维尼注意到。"你可以为当地的15个小组资助，然后发挥你的召集与建设能力。你可以帮助人们发挥等于或大于部分的总和的力量，尤其是当它涉及到传播的工作。"

结尾：在加州选民通过八号提案后，一场争论出现了，它涉及到对这个花费450万美元的运动策略。研究早已表明，同性恋夫妇没有达到人民的最有效的使者可移动的中点。因此，"反对八号决议"的广告没有同性恋人群。许多人抱怨说，该运动基本上是"在衣柜里"，而如果它能代表那些被剥夺结婚自由的同性恋夫妇的真实生活经历，这个运动会产生更大作用。这场争论引起人们的价值观和为倡导和资助者的成果引人注目的问题。

案例学习3：联系

华莱士基金会

"我们的受益人的工作不只是卖门票；这是关于用一种如此深刻的方式来引导人们参与，以使得他们愿意继续回来，" 华莱士基金会 （Wallace Foundation）高级传播官员玛丽·楚戴尔，当提到华莱士委托约翰斯和杰姆斯尼特基金会在建立对艺术的参与上的研究时是这样说的。。

研究人员发现，很多人会参与文化活动，而非仅仅知道文化活动正在发生。这里存在着感性的问题（如"这种艺术形式是否对我和我的社区很重

要？"或"这种经历是否值得我和我的家人使用有限的闲暇时间来参与？"），实际的问题（如"我是否有买票的钱或去那儿的交通方式？"），以及体验性的问题（如"我是否会感到自己受欢迎？"或"那是否有趣？"）。对这些和其他问题的答案引导着一个人对艺术的感觉和将来他是否会继续参与的可能性。

为了阐明这对于受助者和资助者的影响，楚戴尔讲述了关于一个组织的故事——明尼阿波利斯儿童剧院公司。"这是一个很棒的剧院，但他们却在吸引观众方面遭遇了困难"，她回忆道。最初，他们认识到的问题是很实际的，即他们没有提供足够的购票选择，诸如迷你订购或提供多种时间与日期的混合订购。于是他们拓宽了他们的售票选择，结果票房仍然不佳。然后，在基金会的帮助下，他们决定做一些研究向一些家庭询问为什么不来或不更多地来剧院。

"这些家庭回答他们没有时间，"楚戴尔回忆到，但是这一解释是不充分的。这些家庭毕竟有时间呆在家里看电视或去餐馆吃晚餐。于是剧院又作了进一步研究。他们的发现，"这些家庭只在他们认为有价值的事情上花时间。所以剧院不得不拓展一些让它对其目标家庭变得重要的项目，使这些家长能说'我希望我的孩子经历这些，我会在这上面花时间。'"

这项研究的结果，据儿童剧院公司艺术总监彼得·布若休斯解释，剧院转变了市场重点，从作品本身的价值——是否是全球首演，剧组的声誉，团队的创造力等等，转变为对观看它的孩子的价值。市场策略变成对想象孩子描述演出的声音，孩子获得的情感体验以及给孩子带来的思考。

工作本身也转变了。剧院继续探索了如何"把我们的观众从观察者转变为参与者。"他们重新设计了大堂，将其"不仅作为一个入口区域，而且看起来像是一个村庄的广场"，在这个广场上有诸如诗朗诵，舞蹈演出，风筝制作以及在演出前后吸引观众的非洲市场。在剧院内部，最近上演的安提戈涅或罗密欧与朱丽叶突破了舞台的限制。椅子被清走，观众们变成了村民，被邀请与罗密欧共舞，替护士拿帽子和外套，或者在史诗般的决斗爆发时从路上被赶走。布若休斯相信这些改变带来了显著地效果："在全国上下的剧院都经受者票房的缩减时，我们相对地保持了稳定。"常规的民调，专项小组，以及手持掌上电脑都再继续捕捉着观众的回应。

但也有一个风险存在，正如儿童剧院公司的故事所证明的：当一个组织作了关于其目标观众想看什么的研究后，市场问题会影响表演的决定——这使得一些表演者无比紧张。他们担心艺术的市场营销者关心卖票胜过关心呈现有意义的艺术。基金会认识到这样的紧张情绪但鼓励艺术受助者们再思考"由节目来决定舞台上发生的事情，然后直接交给市场说'去卖掉它'这样的旧习惯。"我们发现当你需要在这间屋子里填满观众，你就会思考舞台呈现的"它"到底是什么。

基金会同样支持了一些使观众"做好欣赏艺术的准备"的活动："观众准备得越好，他们得到的体验就会越满足，"楚戴尔解释说，"我们帮助艺术机构思考怎样更深入地使观众参与，让他们感觉自己是'一份子'。因为一旦如此，这就成为了他们一生的爱好"。

第二节　世界高峰论坛与会议
——资助合作方走上国际舞台

　　本文中"峰会"和"会议"指代各类型和规模的国际性会议，在学术上，峰会主要指政府参与的会议，严格意义上，主要是各国首脑参与的会议。但松散定义下，峰会即指围绕国际性议题的世界范围的讨论。除非另有说明，对本文而言，定义的区别并不重要。我们在文中，使用峰会的广泛含义。

国际峰会

　　二十世纪九十年代，人类社会的迅猛发展带来越来越多的环境问题、人权问题、人口问题、社会发展问题及女性问题，以这些问题为中心议题的国际首脑高端峰会在联合国系列相关会议中的重要性日益凸显。此类峰会的参会方包括联合国常任理事国、各理事国以及世界各地各类非政府组织，跨越了国家边界带来的鸿沟，成为促进社会、经济和政治事务发展的强大动力，广受致力于改变社会的公益活动组织者的关注。一位环境与发展领域的资助者指出："无论你是否喜欢它们，此类峰会大大推动了全球性的法律和治理议程的进步。"

　　世界首脑级峰会确实带来新的本地和国际性的制度、方案和政策方面的改变。例如，2001年的全球反种族主义大会的成功举办，使得一个永久性的反种族主义的单元被确立在联合国议程里。1995年，第四次世界妇女大会在北京举办，130个国家依照《北京宣言》和《行动纲要》制定了国家行动纲要，同时，22个国家据此颁布了关于妇女政治参与的新法律。

　　1992年召开的地球峰会，对巴西亚马逊西部地区政府政策是否符合可持续发展林业的做法表示关注。此外，在峰会上产生的"行动纲领"经常被捐助者和联合国机构援引，以指导他们在发展中国家的项目。

这些会议的影响不仅仅局限于官方之间达成共识性文件，或者成员国对一系列政策性规制的共同批准。该类会议也成为志愿型、公民型和公共利益型组织所构成的"公民社会"发挥作用的重要场合，使公众、政府机构和媒体关注社会公正与发展的关键议题，并建立全球性相关行动组织的联盟。例如，某人权领域的资助者认为，世界反种族歧视大会让他用新的视野去审视南美非洲裔拉丁美洲社区受歧视的情况，可以为处于与不同地区融合性社区的非洲后裔提供策略制定的地区性参考。一个来自此类混合人种居住区域的受助者说："我们是非洲黑人后裔，参加了黑人反种族主义的世界会议。"这个社区开始将自我视野融入到各大领域的历史和文化传统背景中。

这类规模庞大，花销不菲，涉及复杂政治议题的会议，将人们拉到广泛的视角下，正视社会不平等和发展中的一系列问题和挑战。面对这样一个雄心勃勃的目标，各国政府、联合国和非政府组织在实现过程中可能表现出的挫败和沮丧感，是可以理解的。

就其本质而言，峰会旨在围绕如何解决面向全球受众的社会不平等议题进行辩论，并非基于与会各方都同意的最佳解决方案的基础。因此，达成一致的联合性解决方案本身就是一项重要而艰巨的任务。

基于时间和资源的限制，也基于对国际政治事务上的讨论会带来内部政策上不可预料的风险的考虑，有些国家拒绝承办此类会议。而一些非政府组织则质疑峰会是否能最大限度调动工作人员的时间和资金，物尽其用。另外一些NGO则关注如何将更多的草根民间组织融入全球性峰会中。

与此同时，民间社会则继续以峰会为基础开展工作，建构项目，以达成自己的目标。而且，各种会议都将孕育与大会宗旨相符的新组织和工作网络。

然而，尽管对联合国首脑峰会的形式争议不断，由于跨越国界的合作可能会让其观点得到世界范围的倾听，其他类型的全球审议和社会活动不断增加，吸引很多人的参与，如世界社会论坛的非政府会议已开始吸引广大民众（从2004年超过75,000人参加）和之前关注联合国峰会的媒体。

此外，活动也越来越善于抓住机遇，促进了多边金融和贸易的政府间机构，如国际货币基金组织、世界贸易组织和世界银行的参与。

基金会与峰会的关系

国际会议很复杂，并且有时不受约束，从而在解决全球问题时拥有无限可能性。资助者也能做出很重要的贡献，可以帮助受助者参与，或是让信息在会上交流以赢得更多人的关注。

一次国际峰会会产出什么成果呢？联合国、政府和非政府组织参加一些国际会议，通常希望能够实现一个或更多一般性成果。一次成功的峰会可能期望产生以下成果：

（1）政府承诺执行新的或强化的国际标准；

（2）对新的观点、信息进行学习和交流，包括非政府组织怎样才能在联合国和其论坛中发挥更大的影响；

（3）对新机构和新组织的目标设立提供参考；

（4）全球社会运动的拓展和加强；

（5）峰会解决那些对资助者和受助者的目标至关重要的问题。"这就像是在你从事的问题上照射一个巨大的探照灯。"

（6）峰会可能在一些问题上推进国际标准，源自联合国峰会的共识文件通常包含规则和标准；

（7）峰会可能推动相关国家解决这些问题的政策出台；

比如，超过400个非裔巴西人参加了抵制种族歧视的会议，对这次会议的媒体报道也产生了广泛影响。而且，这些来自巴西政府代表团的非裔巴西组织成员的出席影响了行动纲要的观点。现在，会议过后，巴西的新政策包括：执行土地改革配额制度，加强黑人劳工的雇佣率，外事部针对20个黑人学生外交学校的奖学金计划得到落实，几所国立大学的黑人和土著学生的资助计划得以执行，地方立法得以通过。受助者的目标并非必须是国际性的，峰会可以为个别国家的政策推动提供动力和参考。

（8）峰会加强了一些问题的能见度；

联合国的世界会议极具影响力，它使公民社会关注的问题得到全世界的关注和回应，即使会议没有产出问题的解决方案，它却创生了一个空间，将国家级的事推向世界。例如，妇女作为环境治理者、管理者和行动者的角色在里约环境会议上得到认可。峰会为公众参与和公众教育提供了机会，向公众阐述了之前隐性的或复杂的世界性问题。峰会经常引起各种争议，尽管一些资助者担心峰会可能会制造争议到不可接受的程度，但正是这些争议让问题更能大白于世界性的舞台。

（9）峰会能够拓宽受助者视野；

峰会能够让受助者置身于国际背景中，拓宽了受助者的视野，有助于他们延展自己的关注领域。例如，一个受助者参加了国际性的人权会议，其观点发生了重要转变，受助者开始认为，"作为人权中的妇女权利的概念是那次会议上一个很重要的成果，它转变了全球的观念，这极大地影响了接下来的1995年的妇女大会。"

（10）峰会可能帮助建立或加强国际社会运动。

在反种族主义歧视的会议中，大概2000名与会者代表被压迫人民参加会议。峰会有力地组织了这么大规模人员的参会，非政府组织在这过程中扮演了非常重要的角色。非政府组织不断完善自己的章程，学习国际峰会的经验，开始组织自己的峰会，如土著民族的金佰利峰会和儿童地球峰会。

资助者该如何做准备

一旦你准备涉足与峰会相关的项目资助时，资助者给出以下建议，为你的资助提供重要参考：

（1）尽早在峰会过程中制定长期目标

在峰会过程中，资助者有其特定的资助目标，并希望通过峰会达成这些目标。最好在峰会中确定基金会今后资助的长期目标，当然，要以谨慎的态度来考虑这一问题，保证目标的设立与受助者的期望保持一致，并能争取相关各方长期持续的支持。

（2）从其他国家、地区和组织机构等角度了解相关的政策议题

尽早与其他资助者、受助者、决策者和学者们进行沟通交流，了解他们对此次峰会的看法，与之讨论峰会带来的机遇和提出的问题。资助者网络或一些相关组织承担了峰会的媒体工作，与多方都可以进行交流，所以，资助者对整个峰会的运作流程以及议题进程都十分了解。

（3）建立合作网络，包括非政府组织、私营部门组织和政府机构的主要联系人

经验丰富的资助者建议在峰会早期，可以利用前期收集的会务资料，建立一个包括其他行动者的合作网络。同时，来自受助者和其他专业人士的峰会简报可为资助者提供重要信息和观点。另外，政府和联合国的"联系人"可以帮助资助者了解峰会的最新进展。

（4）了解峰会的筹备过程

峰会有复杂的政治性，资助者无需为资助峰会而成为专家，但资助者应该对峰会有一个整体性了解，例如，与会的联合国和各国政府的主要成员，峰会时间表和一般性程序规则，等等。

（5）建立内外部基础信息网络和合作伙伴关系

在峰会初期，很多人对其知之甚少，这时，资助者和受助者可以与之建立合作，发挥促进讨论交流的重要作用。这类型活动所产生的伙伴关系可以提高资助者的影响力。在北京峰会上，中国资助者说："我们将资助者组成一个讨论小组，围绕关键问题进行讨论，比如，网络平台可以怎样建设？地区间的争议将有多大？政府会议议程和非政府会议议程有何不同？我们工作组议程如何？

（6）使用顾问或实习生

跟进峰会进度可能会很费时，但资助者可以根据峰会工作的需要，聘请

顾问或实习生协助峰会进展的实时跟踪，协助相关项目活动的开展。

（7）战略性地参与峰会

一个派出雇员参与世界社会论坛的资助者说："我们研究了这个论坛，分析了讨论中可能出现的各种情况，甚至包括讨论中的冲突，我们必须有合适的人代表我们出席，了解整个峰会发生了什么。"

同受助者一起工作

无论您选择提供战略，后勤，或基础设施的支持，在首脑会议进程中有丰富经验的资助者最普遍的建议是，在峰会过程中，参与进程，做好准备，支持对项目感兴趣的组织。

一个峰会的初期进程如下：峰会正式开始日期的前三年，可为受助者提供培训和学习的机会，了解峰会可能涉及的关键问题和政府对此所持的立场。同时，进行网络宣传，培训和公共教育活动，并提前做好参会的计划，以抢占先机。

资助者支持受助者参与峰会的方式包括：

（1）策略和问题导向型

建立良好的合作机制

某参与开罗人口会议的资助者说，"我们提前资助目标群体，帮助其开发在埃及和菲律宾的国家战略。我们投入不少钱在整合组织的战略上，希望能有支持妇女运动的介入点。在这过程中，我们与受助者共同工作，解决分歧，形成了良好的合作机制。"

支持受助者参与筹备委员会会议

即便在首脑会议之前，非政府组织经常利用自己参与人数的临界优势，出席筹备委员会会议，提出自己的观点。某联合国安理会官员表示，"最好非政府组织一开始就在那儿，因为第一轮会议会塑造峰会的整个议程。"

大部分行动手册是在筹备委员会期间完成的，共识也是在此时达成。最终的峰会将讨论主要领域内的分歧。那些准备参与到筹备委员会正式代表团的非政府组织对结果的达成有促进作用。

让不同的观点在峰会上得以表达

一个在人口与发展国际会议工作的资助者意识到，在会议中，一个宗教领袖在性别问题上否认了多样性意见的存在，试图主导讨论。作为回应，资助者和其同盟召集其他宗教领袖对其观点进行辩论，让会议就此议题听到更多的声音。

支持有针对性的政策研究

提前对峰会主题进行研究，有助于了解峰会进程，有导向性地开展媒体宣传资助针对主题开展的政策研究，可以使有争议的问题得到初步认识，从而理解峰会中可能出现的分歧和争端。

（2）后勤和导航型

资助受助者参与峰会的差旅

如果受助者已获准参加峰会，差旅资助对那些参与筹备会议和实际峰会的受助者而言非常重要。

确保受助者了解峰会流程和规定

从峰会获得会议规则和流程的过程比较复杂，而且，每个峰会的会议规则和流程都不同。资助者和受助者需要了解自己是否被正式认可，可否参与峰会的相关工作。

协助受助者将峰会工作与未来发展联系起来

世界峰会和非政府组织论坛像是一个规模巨大的国际市场，在非政府组织和政府论坛期间，资助者应确保受助者符合峰会参会要求，并熟悉峰会针对非政府组织的规定，将其活动与资助者和受助者的未来发展结合起来。某资助者回忆，"我们在与受助者合作时，很难战略性地指导他们发展目标的设定，他们需要想清楚，是想致力于影响联合国的话语？还是想使NGO的沟通更加便利？"

对峰会秘书处提供针对性的帮助

虽然东道主国和一些联合国成员国承担了大部分峰会费用，但还有一部分主体组织机构的运作需要资金支持。例如，一个资助者在北京峰会期间提供了这种类型的资助，"虽然赞助联合国好像很奇怪，但我们意识到会议秘书处与媒体和NGO的沟通实在是太低效了，这在大会预备阶段简直就是灾难。为了峰会能有充足和完善的准备，我们资助了大会秘书处，聘请公共关系专业人士负责相关工作，这确实起到了很好的作用。"

建立信息和战略的共享机制

新闻简报、在线论坛、电邮或传真仅仅是资助者帮助受助者在峰会前期联络各方的一些方法。在可持续发展峰会之前，某资助者支持受助者实施一个采用电子邮件跟踪峰会信息的项目，保证信息的及时更新和各方的及时联络。同时，还有其他信息分享的方式在峰会中使用。

支持非政府组织每日的简报或公告

峰会期间，非政府组织每日简报介绍前一天发生的事，强调议程所面临的机遇与挑战，吸引各方对新出现的问题表明立场，进行讨论。并提供与联合国代表和政府代表对话的机会。

在正式谈判中，与每日简报类似，每日公告或峰会报纸都可提供实时信息，聚焦谈判进程。北京出席大会的那名资助者还记得，"我们资助的非政府组织公报每天一早就会出版，里面总结了前一天的正式讨论。受助者期望有人可以每天跟进会场中大大小小的磋商谈判、会议和讨论，他们也把公告放到网上让更多的人看到并发表看法，这也是对于那些想跟进谈判和会议的非政府组织的在线纪录。"

建立及时反馈峰会信息的机制

"我们资助了一组设置在大型互联网网站的非政府组织论坛，人们对于能从现场将前方情况进行报道非常热衷。这一方式可以实时跟踪会议进程，保证信息的实时更新。同时，还能及时获得全世界人民的及时反馈。"

（3）传播能力建设

资助宣传培训和活动

筹备委员会可以让受助者学习如何进行宣传。受助者的宣传技能不仅可以用于峰会进程，还可带回本国继续使用。除了推进公开辩论，受助者可以鼓励各国政府在其代表团中包括非政府组织，或直接介入峰会进程。

为非政府组织论坛的规划提供支持

非政府组织论坛为民间社会团体提供了关键平台进行讨论和倡议，试图影响峰会结果，引起世界的关注。论坛规划非常重要，"我们提供资助，支持发展中国家妇女参与人口与妇女会议中非政府组织指导委员会的工作。""早期，大家对全球网络存在一些批评，指责这些全球网络被一些总部在纽约和日内瓦的机构所控制，所以我们为来自全球不同地区的受助者提供差旅补助去参加早期的筹备会议和会议日程设计研讨会。"

协助建立东道主国的组群

支持东道国建立组群有许多好处：一方面，这些群体往往在非政府组织论坛的规划上能发挥中心作用。其次，可以籍此建立其整体性的地位。有资助者以1995年在中国北京举办的妇女大会的前期准备会议为例说："我非常期待这次世界级峰会的目标可以关注到中国的妇女运动。我希望她们能从这次国际会议中获益。"这位资助者还谈到了中国妇女切实参与地区性峰会筹备会议的重要性，这样，等到峰会正式开始的时候，真实的联系早已建立。

发动媒体参与峰会

在峰会中利用好的媒体进行传播至关重要，它能塑造公众对峰会和其产出的正面认识。不要假设记者会对某个议题、会议进程或与会代表团体有深刻认识，你需要主动利用媒体资源而非被动地任其报道。

一个多次参会的受助者说："记者其实很难对这些会议如实报道，例如，世界社会论坛经常被报道为只讨论不行动的会议，或是争吵不断的会议。这类报道没有针对会议进程，只关注会议的场面和气氛。"我们如何才能找到好的媒体，告诉民众国际峰会上听到的故事呢？

2001年，反种族歧视峰会的报道内容是，一些会议代表提出有争议的解决方案时，美国、以色列和印度代表们拒绝出席会议。但其实，很多重要团体都参加了会议，那些积极热烈富有成果的讨论从未被媒体报道过，大部分媒体只聚焦于那次争论激烈的讨论。

因此怎样做才能提升媒体报道的质量呢？以下是一些建议：

（1）多多支持那些与媒体保持良好合作关系的受助者，并对那些有需要的受助者提供相应的培训和技术支持。

一个深入参与过地球峰会的资助者说："受助者与媒体合作良好，他们在峰会上表现不俗。"有些受助者媒体经验比较少，他们要么参加各种专业的媒体方面的培训，要么与有经验的合伙人一起共事。

可以为受助者介绍专业的媒体合作伙伴，他们可与受助者一起工作，制定传播策略，提供必要的技术支持。他们可以协助确定与媒体沟通的发言人，传播培训需求，确保传播工作的顺利开展。

（2）帮助受助者在早期的准备阶段就与记者保持联系

某记者说："许多记者不知道峰会有哪些议题，非政府组织可以提供议题清单，列出其关注的议题，并保证记者可在会议期间随时与其沟通联络。媒体文件中最好有你需要知道的所有信息，比如数据。但要有选择的使用数据，不是所有人都能透过数据看清楚事件。"即使是在峰会的准备阶段，"我们也必须帮助海外的受助者联系其所在地域的记者、专栏作家和编辑委员会，帮助他们提前预知这次会议内容，以便他们及时恰当地将峰会内容传达给相关受众。"

（3）获取出席峰会的媒体名单，并协助受助者与其进行沟通。

某媒体专家观察到，"可以提前知道哪些媒体会参与报道，特别是一些主流媒体，他们一直在官方的媒体清单上。你能很快地联系上他们，让他们在会议准备阶段就参与进来。"

（4）培训记者如何报道重要议题

如果没有相关议题的背景资料和基本信息，即使一个资深记者，也无法对议题进行全面报道，有时候，甚至会出现一些媒体误导的情况。记者们也需要互相学习，通过培训等途径加强专业知识，进行沟通交流，了解更多峰会信息。一个参加过国际峰会的资助者希望记者团体能提升报道质量，"基金会委托一个培训机构为南非记者提供报道性暴力议题的培训，让他们知道，性暴力议题是什么，怎样用媒体方式表达，可以采用什么分析方式等，让记者在之后的峰会报道中更有针对性和专业性。"

（5）通过自由撰稿人进行深入报道

某媒体专家建议，"你可以让一个自由作家报道这次会议，并撰写故事，试着将这些故事卖给媒体，让媒体继续传播。这种方式让你能更好地控制传播工作，因为你可以选择能够理解你所关注议题的撰稿人。"

（6）采用适合主办国的草根机构交流策略

"在中国，你不能随意涂画或粘贴海报。所以，我们采用其他宣传方式，比如，把火柴盒做得很漂亮，在火柴盒上印上"团结就是力量"等有中国特色的口号，在妇女大会期间放在出租车上，吸引人们对大会的关注。这些口号简单有力，有些甚至后来成了一些非政府组织的口号。"

关于国际峰会

"所有与会成员国在会议在前几个回合就会将他们的意见摆上台面，这些意见来自四面八方，可能是区域性会议，也可能来自全国性会议。某些机构会对这些意见提前做一些研究，这些研究应该进入会议准备的时间表内。"

这个假设的时间表列出了峰会各个阶段的相关事宜，策略型资助者可以考虑如何在这当中加入自己的述求。一个期待峰会能做出主要承诺的基金会会考虑，在峰会所有层面和阶段进行资助，而一些小型或本土的资助者更愿意资助后续的反馈论坛。无论怎样，资助者都要尽快确定对峰会的资助战略。

事实上，在峰会筹备阶段，就要积极寻找和利用那些可能达成峰会目标的途径。例如，为了让更多的受助者参与峰会，峰会注册时间可能会比开始的时间要早一年。峰会筹备阶段还有一项重要工作，即培训受助者在参会期间进行宣传和传播的技能。另外，场地空间和一些必要的技术基础设施（如网络等）也应提前准备。因此，虽然在峰会进程中，资助者在不同时间节点有不同的策略，但这些策略大部分在峰会开始之前就制定好了。

超越峰会

基金会为民间团体提供大量资金，让他们能够参与国际峰会，会议结束后，开个庆祝会，然后就没有下文了。这种做法经常招致公众批评，大家认为，这样的资助缺乏有成效的产出。

会议结束后，资助者可能更愿意放下这一切，继续专注于自己的事情。但这样做的后果是，会议本身和NGO组织缺乏在将来进行改变的动力。事实上，还有一些后续行动值得资助者的参与，有些行动只需列席，短期参与，有些则需要长期参与。支持那些短期活动顺理成章，比较容易，比如支持会后的会议反馈及讨论，后续的媒体公关等。但那些要长期参与的事务就没那么容易了。

资助者要思考的核心问题是，国际峰会的召开和取得的成果对其募款和资助计划有何影响。比如，资助者支持一个种族议题的国际会议，会议获得了预期成果：加强国际合作，反对种族歧视。但这样的峰会能够让大家减少国家层面的捐助，增加国际层面的捐助吗？一个提升妇女地位的高端论坛会改变当地女权活动家获得捐助的方式吗？

这些问题因不同的会议，不同的资助者有很大差别。本书不可能提供所有读者都满意的答案，但是当资助者试图解决这些长期性问题时，下述建议将有助于资助者的思考：

（1）支持受助者收集反馈意见

"中国女权运动的主要行动者来自NGO。我们访问了全国妇联的领导，了解他们对此议题的看法，了解这一现状对其工作的影响。"这些反馈有助于资助者了解受助者的经验，以及这些会议对他们将来的工作有何影响，这些反馈或讨论结果可在会议上进行分享。资助者一开始就要准备在会后收集反馈意见。

（2）资助多种途径传播会议相关信息

除了反馈报告，资助者通过各种途径将"峰会"带回国内。"我们将活动平台翻译成中文。大家通过平台了解峰会在讨论什么。"另一位资助者使用了其他方式，"我们资助一位受助者，她将很多女性故事组合起来，来展示不同国家女性的特点和她们身上的故事。这是一种十分创新的方式，它将妇女大会上众多报告里面的关键信息传递了出来。"

（3）持续实施媒体策略

一位资助者说："会议之后的媒体活动一定要很好的展开。在可持续发展峰会上，所有大型媒体在会议结束几天前就准备好了总结报道。而在这之后，却鲜有报道。"思考后续的媒体活动，对于回顾初期策略的影响十分重要。某媒体专业人士说："我们应该对会议的沟通交流和媒体工作做一个评估。我们到底做了什么？结果是否成功？受助者是否对自己的项目进行了足够而充实的报道？随后我们可以鼓励受助者保留这些媒体资源，继续跟进相关报道。"

（4）资助建立组织网络，监督会议决议的实施

"你需要资助这些组织去督促政府履行其在会议上的承诺，这应该是议程的一部分。关键是你如何能让公众持续地关注这些议题？"例如，社会发展峰会之后，成立了一个国际民间联盟组织，监督和披露政府是否履行其承诺来消除贫穷，促进性别平等。"这是我所看到过的，联合国峰会之后持续跟进的最好例子。"

（5）支持联盟或组织继续为实现峰会目标而奋斗

某资助者回忆，"1992年，里约地球峰会的一项成果便是创立一个大型商业发展组织，该组织作为商业组织进入里约会议的桥梁。里约会议之后的十年，该组织始终发挥着积极的作用。"可以支持那些有着广泛基础，广受支持的联盟或组织，不仅仅是扩大会议影响，也扩大资助者在该领域的影响。

（6）在峰会上建立新联系

"在可持续发展峰会上，"一位资助者说，"来自开罗Zebaleen社区的垃圾回收商碰见了南非农场协会的成员，他们备受废弃品和固体垃圾的困扰，垃圾回收商向他们推荐了自我管理式的垃圾分类回收系统。现在，他们正在计划索维托居民和这些埃及专家的互访。"峰会最有价值的成果可能是一开始没有预料到的，比如，NGO组织与其他国家或领域的同行建立联系。资助者应该留意这些机会，并为这些机会做好准备。

（7）长期跟进该领域的发展，发现源自峰会的机会或需求

一位经验丰富的国际资助者强调，"我们的确应该思考：一段时间之后，这些国际峰会给我们带来了什么？从那些我们支持的组织里，我们得到了什么反馈消息？"在跟进峰会成果的过程中，资助者应该确保有专人跟进全球状况，发现后续行动的机会。

（8）鼓励受助者策略性的利用后续会议

一位资助者描述的受助者如何利用"+5"和"+10"评审方法，以使各国政府对其1995年在北京做出的承诺负责。Equality出版了"北京+5"（2000），详细列出了歧视女性的法律。该书包含相应的法律条文以及对条文的解释分析。通过在国际会议上发布这些信息，将人们吸引到这一话题上，他们可能会推动这些国家的法律改革，这是非常简单而又策略性的方法。

争议中的峰会

至少到现在为止，没有哪一个峰会已经"解决"了一个复杂的社会问题。反对者认为，这些会议的筹备和执行过程混乱，既费时间，又费成本，其产生的影响在短期内无法衡量。尽管如此，很多资助者仍然认为，值得资助受助者参与峰会。这当中，资助者会有哪些方面的考虑和担忧呢？本书提供了一个有针对性的讨论，讨论围绕常见问题进行：

（1）所谓真正的峰会（由政府召开的）没有充分重视非政府组织合作伙伴的作用

几乎每个政府都表示，他们不希望非政府组织对其提案结果产生不必要的影响，甚至不希望得到来自于非政府组织的监督。所以，对进入正式首脑会议的非政府组织数量上有一定限制，非政府组织在重要会议的参与上会碰到一些障碍。一个参与可持续发展峰会的资助者说："非政府组织在重要政府首脑峰会上的参与度被严重压制，在十七万余名正式注册者中，进入到正

式会议的非政府组织代表只有每天1300人。"

20世纪90年代开始，非政府组织在峰会的参与度明显提高。越来越多的国家表示，希望官方代表团里包括非政府组织代表。为了保证非政府组织的有效参与，在峰会进程早期就要公平的规则，会议登记注册应面向世界全面开放。

（2）峰会中有特权考虑，北半球和大的国际非政府组织有特权

某资助者说，很难避免非政府组织的"明星制"，这些"明星"很容易获得参与世界峰会的资格，并在这些峰会上发挥作用。来自发展中国家的社区为基础的团体，以及做为"第二梯队"的非政府组织则很难参与峰会。这些组织不熟悉联合国程序，其差旅经费也有限。

这个问题已在慢慢减少，但在一段时期内还会存在。随着很多国际NGO组织的对于培训的基金推进，发展中国家组织正在逐渐熟悉联合国的办事流程。资助者可以通过资助发展中国家的工作网络去做自己的战略工作，并与其他国际组织进行合作。资助者还可以通过绕开传统的"明星制"系统来有所作为。例如，一个资助者支持了已经接受了初步培训的印度的所谓"贱民"代表（又称游荼罗，是印度种姓制度的一种分类）出席反对种族主义会议，首次在世界舞台上出现反对种姓歧视的个案。

（3）峰会之后，承诺没有落实

在峰会中投入了很多时间和资源之后，并不能引起政府行为的立刻改变。限制峰会发挥作用因素可能包括，政府对于会议的疲倦和对联合国流程的消极态度，政府可能在经过一系列复杂文件和陈述之后又恢复到老样子。从全球角度来讲，不存在一个有强制力的管理体系来约束各国政府的行为，督促政府承诺的执行。一位资助者评价里约地球论坛，"里约地球峰会真的是一个非常完美的会议，有完备的流程，运作资金充足，公民积极参与和支持。并且产生了一些不错的成果：三个可持续发展的全球治理架构，应对气候变化等具体议题的资金承诺。但问题是，在峰会之后，没有人监督承诺的

履行，以至于我们一直没有完成之前确定的目标。一些人甚至担心，之后的会议就是不断反复去回顾这些之前已经确立的目标。"

峰会后，政府可能很快就恢复以前的做法，但资助者可以支持国内和国际非政府组织，监督和积极推进政府履行承诺。某资助者说："资助这些会议的关键不是将其看作一个事件，而是将其作为前进路标，以及长期筹资战略的一部分。"

非政府组织善于利用国家和国际舞台，监督峰会后政府是否履行承诺。例如，对北京妇女大会的五年回顾中，某非政府组织委员会，收集聚集来自全世界的相关跟踪报告，对比峰会上政府的承诺，督促政府对承诺采取行动，并继续监督兑现承诺的相关进展。

（4）扰乱日常工作的日程安排

受助者忙于应对项目一线各种琐碎的工作，资助者受时间和资源限制，需要参加很多会议。对于那些推广宣传和影响政策的会议，很多资助者和受助者也会考虑，是否应该放下日常工作而去参加会议。

峰会和NGO论坛给受助者提供了最前沿的参与机会。通过宣传培训，可以增强受助者对当地国家权威机构的影响力，峰会所提供的独一无二的网络协作可以更好地促进相关项目的筹建。一位活跃于国际和平运动的资助者表示："面对面的沟通是建立信任最重要的策略，你不可能通过邮件沟通达到这样的效果。你可以通过邮件传递你的愤怒，但你不能通过邮件亲吻到任何人。"

（5）峰会产生的争议多过共识

在峰会期间的政府谈判中，达成共识的进程往往受制于政治、经济、文化和外交方面的因素。激进的媒体喜欢聚焦那些极具争议，引起会议激烈讨论的议题。峰会的议程有时会在临近结束时加快，也可能会因为非政府组织的介入而产生紧张局势或碎片化状态，这都会阻碍共同目标和行动的建立，导致问题进一步复杂化。

　　大多数峰会都提供了重要的政策和行动路线图。一个曾经作为受助者参加不同峰会的资助者说："我们希望在每一个全球性问题上都能达成某些共识，即使其背后还有一系列争议仍未解决。"我们承认很难控制峰会上的争议，但这也体现了峰会的优势，即能听到各方多样性的声音，特别是来自于那些经常被歧视或边缘化的人群的声音，如联合国在北京首次讨论性取向方面的歧视和偏见问题。

　　对好的资助项目而言，对手头事务的处理和对可能出现的政治争端的事前准备都很重要。峰会中的一些会议议题之前并未在公开场合讨论过，通常都是首次被讨论。有关种族歧视的大会为我们提供了一个合适的例子，证明这样的会议是如何将那些之前并未被世界倾听的声音（如印度"贱民"，非洲裔巴西人和东欧吉普赛人）放大的。当这些新参与者进来后，局面通常是，有经验的和没经验的成员坐在一起讨论，至于会议会发生什么事，结果会怎样，谁也不知道。但其中一个影响不容置疑，即原本他们的声音只局限于社区内，现在，他们可以在社区外面对世界舞台，畅所欲言。

如果您作为资助者，是否应该参加？

　　"你在邀请三个NGO参与资助者举办的聚会，那么你就可以认识三个NGO负责人。但如果你去一个国际会议，你就可以和大量的NGO负责人建立联系"。

　　出席世界峰会及并行的非政府组织论坛对资助者而言无论是在时间还是金钱上都是十分昂贵的，并且获得正式峰会的准入可能与非政府组织面临相同的困难。不是每个资助者都会做好准备以任何的资源或技能在国际聚会中达到有效性。在某些峰会中，一个资助者的存在可能带来无法判定的影响：例如，资助者比那些NGO更容易进入正式会议。然而，如果可以所控制后者，能参与峰会或论坛的资助者将经常发现他们的存在可以产生惊人的效益。

　　在与会的资助者可以在以下方面有收获：

　　直接听取民众所提出的最近的问题及带来的新观点，并提出替代解决方案。一个支持妇女小额信贷计划的资助者发现，她在北京会议上所资助时采取更广泛的做法，以促进妇女的福祉。用她的话说："50美元贷款不可能对一个女人本身带来系统性的变革。但将它用卫生系统是否生效？如果道路建设，教育或者其他又会如何？"

在受助者与联合国、媒体和其他组织关系中扮演中间人的角色。"我们必须清楚所听到的事，被质疑的问题，和我们所知道的事情原委。在这里我们不是导演，我们只是媒人，我们还照顾好记者。好吧，我的意思是说我们邀请各种不同类型的人来的各种招待会。每个人都很饿，每个人都想认识别人。"通过在首脑会议或筹备会议被资助者所获得的可见性，其本身甚至超出了峰会本身的特质，能帮助受助者在高级官员，媒体及其他方面获得很高的声誉和公信力。在那里，他们也可以发挥受助者与其他团体间的联系巩固中发挥重要作用。

管理那些将会出现的相关问题。在一个案例中，一个美国的资助者能够现场对记者在某个会议上所作的批评性报道迅速作出回应，他说："因为我们的同事就在现场，所以我们及时作出回应，如果这些意见被断章取义，就算这些报道不是我们的受助者说的。如果基金会延迟回应，该解释则像是一个蹩脚的事后借口。"

国际峰会和会议带来什么？

有四种类型的国际会议，在本手册中每一种类型的会议都将得到详细的阐述，下面先简单介绍国际会议的分类：

联合国官方首脑峰会，通常是由联合国召开的政府间的正式会议，旨在解决对所有国家有影响的重要的社会和经济问题。如可持续发展中的妇女的地位，或种族主义议题。在峰会上，各国政府寻求在相关问题上达成共识，并依此建立核心规范和标写入随后的大会文件，作为用于指导个别国家或国际行动的行动建议。非政府组织（NGO）需要得到"认可"才能出席大会与会期间，除非事先由政府特邀其作为代表团，否则他们只能作为观察员列席。但是，在大会期间的外围，非政府组织仍旧发挥巨大的影响。

非政府组织论坛是伴随着官方峰会而举办，并与首脑会议的相关议程并行。其目的通常是帮助参与组织交流思想，巩固共识，并想办法将他们的讯息注入到一个囊括政府和私营企业的全球性讨论之中。

民间社会国际会议，也是一个非政府组织聚会，但它往往把重点放在推进社会运动或解决一个复杂的明确问题上。它通常是自成一个体系，而非附着于峰会或其他政府谈判。一些国际民间社会会议，诸如世界社会论坛或国际艾滋病会议，每年或每两年举办一届。

世界级多边机构会议，如世界银行或世界贸易组织的会议，则通常不开放给非政府组织正式参与，但后者可能可以作为观察员参加。这些会议定期举办，每一年有一次或多次频繁的会议。

世界级会议常常伴有争议

峰会甚至在其定义上包含对有争议的问题的公开、激烈讨论的含义，但这并非寻常夸夸其谈的辩论。正如一位资助者指出，"峰会中会有很多变数，如果你从一个激进的观点来看，峰会是就是向世界表达自我。"考虑到这一点，资助者为如何支持与国际会议有关的公益活动的决策、规划以及处理相关冲突的建议如下：

权衡成本和收益。资助者认为这一点很重要，即你要认识到可能发生有一些事情，而且这些事情也许高度冒犯了一些人，甚至与基金会的核心价值背道而驰。"当你是一个出资者，"他告诫说，"你有你的想法，资助一些具体的事情。但在大众舆论中，有一个假设即若你的基金赞助的项目代表你绝对同意（其价值观）。因此，你需要了解整个峰会的取向，做好风险分析。"

将支持国际会议作为较长期的目标。虽然没有单一的活动将独自解决一个重大的世界问题，但各类峰会——即便是十分有争议的那部分，依旧可以推进关键问题的进程。曾经有一个持怀疑态度的出资者说，"起初，我以为（2001年联合国大会关于艾滋病毒/艾滋病问题的特别会议）将是徒劳无益的，但现在我知道当初判断失误了。倡导者们信任政府因为他们要为签约承诺的事儿负责。"

明确沟通了解您所支援的对象。无论您的主要动机是推动全球性问题的解决，如增加民主执政，或对受助者能力的建设，目的明确都可以帮助您准备会议，并从容经受住任何突发性问题。

识别可能的争议领域。坚持从不同的角度提醒你自己，你的同事，经理和理事会去研究问题，并寻求什么可能成为争论角度。提前知会每一个成员，峰会总是要比媒体所渲染的复杂得多。某一资助者建议跟进大会组织者等重点群体的网站，看看有什么样的消息，他们正在使用什么建议和他们可能会提出什么或支持什么。

帮助受资助者确定正确的期望。正如一位资助者指出，"我们提醒受资助者，你在参与峰会的时候，你就站在世界舞台中央。这与你回家面对自己社区的人演说不同！"有一些基金会鼓励一些受助者为应对媒体而提前准备信息表达和发言的能力。

与峰会组织者交谈。此前2004年在孟买举办的世界社会论坛，一个来自基金会的工作人员与大会组织者就他们将如何应对顽固的意见或符号进行了对话。大会组织方随后公开声明："我们说的是，'这（对话）将帮助我们了解你会做些什么。'还有关于在大会期间他们想要看到的什么，他们对世界社会论坛的主张的体认，以及他们不希望看到的事情。"

建构一个应对方案。一位资助者表示最重要的是要做好准备，迅速做出反应："你可能很容易在某次研讨会后对我方所说的[充满进攻性]事情出现'以子之盾，攻子之矛'的窘境，对此你必须有所准备。如果事情发生的违背你的价值观，你需要做一个声明。"

尽量集中精力于大会目的之上。当争论爆发时往往将更具有建设性的发展建议排除在事件本身之外，但媒体往往集中于争论之上。一个有经验的资助者说，"我们已经了解到，可能会谴责一些问题或不同意一些事情但与此同时没有必要将真个峰会的主题排除。"我们必须意识到承认争议并不等于要掩盖了整个会议的意义。

联合国官方首脑峰会

峰会及其预备和后续活动，通常被认为是政府的独占领域，但会引发成千上万的非官方的行动者从事于广泛的宣传、网络构建、能力建设、运动建构，公共教育方向的努力。事实上，代表非政府组织和其他公民社会行动方参与峰会的代表比例在逐步上升。2001年世妇会反对种族歧视及族群对立，大约4000的近8000名注册参与者的非政府组织代表。

国际峰会主要人群有：

√ 联合国会员国的代表（唯一的投票类代表）
√ 联合国大会秘书处
√ 联合国秘书长和代表联合国其机构、计划、基金
√ 代表非政府组织和其它民间社会团体
√ 媒体代表

峰会的准备工作通常需要花费大约三年的时间，在过程中的早期时段有几个重要步骤。一个是选择主办国，负责大部分的峰会支出。另一个是召开正式地区性的或次区域的筹备会，这些设置是为了进入到正式的会议筹备会，在这个正式会议的筹备会议中联合国成员国承诺开展建立一项议程和程序的工作、并出台洽谈工作文件，这些被将会在峰会上被批准核实。

筹备委员会会议——通常被叫简称为"筹备委员会（PrepComs）"，本次会议也提出审阅及程序规则，包括峰会NGO准入规则。这些提供了一个至关重要的早期窗口，透过它，可以对协议和文件提出意见，把关注峰会的议事日程。同样，一个成功的筹备委员会（PrepComs）在峰会文件部分的确定，会影响谁将出席此次峰会本身。一般来说，越是在文件确定度越高，政府将派高级别的官方代表参与的会议可能性越高。在峰会上，成员国依据筹委会制定的筹备委员会（PrepComs）文件达成最后协商的共识，但也可能是指由政府，非政府组织，联合国机构，或其他联盟有关的发言。峰会的成果通常包括一个行动方案，一项政治宣言，成员国承诺在返回自己的国家后将采取一系列措施。

峰会结束后，联合国有关委员会（如妇女委员会，在北京会议之后产生的委员会）一般需要在其年度会议中负责审查峰会的承诺方面取得的进展情况。在某些情况下，联合国大会将在峰会召开五年后举办评估整体的实施情

况的特别会议。这些所谓的"5+"的评价会议一般都在纽约的联合国总部举办，如继1994年人口会议，于1999年召开了开罗"加五"会议。联合国有时会在十年或更长时间后召开后续峰会。例如，在2002年可持续发展首脑会议的召开是一个1992年关于环境与发展峰会（更多地被称为地球峰会）的后续峰会。